U0171579

“十四五”时期国家重点出版物出版专项规划项目

微波光子技术丛书

光电振荡器

——超低相噪光生微波技术

潘时龙　朱　丹　刘世锋　张亚梅 等　著

科学出版社

北　京

内 容 简 介

光电振荡器(optoelectronic oscillator，OEO)通过自振荡产生超低相位噪声微波/毫米波信号，具有光、电两种输出，在微波、光学以及两者的交叉领域均有着重要应用。光电振荡器有望从源头突破现有雷达、电子战等射频系统性能瓶颈，因而其引起了广泛的研究兴趣。本书分为三部分：第一部分介绍光电振荡器的基本理论模型；第二部分介绍光电振荡器的关键技术，包括相位噪声抑制和测量、稳定性提升以及频率拓展等；第三部分介绍光电振荡器的功能拓展，包括宽带振荡、光脉冲产生和典型应用等。

本书总结了光电振荡器的技术体系和主要成果，对从事相关领域研究的科研和工程人员具有较高的参考价值。本书也可作为高等学校相关专业的高年级本科生和研究生的参考书。

图书在版编目(CIP)数据

光电振荡器：超低相噪光生微波技术/潘时龙等著. —北京：科学出版社，2023.7
(微波光子技术丛书)
“十四五”时期国家重点出版物出版专项规划项目　国家出版基金项目
ISBN 978-7-03-074617-7

Ⅰ. ①光…　Ⅱ. ①潘…　Ⅲ. ①光电子振荡器-研究　Ⅳ. ①TN753.2

中国版本图书馆 CIP 数据核字(2022) 第 256369 号

责任编辑：惠　雪　曾佳佳 / 责任校对：王萌萌
责任印制：师艳茹 / 封面设计：许　瑞

科 学 出 版 社 出版
北京东黄城根北街 16 号
邮政编码：100717
http://www.sciencep.com
北京中科印刷有限公司印刷
科学出版社发行　各地新华书店经销
*
2023 年 7 月第　一　版　开本：720 × 1000　1/16
2023 年 7 月第一次印刷　印张：18 1/4
字数：365 000
定价：159.00 元
(如有印装质量问题，我社负责调换)

“微波光子技术丛书”编委会

丛 书 序

微波光子技术是研究光波与微波在媒质中的相互作用及光域产生、操控和变换微波信号的理论与方法。微波光子技术兼具微波技术和光子技术的各自优势，具有带宽大、速度快、损耗低、质量轻、并行处理能力强以及抗电磁干扰等显著特点，能够实现宽带微波信号的产生、传输、控制、测量与处理，在无线通信、仪器仪表、航空航天及国防等领域有着重要和广泛的应用前景。

人类对微波光子技术的探索可回溯到 20 世纪 60 年代激光发明之初，当时人们利用不同波长的激光拍频，成功产生了微波信号。此后，美国、俄罗斯、欧盟、日本、韩国等国家和组织均高度关注微波光子技术的研究。我国在微波光子技术领域经过几十年的发展和技术积累，在关键元器件、功能芯片、处理技术和应用系统等方面取得了长足进步。

微波光子元器件是构建微波光子系统的基础。目前，我国已建立微波光子元器件领域完整的技术体系，基本实现器件门类的全覆盖，尤其是在宽带电光调制器、光电探测器、光无源器件等方面取得良好进展，由上述器件构建的微波光子链路已实现批量化应用。

微波光子集成芯片是实现微波光子技术规模化应用的前提，也是发达国家大力投入的核心研究领域。近年来，我国加快推进重点领域科研攻关，已在集成微波光子学理论、微波光子芯片的设计与制造、高精度光子芯片的表征测试等重点方向实现较大进步。

微波光子处理技术能够在时间域、空间域、频率域、能量域等多域内对微波信号进行综合处理，可直接决定微波光子系统感知、控制和利用电磁频谱的能力。目前，我国已在超低相噪信号产生、微波光子信道化、微波光子时频变换、光控波束赋形等领域取得了诸多优秀科研成果，形成了多域综合处理等创新技术。

微波光子应用系统是整个微波光子技术体系能力的综合体现，也是世界各国角力的核心领域。基于微波光子器件、芯片和处理技术的快速发展，我国在微波光子电磁感知与控制、微波光子雷达以及微波光子通信等关键核心系统技术方面取得显著成绩，成功研制出多型演示验证装置和样机。

此外，微波光子技术所需的设计、加工和测量技术与其他光学领域有着很大区别，包括微波光子多学科协同设计与建模仿真、微波光子异质集成工艺、光矢量分析技术、微波光子器件频响测试技术等方面。近年来，我国在上述领域也取得了较好的进展。

虽然微波光子技术的快速进步给新一代无线通信、雷达、电子对抗等提供了关键技术支撑，但我们也要清醒地看到，长期困扰微波光子技术领域发展的关键科学问题，包括微波光波高效作用、片上多场精准匹配、多维参数精细调控、多域资源高效协同等，尚未实现系统性突破，需要在总结现有成绩基础上，不断探索新机理、新思路和新方法。

为此，我们凝聚集体智慧，组织国内优秀的专家学者编写了这套“微波光子技术丛书”，总结近年来我国在微波光子技术领域取得的最新研究成果。相信本套丛书的出版将有利于读者准确把握微波光子技术的发展方向，促进我国微波光子学创新发展。

本套丛书的撰写是由微波光子技术领域多位院士和众多中青年专家学者共同完成，他们在肩负科研和管理工作重任的同时，出色完成了丛书各分册书稿的撰写工作，在此，我谨代表丛书编委会，向各分册作者表示深深的敬意！希望本套丛书所展示的微波光子学新理论、新技术和新成果能够为从事该技术领域科研、教学和管理工作的人员，以及高等学校相关专业的本科生、研究生提供帮助和参考，从而促进我国微波光子技术的高质量发展，为国民经济和国防建设作出更多积极贡献。

本套丛书的出版，得到了南京航空航天大学，中国科学院半导体研究所，清华大学，中国电子科技集团有限公司第十四研究所、第二十九研究所、第三十八研究所、第四十四研究所、第五十四研究所，浙江大学，电子科技大学，复旦大学，上海交通大学，西南交通大学，北京邮电大学，联合微电子中心有限责任公司，杭州电子科技大学等参与单位的大力支持，得到参与丛书的全体编委的热情帮助和支持，在此一并表示衷心的感谢。

中国工程院院士　吕跃广

2022 年 12 月

前　言

微波源是无线基站、雷达、测量仪表、无线感知等系统的基础单元，其相位噪声直接影响着无线系统的通信容量、雷达系统的探测能力、测量仪表的灵敏度和无线感知的精度等射频系统关键参数。

光电振荡器是一种通过自振荡方式产生超低相位噪声微波/毫米波信号的装置。它用光电谐振腔代替电学谐振腔，得益于电光调制技术的宽带特性和光波导的低损耗特性，在宽带范围内都有着较高的品质因子，从而在高频频段仍能产生具有极低相位噪声的高稳定信号。此外，光电振荡器具有光、电两种输出，与传统电子学系统和光载无线系统都能无缝衔接。通过外注入信号或对其腔体进行调控，光电振荡器还可实现多种复杂信号的产生和处理，有望支撑新型射频系统架构的实现。因此，对光电振荡器的研究既具有理论创新价值，也具有重要的工程应用前景。

本书总结了光电振荡器的基础理论、关键技术和主要应用。全书分为三个部分：第一部分为第 1、2 章，着重从基础理论上对光电振荡器进行阐述。其中，第 1 章对光电振荡器的需求背景、研究体系和发展历程进行概述，第 2 章着重介绍光电振荡器的理论分析模型，包括准线性理论模型和延时反馈振荡模型等，并对不同理论模型进行对比分析。第二部分为第 3~6 章，介绍光电振荡器的关键性能以及对应的提升技术和方法。其中，第 3 章介绍光电振荡器的主要性能参数及其影响因素，阐述和分析典型的相位噪声抑制方法、边模抑制技术和稳定性提升技术等。第 4 章介绍光电振荡器相位噪声的测量方法，面向光电振荡器对宽带、高频微波信号的超低相位噪声的测量需求，研究新思路和新方法，分析其优缺点和应用场景。第 5 章介绍光电振荡器的频率调谐方法，阐述频率调谐机理，分别介绍基于模式调谐和基于可调谐滤波器的频率调谐技术。第 6 章介绍倍频光电振荡器，包括基本原理、关键参数、典型结构和输出特性等。第三部分为第 7~10 章，介绍光电振荡器的功能拓展及典型应用。其中，第 7 章介绍光电振荡器的宽带振荡方法，包括多频光电振荡器、扫频光电振荡器以及混沌光电振荡器的工作原理、实现方法和工作特性。第 8 章介绍基于光电振荡器的高重频光脉冲产生方法，阐述耦合光电振荡器的工作原理、理论模型和主要性能参数，对耦合光电振荡器的超模噪声抑制技术和稳定性提升方法进行深入的研究。第 9 章介绍集成光电振荡器，包括基础集成技术以及微型化/集成化光电振荡器的主要实现方法。第 10 章介绍光电振荡器的应用，包括基于光电振荡器的波形产生、信号处理以及传感与测量等。

本书由潘时龙、朱丹、刘世锋、张亚梅、张方正、王祥传、唐震宙和李思敏共同撰写完成。第一部分 (第 1~2 章) 由潘时龙、朱丹和刘世锋撰写；第二部分 (第 3~6 章) 由潘时龙、朱丹、张方正、刘世锋、张亚梅和唐震宙撰写；第三部分 (第 7~10 章) 由潘时龙、朱丹、王祥传、张方正、刘世锋和李思敏撰写。潘时龙和朱丹对全书进行了修订定稿。

衷心感谢国家自然科学基金项目、国家重点基础研究发展计划项目、国家安全重大基础研究计划项目、基础加强计划重点基金、国家重点研发计划项目、装备预研共用技术项目等的资助。

本书是集体智慧的结晶，是作者对光电振荡器认识和研究心得的总结。由于作者水平和经验有限，不足之处在所难免，恭请读者批评指正。

作　者

2022 年 7 月

目　录

丛书序

前言

第 1 章 绪　　论

微波源是无线基站、雷达、测量仪表、无线感知等系统的基础单元，其相位噪声直接影响着无线系统的通信容量、雷达系统的探测能力、测量仪表的灵敏度和无线感知的精度等射频系统关键参数。目前商用的微波源主要基于电子学方法实现，主要包括电子管振荡器 [1-3]、晶体振荡器 [4-7] 和介质腔振荡器等，但存在高频相位噪声恶化严重、难以宽带工作等问题。

光生微波技术为高质量微波信号的产生提供了可行的途径 [8-13]。一种典型的光生微波方法是产生两个不同波长的光波并在光电探测器中拍频。两光波之间的频率差即为微波信号的频率。为保证所产生微波信号的频谱纯度和稳定性，通常需要利用光锁相环、光注入锁定或光注入锁相等技术来提升两光波的相位关联度和稳定性。光学拍频方法所产生的微波信号已经被应用于射电天文等领域，但其相位噪声仍然较大，难以满足雷达、通信、测量等系统的要求。光电振荡器 (opto-electronic oscillator, OEO) 是一种通过自振荡方式产生超低相位噪声微波/毫米波信号的光生微波装置 [14-17]。它用光电谐振腔代替电学谐振腔，得益于电光调制技术的宽带特性和光波导的低损耗特性，在宽带范围内都具有较高的品质因子，从而在微波、毫米波等高频频段仍能产生极低相位噪声的高稳定信号。

本章将介绍光电振荡器的研究背景，概述光电振荡器的基本结构、特点、主要应用、发展历程以及研究技术体系，并对本书内容进行概要介绍。

1.1　光电振荡器的概念及特点

1.1.1　光电振荡器的基本结构

图 1-1 为光电振荡器的基本结构，其中光源、电光调制器、光储能介质、光电探测器顺次连接，光电探测器的电输出经过电带通滤波器，反馈至电光调制器的射频输入端，形成振荡环路。环路中通常还包括光放大器或电放大器，用于提供增益。

光电振荡器一般从噪声开始起振，通过电带通滤波器选择振荡模式，能量在环路中以电光两种形式交替循环。理论上增益大于 1 且满足相位匹配条件的模式都有可能起振，但由于增益介质的饱和效应和电光调制器中的非线性效应，振荡模式的增益逐渐收敛至 1，最终只有一个模式能够生存下来，形成稳定振荡，产生高质量的振荡信号。得益于光储能介质 (如光纤或光谐振器等) 的低传输损耗特性，光电振荡环路的腔长 (或等效腔长) 可以很长，能够形成非常高的 Q 值，因此，光电振荡器所产生信号的相位噪声极低，并具有光、电两种形式。

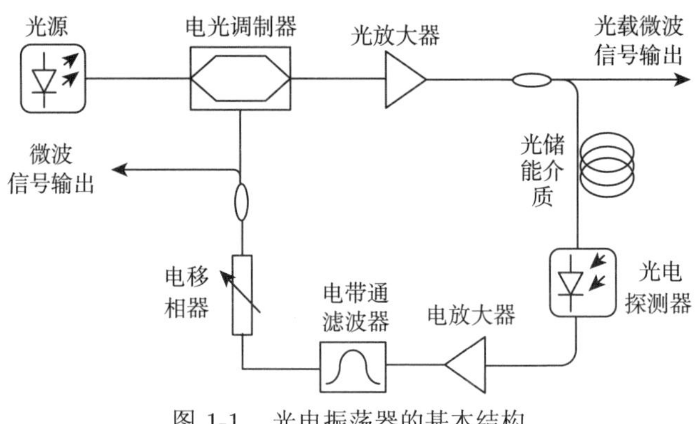

图 1-1 光电振荡器的基本结构

1.1.2 光电振荡器的特点

表 1-1 为典型的光生微波技术所产生信号特性的对比，可以看出，光电振荡器在宽带范围的相位噪声上具有明显优势。

表 1-1 典型的光生微波技术所产生信号特性的对比

产生方法			工作频率/GHz	相位噪声/(dBc/Hz)
光学拍频	两个独立的激光源	分布式反馈激光器 [18]	95	−80@10kHz, −109@100kHz
		双频工作的 Er:Yb:玻璃激光器 [19]	1	−100@10kHz
		Nd:YAG 固态激光器 [20]	35	−90@10kHz
	主/从激光器 [21]		50	−100@100kHz
	双模激光器 [22]		57	−77@10kHz
			42	−94.6@10kHz
	电光调制器 (非线性倍频)[23]		37	−75@5kHz
			40	−90@10kHz
	光注入锁定的多频振荡器 [24]		10	−108@10kHz
			40	−82@10kHz
	飞秒激光器 (两谱线拍频)[25]		12	−170@10kHz
	克尔光频梳 (两梳齿拍频)[26]		20	−110@10kHz
	半导体激光器 (光反馈)[27]		X 波段	−107@10kHz
光电振荡器 [28-30]			10	−160@10kHz
			2.6～40	−129@10kHz(17.74GHz)
			94.5	−101@10kHz

此外，光电振荡器具有光、电两种输出，与传统电子学系统和光载无线系统

都能无缝衔接。通过外注入信号或对其腔体进行调控，光电振荡器还可实现多种复杂的信号产生和处理功能，因此有望实现信号产生和处理技术的融合，支撑新型射频系统架构的实现。

1.2 光电振荡器的研究技术体系

自发明光电振荡器以来，学者们对其进行了深入的研究，研究内容主要包括：相位噪声抑制，工作频率拓展，信号质量提升，微型化/集成化，宽带光电振荡器，光脉冲产生，以及光电振荡器的应用。对光电振荡器的主要研究体系的总结如图 1-2 所示。

在相位噪声抑制方面，建立光电振荡器的理论模型对降低光电振荡器的相位噪声具有重要的指导意义，目前已发展出准线性理论模型、延时反馈振荡模型和 Leeson 模型等。在具体相位噪声抑制方法上，一种思路是对环路中器件的噪声 (比如激光器的相对强度噪声、电放大器的热噪声以及光电探测器的散粒噪声等) 进行优化；另一种思路是形成推挽调制，再通过平衡探测抑制共模噪声。此外，相位噪声的测量是研究光电振荡器相位噪声特性的基础。此前微波源的相位噪声特性一般都是用电子学方法测量，电子学方法包括直接频谱法、鉴相法、鉴频法、双通道互相关法等，存在测量范围小、高频处噪底高等问题，难以满足超低相噪光电振荡器的测量需求。基于光子学的相位噪声测量新思路和新方法成为研究热点，目前已形成微波光子鉴相、微波光子鉴频以及微波光子正交鉴频等新方法，实现了大带宽和高灵敏度的相位噪声测量。

在工作频率拓展方面，主要思路有倍频和调谐两种。倍频光电振荡器是在维持光电振荡环路基频振荡的同时，在输出臂实现工作频率的倍数拓展，具体可通过强度调制后进行腔内分频、相位调制后在腔内外滤出不同的谱线进行拍频以及偏振调制后在腔内外选择不同的检偏方向实现。对光电振荡器的调谐范围拓展，主要思路包括振荡模式频率调谐和滤波器中心频率调谐两种。当滤波器的中心频率固定时，通过调节光电振荡环路的延时或相位，可实现振荡模式频率的精细调谐，该方式的调谐范围一般较小；当振荡模式频率固定时，通过改变滤波器 (微波滤波器或微波光子滤波器) 的中心频率选择不同阶的振荡模式，可实现工作频率的大范围步进调谐。

在信号质量提升方面，主要包括边模抑制和频率稳定度提高两个方面。采用高 Q 值光微谐振器或构建多环路结构可有效增大模式间隔，是抑制边模、实现单一模式起振的有效方法。光电振荡器的频率稳定性对其实用化至关重要，比较典型的稳频方法有锁相环和注入锁定等。锁相环法是将光电振荡器的输出信号与外参考信号进行相位比较，利用相位误差反馈控制腔内相位或者延时，从而实现光电振荡

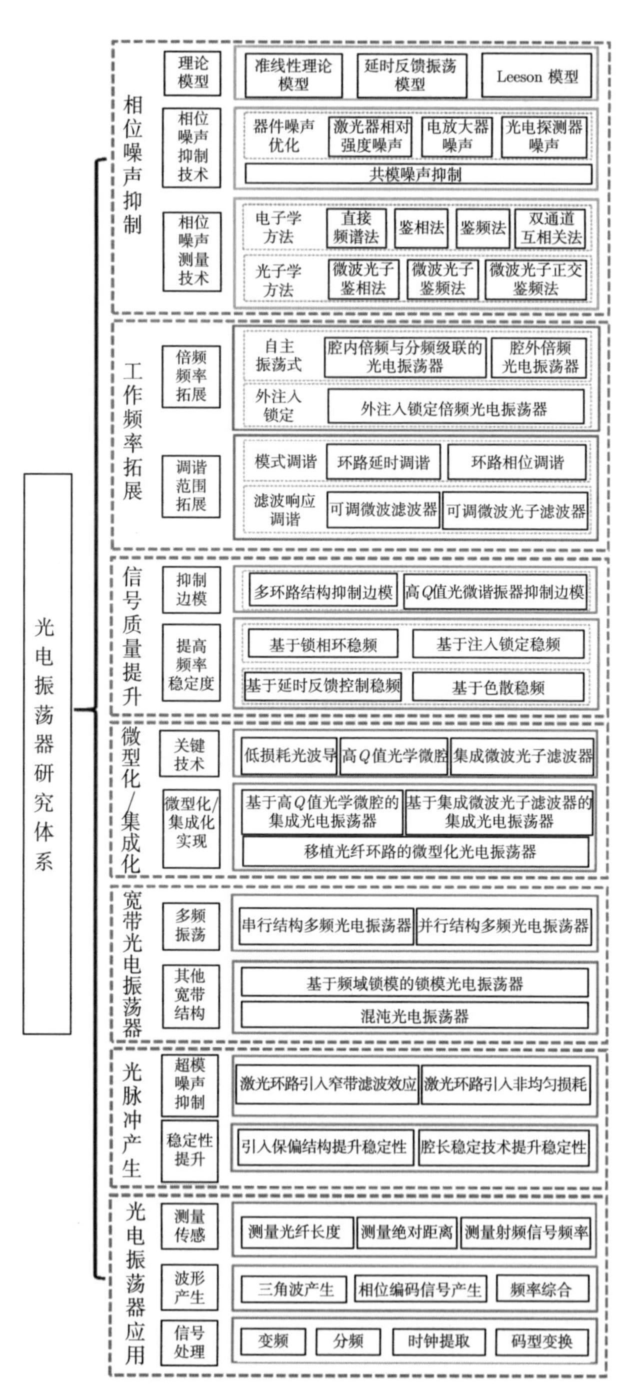

图 1-2　光电振荡器的研究体系

器振荡频率的稳定；而注入锁定是将光电振荡器的振荡频率牵引到外参考信号的频率上，让腔体相位或延时的抖动转化为信号幅度抖动并被饱和放大器去除。

在微型化/集成化方面，微型化和集成化是光电振荡器集成度提升的两个不同发展阶段，其中微型化是指通过微组装工艺将光电振荡器中的关键器件或芯片通过微焊互联组装在管壳中，而集成化是指通过半导体微纳加工工艺将光电振荡器中的器件整体或部分集成到芯片中。光电振荡器的关键集成技术主要包括低损耗光波导、高 Q 值光学微腔和集成微波光子滤波器。根据选用谐振腔的方式不同，目前微型化/集成化光电振荡器主要有移植光纤环路、使用高 Q 值光学微腔以及集成微波光子滤波器三种技术路径。光电振荡器集成度的提升是其适装小型化平台的基础，也是学术界目前的研究热点。

在宽带光电振荡器方面，人们提出了多种途径打破光电振荡器的单频振荡状态，主要包括通过改变腔体结构实现多频微波信号的产生，通过引入动态调谐机制实现扫频信号的产生，以及通过提升腔内非线性实现混沌信号的产生三类。光电振荡器的多频振荡主要有串行和并行两类结构，串行结构是在单个光电振荡环路中通过电光调制器的非线性效应或者多通带微波光子滤波器实现多频信号的产生，而并行结构是通过多个光环路的复用实现多频振荡。另一方面，将傅里叶域模式锁定技术引入光电振荡器，可实现光电振荡腔内的宽带扫频振荡，产生宽带微波调频信号。此外，利用光电振荡器的非线性动力学特性可产生宽带混沌信号。该方案具有功率谱平坦和关联维度高等优点，并且易于产生正交混沌信号。

在光脉冲产生方面，基于光电振荡器实现光脉冲产生，是在光域将光电振荡器产生的微波信号转换为光脉冲，从而将其高频和低相位噪声特性映射为光脉冲的高重频和低时间抖动特性。基于光电振荡器产生光脉冲有两种典型思路：一种是改变光电振荡器环路中的光电调制特性；另一种是耦合光电振荡器，利用锁模原理产生低时间抖动、高重频的光脉冲。为提升耦合光电振荡器在光域和微波域的性能，需要对其超模噪声进行抑制，并对其稳定性进行提升。典型的耦合光电振荡器超模噪声抑制方法包括在锁模激光器环路内引入窄带滤波效应、非均匀损耗或饱和吸收效应等；典型的耦合光电振荡器稳定性提升方法主要包括引入保偏结构和反馈控制腔长抖动等。

在光电振荡器的应用方面，目前光电振荡器已应用于波形产生、信号处理、雷达、通信、传感和测量等多个领域。光电振荡器可用作高性能本振信号驱动频率综合器，也可以结合结构设计，实现线性调频信号、跳频信号、三角波信号、相位编码信号等复杂波形产生。在信号处理领域，光电振荡器可提取通信信号中的时钟，实现码型变换、频率变换和分频等信号处理功能。通过与波分复用技术、光载无线技术等相结合，可实现多通道并行混频处理、分布式传输处理等，在新一代通信系统中具有巨大的应用潜力。传感和测量也是光电振荡器的重要应用领域。光电振荡器将待测量参数转换为所输出微波信号的频率变化，通过精细频率解调实现高精度的传感和测量。可测量的特性包括光纤应变、温度变化、光纤长度、折射率、光纤色散、光功率、磁场等。

1.3　光电振荡器的发展历程

国内外对光电振荡器及其应用开展了广泛而深入的研究。1994 年，美国喷气推进实验室 (Jet Propulsion Laboratory，JPL) 的 Yao 和 Maleki 首次提出了光电振荡器的概念，利用低损耗光纤作为储能元件构建了实验系统。1996 年，Yao 等建立了光电振荡器的模型，完成了光电振荡器的振荡阈值、开环响应、振荡频率与幅度、频谱及相位噪声的理论推导，理论结果与实验结果符合较好。此后该研究小组致力于光电振荡器的相位噪声抑制和频率稳定性提升，提出了双环路光电振荡器、可调谐光电振荡器、耦合光电振荡器、紧凑型光电振荡器，以及基于回音壁腔的微型化光电振荡器等多种结构。以这些研究为基础，该团队创建了 OEwaves 公司，研制出多款商用化的光电振荡器产品，如图 1-3 所示。其中，超低相位噪声光电振荡器的工作频率覆盖 10~12GHz，相位噪声达到 −140dBc/Hz@10kHz；微型化光电振荡器的工作频率覆盖 28~36GHz，相位噪声达到 −110dBc/Hz@10kHz。OEwaves 宣称其光电振荡器产品已被成功应用在雷达和无人机系统中。除此之外，美国 Synergy Microwave 公司基于光电振荡器实现了 X 波段 (8~12GHz) 和 K 波段 (16~24GHz) 的频率综合器，其在 10kHz 频偏处的相位噪声分别低于 −136dBc/Hz 和 −127dBc/Hz。法国、德国、西班牙、英国、意大利、俄罗斯、加拿大、以色列等国家也进行了光电振荡器的研究，包括光电振荡器新结构的构建和理论模型的建立与实验验证等，形成了高频、低相噪、小型化的光电振荡器样机。其中，俄罗斯和白俄罗斯合作实现了在 10kHz 频偏处为 −140dBc/Hz 的低相噪光电振荡器样机，尺寸为 220mm×197mm×84mm；意大利 LEONARDO 公司实现的光电振荡器产品在 10GHz 工作时的相位噪声在 10kHz 频偏处低于 −146dBc/Hz。

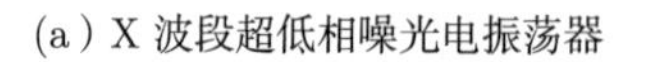

(a) X 波段超低相噪光电振荡器

(b) 微型化光电振荡器

图 1-3　美国 OEwaves 公司的典型光电振荡器产品

国内在光电振荡器概念提出后即开始跟踪研究，早期的研究单位有清华大学、天津大学等。近年来，在国家自然科学基金和国防预研项目等的支持下，参与研究的高校和研究院所越来越多，有力推动了光电振荡器的性能提升以及实用化进程。

清华大学娄采云课题组在国内较早开展光电振荡器及相关应用研究，在国家高技术研究发展计划 (863 计划) 等项目的支持下，开展了光电振荡器工作频率提升方法以及基于光电振荡器的时钟提取等关键技术研究，并对其在超高速光时分复用系统等中的应用开展了深入研究。

天津大学在国家自然科学基金重大科研仪器研制项目、863 计划、国家重点基础研究发展计划 (973 计划) 等的支持下，对光电振荡器的相位噪声抑制和稳定性提升以及调谐性拓展开展了研究，完成了小型化实验样机的研制；利用光电振荡器实现了电频率梳产生、光脉冲产生以及多功能信号产生；基于交替起振光电振荡器实现了大量程、高精度、快速的绝对距离测量；基于耦合光电振荡器实现了角速度测量。

北京邮电大学在 973 计划等的支持下，研究了面向高稳定可调谐光电振荡器的频率漂移补偿技术；构建了一种光电混合滤波环路，实现高频光电振荡器的杂散抑制和相位噪声改善；研究了基于互注入锁定的耦合光电振荡器超模噪声抑制方法；和中国科学院半导体研究所合作，构建了频域锁模光电振荡器，实现调频信号等宽带信号产生。在基于光电振荡器的处理功能拓展方面，通过在光电振荡器环路中级联电光调制器，实现了光时分复用高速光传输系统中的同时时钟提取和解复用功能；基于多模光电振荡器实现了对微弱信号进行探测，并基于光电振荡器实现了三角波脉冲产生等功能。

电子科技大学在国家自然科学基金等项目的支持下，研制了基于注入锁定和延时补偿技术的光电振荡器，提高了边模抑制比和频率稳定度；利用硅基集成微盘振荡器的互易性实现了宇称-时间对称结构，研制了基于宇称-时间对称原理的可调谐光电振荡器；制备了微球腔，基于微球腔实现了光电振荡器的小型化；研制了基于微波非线性放大技术的双频输出光电振荡器；研究了基于波分复用结构的光延迟互相关的光电振荡器的相位噪声测试方法；对基于光电振荡器的应变和位移测量开展了研究；研究了基于受激布里渊散射、相移布拉格光栅的傅里叶域锁模光电振荡器。

浙江大学在 973 计划、国家自然科学基金等项目支持下，研究了基于外差锁相的光电振荡器稳频方法，基于反馈控制环路提高光电振荡器长期稳定性的方法，基于微波光子滤波器的光电振荡器调谐方法，以及基于光电混合滤波器的耦合光电振荡器超模噪声抑制方法等；对基于光电振荡器的下转换和接收方法，对微弱信号的选通放大方法，以及光电振荡器对温度、应变、压力、振动等物理量的传感应用开展了研究。

东南大学构建了基于注入锁相结构的光电振荡器，通过注入锁定改善近载频相噪以及杂散抑制度，并通过锁相环来提升频率稳定性，研制了实验样机。南京大学构建了基于直接调制分布反馈式半导体激光器的光电振荡器，研究了基于该结构的变频；对基于光电振荡器和强反射率均匀光纤布拉格光栅的准分布式传感开展了研究。

北京大学在国家自然科学基金等项目支持下，提出基于光干涉噪声抑制等方法实现光电振荡器的相位噪声改善，研究光电振荡器的工作频率提升等。上海交通大学在国家自然科学基金等项目的支持下，开展了基于微波光子滤波器的可调谐光电振荡器研究。华中科技大学构建了偏振态自稳定双环路光电振荡器以及基于多芯光纤的宽带可调谐光电振荡器。太原理工大学在国家自然科学基金重大科研仪器研制项目等的支持下，对基于光电振荡器的宽带混频信号产生开展了研究，西南大学也对基于光反馈的光电振荡器的混沌输出特性进行了研究。西南交通大学构建了基于相位调制器和垂直腔面发生激光器的可调谐光电振荡器，对光电振荡器的倍频拓展、载频提取等开展了研究。

中国科学院半导体研究所在国家重点研发计划等项目的支持下，研究了基于光电振荡器的工作频率倍频拓展方法，以及傅里叶域锁模光电振荡器等；基于磷化铟平台，将直调激光器、延时线和光电探测器单片集成，构建了集成光电振荡器芯片。北京交通大学在 973 计划和国家自然科学基金等项目的支持下，开展了光电振荡器的频率调谐方法研究，基于光电振荡器的光学频率梳产生、应变传感的研究，以及光时分复用信号的时钟提取和解复用等应用研究。

南京航空航天大学在国家自然科学基金、军工项目等支持下，提出了光电振荡器的相位噪声改善、可调谐范围拓展新方法，研究了基于光域偏分复用形成无源光域双环路的边模抑制方法；引入电可吸收调制激光器代替典型光电振荡器结构中激光器、调制器与光电探测器三个器件，实现光电振荡器的小型化；研究了基于饱和吸收增强结构的耦合光电振荡器超模噪声抑制方法，以及多频光电振荡器的新结构；研究了基于光电振荡器的多通道频率上下转换、高质量时钟提取，并基于此构建了微波光子卫星转发器新架构；对基于混沌光电振荡器的分布式定位系统开展了研究；构建了基于光电振荡器的高性能频率综合器。

在光电振荡器的实用化方面，目前国内尚未有成熟的光电振荡器产品，但多家研究单位如天津大学、东南大学、浙江大学、中国电子科技集团公司第四十四研究所、南京航空航天大学等均有实验样机报道。其中，天津大学构建的光电振荡器样机，实现了输出频率在 8～12GHz 范围内步进为 6Hz 的可调谐，10GHz 时相位噪声为 -141.28dBc/Hz@10kHz，边模抑制比为 70dB，振荡频率在 24h 内频率漂移小于 ±1Hz。南京航空航天大学构建出的光电振荡器样机在工作频率为 10GHz 时相位噪声在 10kHz 频偏处低于 -153dBc/Hz；该样机在 2020 年完成了机载雷达飞行测试，效果良好。

1.4 本书内容概要

第 1 章为绪论部分，介绍了光电振荡器的应用需求和背景、基本结构和特点，以及研究技术体系和发展历程等。

第 2 章介绍光电振荡器的理论模型，包括准线性理论模型和延时反馈振荡模型，并对不同理论模型进行对比分析。

第 3 章介绍光电振荡器的关键性能。主要介绍光电振荡器的关键性能参数及其影响因素，阐述和分析典型的相位噪声抑制方法、边模抑制技术和稳定性提升技术等。

第 4 章介绍光电振荡器相位噪声的测量方法。主要介绍直接频谱法、鉴相法、鉴频法、双通道互相关法等电子学测量方法，以及微波光子鉴相法、微波光子鉴频法和微波光子正交鉴频法等光子学测量方法。

第 5 章介绍光电振荡器的频率调谐方法。首先介绍光电振荡器的频率调谐机理，然后分别介绍基于模式调谐的光电振荡器和基于可调谐滤波器的光电振荡器。

第 6 章介绍倍频光电振荡器。分别介绍微波光子倍频光电振荡器的基本原理、关键参数、典型结构和输出特性。

第 7 章介绍光电振荡器的宽带振荡方法。分别介绍多频光电振荡器、扫频光电振荡器以及混沌光电振荡器的工作原理、实现方法和工作特性。

第 8 章介绍基于光电振荡器的高重频光脉冲产生方法。分别介绍耦合光电振荡器的工作原理、理论模型、主要性能参数以及研究进展。其中对耦合光电振荡器的超模噪声抑制技术和稳定性提升方法进行深入阐述。

第 9 章介绍集成光电振荡器。主要内容包括光电振荡器的核心集成技术以及微型化/集成化光电振荡器的主要技术路线和研究进展。

第 10 章介绍光电振荡器的应用。主要包括基于光电振荡器的波形产生、信号处理、传感与测量等。

参 考 文 献

[1] van der Pol B. A theory of the amplitude of free and forced triode vibrations [J]. Radio Review, 1920, 1: 701-710.

[2] Dow J B. A recent development in vacuum tube oscillator circuits [J]. Proceedings of the Institute of Radio Engineers, 1931, 19(12): 2095-2108.

[3] van der Pol B. The nonlinear theory of electric oscillations [J]. Proceedings of the Institute of Radio Engineers, 1934, 22(9): 1051-1086.

[4] Bottom V E. Introduction to Quartz Crystal Unit Design [M]. New York, NY: Van Nostrand Reinhold, 1982.

[5] Fujii H, Shimakawa J, Hara Y, et al. Quartz Crystal Oscillator: US4421621 [P]. 1983-12-20.

[6] Filler R L. The acceleration sensitivity of quartz crystal oscillators: a review [J]. IEEE Transactions on Ultrasonics Ferroelectrics and Frequency Control, 1988, 35(3): 297-305.

[7] Vig J R. Quartz crystal resonators and oscillators for frequency control and timing applications [R]. NASA STI/Recon Technical Report N, 1988.

[8] Qi G , Yao J , Seregelyi J, et al. Generation and distribution of a wide-band continuously tunable millimeter-wave signal with an optical external modulation technique[J]. IEEE Transactions on Microwave Theory and Techniques, 2005, 53(10): 3090-3097.

[9] Yu Y, Dong J, Li X, et al. Photonic generation of millimeter-wave ultra-wideband signal using phase modulation to intensity modulation conversion and frequency up-conversion[J]. Optics Communications, 2012, 285(7): 1748-1752.

[10] Braun R P, Grosskopf G, Rohde D, et al. Low-phase-noise millimeter-wave generation at 64 GHz and data transmission using optical sideband injection locking [J]. IEEE Photonics Technology Letters, 1998, 10(5): 728-730.

[11] Bordonalli A C, Walton C, Seeds A J. High-performance phase locking of wide linewidth semiconductor lasers by combined use of optical injection locking and optical phase-lock loop [J]. Journal of Lightwave Technology, 1999, 17(2): 328-342.

[12] Sun J, Dai Y, Chen X, et al. Stable dual-wavelength DFB fiber laser with separate resonant cavities and its application in tunable microwave generation [J]. IEEE Photonics Technology Letters, 2006, 18(24): 2587-2589.

[13] Yao J P. Microwave photonics [J]. Journal of Lightwave Technology, 2009, 27(3): 314-335.

[14] Yao X S, Maleki L. Optoelectronic oscillator for photonic systems [J]. IEEE Journal of Quantum Electronics, 1996, 32(7): 1141-1149.

[15] Yao X S, Maleki L. Converting light into spectrally pure microwave oscillation[J]. Optics Letters, 1996, 21(7): 483-485.

[16] Yao X S, Maleki L. High frequency optical subcarrier generator [J]. Electronics Letters, 1994, 30(18): 1525-1526.

[17] Yao X S, Maleki L. Optoelectronic microwave oscillator [J]. Journal of the Optical Society of America B, 1996, 13(8): 1725-1735.

[18] Kittlaus E A, Eliyahu D, Ganji S, et al. A low-noise photonic heterodyne synthesizer and its application to millimeter-wave radar [J]. Nature Communications, 2021, 12(1): 1-10.

[19] Alouini M, Benazet B, Vallet M, et al. Offset phase locking of Er, Yb: glass laser eigenstates for RF photonics applications [J]. IEEE Photonics Technology Letters, 2001, 13(4): 367-369.

[20] Goldberg L, Esman R D, Williams K J. Generation and control of microwave signals by

optical techniques [J]. IEEE Proceedings J (Optoelectronics), 1992, 139(4): 288-295.
[21] Noel L, Marcenac D, Wake D. Optical millimetre-wave generation technique with high efficiency, purity and stability[J]. Electronics Letters, 1996, 32(21): 1997-1998.
[22] Huang J, Sun C, Xiong B, et al. Y-branch integrated dual wavelength laser diode for microwave generation by sideband injection locking[J]. Optics Express, 2009, 17(23): 20727-20734.
[23] Schneider T, Hannover D, Junker M. Investigation of Brillouin scattering in optical fibers for the generation of millimeter waves [J]. Journal of Lightwave Technology, 2006, 24(1): 295-304.
[24] Lasri J, Eisenstein G. Phase dynamics of a timing extraction system based on an optically injection-locked self-oscillating bipolar heterojunction phototransistor [J]. Journal of Lightwave Technology, 2002, 20(11): 1924-1932.
[25] Xie X, Bouchand R, Nicolodi D, et al. Photonic microwave signals with zeptosecond-level absolute timing noise [J]. Nature Photonics, 2017, 11(1): 44-47.
[26] Liu J, Lucas E, Raja A S, et al. Photonic microwave generation in the X-and K-band using integrated soliton microcombs[J]. Nature Photonics, 2020, 14(8): 486-491.
[27] Wishon M J, Choi D, Niebur T, et al. Low-noise X-band tunable microwave generator based on a semiconductor laser with feedback[J]. IEEE Photonics Technology Letters, 2018, 30(18): 1597-1600.
[28] Eliyahu D, Seidel D, Maleki L. Phase noise of a high performance OEO and an ultra low noise floor cross-correlation microwave photonic homodyne system[C]. Proceedings of 2008 IEEE International Frequency Control Symposium, Honolulu, HI, 2008: 811-814.
[29] Tang H, Yu Y, Zhang X. Widely tunable optoelectronic oscillator based on selective parity-time-symmetry breaking [J]. Optica, 2019, 6(8): 944-950.
[30] Hasanuzzaman G K M, Iezekiel S, Kanno A. W-band optoelectronic oscillator [J]. IEEE Photonics Technology Letters, 2020, 32(13): 771-774.

第 2 章　光电振荡器的理论模型

本章将从光电振荡器的基本原理出发，建立光电振荡器的准线性模型和延时反馈振荡模型，并对不同理论模型进行对比分析。

光电振荡器的理论模型是理解其工作机理和对其进行性能优化的基础。目前已有多种对光电振荡器进行稳态参数和动态过程分析的理论模型，其中应用最为广泛的是 1996 年由 Yao 和 Maleki 提出的准线性理论模型 [1]，以及从 Ikeda 模型发展出来的延时反馈振荡模型 [2]。

光电振荡器的时域振荡模型如图 2-1 所示，该模型主要考虑四个基本参数的影响，即线性增益 G_{L}、非线性传输响应 f_{NL}、线性滤波响应 $H_{\mathrm{L}}(\mathrm{i}\omega)$ 和时间延迟 T。稳态条件下，光电振荡环路中的信号 $x(t)$ 经过环路循环一周，其表达式应当保持不变，因此可以得到如下时域方程：

$$x(t) = \hat{H}_{\mathrm{L}}\left\{G_{\mathrm{L}} f_{\mathrm{NL}}[x(t-T)]\right\} \tag{2-1}$$

式中，$\hat{H}_{\mathrm{L}}\{\cdot\}$ 是线性滤波响应的时域算子。由于滤波器时域传输函数过于复杂，难以直接求出式 (2-1) 的时域解析解，因而人们一般结合实验数据，基于式 (2-1) 进行半实物仿真分析。其基本过程如下：通过实验测试获取光电振荡环路中关键器件的幅相响应，对实验数据进行拟合，获得光电振荡环路的非线性传输函数 $f_{\mathrm{NL}}[x(t)]$，辅以数值仿真计算，最终得到逼近实验结果的仿真结果。这种时域分析过程，可以用于对自由振荡的单环路光电振荡器进行稳态和非稳态分析，但其难以适用于复杂结构、多模式振荡等情况下光电振荡器的特性分析。

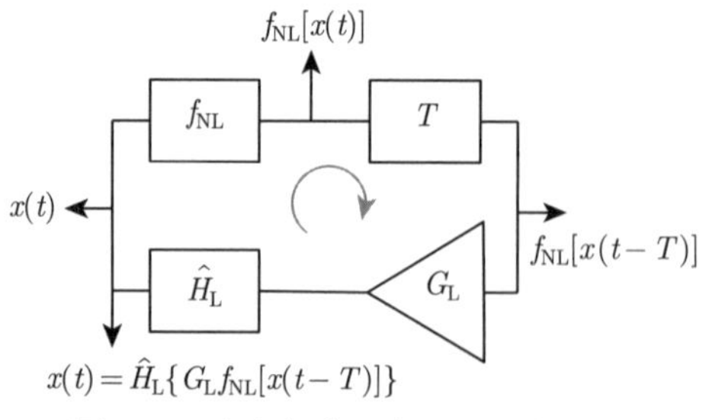

图 2-1　光电振荡器的时域振荡模型

为此，对式 (2-1) 进行傅里叶变换，得到其频域表达式：

$$X(\mathrm{i}\omega) = H_{\mathrm{L}}(\mathrm{i}\omega)G_{\mathrm{L}}F_{\mathrm{NL}}(\mathrm{i}\omega)\mathrm{e}^{-\mathrm{i}\omega T} \tag{2-2}$$

式中，$X(\mathrm{i}\omega)$ 和 $F_{\mathrm{NL}}(\mathrm{i}\omega)$ 分别为 $x(t)$ 和 $f_{\mathrm{NL}}[x(t)]$ 的傅里叶变换。利用频域表达式 (2-2) 可以降低滤波器时域传输函数的复杂度，但非线性函数的傅里叶变换过程非常复杂，仍给求解解析解带来巨大挑战。

针对这一问题，人们提出了准线性理论模型和延时反馈振荡模型，对式 (2-1) 和式 (2-2) 进行合理简化。其中，准线性理论模型采用线性化小信号模型来简化非线性传输函数 $f_{\mathrm{NL}}[x(t)]$，使光电振荡系统近似为一个窄带的线性反馈系统，从而可解析获得振荡阈值、闭环响应、稳态模式和相位噪声等重要参数。准线性理论模型还被进一步拓展，用以对光电振荡器进行时频域数值分析。延时反馈振荡模型则将滤波器传输函数 $H_{\mathrm{L}}(\mathrm{i}\omega)$ 简化成时域微分积分算子，从而可构建出具有多时间尺度的延时反馈微分积分方程，对宽带、窄带光电振荡器进行稳态和动态行为分析。

本章主要对光电振荡器的准线性理论模型和延时反馈振荡模型进行介绍和分析。对这两种模型的特点概述如下：

(1) 准线性理论模型能够较为直观地分析光电振荡器的稳态工作情况，预测其输出功率和相位噪声等特性；基于拓展的准线性理论模型还可以分析光电振荡器启动时的动态过程及部分非线性特性。但基于该模型得到的相位噪声在低频偏有较大误差。

(2) 延时反馈振荡模型可表征光电振荡器的稳态特性，分析其从启动到稳态的动态过程、瞬态过程和非线性过程等。该模型还可以引入有色噪声，通过合理的参数设置，能够较好地逼近实验结果。但是将该模型应用于大延时振荡环路的仿真时，存在数据量大、算法复杂和仿真时间长等问题。

在实际研究中，可针对不同的应用需求，选择合适的理论模型对光电振荡器进行分析。

2.1 准线性理论模型

光电振荡器的准线性理论模型是由美国喷气推进实验室的 Yao 和 Maleki 于 1996 年共同提出，因此也被称为 Yao-Maleki 模型 [1]。本节将以准线性理论模型为基础，分析光电振荡器的振荡阈值、闭环响应、稳态条件和相位噪声等特性；还将基于准线性理论模型的数值仿真，对光电振荡器的模式竞争仿真、幅度振荡仿真和考虑动态响应的相位噪声模型仿真等展开分析，如图 2-2 所示。

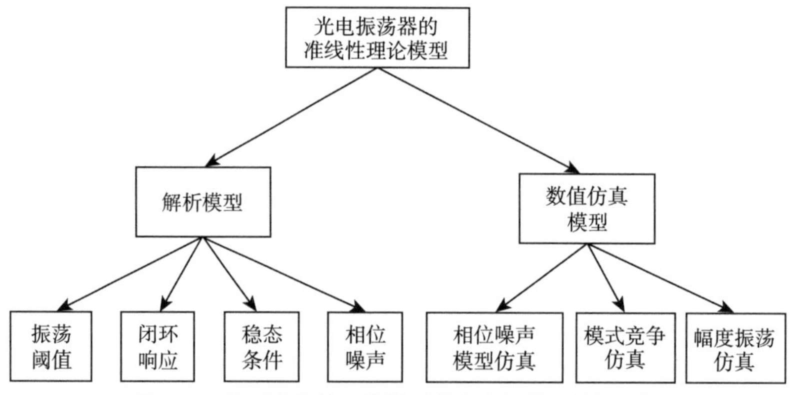

图 2-2　基于准线性理论模型的光电振荡器特性分析

2.1.1　光电振荡器的振荡阈值

在如图 2-3 所示的光电振荡器典型结构中，理想情况下，光电振荡环路中射频放大器输出的信号 $V_{\text{out}}(t)$ 与电光调制器射频端口的输入信号 $V_{\text{in}}(t)$ 的关系为

$$
\begin{aligned}
V_{\text{out}}(t) &= R_{\text{Load}} G_{\text{A}} (\Re \alpha P_{\text{o}}/2) \{1 - \sin[\pi V_{\text{in}}(t)/V_{\pi} + \pi V_{\text{B}}/V_{\pi}]\} \\
&= V_{\text{ph}} \{1 - \sin[\pi V_{\text{in}}(t)/V_{\pi} + \pi V_{\text{B}}/V_{\pi}]\}
\end{aligned} \tag{2-3}
$$

式中，R_{Load} 为光电探测器的负载阻抗；G_{A} 为射频放大器的增益；$\Re$ 是光电探测器的响应率；α 是光链路的插入损耗；P_{o} 是激光器的输出光功率；V_{π} 和 V_{B} 分别为电光调制器的半波电压和直流偏置电压；V_{ph} 是光电探测器的光电压，其表达式为

$$
V_{\text{ph}} = \Re R_{\text{Load}} G_{\text{A}} (\alpha P_{\text{o}}/2) = G_{\text{A}} I_{\text{ph}} R_{\text{Load}} \tag{2-4}
$$

式中，I_{ph} 为光电探测器的电流，$I_{\text{ph}} = \alpha \Re P_{\text{o}}/2$。

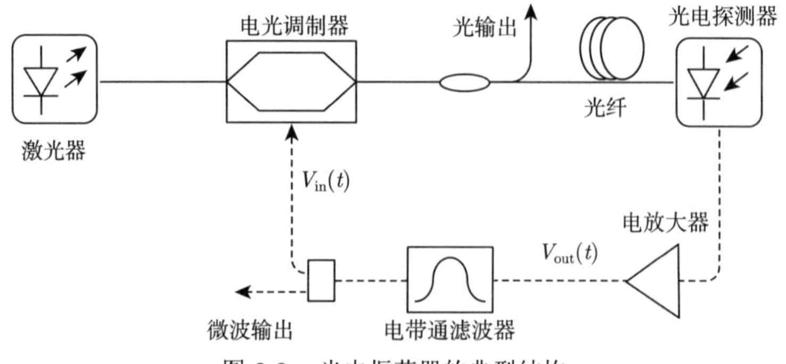

图 2-3　光电振荡器的典型结构

基于式 (2-3)，可以推出光电振荡器的小信号开环增益为

$$G_{\mathrm{S}}=\left.\frac{\mathrm{d}V_{\mathrm{out}}}{\mathrm{d}V_{\mathrm{in}}}\right|_{V_{\mathrm{in}}=0}=-\frac{\pi V_{\mathrm{ph}}}{V_{\pi}}\cos\left(\frac{\pi V_{\mathrm{B}}}{V_{\pi}}\right) \tag{2-5}$$

由式 (2-5) 可知，G_{S} 的正负特性由偏置电压 V_{B} 决定。当电光调制器工作在线性传输点，即 $\cos(\pi V_{\mathrm{B}}/V_{\pi})=\pm1$ 时，光电振荡环路将获得最大的小信号增益 $|G_{\mathrm{S}}|$。为实现光电振荡器起振，小信号增益 $|G_{\mathrm{S}}|$ 必须大于 1。结合式 (2-5) 可得，光电振荡器实现起振的临界电压，即振荡阈值 V_{th} 为

$$V_{\mathrm{th}}=V_{\pi}/[\pi\left|\cos(\pi V_{\mathrm{B}}/V_{\pi})\right|] \tag{2-6}$$

当电光调制器工作在线性传输点时，$|\cos(\pi V_{\mathrm{B}}/V_{\pi})|=1$，该振荡阈值可简化为

$$V_{\mathrm{th}}=V_{\pi}/\pi \tag{2-7}$$

联合式 (2-4) 和式 (2-7)，可以看出，当光电振荡环路满足 $G_{\mathrm{A}}I_{\mathrm{ph}}R_{\mathrm{Load}}\geqslant V_{\pi}/\pi$ 时，光电振荡器将能够起振。

2.1.2 光电振荡器的闭环响应和稳态模式

要解析分析光电振荡器的闭环响应和稳态模式，首先要对电光调制器的传输函数进行线性化处理。假设注入电光调制器射频端的电信号为

$$V_{\mathrm{in}}(t)=V_0\sin(\omega t+\varphi) \tag{2-8}$$

式中，V_0 和 φ 分别为输入电信号的幅度和相位。将式 (2-8) 代入式 (2-3) 可得

$$\begin{aligned}V_{\mathrm{out}}(t)=V_{\mathrm{ph}}\Bigg\{1-\sin\left(\frac{\pi V_{\mathrm{B}}}{V_{\pi}}\right)\left[\mathrm{J}_0\left(\frac{\pi V_0}{V_{\pi}}\right)+2\sum_{m=1}^{\infty}\mathrm{J}_{2m}\left(\frac{\pi V_0}{V_{\pi}}\right)\cos(2m\omega t+2m\varphi)\right]\\-2\cos\left(\frac{\pi V_{\mathrm{B}}}{V_{\pi}}\right)\sum_{m=0}^{\infty}\mathrm{J}_{2m+1}\left(\frac{\pi V_0}{V_{\pi}}\right)\sin[(2m+1)\omega t+(2m+1)\varphi]\Bigg\}\end{aligned} \tag{2-9}$$

式中，m 为整数；$\mathrm{J}_n(\cdot)$ 为 n 阶 (n 为整数) 第一类贝塞尔 (Bessel) 函数。式 (2-9) 表明输出信号中包含了 ω 的高阶谐波分量。当电带通滤波器的带宽足够窄，能有效抑制各阶谐波，则输出电信号可表示为

$$V_{\mathrm{out}}(t)=G(V_0)V_{\mathrm{in}}(t) \tag{2-10}$$

式中，$G(V_0)$ 是电压增益系数，表达式如下：

$$G\left(V_0\right)=G_{\mathrm{S}}\frac{2V_\pi}{\pi V_0}\mathrm{J}_1\left(\frac{\pi V_0}{V_\pi}\right) \tag{2-11}$$

可以看出，$G(V_0)$ 正比于输入电信号幅度 V_0 的一阶贝塞尔函数。当注入的电信号足够小时，$\mathrm{J}_1(\pi V_0/V_\pi)$ 近似等于 $\pi V_0/(2V_\pi)$，因此振荡环路的小信号增益可以表示为 $G(V_0)=G_{\mathrm{S}}$。

将式 (2-11) 中等号右边按泰勒级数展开，可得

$$G\left(V_0\right)=G_{\mathrm{S}}\left[1-\frac{1}{2}\left(\frac{\pi V_0}{2V_\pi}\right)^2+\frac{1}{12}\left(\frac{\pi V_0}{2V_\pi}\right)^4\right] \tag{2-12}$$

为简化推导，通常假设 $G(V_0)$ 与频率无关。但在实际情况中，射频放大器、电光调制器、光电探测器以及电滤波器等器件的响应均随频率变化而变化，因此 $G(V_0)$ 也是与频率相关的。

假设光电振荡环路中电带通滤波器归一化响应函数的复数形式为

$$\tilde{H}(\omega)=H(\omega)\exp[\mathrm{i}\varphi(\omega)] \tag{2-13}$$

式 (2-10) 可以写成如下的复数形式：

$$\tilde{V}_{\mathrm{out}}\left(t\right)=\tilde{H}\left(\omega\right)G\left(V_0\right)\tilde{V}_{\mathrm{in}}\left(t\right) \tag{2-14}$$

式中，$\tilde{V}_{\mathrm{in}}(t)$ 和 $\tilde{V}_{\mathrm{out}}(t)$ 分别是复数形式的输入和输出电压。式 (2-14) 为线性形式，电光调制器的非线性效应存在于非线性增益系数 $G(V_0)$ 中。

光电振荡器从噪声中起振。噪声可认为是由一系列具有随机相位和幅度的正弦信号叠加而成的。为简化推导，可从噪声谱中的一个频率分量出发来推导光电振荡器的闭环响应。该频谱分量的复数表达式如下：

$$\tilde{V}_{\mathrm{in}}\left(\omega,t\right)=\tilde{V}_{\mathrm{in}}\left(\omega\right)\exp\left(\mathrm{i}\omega t\right) \tag{2-15}$$

式中，$\tilde{V}_{\mathrm{in}}(\omega)$ 是频率分量的复振幅。该噪声信号在光电振荡环路中循环时将满足如下关系：

$$\tilde{V}_n\left(\omega,t\right)=\tilde{H}\left(\omega\right)G\left(V_0\right)\tilde{V}_{n-1}\left(\omega,t-\tau_{\mathrm{p}}\right) \tag{2-16}$$

式中，τ_{p} 是反馈回路物理长度所带来的时延；n 是该频率分量在环路中循环的次数；$\tilde{V}_0(\omega,t)=\tilde{V}_{\mathrm{in}}(\omega,t)$；$G(V_0)$ 中的 V_0 是环路中总电场的幅度。由于环路中任意时刻的总电场是循环电场的总和，为得到振荡环路的频率响应，将开环增益减至

1 以下，使得光电振荡器不振荡。将式 (2-15) 中的信号作为起始信号，则在光电振荡环路中经过多次循环后，输出电压总和 $\tilde{V}(\omega,t)$ 表示如下：

$$\begin{aligned}\tilde{V}(\omega,t)&=G_{\mathrm{A}}\tilde{V}_{\mathrm{in}}(\omega)\sum_{n=0}^{\infty}\tilde{H}^{n}(\omega)G^{n}(V_{0})\exp\left[\mathrm{i}\omega\left(t-n\tau_{\mathrm{p}}\right)\right]\\&=\frac{G_{\mathrm{A}}\tilde{V}_{\mathrm{in}}(\omega)\exp(\mathrm{i}\omega t)}{1-\tilde{H}(\omega)G(V_{0})\exp\left(-\mathrm{i}\omega\tau_{\mathrm{p}}\right)}\end{aligned}\tag{2-17}$$

由式 (2-17)，光电振荡器中循环叠加的噪声在频率 ω 处对应的射频功率为

$$P(\omega)=\frac{|\tilde{V}(\omega,t)|^{2}}{2R_{\mathrm{Load}}}=\frac{G_{\mathrm{A}}^{2}|\tilde{V}_{\mathrm{in}}(\omega)|^{2}/\left(2R_{\mathrm{Load}}\right)}{1+\left|H(\omega)G\left(V_{0}\right)\right|^{2}-2H(\omega)\left|G\left(V_{0}\right)\right|\cos\left[\omega\tau_{\mathrm{p}}+\varphi(\omega)+\varphi_{0}\right]}\tag{2-18}$$

如果 $G(V_0)>0$，则 $\varphi_0=0$；如果 $G(V_0)<0$，则 $\varphi_0=\pi$。

由式 (2-18) 可以得到，光电振荡器的频率响应是一种等频率间隔的梳状响应，如图 2-4 所示，这些梳状响应的峰值位置 ω_k 满足如下关系：

$$\omega_k\tau_{\mathrm{p}}+\varphi\left(\omega_k\right)+\varphi_0=2k\pi,\quad k=0,1,2,\cdots\tag{2-19}$$

式中，k 为模式数。

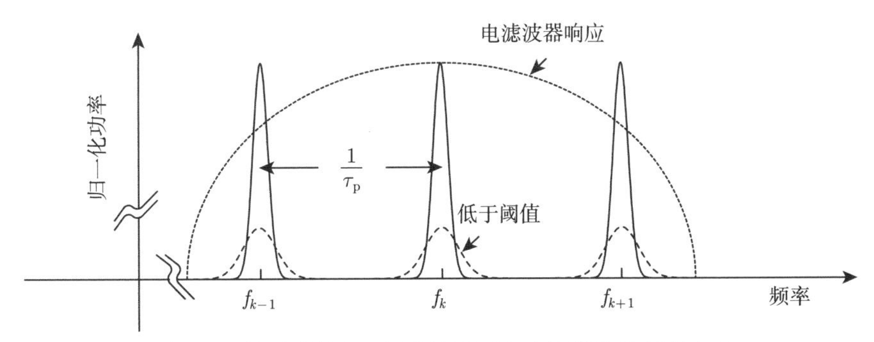

图 2-4 低于或者高于阈值情况下光电振荡器的频率响应

当光电振荡器的开环增益大于 1 时，增益峰附近的噪声分量经过反馈回路的多次循环放大，功率不断提高。光电振荡环路中的电带通滤波器一般仅允许一个模式的增益大于 1，因此最终只有一个模式可以振荡。当该模式的峰值功率继续增加，由于电光调制器或者射频放大器的非线性效应，会产生高阶谐波分量，并被滤波器滤除，使得环路的增益维持稳定。根据式 (2-11)，振荡模式的增益最终收敛至 1，达到稳定状态。

根据式 (2-18) 和式 (2-19)，光电振荡器可能振荡的模式频率为 $f_{\rm osc} \equiv f_k = \omega_k/2\pi$。当 $G(V_{\rm osc}) < 0$ 时，有

$$f_{\rm osc} \equiv f_k = (k + 1/2)/\tau \tag{2-20}$$

当 $G(V_{\rm osc}) > 0$ 时，有

$$f_{\rm osc} \equiv f_k = k/\tau \tag{2-21}$$

式中，τ 是光电振荡环路的总时延，包括环路物理长度带来的时延 $\tau_{\rm p}$ 和环路中色散带来的群时延，即 $\tau = \tau_{\rm p} + {\rm d}\varphi(\omega)/{\rm d}\omega|_{\omega=\omega_{\rm osc}}$。

2.1.3　相位噪声谱

光电振荡器中的噪声源主要包括热噪声、散粒噪声和相对强度噪声 (relative intensity noise, RIN)。为便于分析，将所有噪声等效到射频放大器的输入端。假设在频点 ω 处的总输入噪声功率谱密度为 $\rho_{\rm N}(\omega)$，则有

$$\rho_{\rm N}(\omega)\,\Delta f = |\tilde{V}_{\rm in}(\omega)|^2/(2R_{\rm Load}) \tag{2-22}$$

式中，Δf 是频率分辨率带宽。将式 (2-22) 代入式 (2-18) 并令 $H(\omega_{\rm osc}) = 1$，可得第 k 个振荡模式的双边带相位噪声功率谱密度为

$$\begin{aligned} S_{\rm RF}(f') &= \frac{P(f')}{\Delta f P_{\rm osc}} \\ &= \frac{\rho_{\rm N} G_{\rm A}^2/P_{\rm osc}}{1 + |H(f')\,G(V_{\rm osc})|^2 - 2\,|H(f')\,G(V_{\rm osc})|\cos(2\pi f'\tau)} \end{aligned} \tag{2-23}$$

式中，$P_{\rm osc}$ 为振荡信号功率；f' 为频率偏离值 (简称频偏)，$f' = (\omega - \omega_{\rm osc})/2\pi$。

对单频振荡信号，由归一化条件 [1]

$$\int_{-\infty}^{\infty} S_{\rm RF}(f'){\rm d}f' \approx \int_{-1/(2\tau)}^{1/(2\tau)} S_{\rm RF}(f'){\rm d}f' = 1 \tag{2-24}$$

在光电振荡环中滤波器的通带内有 $H(f') = 1$，由式 (2-23) 可得

$$\begin{aligned} S_{\rm RF}(f') &= \frac{\rho_{\rm N} G_{\rm A}^2/P_{\rm osc}}{1 + |G(V_{\rm osc})|^2 - 2\,|G(V_{\rm osc})|\cos(2\pi f'\tau)} \\ &= \frac{\rho_N G_{\rm A}^2}{2\,|G(V_{\rm osc})|\,P_{\rm osc}} \frac{1}{\dfrac{1}{2\,|G(V_{\rm osc})|} + \dfrac{|G(V_{\rm osc})|}{2} - \cos(2\pi f'\tau)} \end{aligned} \tag{2-25}$$

将式 (2-25) 代入式 (2-24) 可得

$$\int_{-1/(2\tau)}^{1/(2\tau)} S_{\mathrm{RF}}(f')\,\mathrm{d}f' = \frac{\rho_{\mathrm{N}} G_{\mathrm{A}}^2}{2\pi\tau\,|G(V_{\mathrm{osc}})|\,P_{\mathrm{osc}}} \int_0^{\pi} \frac{1}{\dfrac{1}{2\,|G(V_{\mathrm{osc}})|} + \dfrac{|G(V_{\mathrm{osc}})|}{2} - \cos\theta'}\mathrm{d}\theta' \tag{2-26}$$

式中，$\theta' = 2\pi f'\tau$ 。令 $m = \dfrac{1}{2\,|G(V_{\mathrm{osc}})|} + \dfrac{|G(V_{\mathrm{osc}})|}{2}, y = 2\pi f'\tau, f' = y/2\pi\tau,$ 由式 (2-26) 可得

$$\int_{-1/(2\tau)}^{1/(2\tau)} S_{\mathrm{RF}}(f')\,\mathrm{d}f' = \frac{\rho_{\mathrm{N}} G_{\mathrm{A}}^2}{2\pi\tau\,|G(V_{\mathrm{osc}})|\,P_{\mathrm{osc}}} \int_0^{\pi} \frac{1}{m - \cos y}\,\mathrm{d}y \tag{2-27}$$

已知三角函数的不定积分公式

$$\int \frac{\mathrm{d}\theta}{a + b\cos\theta} = \frac{2}{\sqrt{a^2 - b^2}} \arctan\left(\sqrt{\frac{a-b}{a+b}} \tan\frac{\theta}{2}\right) + C \tag{2-28}$$

式中，C 为常数，且 $a^2 > b^2$ 。基于式 (2-28)，可得

$$\begin{aligned}
\int_{-1/(2\tau)}^{1/(2\tau)} S_{\mathrm{RF}}(f')\,\mathrm{d}f' &= \frac{\rho_{\mathrm{N}} G_{\mathrm{A}}^2}{2\pi\tau\,|G(V_{\mathrm{osc}})|\,P_{\mathrm{osc}}} \int_0^{\pi} \frac{1}{m - \cos y}\,\mathrm{d}y \\
&= \frac{\rho_{\mathrm{N}} G_{\mathrm{A}}^2}{2\pi\tau\,|G(V_{\mathrm{osc}})|\,P_{\mathrm{osc}}} \left[\frac{2}{m-1}\sqrt{\frac{m-1}{m+1}} \arctan\left(\sqrt{\frac{m+1}{m-1}} \tan\frac{y}{2}\right)\Bigg|_{y=\pi} \right. \\
&\quad \left. - \frac{2}{m-1}\sqrt{\frac{m-1}{m+1}} \arctan\left(\sqrt{\frac{m+1}{m-1}} \tan\frac{y}{2}\right)\Bigg|_{y=0} \right] \\
&= \frac{\rho_{\mathrm{N}} G_{\mathrm{A}}^2}{2\pi\tau\,|G(V_{\mathrm{osc}})|\,P_{\mathrm{osc}}} \frac{\pi}{m-1}\sqrt{\frac{m-1}{m+1}} \\
&= \frac{\rho_{\mathrm{N}} G_{\mathrm{A}}^2}{\tau P_{\mathrm{osc}}} \frac{1}{[1 - |G(V_{\mathrm{osc}})|^2]} \\
&= 1
\end{aligned} \tag{2-29}$$

亦即

$$1 - |G(V_{\mathrm{osc}})|^2 = \frac{\rho_{\mathrm{N}} G_{\mathrm{A}}^2}{\tau P_{\mathrm{osc}}} \tag{2-30}$$

将式 (2-30) 代入式 (2-23)，得到

$$S_{\mathrm{RF}}(f') = \frac{\delta}{(2-\delta/\tau) - 2\sqrt{1-\delta/\tau}\cos(2\pi f'\tau)} \tag{2-31}$$

式中，δ 为等效输入噪信比，定义为

$$\delta \equiv \rho_{\mathrm{N}} G_{\mathrm{A}}^2 / P_{\mathrm{osc}} \tag{2-32}$$

当 $2\pi f'\tau \ll 1$ 时，可将余弦函数进行泰勒展开，此时，式 (2-31) 可简化如下：

$$S_{\mathrm{RF}}(f') = \frac{\delta}{(\delta/2\tau)^2 - (2\pi)^2 (\tau f')^2} \tag{2-33}$$

由上式可得振荡信号频谱的半高全宽为

$$\Delta f_{\mathrm{FWHM}} = \frac{1}{2\pi}\frac{\delta}{\tau^2} = \frac{1}{2\pi}\frac{G_{\mathrm{A}}^2 \rho_{\mathrm{N}}}{\tau^2 P_{\mathrm{osc}}} \tag{2-34}$$

因此光电振荡器的 Q 值为

$$Q = \frac{f_{\mathrm{osc}}}{\Delta f_{\mathrm{FWHM}}} = Q_{\mathrm{D}}\frac{\tau}{\delta} \tag{2-35}$$

式中，Q_{D} 为光延时线的品质因子，表达式如下：

$$Q_{\mathrm{D}} = 2\pi f_{\mathrm{osc}}\tau \tag{2-36}$$

从式 (2-33) 可进一步得到

$$S_{\mathrm{RF}}(f') = \frac{4\tau^2}{\delta}, \quad |f'| \ll \Delta f_{\mathrm{FWHM}}/2 \tag{2-37}$$

$$S_{\mathrm{RF}}(f') = \frac{\delta}{(2\pi)^2 (\tau f')^2}, \quad |f'| \gg \Delta f_{\mathrm{FWHM}}/2 \tag{2-38}$$

由式 (2-38) 可以看出，光电振荡器的相位噪声将随着频偏 f' 的增加而降低，对于特定的频偏 f'，光电振荡器的相位噪声则会随着时延 τ 的增加而降低。但是无论 τ 多大，相位噪声值都不可能降为零，因为当 τ 大到一定程度时，式 (2-31) 和式 (2-38) 将不再成立。由式 (2-31) 可以看出，光电振荡器相位噪声的最小值出现在 $f' = 1/(2\tau)$ 处，此时 $S_{\mathrm{RF}}^{\min}(f') \approx \delta/4$。从式 (2-23) 可以看出，当 f' 落在滤波器通带外，即 $H(f') \approx 0$ 时，光电振荡器在 f' 处的相位噪声即为等效输入噪信比 δ。式 (2-31) 和式 (2-38) 同时也说明，光电振荡器的相位噪声与振荡频率 f_{osc} 无关，亦即在高频段光电振荡器仍然可以产生超低相位噪声的信号。

2.1.4 准线性理论模型的拓展

准线性理论模型仅适用于光电振荡器的稳态情况，无法分析光电振荡器的起振、模式抖动和时域幅度振荡等动态过程。此外，该模型只考虑了白噪声源对相位噪声的影响，无法分析非白噪声 (如 $1/f$ 噪声) 的影响。针对该问题，Levy 等对准线性理论模型进行了拓展 [3]，引入多种与光电振荡器动态特性相关的物理效应，构建了数值仿真模型，可用于研究电光调制器的快速响应时间对相位噪声谱的影响、输入噪声对光电振荡器输出信号抖动的影响、起振过程中的模式竞争效应以及稳态条件下光电振荡器的幅度振荡等。接下来将基于拓展的准线性理论模型对光电振荡器的模式竞争、相位噪声以及非平稳动态行为等特征进行分析。

在光电振荡器的模式竞争方面，由于光电振荡环路通常较长，模式间隔有可能远小于滤波器的带宽，因此通带内的多个振荡模式都可能具有大于 1 的小信号开环增益，并发生振荡，光电振荡器的输出信号将是其中一个。与准线性理论模型中只允许一个模式开环增益大于 1 不同，该仿真模型中包含了多个振荡模式。仿真结果表明：光电振荡器启动时引入到环路中的噪声决定了稳态下的振荡模式，且不会随时间发生模式跳变。因此，光电振荡器的模式跳变是其他干扰源作用的结果，与高斯白噪声无关。图 2-5 为不同振荡模式下的归一化频谱和时域波形，环路时延设置为 $\tau = 2\mu\text{s}$，振荡频率 $f_{\text{osc}} = f_{\text{f}}$，$f_{\text{f}}$ 是等效电滤波器的中心频率，f_τ 是相对于振荡频率 f_{osc} 的偏移频率，该频率通过环路的模式间隔进行归一化。从图 2-5 可以看出，不同模式的功率相等，表明这几个模式具有在光电振荡环路中振荡的同等条件，因此，光电振荡器的稳态频率将是其多个振荡模式中的一个。

由图 2-6 可以看出，由两种模型计算出来的相位噪声随频偏的变化趋势相同，表明拓展的准线性理论模型与式 (2-37) 和式 (2-38) 的理论预测相符。但值得注意的是，基于拓展的准线性理论模型得到的相位噪声结果整体比准线性理论模型低约 2.5 dB，主要原因是在准线性理论模型中，没有考虑电光调制器快速响应所导致的增益变化，即假设了光电振荡器在稳定振荡时的闭环增益等于 1 且不随时间变化。而拓展的准线性理论模型则以振荡信号的复包络进行分析，环路增益将随振荡信号包络的幅度变化而不断地调整，此时，快速电光调制器响应将形成负反馈，进而抑制幅度噪声。

此外，基于拓展的准线性模型，可以对光电振荡器复包络在不同增益情况下的稳态振荡情况进行分析。由式 (2-5) 可知，光电振荡器的振荡幅度与小信号开环增益 G_{S} 和滤波器带宽直接相关。图 2-7(a) 为 $G_{\text{S}} = 1.5$ 时光电振荡器输出信号的归一化复包络幅度。可以看出，此时不存在幅度振荡，表明光电振荡器在该状态下能够实现稳定的单频输出。图 2-7(b) 为 $G_{\text{S}} = 2.4$ 时光电振荡器输出信号的归一化复包络幅度，此时光电振荡器输出信号产生了周期为 2τ 的幅度振荡，幅度变化约为平均幅度的 0.15。当小信号开环增益 G_S 增加到 2.75 时，光电振荡环路输出的信号将产生周期为 4τ 的幅度振荡，如图 2-7(c) 所示。而当小信号开环增益进一步增加到 3 时，如图 2-7(d) 所示，可以观察到两个甚至更多频率的振

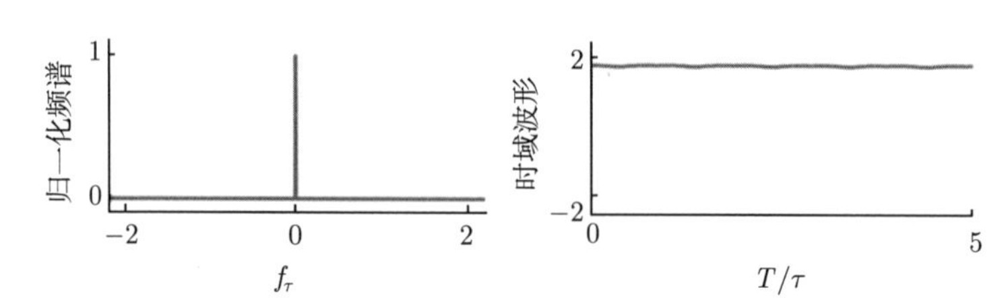

(a) 当稳态振荡模式的频率为f_{osc}时的射频频谱(左)和时域波形(右)图

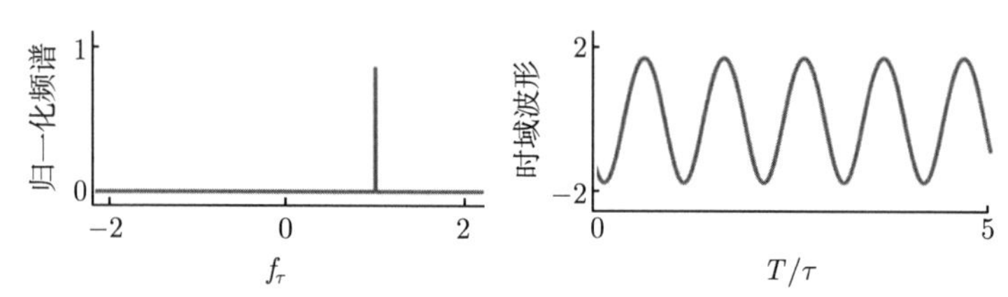

(b) 当稳态振荡模式的频率为$f_{osc}+1/\tau$ 时的射频频谱(左)和时域波形(右)图

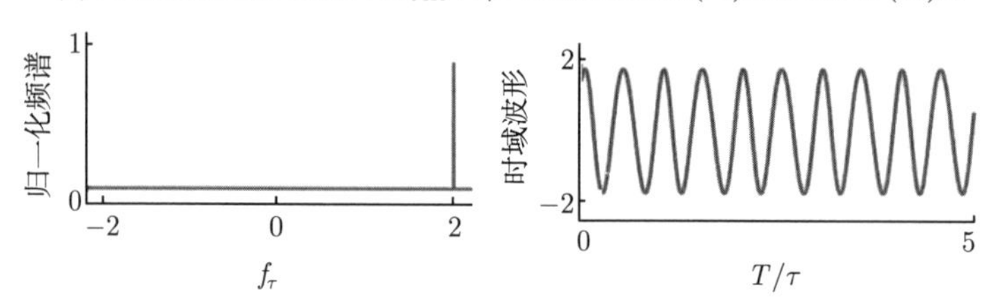

(c) 当稳态振荡模式的频率为$f_{osc}+2/\tau$ 时的射频频谱(左)和时域波形(右)图

图 2-5 当电滤波器带宽为 20 MHz，环路时间为 2μs，光电振荡环路中的多个可能振荡模式

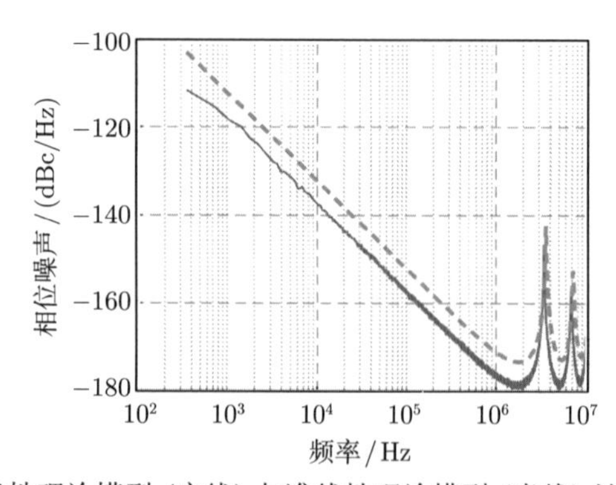

图 2-6 拓展的准线性理论模型 (实线) 与准线性理论模型 (虚线) 计算得到的相位噪声曲线对比

荡。虽然环路振荡幅度随时间变化而变化，但其平均振荡功率 $P_{\text{avg}}(T)$ 接近恒定值。从平均功率的角度来看，拓展的准线性理论模型与准线性理论模型一致。

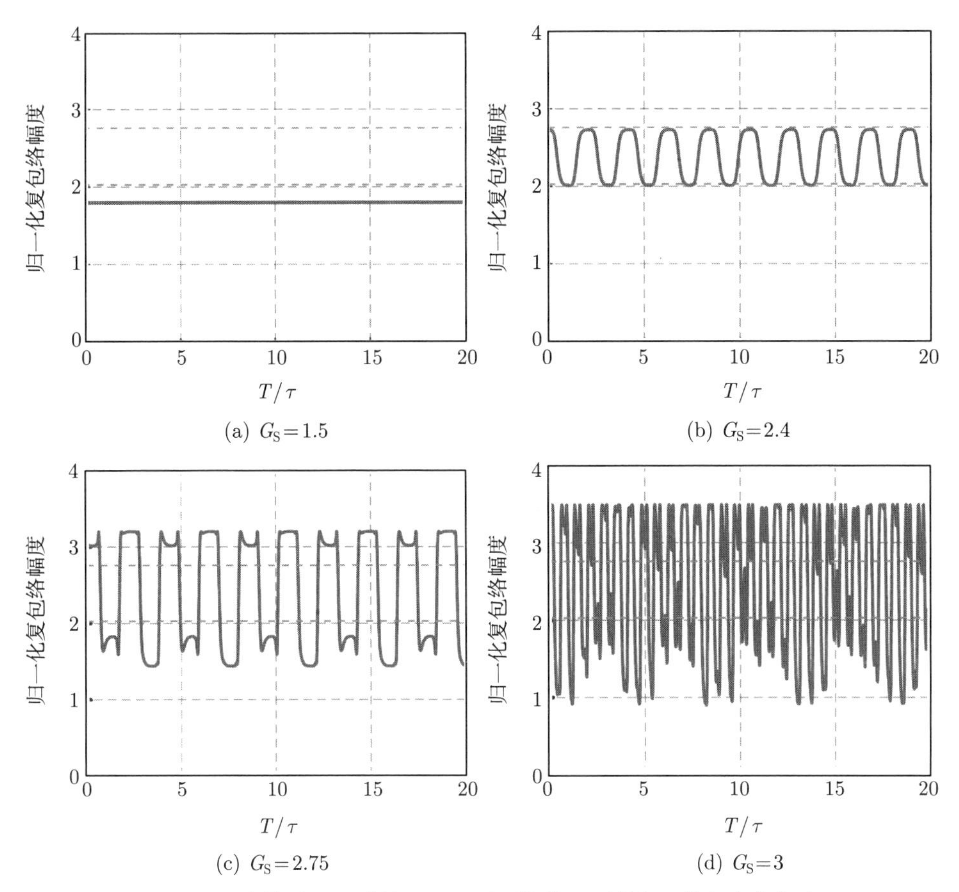

图 2-7 小信号开环增益 G_S 取不同值情况下的归一化复包络幅度

综上所述，准线性理论模型可以解析分析光电振荡器在单一振荡频率下的稳态行为，包括增益、振荡幅度、稳态条件、相位噪声谱等，而拓展的准线性理论模型可以进一步仿真分析光电振荡环路的增益竞争、稳态下的幅度振荡等动态行为，且对相位噪声的分析更加精准，有效扩大了准线性理论模型的适用范围，使之更具有普适性。

2.2 延时反馈振荡模型

光电振荡器的准线性理论模型可以较为全面地分析单频光电振荡器各项稳态

参数，但该模型中窄带滤波的基本假设极大地限制了其在宽带光电振荡系统中的推广应用。延时反馈振荡模型由激光器的非稳态研究发展而来，可以追溯到 20 世纪 60 年代。经过几十年的优化与改进，该理论模型已可用于低通滤波 [4]、宽带带通滤波 [5-8] 以及窄带带通滤波的光电振荡器 [9,10] 分析。人们用其开展了大增益、强非线性、宽带光电振荡器中多维动态过程的分析，包括多稳态 [11,12]、混沌态 [13-16]、呼吸效应 [17-19]、脉冲包 [19,20] 以及超混沌态 [21] 等。

与准线性理论模型一样，延时反馈振荡模型涉及多个时间尺度：振荡频率 ω_0 对应的时间尺度、谐振腔模式间隔 ω_{T} 对应的时间尺度、滤波器带宽 $\Delta\omega$ 对应的时间尺度以及相位噪声对应的时间尺度等。其中最快时间尺度与最慢时间尺度之比 $\omega_0^2/(\omega_{\mathrm{T}}\cdot\Delta\omega)$ 达到 10^7 量级，若直接通过时域动态过程进行仿真分析将会花费巨大的计算资源，耗时长、效率低。

因此，在建立该模型时进行两项简化：一是以对振荡信号的复包络进行分析代替对信号本身的分析，消除载波频率对应的快时间变化，提高计算效率；二是假设不同时间尺度间相互独立，从而可列出不同时间尺度下的方程组，形成多时间尺度分析方法。此外，由于本书主要讨论高频光电振荡器的分析与应用，因此不对低通光电振荡器的情况进行赘述。

本节的主要研究内容如图 2-8 所示，延时反馈振荡模型利用带通滤波器的微分积分算子构建延时微积分方程，再利用振荡环路中调制部分的雅可比 (Jacobi) 展开得到电压复包络的演化，分析获得系统的平凡固定解以及非平凡固定解，进而进行稳定性分析，即分析光电振荡器系统稳定性和不同增益的关系。

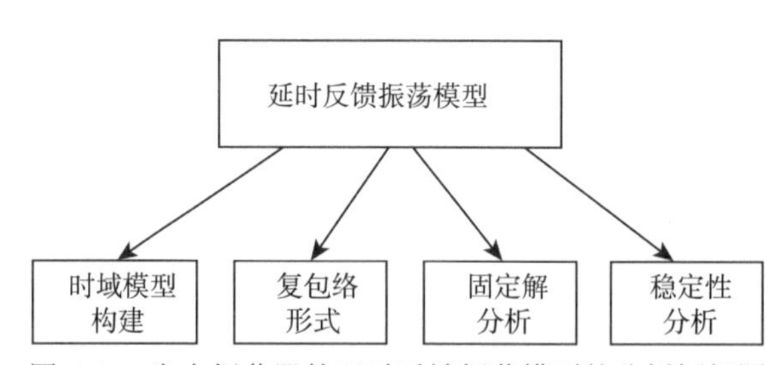

图 2-8　光电振荡器的延时反馈振荡模型的分析框架图

图 2-9 为光电振荡器的延时反馈振荡理论模型框图。光电振荡器的动态特性受电带通滤波器、射频放大器、马赫-曾德尔电光调制器和光电探测器组成的整体带通滤波响应支配，其中电带通滤波器的影响最为关键。假设电带通滤波器为线性滤波器，中心角频率为 ω_f，带宽为 $\Delta\omega$，则光电振荡环路中的电压 $V(t)$ 将遵循以下延时微分积分方程：

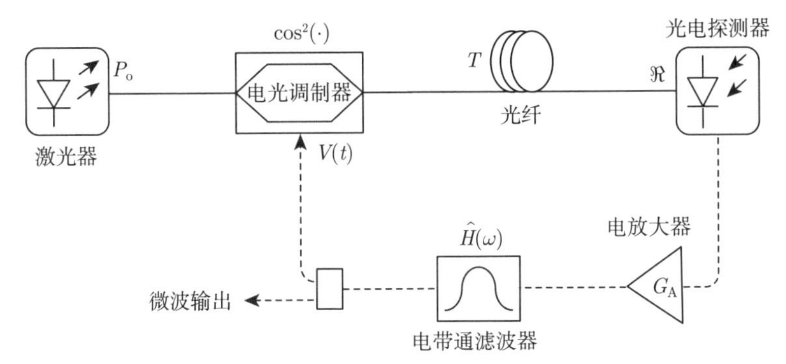

图 2-9 光电振荡器的延时反馈振荡理论模型框图

$$V(t)+\frac{1}{\Delta\omega}\frac{\mathrm{d}}{\mathrm{d}t}V(t)+\frac{\omega_0^2}{\Delta\omega}\int_{t_0}^{t}V(s)\mathrm{d}s=\alpha_{\mathrm{L}}G_{\mathrm{A}}\Re P_{\mathrm{o}}\cos^2\left[\frac{\pi V(t-T)}{2V_{\pi\mathrm{RF}}}+\frac{\pi V_{\mathrm{B}}}{2V_{\pi\mathrm{DC}}}\right] \tag{2-39}$$

式中，α_{L} 为环路的总损耗；G_{A} 为射频放大器的增益；$\Re$ 为光电探测器的响应度；P_{o} 为激光器的功率；$\cos^2(\cdot)$ 为马赫-曾德尔电光调制器的非线性传输函数；T 为光电振荡环路引入的总延时；V_{B} 为电光调制器的直流偏置电压；$V_{\pi\mathrm{RF}}$ 为电光调制器的射频半波电压；$V_{\pi\mathrm{DC}}$ 为电光调制器的直流半波电压。

令 $x(t)=\pi V(t)/(2V_{\pi\mathrm{RF}})$，式 (2-39) 可以转化成如下无量纲的形式：

$$x+\tau'\frac{\mathrm{d}x}{\mathrm{d}t}+\frac{1}{\tau''}\int_{t_0}^{t}x(s)\mathrm{d}s=\beta\cos^2[x(t-T)+\phi] \tag{2-40}$$

式中，β 为归一化反馈增益，$\beta=\pi\alpha_{\mathrm{L}}\Re G_{\mathrm{A}}P_{\mathrm{o}}/(2V_{\pi\mathrm{RF}})$；$\phi$ 为偏置相位，$\phi=\pi V_{\mathrm{B}}/(2V_{\pi\mathrm{DC}})$，$V_{\mathrm{B}}$ 为引入的相位；τ' 和 τ'' 为带通滤波器引入的特征时间尺度参数，$\tau'=1/\Delta\omega$，$\tau''=\Delta\omega/\omega_0^2$。

由于光电振荡器的动态过程中最快时间尺度与最慢时间尺度之比 $\omega_0^2/(\omega_{\mathrm{T}}\cdot\Delta\omega)$ 达到 10^7 量级，因此无法直接基于式 (2-40) 对光电振荡器的时域动态过程进行分析。考虑到只有滤波器通带内的模式才能振荡，因此式 (2-40) 的解可以表示为以 ω_0 为载频、以 $\mathcal{A}(t)$ 为复包络的形式，即

$$x(t)=\frac{1}{2}\mathcal{A}(t)\mathrm{e}^{\mathrm{i}\omega_0 t}+\frac{1}{2}\mathcal{A}^*(t)\mathrm{e}^{-\mathrm{i}\omega_0 t} \tag{2-41}$$

式中，$\mathcal{A}=|\mathcal{A}|\mathrm{e}^{\mathrm{i}\psi}$，$\psi$ 为复数域的相位。式 (2-41) 将对环路中振荡信号 $x(t)$ 的求解转变为对其复包络 $\mathcal{A}(t)$ 的求解。

接下来推导关于 $\mathcal{A}(t)$ 的方程。因为 $\mathcal{A}(t)$ 相对于载波 ω_0 变化非常缓慢，所以 $|\mathrm{d}\mathcal{A}(t)/\mathrm{d}t| \ll \omega_0|\mathcal{A}(t)|$。根据 Jacobi-Anger(雅可比-安格尔) 展开式

$$\mathrm{e}^{\mathrm{i}z\cos\varphi} = \sum_{n=-\infty}^{+\infty} \mathrm{i}^n \mathrm{J}_n(z)\mathrm{e}^{\mathrm{i}n\varphi} \tag{2-42}$$

式中，J_n 是 n 阶第一类贝塞尔函数，如果 $x(t)$ 近似为载波频率为 ω_0 的信号，则 $\cos^2[x(t-T)+\phi]$ 的傅里叶频谱将会分布在 ω_0 附近。由于滤波器在 ω_0 处的带通响应，因此可以近似舍弃除基波之外的其余频谱分量。联合式 (2-41) 和式 (2-42)，式 (2-40) 可以改写为

$$x+\tau'\frac{\mathrm{d}x}{\mathrm{d}t}+\frac{1}{\tau''}\int_{t_0}^{t} x(s)\mathrm{d}s = -\beta\sin 2\phi\times \mathrm{J}_1\left[2\left|\mathcal{A}\left(t-T\right)\right|\right]\cos\left[\omega_0\left(t-T\right)+\psi\left(t-T\right)\right] \tag{2-43}$$

为避免积分项在解析运算过程中不好操作的情况，令 $u(t)=\int_{t_0}^{t} x(s)\mathrm{d}s$。根据 $x(t)$ 的特性可知，$u(t)$ 为接近于 0 的正弦曲线，可以写成：

$$u(t)=\frac{1}{2}\mathcal{B}(t)\mathrm{e}^{\mathrm{i}\omega_0 t}+\frac{1}{2}\mathcal{B}^*(t)\mathrm{e}^{-\mathrm{i}\omega_0 t} \tag{2-44}$$

为导出 $\mathcal{B}(t)$ 的演化方程，将式 (2-44) 代入式 (2-43)，可得

$$\ddot{\mathcal{B}}+2\left(\mu+\mathrm{i}\omega_0\right)\dot{\mathcal{B}}+2\mathrm{i}\mu\omega_0\mathcal{B}=-2\mu\gamma \mathrm{J}_1\left(2\left|\dot{\mathcal{B}}_T+\mathrm{i}\omega_0\mathcal{B}_T\right|\right)\mathrm{e}^{-\mathrm{i}\omega_0 T}\mathrm{e}^{\mathrm{i}\psi_T} \tag{2-45}$$

式中，$\mu=\Delta\omega/2$，$\Delta\omega$ 为滤波器的通带带宽；$\gamma=\beta\sin 2\phi$，为有效反馈增益。延时引入的环路相位定义为 $\sigma=\omega_0 T$。

假设 $\mathcal{B}(t)$ 满足缓慢变化条件 $|\ddot{\mathcal{B}}|\leqslant\omega_0|\dot{\mathcal{B}}|\leqslant\omega_0^2|\mathcal{B}|$ 并考虑 $\mu\ll\omega_0$，则式 (2-45) 可以简化为

$$\mathrm{i}\omega_0\dot{\mathcal{B}}+\mathrm{i}\mu\omega_0\mathcal{B}=-\mu\gamma \mathrm{J}_1\left(2\omega_0\left|\mathcal{B}_T\right|\right)\mathrm{e}^{-\mathrm{i}\sigma}\mathrm{e}^{\mathrm{i}\psi_T} \tag{2-46}$$

变量 $x(t-T)$ 的相位因子可以表示为 $\exp(\mathrm{i}\psi_T)=\mathcal{A}_T/|\mathcal{A}_T|$，$\mathcal{A}_T$ 是 $x(t-T)$ 的复包络。由于 $\mathcal{A}$、$\mathcal{B}$ 均是中心频率为 ω_0 的带通信号，因此 $\mathcal{A}$ 近似等于 $\mathrm{i}\omega_0\mathcal{B}$，从而得到微波变量 $x(t)$ 的复包络 $\mathcal{A}$ 的演化方程如下：

$$\dot{\mathcal{A}}=-\mu\mathcal{A}-2\mu\gamma\mathrm{e}^{-\mathrm{i}\sigma}\mathrm{J}_{\mathrm{c}1}\left(2\left|\mathcal{A}_T\right|\right)\mathcal{A}_T \tag{2-47}$$

式中，$\mathrm{J}_{\mathrm{c}1}$ 是 Bessel-cardinal 函数，定义为 $\mathrm{J}_{\mathrm{c}1}(x)=\mathrm{J}_1(x)/x$。

至此，我们得到了带有复变量的一阶非线性时滞微分方程。式 (2-47) 将对 $x(t)$ 的微分积分方程分析转变为对带有复变量的一阶非线性时滞微分方程的分析。以 $x(t)$ 的复包络 $\mathcal{A}$ 为基础可以研究光电振荡器的动态过程。下面将利用式 (2-47) 来研究光电振荡器的稳态特性及其局部稳定性。

2.2.1 光电振荡器的稳定解

稳态条件下，光电振荡器单频振荡的包络是恒定值，即 $\dot{A}=0$，所以单频解是式 (2-47) 的固定解，它们服从以下非线性方程：

$$\mathcal{A}\left[1+2\gamma \mathrm{e}^{-\mathrm{i}\sigma}\mathrm{J}_{\mathrm{c}1}\left(2|\mathcal{A}|\right)\right]=0 \tag{2-48}$$

式中，$\mathcal{A}(t)\equiv 0$ 的平凡固定解对应于系统的非振动状态。为分析该平凡固定解的稳定性，引入扰动 $\delta\mathcal{A}$ 并跟踪其演变过程：

$$\delta\dot{\mathcal{A}}=-\mu\delta\mathcal{A}-\mu\gamma \mathrm{e}^{-\mathrm{i}\sigma}\delta\mathcal{A}_T \tag{2-49}$$

式 (2-49) 的延时微分方程的稳态条件可以解析得到 [21,22]。为实现稳定振荡，式 (2-49) 需要满足相位匹配条件 $\mathrm{e}^{\mathrm{i}\sigma}=\pm 1$。该条件表明，如果 $\omega_0 T$ 不是 π 的整数倍，则该模式将以频移量为 ω_τ、满足 $(\omega_0+\omega_\tau)T$ 为 π 的整数倍条件进行振荡。令 T_{cr}=$\arccos[-\mathrm{e}^{-\mathrm{i}\sigma}/\gamma]/[\mu\sqrt{(\gamma^2-1)}]$，当 $|\gamma|<1$ 或者 $\gamma\mathrm{e}^{-\mathrm{i}\sigma}\geqslant 1$ 且 $T<T_{\mathrm{cr}}$ 时，平凡固定解是稳定的。由于系统中 $T\gg 1/\mu$，$\gamma\mathrm{e}^{-\mathrm{i}\sigma}\geqslant 1$ 且 $T<T_{\mathrm{cr}}$ 的条件通常无法满足，因此通常只考虑 $|\gamma|\leqslant 1$ 的情况。若 $\gamma\mathrm{e}^{-\mathrm{i}\sigma}<0$，系统在 $|\gamma|=1$ 处存在分岔点；若 $\gamma\mathrm{e}^{-\mathrm{i}\sigma}>0$，系统会在 $|\gamma|$ 略大于 1 的地方存在分岔，但是该结果并未在实验中出现，因为整个射频频谱也会频移 $\omega_{\mathrm{T}}/2$。因此从整体上分析，只有当环路增益 $|\gamma|<1$ 时，平凡固定解才是稳定的。

当 $|\gamma|=1$ 时，必须考虑在平凡固定解 $\mathcal{A}(t)=0$ 与非平凡固定解 $\mathcal{A}(t)=\mathcal{A}_0\neq 0$ 之间发生的超临界叉分岔，该非平凡固定解与系统的动态行为相对应，即存在类似于 $x(t)=|\mathcal{A}_0|\cos(\omega_0 t+\varphi_0)$ 的正弦解。基于式 (2-48)，可以得出该正弦解的包络服从以下超越方程：

$$\mathrm{J}_{\mathrm{c}_1}\left(2\left|\mathcal{A}_0\right|\right)=-\frac{1}{2\gamma}\mathrm{e}^{\mathrm{i}\sigma} \tag{2-50}$$

为不失一般性，令 $\mathrm{e}^{-\mathrm{i}\sigma}=1$，于是可得振荡信号的振幅 $\mathcal{A}_0$ 由 Bessel-cardinal 函数和高度为 $-1/(2\gamma)$ 的水平线之间的交点决定。由于环路增益 $\gamma=\beta\sin 2\phi$ 由偏置相位 ϕ 决定，所以式 (2-50) 的解有四种不同的情况：$\gamma<-15.52$ 或 $\gamma>7.56$ 时，无解；$-15.52<\gamma<-1$ 时，有一个解；$-1<\gamma<7.56$ 时，有多个解。对于光电振荡器，普遍感兴趣的范围是 $-15.52<\gamma<-1$。

以上过程分析了非平凡固定解的存在及其稳定性，对应光电振荡器的非振荡过程，同时也求解了非平凡固定解对应光电振荡器的振荡过程。这些分析主要适用于窄带光电振荡器，但该方法也可以拓展到宽带光电振荡器的研究。接下来对该非平凡固定解的稳定性进行分析。

2.2.2 光电振荡器的稳定性分析

采用常规的稳定性分析方法，可得出扰动方程如下：

$$\delta\dot{\mathcal{A}} = -\mu\delta\mathcal{A} - 2\mu\gamma\left[\mathrm{J}_{c_1}\left(2\left|\mathcal{A}_0\right|\right) + 2\left|\mathcal{A}_0\right|\mathrm{J}'_{c_1}\left(2\left|\mathcal{A}_0\right|\right)\right]\delta\mathcal{A}_T \tag{2-51}$$

为实现稳定振荡，$|\mathcal{A}_0|$ 需满足以下的振幅条件：

$$\left|\frac{1}{2} + \frac{\left|\mathcal{A}_0\right|\mathrm{J}'_{c_1}\left(2\left|\mathcal{A}_0\right|\right)}{\mathrm{J}_{c1}\left(2\left|\mathcal{A}_0\right|\right)}\right| < \frac{1}{2} \tag{2-52}$$

考虑到 $-15.52<\gamma<-1$,对应于 γ 的区间范围为 $[-2.31,-1]$,$[-8.11,-7.56]$,$[-15.52,-15.08]$。实际上，由于一般射频和光电器件难以实现增益 $|\gamma|>5$ 的情况，γ 的分析区间被限制在 $[-2.31,-1]$。因此，该理论预测在 $|\gamma|=1$ 时会出现单一解，并且保持单频振荡直到增益临界值达到 2.31，该单频振荡的增益临界值被定义为 γ_{cr}。当增益值超过 γ_{cr} 时，系统将经历超临界 Hopf 分岔，固定点 $\mathcal{A}_0$ 将失去稳定性，并出现包络振荡 $\mathcal{A}_0 + a_0\exp(\mathrm{i}\omega_{\mathrm{H}}t)$，其中 a_0 为调制幅度，即该 Hopf 分岔导致微波信号 $x(t)$ 的振幅被调制，在傅里叶频谱中表现为出现稳定的调制边带。从经典的 Hopf 分岔理论可以证明，调制幅度 $|a_0|$ 随着分岔增益的平方根 $|\gamma-\gamma_{\mathrm{cr}}|^{1/2}$ 的增加而增长；另一方面，Hopf 分岔引起的幅度调制频率可以被定性地确定为 ω_{H}。实际上，时变分量 $a_0\exp(\mathrm{i}\omega_{\mathrm{H}}t)$ 最初很小，可看作扰动，遵循式 (2-51)，亦即

$$\mathrm{i}\omega_{\mathrm{H}} = -\mu - 2\mu\gamma\left[\mathrm{J}_{c1}\left(2\left|\mathcal{A}_0\right|\right) + 2\left|\mathcal{A}_0\right|\mathrm{J}'_{c1}\left(2\left|\mathcal{A}_0\right|\right)\right]\mathrm{e}^{-\mathrm{i}\omega_{\mathrm{H}}T} \tag{2-53}$$

将式 (2-53) 分解为实部和虚部后，Hopf 分岔引起的幅度调制频率 ω_{H} 满足超越方程：

$$\omega_{\mathrm{H}} = -\mu\tan\left(\omega_{\mathrm{H}}T\right) \tag{2-54}$$

有物理解 $\omega_{\mathrm{H}}\approx(1/2)\omega_{\mathrm{T}}$，$\omega_{\mathrm{T}}$ 对应于调制周期 $T_{\mathrm{H}}=2T$。

基于式 (2-47) 进行仿真，不同环路增益情况下光电振荡器输出信号的幅度包络结果如图 2-10 所示。当 $|\gamma|=2.2$ 时，系统在发生一些振荡瞬变之后，收敛到稳定的固定点。而当增益增加到 $|\gamma|=2.4$ 时，系统发生了超临界 Hopf 分岔，其振幅被调制，且调制周期是环路延迟时间 T 的 2 倍。

为验证由 Hopf 分岔引起的幅度调制情况，开展了载频为 3GHz、带宽为 20MHz 的光电振荡器实验，结果如图 2-11 所示。可以看出，在 Hopf 分岔之前，光电振荡器振荡幅度是恒定的，在频谱中有一个单峰，如图 2-11(a2) 所示；Hopf 分岔开始时，光电振荡器振荡幅度含有 Hopf 频率为 $\omega_{\mathrm{H}}/2\pi=\omega_{\mathrm{T}}/4\pi=25\mathrm{kHz}$ 的调制，两个调制边带以 $\pm\omega_{\mathrm{H}}/2\pi$ 的频率偏移出现在载波两侧，如图 2-11(b2) 所示。测量得到此时环路增益临界值为 $\gamma_{\mathrm{cr}}=2.42$，非常接近于基于式 (2-51) 通过

稳定条件理论得到的解析值 $\gamma_{\rm cr}=2.31$。Hopf 分岔后，幅度被同频率 $\omega_{\rm H}$ 方波调制，调制边带变强，如图 2-11(c2) 所示。实验现象与前述理论分析一致。

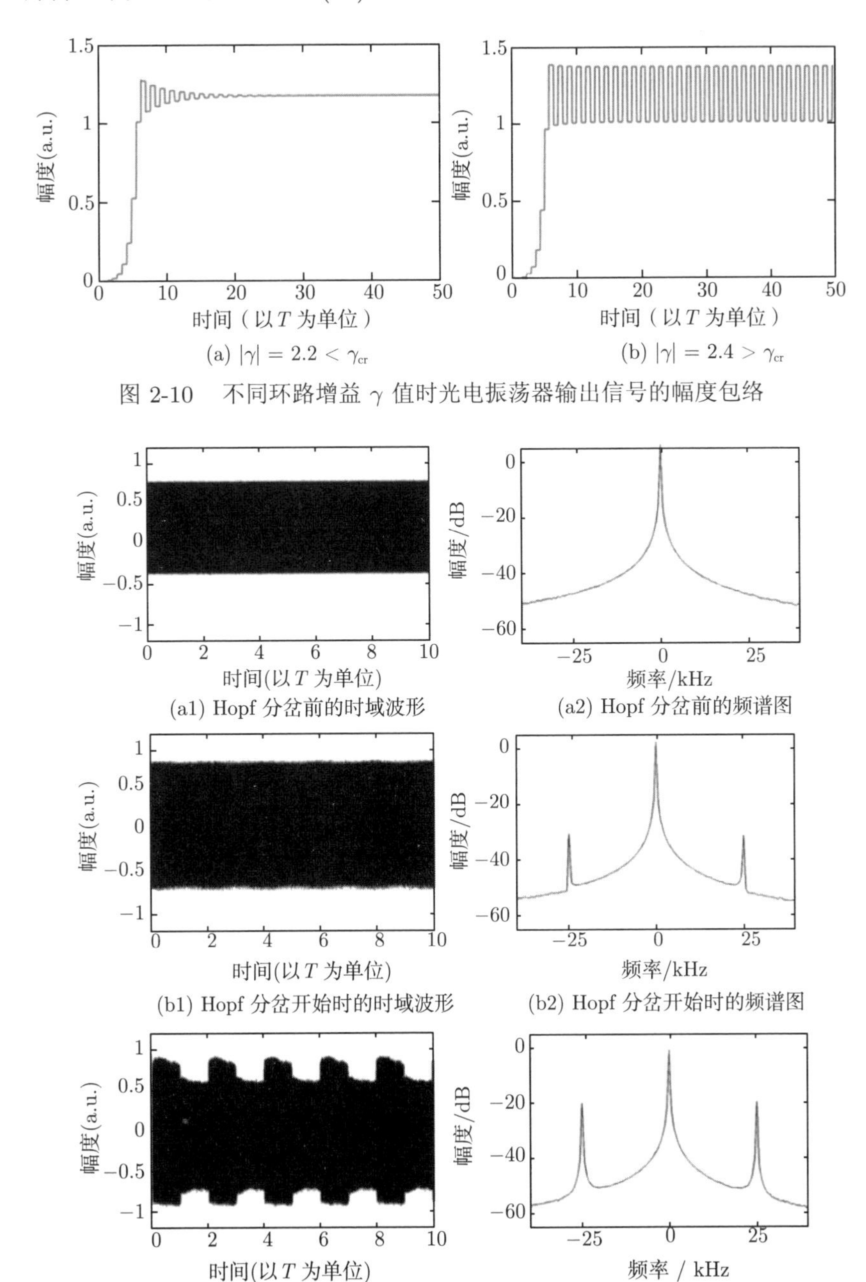

图 2-10 不同环路增益 γ 值时光电振荡器输出信号的幅度包络

图 2-11 随着增益的增加，Hopf 分岔引起光电振荡器输出信号的幅度调制现象

2.2.3　基于随机模型的相位噪声分析

本节将基于延时反馈振荡模型和随机模型分析光电振荡器的相位噪声特性。该分析中将引入两类噪声：由环路增益随机波动引入的乘性噪声和由环境波动引入的加性噪声。将这两类噪声分别等效于白噪声和高斯噪声，式 (2-40) 可以表示为随机延时反馈振荡方程：

$$x+\tau'\frac{\mathrm{d}x}{\mathrm{d}t}+\frac{1}{\tau''}\int_{t_0}^{t}x(s)\mathrm{d}s=\beta\left[1+\sigma_{\mathrm{m}}\xi_{\mathrm{m}}(t)\right]\cos^2[x(t-T)+\phi]+\sigma_{\mathrm{a}}\xi_{\mathrm{a}}(t) \tag{2-55}$$

式中，$\xi_{\mathrm{m}}(t)$ 为乘性噪声；$\xi_{\mathrm{a}}(t)$ 为加性噪声。将这些噪声分解为复共轭项，表达式如下：

$$\begin{cases}\xi_{\mathrm{a}}(t)=\dfrac{1}{2}\zeta_{\mathrm{a}}(t)\mathrm{e}^{\mathrm{i}\omega_0 t}+\dfrac{1}{2}\zeta_{\mathrm{a}}^{*}(t)\mathrm{e}^{-\mathrm{i}\omega_0 t}\\ \xi_{\mathrm{m}}(t)=\dfrac{1}{2}\zeta_{\mathrm{m}}(t)+\dfrac{1}{2}\zeta_{\mathrm{m}}^{*}(t)\end{cases} \tag{2-56}$$

式中，$\zeta_{\mathrm{a}}(t)$ 和 $\zeta_{\mathrm{m}}(t)$ 是复高斯白噪声，其互相关为 $\langle\zeta_{\mathrm{a,m}}(t)\zeta_{\mathrm{a,m}}^{*}(t')\rangle=4\delta_{\mathrm{a,m}}\delta(t-t')$。因此，积分变量 $u(t)=\displaystyle\int_{t_0}^{t}x(s)\mathrm{d}s$ 的慢变复包络 $\mathcal{B}(t)$ 满足以下关系：

$$\begin{aligned}&\left\{\ddot{\mathcal{B}}+2\left(\mu+\mathrm{i}\omega_0\right)\dot{\mathcal{B}}+2\mathrm{i}\mu\omega_0\mathcal{B}\right\}\mathrm{e}^{\mathrm{i}\omega_0 t}+\ \mathrm{c.c.}\\ &=-4\mu\gamma\left[\left(\frac{1}{2}+\frac{1}{2}\sigma_{\mathrm{m}}\zeta_{\mathrm{m}}(t)\right)+\ \mathrm{c.c.}\ \right]\left[\frac{1}{2}\mathrm{e}^{\mathrm{i}\omega_0(t-T)}\mathrm{e}^{\mathrm{i}\psi_T}+\ \mathrm{c.c.}\ \right]\\ &\quad\times \mathrm{J}_1\left[2\left|\dot{\mathcal{B}}_T+\mathrm{i}\omega_0\mathcal{B}_T\right|\right]+4\mu\left[\frac{1}{2}\sigma_{\mathrm{a}}\zeta_{\mathrm{a}}(t)\mathrm{e}^{\mathrm{i}\omega_0 t}+\ \mathrm{c.c.}\ \right]\end{aligned} \tag{2-57}$$

式中，c.c. 为前一项的复共轭。式 (2-57) 可简化为变量 $\mathcal{A}(t)$ 的随机延时微分方程，即

$$\dot{\mathcal{A}}=-\mu\mathcal{A}-2\mu\gamma\left[1+\sigma_{\mathrm{m}}\xi_{\mathrm{m}}(t)\right]\mathrm{e}^{-\mathrm{i}\sigma}\mathrm{J}_{\mathrm{c}1}\left[2\left|\mathcal{A}_T\right|\right]\mathcal{A}_T+2\mu\sigma_{\mathrm{a}}\zeta_{\mathrm{a}}(t) \tag{2-58}$$

在式 (2-58) 复包络方程中，初始的乘性噪声仍然是一个实数变量，而加性噪声则是复数形式。

从理论分析可知，相位噪声波动的幅度应随着加性噪声 σ_{a} 和乘性噪声 σ_{m} 的幅度增大而增大。该方程表明相位噪声随着输出信号包络 $|\mathcal{A}_0|$ 的增大而减小，且其波动与电滤波器的延迟时间和带宽密切相关。

对光电振荡器的相位噪声谱进行分析，等价于分析 $\mathcal{A}(t)=|\mathcal{A}(t)|\mathrm{e}^{\mathrm{i}\psi(t)}$ 的相位项。基于式 (2-58) 进行仿真，结果如图 2-12 所示。当加性噪声和乘性噪声分

别为 $\sigma_{\mathrm{a}}=5.0\times10^{-3}$ 和 $\sigma_{\mathrm{m}}=1.0\times10^{-5}$ 时，仿真得到的相位噪声谱如图 2-12(a) 所示，该结果与 Yao-Maleki 模型对相位噪声谱的特征描述相符，且可以观测到频率间隔为 $\omega_{\mathrm{T}}/2\pi$ 的边模，相位噪声值约为 −160dBc/Hz@10kHz。

将不同加性噪声和乘性噪声情况下的相位噪声谱进行对比，结果如图 2-12(b) 所示。当加性噪声和乘性噪声分别为 $\sigma_{\mathrm{a}}=15.0\times10^{-3}$ 和 $\sigma_{\mathrm{m}}=1.0\times10^{-5}$ 时，相位噪声谱如短虚线所示；而当 $\sigma_{\mathrm{a}}=5.0\times10^{-3}$ 和 $\sigma_{\mathrm{m}}=3.0\times10^{-5}$ 时，相位噪声谱如点虚线所示。可以看出，相位噪声随着噪声幅值的增大而增大。此外，相对于加性噪声，乘性噪声的增加会更快速地恶化输出信号的相位噪声。

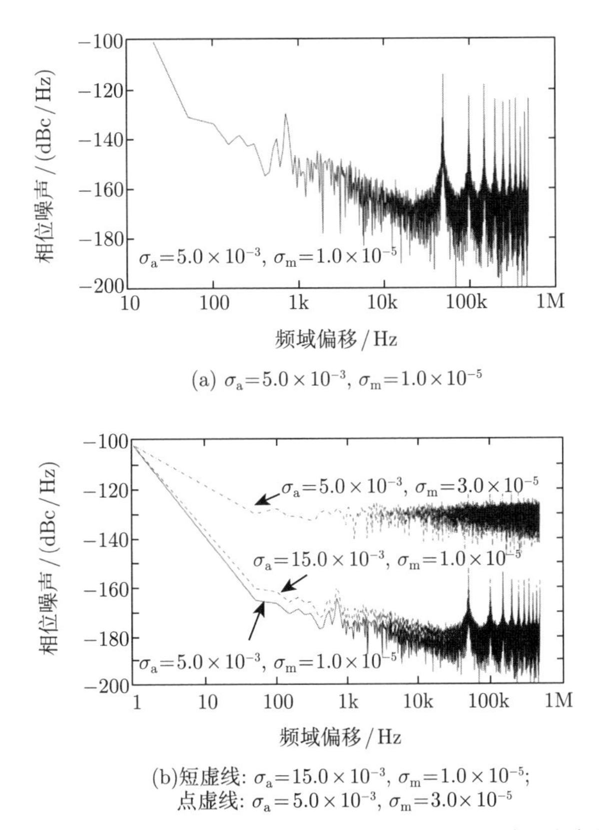

(b)短虚线: $\sigma_{\mathrm{a}}=15.0\times10^{-3}$, $\sigma_{\mathrm{m}}=1.0\times10^{-5}$;
点虚线: $\sigma_{\mathrm{a}}=5.0\times10^{-3}$, $\sigma_{\mathrm{m}}=3.0\times10^{-5}$

图 2-12 设置不同加性噪声和乘性噪声时相位噪声谱的仿真结果

2.3 不同理论模型的对比分析

Yao-Maleki 模型 (准线性理论模型) 是最早对单频振荡光电振荡器进行分析的理论模型。基于该模型，学者们对光电振荡器的关键特性进行了较为全面的分析，包括振荡阈值、小信号增益、稳定条件和相位噪声等。但是该模型主要用于求解光电振荡器的稳态参数，无法对启动过程、多模振荡以及幅度振荡等现象进行研究。Levy 等对准线性理论模型进行了拓展，该拓展模型不仅考虑到了准线性理论模型中所有的物理效应，还包括光电振荡器起振过程中的模式竞争，以及调制器的快速响应时间对相位噪声的影响、输入噪声对光电振荡器输出信号幅度波动的影响等。与准线性理论模型一样，该拓展模型未考虑到环路内的乘性噪声对相位噪声的影响，因此不能很好地描述光电振荡器的近载频相位噪声。

单环路光电振荡器的延时反馈振荡模型由 Ikeda 模型发展而来，经过数十年的发展，基于该模型对低通、宽带和窄带光电振荡器的特性进行了充分研究，包括稳态和动态过程，本节中主要论述了基于多时间尺度分析方法下的光电振荡器稳定解和稳定性分析。该理论模型可引入加性噪声和乘性噪声，实现对光电振荡器输出信号近载频和远载频相位噪声的分析。值得指出的是，由于时域微分方程依然复杂，加性噪声和乘性噪声对相位噪声的影响程度仍然难以直观地得到。

综上所述，在目前的光电振荡器理论模型中，准线性理论模型可以对单频光电振荡器进行全面的稳态解析，但是由于其线性化近似、环路增益恒定假设以及只考虑加性白噪声等，该模型很难全面分析具有复杂工作模式的光电振荡器。拓展的准线性理论模型可以对光电振荡器启动过程及一些非线性特性进行分析，但是该理论模型得出的相位噪声曲线与理论值在低频偏处还存在一定的差别。基于准线性理论的数值仿真模型和延时反馈振荡模型都考虑到了光电振荡器中多时间尺度的分析难点，因此将对高载频振荡信号的分析转化为分析其复包络，提高了仿真效率。这两类模型都能对光电振荡器中稳态下的动态过程进行分析，但是基于准线性理论的数值仿真模型更偏向于窄带带通滤波的单频振荡光电振荡器，而延时反馈振荡模型则可以应用于低通、宽带和窄带光电振荡器的分析与仿真。此外，延时反馈振荡模型可以兼容乘性噪声对光电振荡器的影响分析。但是当光电振荡器中光纤较长时，基于延时反馈振荡模型的分析对计算能力要求高，且仿真时间长。在对光电振荡器相关现象和状态进行分析时，应根据具体情况和需求选择合适的理论模型。

参 考 文 献

[1] Yao X S, Maleki L. Optoelectronic microwave oscillator[J]. Journal of the Optical Society of America B, 1996, 13(8): 1725-1735.

[2] Ikeda K. Multiple-valued stationary state and its instability of the transmitted light by a ring cavity system[J]. Optics Communications, 1979, 30(2): 257-261.

[3] Levy E C, Horowitz M, Menyuk C R. Modeling optoelectronic oscillators[J]. Journal of the Optical Society of America B, 2009, 26(1): 148-159.

[4] Gibbs H M, Hopf F A, Kaplan D L, et al. Observation of chaos in optical bistability[J]. Physical Review Letters, 1981, 46(7): 474-477.

[5] Chengui G R G, Talla A F, Mbé J H T, et al. Theoretical and experimental study of slow-scale Hopf limit-cycles in laser-based wideband optoelectronic oscillators[J]. Journal of the Optical Society of America B, 2014, 31(10): 2310-2316.

[6] Peil M, Jacquot M, Chembo Y K, et al. Routes to chaos and multiple time scale dynamics in broadband bandpass nonlinear delay electro-optic oscillators[J]. Physical Review E, 2009, 79(2): 026208.

[7] Romeira B, Kong F Q, Li W Z, et al. Broadband chaotic signals and breather oscillations in an optoelectronic oscillator incorporating a microwave photonic filter[J]. Journal of Lightwave Technology, 2014, 32(20): 3933-3942.

[8] Wang L X, Zhu N H, Zheng J Y, et al. Chaotic ultra-wideband radio generator based on an optoelectronic oscillator with a built-in microwave photonic filter[J]. Applied Optics, 2012, 51(15): 2935-2940.

[9] Chembo Y K, Larger L, Colet P. Nonlinear dynamics and spectral stability of optoelectronic microwave oscillators[J]. IEEE Journal of Quantum Electronics, 2008, 44(9): 858-866.

[10] Chembo Y K, Larger L, Tavernier H, et al. Dynamic instabilities of microwaves generated with optoelectronic oscillators[J]. Optics Letters, 2007, 32(17): 2571-2573.

[11] Okada M, Takizawa K. Optical multistability in the mirrorless electrooptic device with feedback[J]. IEEE Journal of Quantum Electronics, 1979, 15(2): 82-85.

[12] Sohler W. Optical bistable device as electro-optical multivibrator[J]. Applied Physics Letters, 1980, 36(5): 351-353.

[13] Ai J, Wang L, Wang J. Secure communications of CAP-4 and OOK signals over MMF based on electro-optic chaos[J]. Optics Letters, 2017, 42(18): 3662-3665.

[14] Chembo Y K, Jacquot M, Dudley J M, et al. Ikeda-like chaos on a dynamically filtered supercontinuum light source[J]. Physical Review A, 2016, 94(2): 023847.

[15] Goedgebuer J P, Larger L, Porte H. Optical cryptosystem based on synchronization of hyperchaos generated by a delayed feedback tunable laser diode[J]. Physical Review Letters, 1998, 80(10): 2249-2252.

[16] Lee M W, Larger L, Goedgebuer J P. Transmission system using chaotic delays between lightwaves[J]. IEEE Journal of Quantum Electronics, 2003, 39(7): 931-935.

[17] Romeira B, Kong F, Li W, et al. Broadband chaotic signals and breather oscillations in an optoelectronic oscillator incorporating a microwave photonic filter[J]. Journal of Lightwave Technology, 2014, 32(20): 3933-3942.

[18] Chembo Kouomou Y, Colet P, Larger L, et al. Chaotic breathers in delayed electro-optical systems[J]. Physical Review Letters, 2005, 95(20): 203903.

[19] Talla A F, Martinenghi R, Woafo P, et al. Breather and pulse-package dynamics in multinonlinear electrooptical systems with delayed feedback[J]. IEEE Photonics Journal, 2016, 8(4): 7803608.

[20] Rosin D P, Callan K E, Gauthier D J, et al. Pulse-train solutions and excitability in an optoelectronic oscillator[J]. EPL, 2011, 96(3): 34001.

[21] Vicente R, Dauden J, Colet P, et al. Analysis and characterization of the hyperchaos generated by a semiconductor laser subject to a delayed feedback loop[J]. IEEE Journal of Quantum Electronics, 2005, 41(4): 541-548.
[22] Mackey M C, Nechaeva I G. Solution moment stability in stochastic differential delay equations[J]. Physical Review E, 1995, 52(4): 3366-3376.

第 3 章 光电振荡器的关键性能

本章将分析相位噪声、频率稳定度、工作频率、边模抑制比、温度稳定度等光电振荡器的关键特性的影响因素，从而有针对性地对这些特性进行优化。最后，阐述和分析典型的相位噪声抑制技术、边模抑制技术和稳定性提升技术。

3.1 光电振荡器的关键性能参数

光电振荡器作为一种高性能微波本振源，其关键性能参数包括频率稳定度、工作频率、边模抑制比和温度稳定度等。其中，频率稳定度是微波信号源的重要指标，指的是信号源在某一时间间隔内频率的随机起伏，包括短期频率稳定度和长期频率稳定度，对应的指标通常包括相位噪声、时间抖动以及阿伦方差 (Allan variance)。其中，相位噪声是信号源短期频率稳定度的频域表征，时间抖动是短期频率稳定度的时域表征，而阿伦方差则是长期频率稳定度的时域表征。边模抑制比定义为振荡的微波模式和最大非振荡模式之间的功率比，是光电振荡器所产生信号频谱纯度的表征。工作频率的可调谐性、温度稳定度等则是应用光电振荡器时需要重点考虑的性能参数。本节将对上述关键性能参数进行介绍。

3.1.1 相位噪声

1. 相位噪声的基本概念

相位噪声定义为信号源相位的随机起伏，表征信号源频率的短期稳定性。它是衡量微波信号源品质的一个重要参数 [1]。时间抖动是表征信号源短期频率稳定度的另一参数，它可通过相位噪声的积分得到。

理想的信号源通常表示为 $V_e(t) = V_e\sin(2\pi f_e t + \varphi_e)$，其中，$V_e$ 为幅度，f_e 为载波频率，φ_e 为初始相位。该信号的频谱为线谱，具有冲激函数的形式，如图 3-1(a) 所示。可以看出，理想信号源的所有能量集中在频率 $f = f_e$ 处。但实际的信号源中存在随机的幅度、频率和相位扰动，对应形成幅度噪声、频率噪声和相位噪声。在研究相位噪声时，主要考虑相位扰动 $\varphi(t)$ 带来的影响。带有相位扰动的信号源表达式如下：

$$V_e\left(t\right) = V_e \sin\left[2\pi f_e t + \varphi_e + \varphi\left(t\right)\right] \tag{3-1}$$

相位噪声的存在会导致载波频谱展宽，将振荡器的一部分能量扩展到相邻的频率中去，如图 3-1(b) 所示。相位扰动 $\varphi(t)$ 的功率谱密度可表示为

$$S_{\varphi}(f)=\frac{\Phi^2(f)}{B_{\mathrm{RBW}}} \tag{3-2}$$

式中，f 为频偏；$\Phi(f)$ 为 $\varphi(t)$ 的傅里叶变换，单位为 rad；B_{RBW} 是等效噪声分析带宽；$S_{\varphi}(f)$ 的单位为 $\mathrm{rad}^2/\mathrm{Hz}$。IEEE Std 1139—1999 标准 [1] 推荐采用下式表征单边带相位噪声 $L(f)$：

$$L(f)\equiv\frac{1}{2}S_{\varphi}(f) \tag{3-3}$$

其单位为 dBc/Hz。

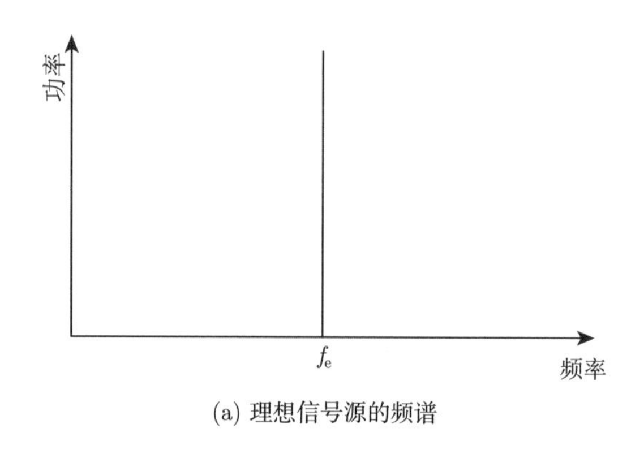

(a) 理想信号源的频谱

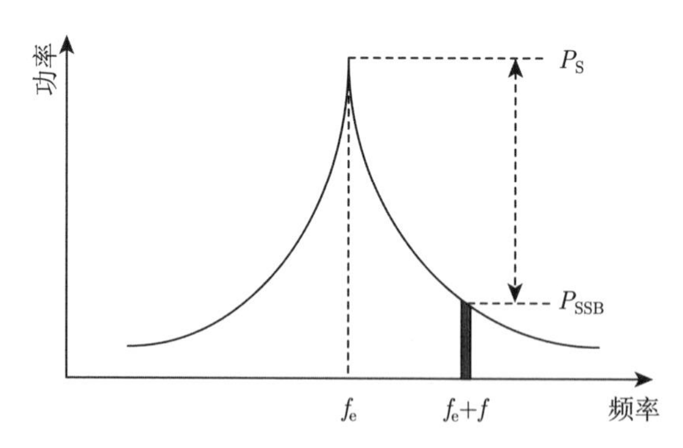

(b) 具有相位噪声的信号源频谱及单边带相位噪声的定义

图 3-1 理想信号源和具有相位噪声的信号源频谱对比

为便于观察和测量，工程上通常使用单边带相位噪声 $L(f)$，其定义如图 3-1(b) 所示，为相位噪声调制边带在偏离载波频率 f 处的功率谱密度 (即 1Hz 带宽内的

单边带相位噪声功率 P_{SSB}) 与载波功率 P_{S} 之比：

$$L(f)=P_{\mathrm{SSB}}(f)/P_{\mathrm{S}}(\mathrm{dBc/Hz}) \tag{3-4}$$

可以证明式 (3-3) 和式 (3-4) 的两种定义在 $\varphi(t)\ll\pi$ 条件下是等价的。

相位噪声通常还可以使用幂律 (power law) 模型 [2] 来表征

$$S_{\varphi}(f)=\sum_{i\leqslant 0} b_i f^i \tag{3-5}$$

式中，b_i 和 f^i 根据 i 取值不同分别代表不同的常系数和噪声类型。常见的相位噪声类型如表 3-1 所示。

表 3-1 常见的相位噪声类型

幂律	噪声类型
$b_0 f^0$	调相白噪声
$b_{-1} f^{-1}$	调相闪烁噪声
$b_{-2} f^{-2}$	调频白噪声
$b_{-3} f^{-3}$	调频闪烁噪声
$b_{-4} f^{-4}$	调频随机游走噪声

相位噪声谱通常用双对数坐标图表示，如图 3-2 所示，此时，不同类型的相位噪声 f^{-i} 表示为斜率为 $-i$ 的曲线。

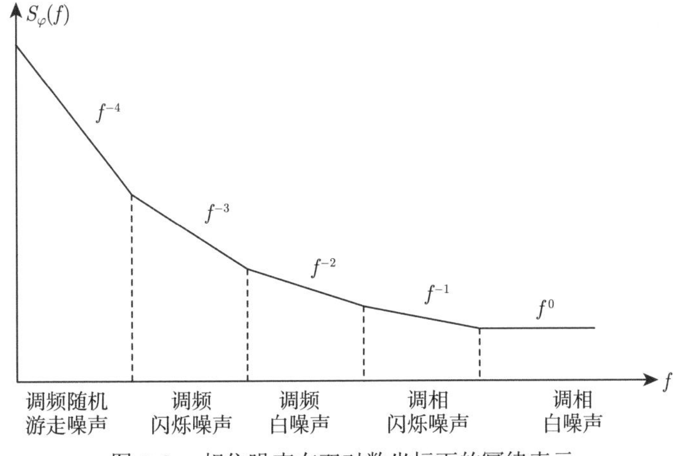

图 3-2 相位噪声在双对数坐标下的幂律表示

2. 光电振荡器中相位噪声的来源

光电振荡器的相位噪声主要由相对强度噪声、热噪声、散粒噪声、闪烁噪声和散射噪声构成。其中，激光器的相对强度噪声影响光电振荡器输出信号远离载频处的相位噪声；热噪声主要来源于射频放大器，与频率无关；散粒噪声主要由光电探测器内部载流子的离散特性造成，与工作频率相关；闪烁噪声主要来源于射频放大器，是一种低频噪声，会对光电振荡器近载频附近的相位噪声产生贡献。散射噪声主要由光纤的非线性散射引起，主要包括瑞利散射 (Rayleigh scattering) 和受激布里渊散射 (stimulated Brillouin scattering)。

1) 激光器的相对强度噪声

激光器的相对强度噪声通常用总光强度进行归一化的相对强度噪声光谱密度来描述，表达式如下：

$$S_{\mathrm{RIN}}(f)=\frac{\Delta P_{\mathrm{o}}^{2}(f)}{P_{\mathrm{o}}^{2}} \tag{3-6}$$

式中，P_{o} 是激光器的平均光功率；$\Delta P_{\mathrm{o}}(f)$ 是光强度抖动在 f 处的光功率谱密度。

由于光电振荡环路中的非线性效应，激光器的相对强度噪声将会转换为微波信号的相位噪声，该非线性主要来源于光电探测器。物理机制解释如下：在光电探测器中，光载波幅度波动将导致半导体材料载流子浓度的变化，从而改变半导体材料的折射率，引起信号传播速度的波动，即使得信号的相位发生抖动。

在光电探测器处，由激光器相对强度噪声转换的单边带相位噪声 $L_{\mathrm{RIN}}(f)$ 可用下式计算：

$$L_{\mathrm{RIN}}(f)=10\lg\left[\mathrm{RIN}(f)\cdot\frac{P_{\mathrm{o}}^{2}}{2}\cdot\left(\frac{\mathrm{d}\varphi}{\mathrm{d}P_{\mathrm{o}}}\right)^{2}\right] \tag{3-7}$$

式中，f 为频偏；P_{o} 为输入平均光功率；$\mathrm{d}\varphi/\mathrm{d}P_{\mathrm{o}}$ 为输出射频信号相位-输入光功率曲线的斜率。其中，典型的输出射频信号相位-输入光功率曲线如图 3-3 所示。

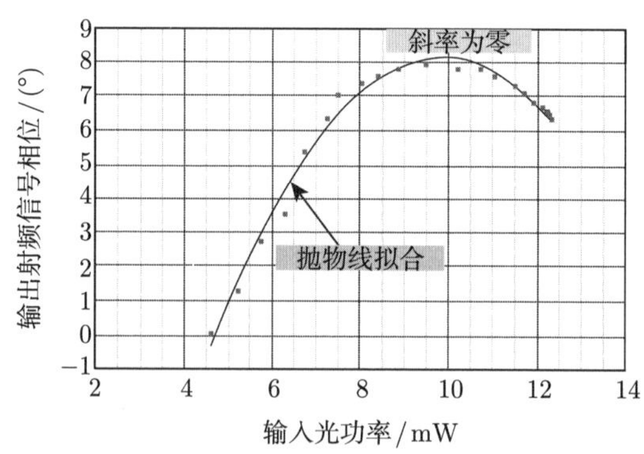

图 3-3　光电探测器典型输出射频信号的相位-输入光功率曲线 [3]

2) 光电探测器的散粒噪声和热噪声

光电振荡器中使用的光电探测器一般为光电二极管探测器，为了与后续的微波电路阻抗匹配，通常并联一个 50Ω 的电阻，因此光电探测器的总噪声 P_{tot} 包

括散粒噪声 P_{sh} 和匹配电阻的热噪声 P_{th}：

$$P_{\mathrm{tot}} = P_{\mathrm{sh}} + P_{\mathrm{th}} \tag{3-8}$$

根据幂律模型，其白噪声参量为

$$b_0 = \frac{P_{\mathrm{tot}}}{P_0} \tag{3-9}$$

式中，P_0 是输入到匹配负载上的微波功率。光电探测器的白噪声与平均光功率、射频放大器的噪声因子有关。而对于光电探测器的闪烁噪声，目前还没有成熟的理论模型。

3) 射频放大器的白噪声和闪烁噪声

光电振荡器中通常需要使用射频放大器来补偿光电振荡环路的损耗，以满足起振条件。此处的射频放大器是一个统称，它实际上可以是级联的射频放大器链，该链路中一般会有低噪声放大器、功率放大器和低相位噪声放大器等器件。根据 Leeson 效应 [4]，射频放大器自身的残余相位噪声最终会转变为光电振荡器输出的射频信号在对应频偏处的相位噪声。

射频放大器的残余相位噪声包括白噪声和闪烁噪声。假设这两种噪声相互独立，根据相位噪声的幂律模型，射频放大器的残余相位噪声可写为

$$S_{\varphi,\mathrm{amp}} = b_0 + b_{-1} f^{-1} \tag{3-10}$$

式中，闪烁噪声参量 b_{-1} 的大小目前尚无法用理论模型预测，它与载波输入功率无关，但与射频放大器有源区的物理尺寸和内部结构有关，一般可通过实验方法确定。根据幂律模型，白噪声参量 b_0 可以写为

$$b_0 = F k_{\mathrm{B}} T_{\mathrm{temp}} / P_0 \tag{3-11}$$

式中，F 和 P_0 分别为射频放大器的噪声因子和输入功率；T_{temp} 为温度；k_{B} 为玻尔兹曼常数。

定义拐角频率 f_{c} 如下：

$$f_{\mathrm{c}} = \frac{b_{-1}}{b_0} \tag{3-12}$$

该参数表示白噪声和闪烁噪声相等时的频偏。联合式 (3-11) 和式 (3-12)，可得

$$f_{\mathrm{c}} = \frac{b_{-1}}{F k_{\mathrm{B}} T_{\mathrm{temp}}} P_0 \tag{3-13}$$

可以看出，f_c 和射频放大器的输入功率 P_0 成正比。射频放大器典型的相位噪声谱如图 3-4 所示。

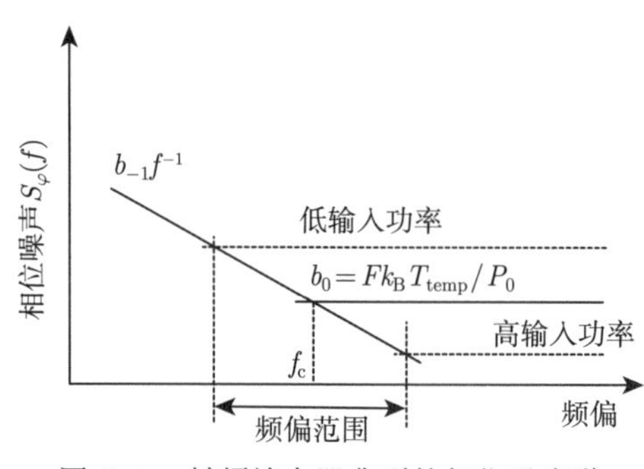

图 3-4　射频放大器典型的相位噪声谱

4) 光纤散射噪声

散射噪声主要由光纤的非线性散射引起，主要包括瑞利散射和受激布里渊散射。光纤中的瑞利散射是一种基本损耗机制，制造过程中光纤材料密度的随机涨落将引起折射率的局部起伏，造成光的散射，产生相位和幅度噪声。由于光电探测器和射频放大器的非线性，由瑞利散射引起的幅度噪声也会转换为微波信号中的相位噪声。由于光纤材料密度的涨落几乎是固定的，瑞利散射光不会引起显著的频移。在光输入功率低于 11dBm 时，瑞利散射主导着散射引起的噪声 [5,6]。布里渊散射是入射光与光纤内声子相互作用的结果，这些声子可以被认为是移动的密度涨落。因为声子能量有限，这种相互作用会导致散射光的频率偏移，在光纤中这种偏移大约为 11 GHz[7]。

光纤散射所引起的幅度噪声到相位噪声的转变主要是由光电振荡器的非线性造成，因此，可以通过控制进入光电探测器的光功率和进入最后一级射频放大器的射频功率来降低非线性，从而减小这些器件中的幅度噪声到相位噪声的转变系数 [3]。

此外，激光在光纤中传输时，其偏振态的扰动将会增强，入射光会从这些偏振波动中产生散射，经过光电探测器后，恶化所产生微波信号的相位噪声。可以通过对激光器的驱动电流进行频率调制 [3]，实现激光频率啁啾，从而消除偏振态扰动带来的相位噪声恶化。

5) 光纤稳定性

光电振荡器在光纤中传输引入的时延主要由纤芯折射率和链路长度决定，环境将会对其时延稳定性产生影响。其中，温度、波长偏移 (色散) 和应力的影响最

大。光纤链路引起的时延可表示为

$$\tau_{\text{fiber}} = \frac{n_{\text{ref}} L_{\text{fiber}}}{c} \tag{3-14}$$

式中，L_{fiber} 为光电振荡器中的光纤长度，是关于温度和应力的函数；n_{ref} 为纤芯的折射率，与温度和波长相关；c 为真空中的光速。该时延的变化可表示为如下偏微分方程：

$$\frac{\mathrm{d}\tau_{\text{fiber}}(t)}{\mathrm{d}t} = \frac{n_{\text{ref}}}{c}\frac{\partial L_{\text{fiber}}}{\partial T}\Delta T_{\mathrm{e}}(t) + \frac{L_{\text{fiber}}}{c}\frac{\partial n_{\text{ref}}}{\partial T}\Delta T_{\mathrm{e}}(t) + \frac{L_{\text{fiber}}}{c}\frac{\partial n_{\text{ref}}}{\partial \lambda}\Delta\lambda_{\text{laser}} + \Delta\tau_{\text{osc}}(t) \tag{3-15}$$

式中，$\Delta T_{\mathrm{e}}(t)$ 为环境温度随着时间的抖动函数；$\Delta\lambda_{\text{laser}}$ 为激光器输出波长的抖动量；$\Delta\tau_{\text{osc}}$ 为应力变化引入的时延抖动。式 (3-15) 中等号右侧第一项是由光纤热膨胀效应引入的时延变化，第二项是纤芯折射率受温度影响而引入的时延变化，第三项是波长偏移导致的纤芯折射率变化而引入的时延变化，第四项是应力引入的时延变化。根据 2.1 节中给出的光电振荡器稳态条件，光电振荡环路中的时延抖动将会引起振荡频率的漂移。由于频率噪声对时间的积分为相位噪声，因此将恶化输出信号的相位噪声。

3.1.2 阿伦方差

阿伦方差是信号源长期频率稳定度的时域表征 [8]。在时域中，通常通过时间窗口采样分析信号源的频率稳定度。假设从 t_j 时间起测量信号 $y(t)$，其平均值 $\overline{y_j}$ 可以表示为

$$\overline{y_j} = \frac{1}{\tau}\int_{t_j}^{t_j+\tau} y(t)\mathrm{d}t = \frac{\phi(t_j+\tau) - \phi(t_j)}{2\pi f_0 t_{\text{int}}} \tag{3-16}$$

式中，t_{int} 为采样时间，以 n 个测量结果为一组，进行多次测量，令采样周期为 T_{int}，得到标准方差如下：

$$\sigma_y^2(n, T_{\text{int}}, t_{\text{int}}) = \frac{1}{n-1}\sum_{j=1}^{n}\left(\overline{y_j} - \frac{1}{n}\sum_{j=1}^{n}\overline{y_j}\right)^2 \tag{3-17}$$

但是由于闪烁、随机游走和其他低频偏噪声的影响，标准方差的随机起伏并非平稳的随机过程，其概率分布会随着时间改变，因此标准方差并不适合用于表征频率稳定度。1971 年，IEEE 正式提出采用阿伦方差作为频率稳定度的时域表征。阿伦方差的定义为两个样本方差的平均值，其广义表达式为

$$\sigma^2(n, T_{\text{int}}, t_{\text{int}}) = \lim_{m\to\infty}\left[\sigma^2(n, T_{\text{int}}, t_{\text{int}})\right]_m \tag{3-18}$$

式中，m 是测量组数，m 越大，结果越准确。

阿伦方差的有限测量表达式有连续无间隙采样和有间隙采样两种。第一种是连续无间隙采样 $m+1$ 组，计算公式为

$$\sigma^2(n, T_{\text{int}}, t_{\text{int}}) = \lim_{m\to\infty}\frac{1}{m}\sum_{j=1}^{m}\sigma_{y_j}^2(n, T_{\text{int}}, t_{\text{int}}) \tag{3-19}$$

国际上一般采用 $n=2$，$T_{\text{int}}=t_{\text{int}}$ 情形下的阿伦方差作为短期频率稳定度的表征方式，也被称为无间隙阿伦方差，其表达式如下：

$$\begin{aligned}\sigma_{\text{A-gapless}}^2(t_{\text{int}}) &= \lim_{m\to\infty}\frac{1}{m}\sum_{j=1}^{m}\left[\left(f_{j1}-\frac{f_{j1}+f_{j2}}{2}\right)^2+\left(f_{j2}-\frac{f_{j1}+f_{j2}}{2}\right)^2\right]\\ &= \lim_{m\to\infty}\frac{1}{m}\sum_{j=1}^{m}\frac{(f_{j2}-f_{j1})^2}{2}\end{aligned} \tag{3-20}$$

式中，f_{j1} 和 f_{j2} 为第 j 次测量的两个相邻频率。由于其无测量间隙特性，也可以写为

$$\sigma_{\text{A-gapless}}^2(t_{\text{int}}) = \lim_{m\to\infty}\frac{1}{m}\sum_{j=1}^{m}\frac{(f_{j+1}-f_j)^2}{2} \tag{3-21}$$

有间隙采样的阿伦方差是指采样 $2m$ 次，每两次采样为一组，这一组的两次采样之间无间隙，但组和组之间有间隙，其表达式如下：

$$\sigma_{\text{A-gapped}}^2(t_{\text{int}}) = \lim_{m\to\infty}\frac{1}{m}\sum_{j=1}^{m}\frac{(f_{2j+1}-f_{2j})^2}{2} \tag{3-22}$$

不过在实际测量中不可能达到每组两次采样之间不存在间隙，只要采样间隙 $t_1=t-t_{\text{int}}\ll t_{\text{int}}$，$t_1\ll 1/\omega_{\text{S}}$(其中 ω_{S} 为频率源的噪声带宽)，即可认为这一组的两次采样是无间隙的。为进一步提升数据的利用率，人们提出了重叠采样的方法计算阿伦方差，也称为重叠的阿伦方差：

$$\sigma_{\text{A-overlapped}}^2(\tau_{\text{int}}) = \frac{1}{2(N-2m)\tau_{\text{int}}^2}\sum_{j=1}^{N-2m}(f_{j+2m}-2f_{j+m}+f_j)^2 \tag{3-23}$$

式中，f_j 为时差序列；N 为时差采样数；τ_{int} 为采样间隔。

对于该方法，当采样时间大于最小采样间隔时，难以从本质上解决大量采样数据未参与运算的问题，频率稳定度的评估过程不能很好地抑制调相闪烁噪声的影响。针对这一问题，修正阿伦方差 [9] 被提出，其表达式如下：

$$\sigma^2_{\text{A-modified}}(\tau_{\text{int}}) = \frac{1}{2m^2\tau^2_{\text{int}}(N-3m+1)} \sum_{i=1}^{N-3m+1} \left[\sum_{j=i}^{i+m-1} (f_{j+2m} - 2f_{j+m} + f_j) \right]^2 \tag{3-24}$$

与重叠的阿伦方差不同，修正阿伦方差用间隔长度为 m 的采样数据的平均值作为当前计算的采样数据，然后向下平移一个最小采样间隔的采样数据，从而保证所有的采集数据均参与运算。此外，修正阿伦方差等效于对采样数据的高频噪声进行平滑处理，能够起到很好的滤波效果。因此，也可以将修正阿伦方差看成是一种短期频率稳定度评估中数据加窗平滑的降噪方法。

3.1.3 工作频率

光电振荡器的工作频率按照形式可以分为固定单频、可调谐频率以及瞬时宽带频率。光电振荡器的工作频率与振荡环路中滤波器通带形式和环路相位匹配直接相关。如 2.1 节所述，光电振荡环路中存在多个符合起振条件的模式，理论上只有增益大于 1 的模式才能够起振，同时由于环路中电光调制器的非线性效应，信号经过多次循环后，振荡模式的增益最终将稳定为 1，进入稳定振荡状态。稳定振荡模式的频率即为光电振荡器的工作频率，主要由光信号在环路中的延迟时间和滤波器的通带特性决定。

对于固定单频的光电振荡器，当光电振荡环路中滤波响应的通带内仅存在一个模式时，该振荡模式的频率即为光电振荡器的工作频率。当该通带内存在多个模式时，这些模式之间形成增益竞争，输出的信号频率将是这些模式中的一个，具体频率将与环路起振时的随机抖动和振荡过程中引入的噪声等相关。

当光电振荡器环路中存在参考源和锁相环，锁相环将会比对参考源分频或者倍频信号与光电振荡器输出信号的相位，并调整振荡环路中的移相器，最终将光电振荡器振荡信号的相位和参考源锁定，此时光电振荡器的工作频率将与参考源存在分数或者整数倍的关系。

光电振荡器的可调谐频率输出主要通过对光电振荡环路中的等效滤波器的通带频率响应进行调谐实现，如基于钇铁石榴石 (yttrium iron garnet，YIG) 微波滤波器可实现 2~ 40GHz 范围的调谐，基于相位调制和光滤波的等效微波光子滤波器可实现 10~ 60GHz 范围的调谐。但是此类滤波器的调谐步进通常比较大，为实现工作频率的精细调谐，通常需要通过精细调节光电振荡环路的时延或相位来实现。本书第 5 章将对光电振荡器的频率调谐进行详细阐述。

能够实现宽带工作的光电振荡器主要包括多频振荡光电振荡器、宽带扫频光电振荡器和宽带混沌光电振荡器三大类。对于多频振荡光电振荡器，主要有两类思路：一类是在单个光环路中通过电光调制器的非线性调制效应或者多通带微波光子滤波器实现多频信号的产生，即基于串行结构的多频光电振荡器；另一类则是通过多个光环路的复用结构实现多个不同频率的振荡，最终输出多频信号，即基于并行结构的多频光电振荡器。多频光电振荡器的工作频率即为同时稳定振荡的多个模式的频率。

扫频光电振荡器一般可基于傅里叶域锁模技术来实现。在该光电振荡器的光电振荡环路中引入一个周期性快速调谐的微波光子滤波器，其通带频率的调节周期与光电振荡环路的时延匹配 (与环路时延相等或成整数倍)。该光电振荡器最终输出具有优异相位噪声性能的快速扫频微波信号，其工作频率由周期性调谐的微波光子滤波器通带响应和环路时延共同决定。本书第 7 章将对光电振荡器的宽带振荡进行详细阐述。

3.1.4　边模抑制比

光电振荡器的振荡环路中存在多个满足振荡相位条件的模式，这些模式以固定的频率间隔分布在主振荡模式两边，即为光电振荡器的边模。边模抑制比是指光电振荡器主振荡模式与最大边模的功率比，如图 3-5 所示，其决定了光电振荡器的频谱纯度，抑制比越大，频谱纯度越高。

边模抑制比由光电振荡环路中滤波器的 Q 值、通带特性以及振荡模式间隔等参数决定。当滤波器的带宽足够窄时，可以保证光电振荡器的稳定振荡模式只有一个。而实际使用的滤波器都具有一定的带宽，因此一般会有多个起振模式出现。与此同时，为产生高 Q 值的信号，一般采用比较长的环路时延，而环路时延决定了起振模式之间的间隔，因此相邻模式的频率间隔较小，使得滤波器选择的起振模式较多，影响对边模的抑制效果。本书 3.3 节将对光电振荡器的边模抑制进行详细阐述。

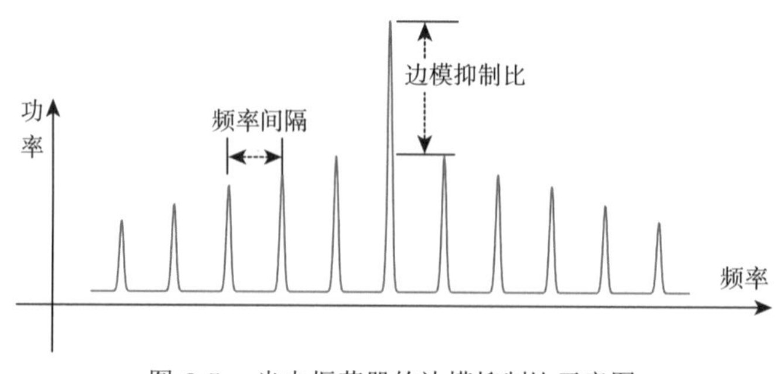

图 3-5　光电振荡器的边模抑制比示意图

3.1.5 温度稳定度

温度稳定度是表征振荡器频率的温度特性的重要指标，定义为在其他条件不变情况下，相对于参考温度下振荡器的频率，在规定温度范围内振荡器工作频率的最大频偏。

$$f_{T,\mathrm{ref},\,稳定度} = \pm\max\left[\left|\left(f_{\max} - f_{\mathrm{ref}}\right)/f_{\mathrm{ref}}\right|, \left|\left(f_{\min} - f_{\mathrm{ref}}\right)/f_{\mathrm{ref}}\right|\right] \tag{3-25}$$

式中，f_{ref} 是在参考温度下测得的频率；$f_{\max}$ 是在规定温度范围内测量得到的最大频率；$f_{\min}$ 是测量得到的最小频率。

例如，“频率温度稳定度：⩽2.0ppm(−55 ～ +85℃，参考 +25℃，1ppm=10^{-6})”，则说明在 −55 ～ +85℃ 的工作温度范围内，振荡器工作频率与参考温度 (+25℃) 下的振荡频率差值的绝对值不超过 2.0ppm。

3.2 光电振荡器的相位噪声抑制

3.2.1 光电振荡器的相位噪声模型

1. 光电振荡器的 Leeson 噪声模型

Leeson 模型主要考虑光电振荡环路中的相位抖动部分，其将环路简化为放大器和谐振腔两部分，环路输出的相位抖动是上述两部分相位抖动的和。Leeson 模型主要用于分析反馈型振荡器的相位噪声谱，其基本结构如图 3-6 所示。

从图 3-6(a) 可以看出，Leeson 提出的反馈振荡器模型是一个相位正反馈系统 [10, 11]，由放大器和谐振腔组成。而光电振荡器也是一种反馈振荡器，包含由长光纤组成的光电振荡腔和放大器，如图 3-6(b) 所示。

基于图 3-6(a) 所示的模型，在振荡器稳定工作时，相位抖动关系如下：

$$\varphi_0(t) = \varphi_1(t) + \varphi_2(t) \tag{3-26}$$

式中，$\varphi_0(t)$ 为振荡器输出信号的相位抖动；$\varphi_1(t)$ 为振荡环内的相位抖动；$\varphi_2(t)$ 是放大器引入的相位抖动。

Leeson 模型中的谐振腔一般是一个带通滤波器。根据信号传输理论易知：一个带调制的射频信号通过带通滤波器，等效于基频调制信号通过相应的低通滤波器。因此，$\varphi_1(t)$ 可以表示为

$$\varphi_1(t) = \int_{-\infty}^{+\infty} \varphi_0(t')h(t-t')\mathrm{d}t' = \varphi_0(t) \otimes h(t) \tag{3-27}$$

式中，$h(t)$ 为等效低通滤波器的冲激响应。若滤波器是线性时不变的，而且平稳随机过程 $\varphi_0(t)$ 的二阶矩是有限的，则 $\varphi_1(t)$ 是收敛的。

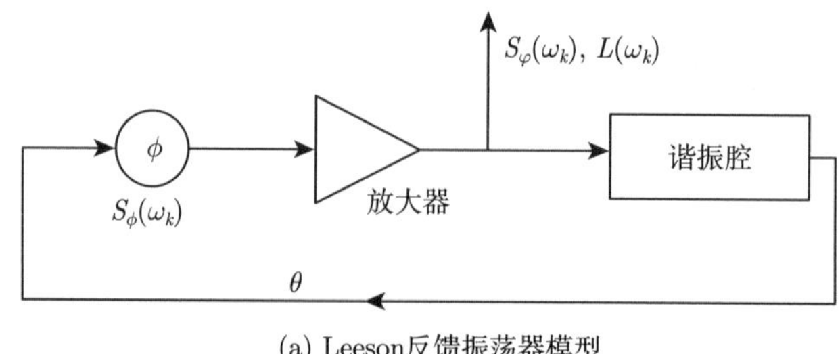

(a) Leeson反馈振荡器模型

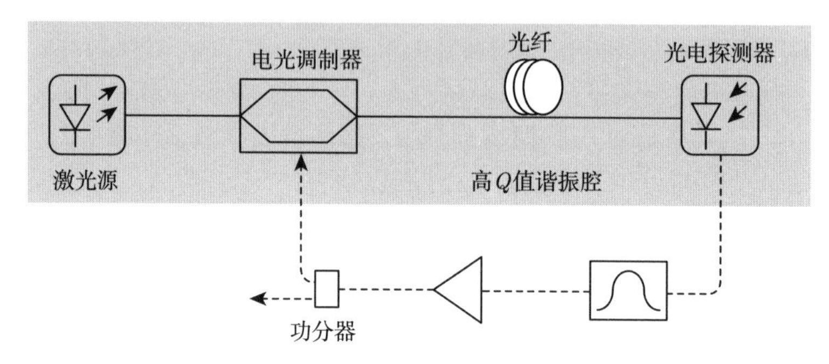

(b) 光电振荡器结构

图 3-6　Leeson 反馈振荡器模型与光电振荡器结构对比

放大器内部相位噪声 $\varphi_2(t)$ 的自相关函数可表示如下：

$$R_{\varphi 22}(t_1-t_2)=\overline{\varphi_2(t_1)\varphi_2(t_2)} \tag{3-28}$$

由式 (3-26) 可得 $\varphi_2(t)=\varphi_0(t)-\varphi_1(t)$，代入式 (3-28)，得

$$R_{\varphi 22}(t_1-t_2)=\overline{\varphi_0(t_1)\varphi_0(t_2)}+\overline{\varphi_1(t_1)\varphi_1(t_2)}-\overline{\varphi_1(t_1)\varphi_0(t_2)}-\overline{\varphi_0(t_1)\varphi_1(t_2)} \tag{3-29}$$

式 (3-29) 中的自相关函数和互相关函数表示滤波器输入和输出端相位噪声的关系。时间间隔 $\tau_{12}=t_1-t_2$，引入冲激函数 $h(\tau)$，则有

$$\begin{aligned}R_{\varphi 22}(\tau_{12})&=R_{\varphi 00}(\tau_{12})+R_{\varphi 11}(\tau_{12})-R_{\varphi 01}(\tau_{12})-R_{\varphi 10}(\tau_{12})\\&=R_{\varphi 00}(\tau_{12})+R_{\varphi 00}(\tau_{12})\otimes\overline{h(\tau_{12})h^*(\tau_{12})}\\&\quad-R_{\varphi 00}(\tau_{12})\otimes h(\tau_{12})-R_{\varphi 00}(\tau_{12})\otimes h^*(\tau_{12})\end{aligned} \tag{3-30}$$

$$S_{\varphi 2}(\omega)=\int_{-\infty}^{\infty}R_{\varphi 22}(\tau)\mathrm{e}^{-\mathrm{i}\omega\tau}\mathrm{d}\tau \tag{3-31}$$

由式 (3-31) 即可得放大器内部相位噪声谱密度 $S_{\varphi_2}(\omega)$ 与振荡器输出端相位

噪声谱密度 $S_{\varphi_0}(\omega)$ 之间的关系如下：

$$S_{\varphi 2}(\omega)=S_{\varphi 0}(\omega)\left[1+H(\mathrm{i}\omega)H^*(\mathrm{i}\omega)-H(\mathrm{i}\omega)-H^*(\mathrm{i}\omega)\right] \tag{3-32}$$

由式 (3-32) 可得振荡器 Leeson 模型通用的数学表达式为

$$\begin{aligned}R_{\varphi 22}\left(\tau_{12}\right)=&R_{\varphi 00}\left(\tau_{12}\right)+R_{\varphi 11}\left(\tau_{12}\right)-R_{\varphi 01}\left(\tau_{12}\right)-R_{\varphi 10}\left(\tau_{12}\right)\\=&R_{\varphi 00}\left(\tau_{12}\right)+R_{\varphi 00}\left(\tau_{12}\right)\otimes\overline{h\left(\tau_{12}\right)h^*\left(\tau_{12}\right)}\\&-R_{\varphi 00}\left(\tau_{12}\right)\otimes h\left(\tau_{12}\right)-R_{\varphi 00}\left(\tau_{12}\right)\otimes h^*\left(\tau_{12}\right)\end{aligned} \tag{3-33}$$

令带通滤波器的品质因子为 Q_{BPF}，则该带通谐振回路的等效低通传输函数为

$$H_{\mathrm{LP}}(\mathrm{i}\omega)=\frac{1}{1+\mathrm{i}\dfrac{2Q_{\mathrm{BPF}}}{\omega_0}\omega} \tag{3-34}$$

将式 (3-34) 代入式 (3-33)，得到振荡器输出端相位噪声谱密度如下：

$$S_{\varphi 0}\left(\omega\right)=S_{\varphi 2}\left(\omega\right)\left[1+\left(\frac{\omega_0}{2Q_{\mathrm{BPF}}\omega}\right)^2\right] \tag{3-35}$$

因此，对于带通谐振回路，只要得到其等效低通传输函数，代入式 (3-33) 即可得到相位噪声谱密度的公式。由式 (3-35) 可以看出，在环内噪声确定时，带通滤波器的品质因子 Q_{BPF} 值越大，相位噪声越低。

光电振荡器中的光纤环路形成无限冲激滤波响应，表达式如下：

$$H_{\mathrm{d}}\left(\mathrm{i}\omega\right)=\mathrm{e}^{-\mathrm{i}\tau\left(\omega-\omega_f\right)} \tag{3-36}$$

式中，τ 为光电振荡器中环路时延；ω_f 是滤波器的中心频率。光电振荡器的等效低通传输函数是综合式 (3-34) 的低通传输函数以及式 (3-36) 的响应的结果，表达式如下：

$$H\left(\mathrm{i}\omega\right)=H_{\mathrm{LP}}\left(\mathrm{i}\omega\right)H_{\mathrm{d}}\left(\mathrm{i}\omega\right)=\frac{\omega_f\mathrm{e}^{-\mathrm{i}\tau\left(\omega-\omega_f\right)}}{\omega_f+\mathrm{i}2Q_{\mathrm{BPF}}\omega} \tag{3-37}$$

将式 (3-37) 代入式 (3-33)，可得

$$\begin{aligned}S_{\varphi 0}(\omega_k)&=\frac{S_{\varphi 2}\left(\omega\right)}{\left[H\left(\mathrm{i}\omega\right)-1\right]\left[H^*\left(\mathrm{i}\omega\right)-1\right]}\\&=S_{\varphi 2}(\omega)\frac{\omega_f^2+4Q_{\mathrm{BPF}}^2\omega^2}{2\omega_f^2+4Q_{\mathrm{BPF}}^2\omega^2+2\omega_f^2\cos\left[\tau(\omega-\omega_f)\right]-4Q_{\mathrm{BPF}}\omega\omega_f\sin\left[\tau(\omega-\omega_f)\right]}\end{aligned} \tag{3-38}$$

Yao-Maleki 模型假设光电振荡器中的噪声源都是白噪声。而由 Leeson 模型可知，光电振荡器会将环内的各种噪声都映射到输出信号的相位噪声中。因此，当环内存在除白噪声外的其他乘性噪声 (如放大器的 $1/f$ 噪声等) 时，准线性理论将无法准确描述光电振荡器的近载频相位噪声。图 3-7 为光电振荡器的实测相位噪声曲线和基于两种不同模型仿真得到的相位噪声曲线对比结果 [12]。将基于准线性理论模型仿真得到的相位噪声曲线 (短虚线) 与实测相位噪声曲线 (灰色实线) 进行对比，可以看出仿真相位噪声在近载频端与实测相位噪声偏差较大，印证了准线性理论模型的不足之处。对比基于 Leeson 模型仿真得到的相位噪声曲线 (长虚线) 和实测的相位噪声曲线，可以看出两者重合度较好，表明 Leeson 模型对光电振荡器的相位噪声性能分析准确度高。但基于 Leeson 模型对光电振荡器的相位噪声进行仿真，无法分析具体是环路中哪个器件或哪种效应对相位噪声产生贡献。

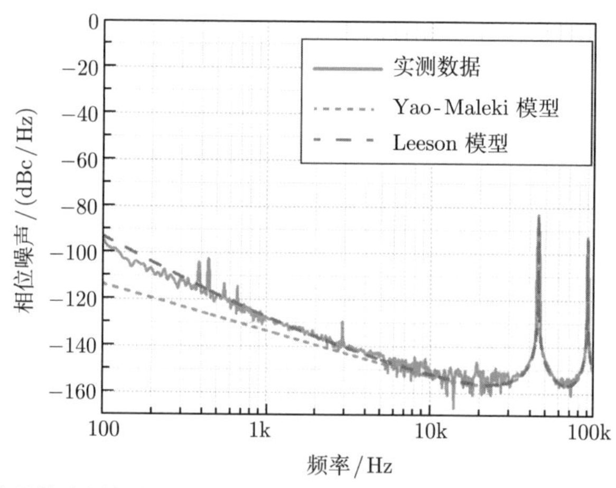

图 3-7　光电振荡器的实测相位噪声曲线、基于准线性理论模型仿真的相位噪声曲线及基于 Leeson 模型仿真的相位噪声曲线对比 [12]

2. 光电振荡器的拉普拉斯域相位噪声模型

光电振荡器的相位噪声谱由光电振荡环路的闭环频率响应与环路中有源噪声相互作用形成。其中，光电振荡环路的频率响应主要包括光纤延时响应、滤波器频率响应，有源噪声包括激光器、光电探测器、光放大器、射频放大器等有源器件引入的噪声。为简化光电振荡器的相位噪声分析，对光电振荡环路中的频率响应以及有源噪声进行拉普拉斯变换，并按照有源器件在环路中出现的位置引入对应的噪声。图 3-8 为单环路光电振荡器在拉普拉斯域的闭环模型 [13]，其中 $\varphi_{\rm out}(s)$ 为输出信号的相位抖动，$\varphi_{\rm osc}(s)$ 为电光调制器电输入端循环的相位抖动，$H_{\rm d}(s)$

和 $H_{\mathrm{f}}(s)$ 分别为环路时延和电滤波器的传输函数，$\psi_1(s)$、$\psi_2(s)$ 和 $\psi_3(s)$ 分别为滤波器前端、后端和光电振荡器输出端的噪声源。光电振荡器输出信号的相位抖动 $\varphi_{\mathrm{out}}(s)$ 表示如下：

$$\varphi_{\mathrm{out}}(s)=\varphi_{\mathrm{osc}}(s)H_{\mathrm{d}}(s)H_{\mathrm{f}}(s)+\psi_1(s)H_{\mathrm{f}}(s)+\psi_2(s)+\psi_3(s) \tag{3-39}$$

稳态情况下，$\varphi_{\mathrm{out}}(s)=\varphi_{\mathrm{osc}}(s)+\psi_3(s)$，可得电光调制器电输入端的相位抖动表达式如下：

$$\varphi_{\mathrm{osc}}(s)=\frac{H_{\mathrm{f}}(s)}{1-H_{\mathrm{f}}(s)H_{\mathrm{d}}(s)}\psi_1(s)+\frac{1}{1-H_{\mathrm{f}}(s)H_{\mathrm{d}}(s)}\psi_2(s) \tag{3-40}$$

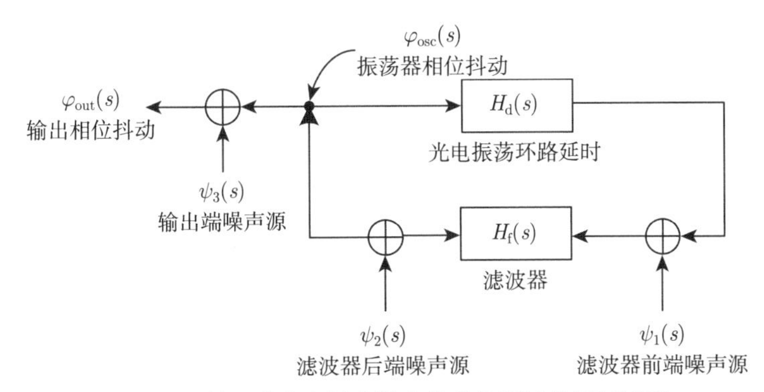

图 3-8 单环路光电振荡器在拉普拉斯域的闭环模型

由式 (3-40) 可得振荡信号的频域功率谱密度为

$$S_{\varphi_{\mathrm{osc}}}(f)=\left|\frac{H_{\mathrm{f}}(\mathrm{i}2\pi f)}{1-H_{\mathrm{f}}(\mathrm{i}2\pi f)H_{\mathrm{d}}(\mathrm{i}2\pi f)}\right|^2 S_{\psi_1}(f)+\left|\frac{1}{1-H_{\mathrm{f}}(\mathrm{i}2\pi f)H_{\mathrm{d}}(\mathrm{i}2\pi f)}\right|^2 S_{\psi_2}(f) \tag{3-41}$$

式中，$S_{\psi_1}(f)$、$S_{\psi_2}(f)$ 分别为 $\psi_1(s)$、$\psi_2(s)$ 的频域功率谱密度。

以电光调制器的电输入端为参考点，光电振荡器的开环相位噪声 $S_{\psi}(f)$ 可表示为

$$S_{\psi}(f)=|H_{\mathrm{f}}(\mathrm{i}2\pi f)|^2 S_{\psi_1}(f)+S_{\psi_2}(f) \tag{3-42}$$

由式 (3-41) 和式 (3-42) 可知，光电振荡器的相位噪声功率谱密度 $S_{\varphi_{\mathrm{osc}}}(f)$ 是开环附加相位噪声 $S_{\psi}(f)$ 的函数，即

$$S_{\varphi_{\mathrm{osc}}}(f)=\left|\frac{1}{1-H_{\mathrm{f}}(\mathrm{i}2\pi f)H_{\mathrm{d}}(\mathrm{i}2\pi f)}\right|^2 S_{\psi}(f) \tag{3-43}$$

从而得到，光电振荡器输出的相位噪声为

$$S_{\varphi_{\text{out}}}(f)=S_{\varphi_{\text{osc}}}(f)+S_{\psi_3}(f) \tag{3-44}$$

式中，$S_{\psi_3}(f)$ 是 $\psi_3(s)$ 的频率功率谱密度。

光电振荡器的环路时延传输函数如下：

$$H_{\mathrm{d}}\left(\mathrm{i}2\pi f\right)=\mathrm{e}^{-\mathrm{i}2\pi fT} \tag{3-45}$$

式中，T 为整个环路的延时。光电振荡环路的振荡频率 f_{osc} 必须满足巴克豪森条件 (Barkhausen condition)[14]，即

$$f_{\text{osc}}T=2k\pi,\quad k=1,2,3,\cdots \tag{3-46}$$

假设光电振荡环路中的电带通滤波器的频率响应为单级洛伦兹型，则该滤波器的传输函数可以表示如下：

$$H_{\mathrm{f}}(\mathrm{i}2\pi f)=\frac{1}{1+\mathrm{i}2Q_{\mathrm{BPF}}f/f_0} \tag{3-47}$$

对 $S_{\psi_1}(f)$、$S_{\psi_2}(f)$ 和 $S_{\psi_3}(f)$ 的具体含义进行详细阐述。

$S_{\psi_1}(f)$ 是附加相位噪声，单位为 $\mathrm{rad}^2/\mathrm{Hz}$，该噪声包含了激光器的相对强度噪声、热噪声，光电探测器的散粒噪声以及射频放大器的相位噪声等。$S_{\psi_1}(f)$ 可以分为加性噪声和乘性噪声：

$$S_{\psi_1}(f)=S_{\psi_1,\text{add}}(f)+S_{\psi_1,\text{mult}}(f) \tag{3-48}$$

式中，$S_{\psi_1,\text{add}}(f)$ 为非相干加性噪声源的功率谱密度 (包括 f_0 周围的白噪声)；$S_{\psi_1,\text{mult}}(f)$ 为乘性噪声源的功率谱密度。$S_{\psi_1,\text{add}}$ 可表示为

$$\begin{aligned}S_{\psi_1,\text{add}}&=\frac{N_{\text{th}}+N_{\text{RIN}_{\text{HF}}}+N_{\text{shot}}}{P_{\text{RF}}}\\&=\frac{k_{\mathrm{B}}T_{\text{temp}}\cdot\mathrm{NF}+R_{\text{Load}}\cdot\mathrm{RIN}_f\left(I_{\text{ph}}^2/4\right)\left|H_{f_{\text{osc}}}\right|^2+2R_{\text{Load}}\cdot e(I_{\text{ph}}/4)\left|H_{f_{\text{osc}}}\right|^2}{P_{\text{RF}}}\end{aligned} \tag{3-49}$$

式中，N_{th} 为热噪声谱密度；$N_{\text{RIN}_{\text{HF}}}$ 为激光器的相对强度噪声在高频处引入的噪声谱密度；N_{shot} 是光电探测器引入的散粒噪声谱密度；k_{B} 为玻尔兹曼常数；T_{temp} 为工作温度；NF 为开环链路的噪声系数；R_{Load} 为负载阻抗；RIN_f 为激光器的相对强度噪声在频偏 f 处的值；$H_{f_{\text{osc}}}$ 为电滤波器在振荡频率 f_{osc} 处的响应；e 为

电子电荷，$e = 1.6 \times 10^{-19}$C；I_{ph} 为光电探测器输出的电流；P_{RF} 为光电探测器输出端的射频功率。

输入到射频放大器的射频功率为

$$P_{\mathrm{RF}} = 1/2 \cdot R_{\mathrm{Load}}(\gamma_{\mathrm{m}} I_{\mathrm{ph}}/2)^2 \left|H_{f_0}\right|^2 \tag{3-50}$$

式中，γ_{m} 为调制深度；$|H_{f_0}|$ 为光电探测器在 f_0 处的频率响应。

乘性噪声来自系统中的非线性效应，主要源于射频放大器、激光器等的相对强度噪声和频率噪声到相位噪声的转化。假设这些噪声非相关，则可以叠加相应的功率谱密度，所得到的乘性噪声表达式如下：

$$S_{\psi_1,\mathrm{mult}}(f) = S_{\varphi,\mathrm{amp}}(f) + S_{\varphi,f_{\mathrm{opt}}}(f) + S_{\varphi,\mathrm{RIN_{LF}}}(f) \tag{3-51}$$

式中，$S_{\varphi,\mathrm{amp}}(f)$ 为射频放大器引入的相位噪声；$S_{\varphi,f_{\mathrm{opt}}}(f)$ 为由激光器的频率噪声转化的射频信号相位噪声；$S_{\varphi,\mathrm{RIN_{LF}}}(f)$ 为由激光器的低频相对强度噪声转化的射频信号相位噪声，其表达式为

$$S_{\varphi,\mathrm{RIN_{LF}}}(f) = \chi_{\mathrm{phot}}^2 \mathrm{RIN_{LF}}(f) \tag{3-52}$$

式中，$\mathrm{RIN_{LF}}(f)$ 为激光器低频相对强度噪声的频谱；χ_{phot} 为激光器的强度噪声到射频信号相位噪声的转换系数，其与光电探测器的线性度和饱和点等特性相关。

$S_{\varphi,f_{\mathrm{opt}}}(f)$ 可以通过下式得到：

$$S_{\varphi,f_{\mathrm{opt}}}(f) = \chi_{\mathrm{disp}}^2 S_v(f) \tag{3-53}$$

式中，$S_v(f)$ 为激光器的频率噪声谱密度；χ_{disp} 为激光器的频率噪声到射频信号相位噪声的转换系数，与光纤的色散量和长度相关，具体如下：

$$\chi_{\mathrm{disp}} = 2\pi f_{\mathrm{osc}} \lambda_0^2 D_\lambda L/c \tag{3-54}$$

$S_{\psi_2}(f)$ 为电光调制器射频端引入的热噪声，表达式如下：

$$S_{\psi_2}(f) = k_{\mathrm{B}} T_{\mathrm{temp}}/P_{\mathrm{MZM}} \tag{3-55}$$

式中，P_{MZM} 为电光调制器的射频输入功率。

$S_{\psi_3}(f)$ 为最终输出端 (可能包含放大器) 引入的热噪声，表达式为

$$S_{\psi_3}(f) = k_{\mathrm{B}} T_{\mathrm{temp}}/P_{\mathrm{out}} \tag{3-56}$$

综上所述，光电振荡器的相位噪声可以表示为

$$
\begin{aligned}
S_{\varphi_{\mathrm{osc}}}(f) &= \left|\frac{H_{\mathrm{f}}(\mathrm{i}2\pi f)}{1-H_{\mathrm{f}}(\mathrm{i}2\pi f)\,H_{\mathrm{d}}(\mathrm{i}2\pi f)}\right|^2 S_{\psi_1}(f) \\
&\quad + \left|\frac{1}{1-H_{\mathrm{f}}(\mathrm{i}2\pi f)\,H_{\mathrm{d}}(\mathrm{i}2\pi f)}\right|^2 S_{\psi_2}(f)+S_{\psi_3}(f) \\
&= \left|\frac{H_{\mathrm{f}}(\mathrm{i}2\pi f)}{1-H_{\mathrm{f}}(\mathrm{i}2\pi f)\,H_{\mathrm{d}}(\mathrm{i}2\pi f)}\right| \\
&\quad \left[\frac{k_{\mathrm{B}}T_{\mathrm{temp}}\cdot \mathrm{NF}+R_{\mathrm{Load}}\cdot \mathrm{RIN}_f\left(I_{\mathrm{ph}}^2/4\right)|H_{f_{\mathrm{osc}}}|^2+2R_{\mathrm{Load}}\cdot e\,(I_{\mathrm{ph}}/4)\,|H_{f_{\mathrm{osc}}}|^2}{1/2\cdot R_{\mathrm{Load}}\,(\gamma_{\mathrm{m}}I_{\mathrm{ph}}/2)^2|H_{f_0}|^2}\right. \\
&\quad \left. +S_{\varphi,\mathrm{amp}}(f)+\chi_{\mathrm{phot}}^2\mathrm{RIN}_{\mathrm{LF}}(f)+\left(\frac{2\pi f_{\mathrm{osc}}\lambda_0^2 D_\lambda L}{c}\right)^2 S_v(f)\right] \\
&\quad + \left|\frac{1}{|\,1-H_{\mathrm{f}}(\mathrm{i}2\pi f)\,H_{\mathrm{d}}(\mathrm{i}2\pi f)}\right|^2 k_{\mathrm{B}}T_{\mathrm{temp}}/P_{\mathrm{MZM}}+k_{\mathrm{B}}T_{\mathrm{temp}}/P_{\mathrm{out}}
\end{aligned} \tag{3-57}
$$

式中，$k_{\mathrm{B}}T_{\mathrm{temp}}$ 为热噪声，通常可忽略不计。对式 (3-57) 进行简化，并对式 (3-57) 等号左右两边取对数，可得到光电振荡器在频率偏移为 f 处的相位噪声与光电振荡环路等效长度 L 和系统噪底 N_{FL} 之间的关系如下：

$$
S_{\varphi_{\mathrm{osc}}}(f)\_\mathrm{dB} = N_{\mathrm{FL}} + 10\lg\left(1-\frac{f_{\mathrm{osc}}}{f_{\mathrm{osc}}+\mathrm{i}2Q_{\mathrm{BPF}}f}\mathrm{e}^{-\mathrm{i}2\pi f n_{\mathrm{ref}}L/c}\right)^2 \tag{3-58}
$$

式中，n_{ref} 为光纤折射率；c 为真空中的光速；N_{FL} 为系统噪底，表达式如下：

$$
\begin{aligned}
N_{\mathrm{FL}} = 10\lg&\left[\frac{k_{\mathrm{B}}T_{\mathrm{temp}}\cdot \mathrm{NF}+R_{\mathrm{Load}}\cdot \mathrm{RIN}_f\left(I_{\mathrm{ph}}^2/4\right)|H_{f_{\mathrm{osc}}}|^2+2R_{\mathrm{Load}}\cdot e(I_{\mathrm{ph}}/4)\,|H_{f_{\mathrm{osc}}}|^2}{1/2\cdot R_{\mathrm{Load}}(\gamma_{\mathrm{m}}I_{\mathrm{ph}}/2)^2\,|H_{f_0}|^2}\right. \\
&\left. +S_{\varphi,\mathrm{amp}}(f)+\chi_{\mathrm{phot}}^2\mathrm{RIN}_{\mathrm{LF}}(f)+\left(\frac{2\pi f_{\mathrm{osc}}\lambda_0^2 D_\lambda L}{c}\right)^2 S_v(f)\right]
\end{aligned} \tag{3-59}
$$

基于式 (3-58) 对光电振荡器的相位噪声特性进行仿真，结果如图 3-9 所示。可以看出，光电振荡器相位噪声与光纤长度及系统噪底相关，通过增加光纤长度和降低系统噪底均能降低光电振荡器的相位噪声。

3. 各类相位噪声模型的对比分析

综合 2.1 节光电振荡器的理论模型和本节中光电振荡器的相位噪声模型，目前光电振荡器的相位噪声模型主要有四类：基于 Yao-Maleki 准线性理论的相位

噪声模型、基于延时反馈振荡理论的相位噪声模型、基于 Leeson 理论的相位噪声模型以及拉普拉斯域相位噪声模型。其中，基于 Yao-Maleki 准线性理论的相位噪声模型只考虑了加性白噪声，未考虑乘性噪声的影响，因此难以对光电振荡器

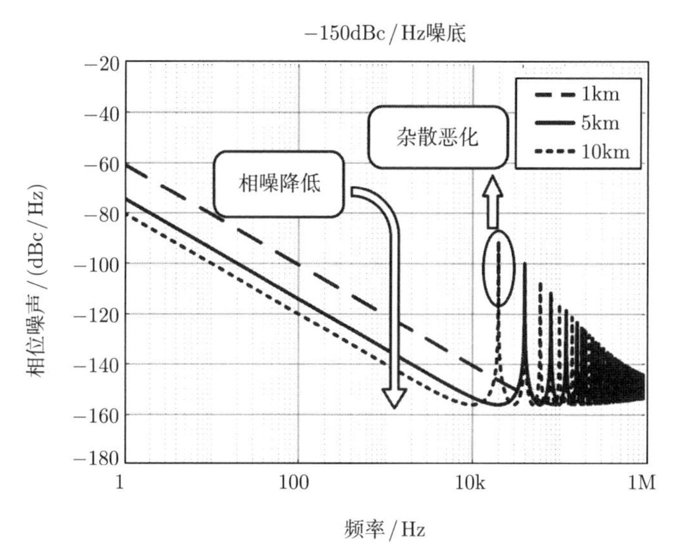

(a) 系统噪底为 −150dBc / Hz 时，光纤长度对光电振荡器相位噪声的影响

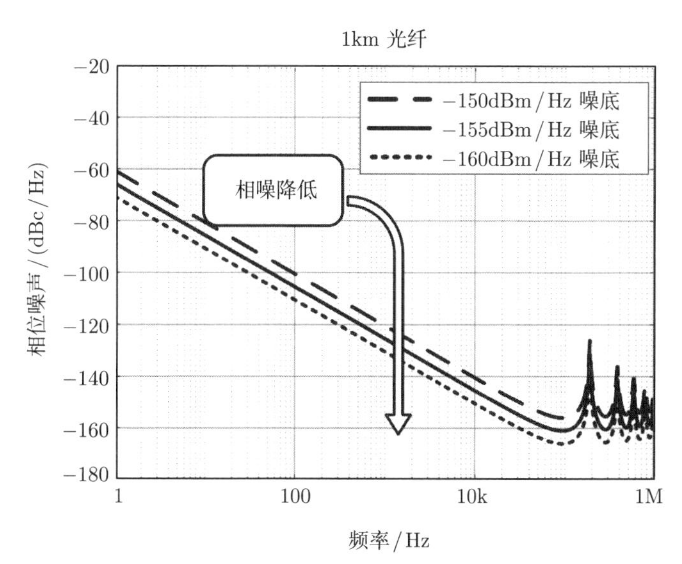

(b) 光纤长度为 1km 时，系统噪底对光电振荡器相位噪声的影响

图 3-9 基于式 (3-58) 对光电振荡器相位噪声的仿真结果

的近频端相位噪声进行准确分析；基于延时反馈振荡理论的相位噪声模型在时域引入加性噪声和乘性噪声，具有对远频端和近频端相位噪声进行分析的能力，但相位噪声的时间尺度较大，需要进行长时间的时域运算才能获得结果，计算资源消耗大、效率低，且需要提前测量获取系统噪声的时域信息；基于 Leeson 理论的相位噪声模型能够较好地仿真出光电振荡器的近频端和远频端相位噪声特性，但无法分析环路相位抖动的来源；拉普拉斯域相位噪声模型可从拉普拉斯域对光电振荡器相位噪声的来源、滤波响应等特性进行详细分析，将相位噪声分解并映射到光电振荡器中各器件的噪声特性，并以此为依据进行相应优化。不同相位噪声分析模型各有特点，可以根据需求进行选择。

3.2.2　基于器件噪声抑制的相位噪声优化

光电振荡器中关键器件的噪声特性直接决定所产生信号的相位噪声，关键器件的工作状态也会影响光电振荡器所产生射频信号的性能，因此需要优化器件的工作状态，改善光电振荡器的性能。

1. 优化激光器相对强度噪声的影响

在理想状况下，假设激光器输出光中不存在自发辐射，产生的激光完全由受激辐射产生，则对于单模工作的激光器，可认为其输出光的强度、频率和相位均保持稳定，其光场表达式如下：

$$E = E_0 e^{i(\omega_0 t+\varphi_0)} \tag{3-60}$$

对于实际激光器，自发辐射是一定存在的。由于自发辐射是随机的，自发辐射的光子会将一小部分场分量随机加到受激辐射产生的相干场中，导致原相干场的振幅和相位出现波动。因此，激光器实际输出光的表达式为

$$E = E(t) e^{i[\omega_{LD} t+\varphi_{LD}(t)]} \tag{3-61}$$

式中，$\varphi_{LD}(t)$ 为输出激光的相位波动，代表激光器的相位噪声；$E(t)$ 表示幅度具有波动，包含激光器的强度噪声。在光纤链路中，光纤的色散效应会将强度噪声转换为相位噪声。激光器的强度噪声一般用相对强度噪声表示如下：

$$\text{RIN} = \frac{1}{B}\frac{\Delta P(\omega)^2}{P_o^2} \tag{3-62}$$

式中，B 代表等效带宽；$\Delta P(\omega)^2$ 为指定频率下的强度波动均方值；P_o 为输出光强的平均值；RIN 为相对强度噪声，单位一般用 dBc/Hz 表示。

载流子的涨落是引起激光器相对强度噪声的主要原因。量子效率的起伏，外界环境温度的变化，以及泵浦源的电流波动，均会造成载流子涨落，形成相对强

度噪声。光电振荡环路中连接头、光纤端面等引入的折射率不连续性将引起光的反射，影响激光器工作，引入附加的相对强度噪声。此外，激光器中残留的其余模式也会带来额外噪声。

目前已有多种抑制激光器相对强度噪声的技术，可改善光电振荡器的噪声性能。主要包括通过相干平衡光电探测的方法降低激光器相对强度噪声的影响 [15]，利用反射式半导体光放大器的线性特性对相对强度噪声进行有效抑制 [16]，以及反馈调节马赫-曾德尔调制器的偏置电压来降低相对强度噪声 [17] 等。

2. 优化射频放大器噪声的影响

光电振荡环路中一般会有低噪声射频放大器、功率射频放大器和低相位噪声射频放大器等。根据 Leeson 效应，射频放大器的残余相位噪声最终会转变为输出信号在对应频偏处的频率噪声。

1) 闪烁噪声的上变频机制

射频放大器的闪烁噪声源于其近直流闪烁噪声，这是因为当载波通过射频放大器时，射频放大器本身的近直流闪烁噪声会发生上变频，寄生到载波信号的相位中，引起载波相位噪声恶化，如图 3-10 所示。

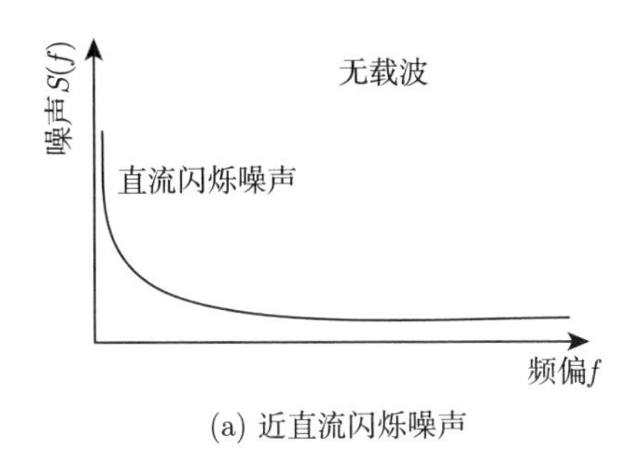

(a) 近直流闪烁噪声

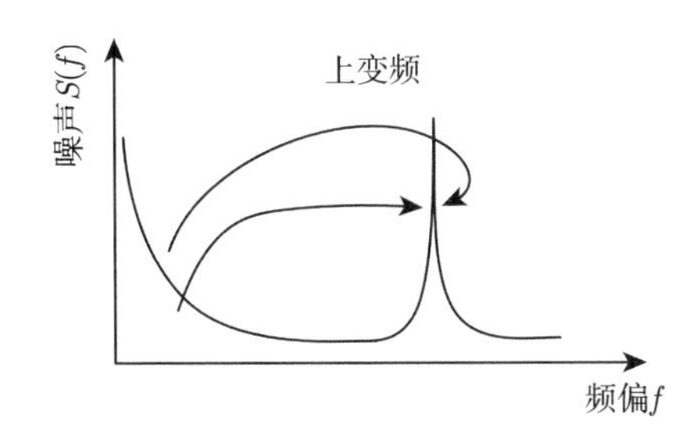

(b) 近直流闪烁噪声的上变频过程

图 3-10 射频放大器的近直流闪烁噪声及其上变频为闪烁噪声过程

该上变频机制可以用射频放大器的非线性来解释，射频放大器的非线性模型如下：

$$u_{\text{out}}(t) = a_1 u_{\text{in}}(t) + a_2 u_{\text{in}}^2(t) + \cdots \tag{3-63}$$

式中，$u_{\text{in}}(t)$ 为输入信号电压；$u_{\text{out}}(t)$ 为输出信号电压；a_1 和 a_2 为与射频放大器增益有关的系数。射频放大器的有噪输入信号可表示为

$$\begin{aligned} u_{\text{in}}(t) &= V_{\text{in}}\exp(\mathrm{i}\omega_{\text{in}}t) + \xi(t) \\ &= V_{\text{in}}\exp(\mathrm{i}\omega_{\text{in}}t) + \xi'(t) + \mathrm{i}\xi''(t) \end{aligned} \tag{3-64}$$

式中，$V_{\text{in}}\exp(\mathrm{i}\omega_{\text{in}}t)$ 为输入射频放大器的载波信号；$\xi(t) = \xi'(t) + \mathrm{i}\xi''(t)$ 为射频放大器自身的近直流噪声，$\xi'(t)$ 为幅度噪声，$\xi''(t)$ 为相位噪声。将式 (3-64) 代入式 (3-63)，并忽略三阶及以上非线性和远离载频 ω_0 的项，可得

$$u_{\text{out}}(t) = a_1 V_{\text{in}}\exp(\mathrm{i}\omega_{\text{in}}t)\left[1 + \frac{2a_2}{a_1}\xi'(t) + \mathrm{i}\frac{2a_2}{a_1}\xi''(t)\right] \tag{3-65}$$

式中，$a_1 V_{\text{in}}\exp(\mathrm{i}\omega_{\text{in}}t)$ 为射频放大器输出的载波信号；其余两项分别为上变频后的幅度噪声 $\alpha_{\text{amp}}(t)$ 和相位噪声 $\varphi_{\text{pha}}(t)$：

$$\alpha_{\text{amp}}(t) = 2\frac{a_2}{a_1}\xi'(t) \tag{3-66}$$

$$\varphi_{\text{pha}}(t) = 2\frac{a_2}{a_1}\xi''(t) \tag{3-67}$$

可以看出，上变频后的噪声与射频放大器输入信号的幅度无关。根据该理论可知，闪烁噪声产生于放大器的非线性，所以可以通过改善放大器的线性度来减小闪烁噪声。

2) 级联射频放大器的相位噪声

为在光电振荡环路中获得足够的增益，通常会级联射频放大器。典型的级联放大器链如图 3-11 所示。根据弗里斯 (Friis) 传输公式 [18]，该级联放大器链的噪声系数可表示为

$$F = F_1 + \frac{F_2 - 1}{G_1} + \frac{F_3 - 1}{G_1 G_2} + \cdots + \frac{F_m - 1}{G_1 G_2 \cdots G_{m-1}} + \cdots \tag{3-68}$$

式中，$F_m(m = 1, 2, \cdots)$ 为第 m 级射频放大器的噪声系数；$G_m(m = 1, 2, \cdots)$ 为第 m 级射频放大器的增益。根据式 (3-68)，级联射频放大器链的白噪声参量可表示为

$$(b_0)_{\text{chain}} = \left(F_1 + \frac{F_2 - 1}{G_1} + \cdots + \frac{F_m - 1}{G_1 G_2 \cdots G_{m-1}} + \cdots\right)\frac{k_{\mathrm{B}} T_{\text{temp}}}{P_0} \tag{3-69}$$

式中，k_B 是玻尔兹曼常数。可以看出，射频放大器链的白噪声等于各级射频放大器等效输入白噪声的总和，其中第一级射频放大器在白噪声贡献中的权重最大。式 (3-69) 的适用范围较广，与射频放大器的类型、内部结构和级数无关。

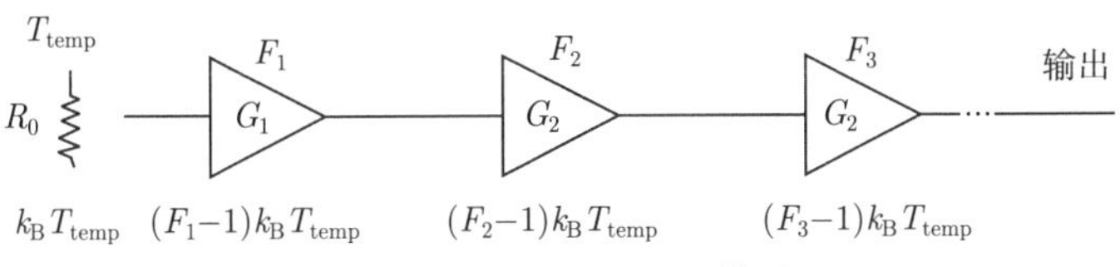

图 3-11 级联放大器模型

由于射频放大器的闪烁噪声参量 b_{-1} 与载波功率无关，因此将 m 级射频放大器进行级联时，每一级带来的闪烁噪声均可设为 b_{-1}。假设各级射频放大器相互独立，则级联放大器链总的闪烁噪声参量为各级放大器闪烁噪声参量的代数和：

$$(b_{-1})_{\text{chain}} = \sum_{i=1}^{m} (b_{-1})_i \tag{3-70}$$

可以看出，射频放大器链的闪烁噪声与各级射频放大器在光电振荡环路中的位置无关。

3) 放大器闪烁噪声的优化

通过 Leeson 效应原理可知，放大器的闪烁噪声对光电振荡器的稳定度影响很大。因此，人们提出了多种方法来改善放大器的闪烁噪声。从放大器晶体管选择方面，大量经验发现，双极性晶体管中近端闪烁噪声比其他晶体管低很多，这主要得益于双极性晶体管的线性特征和较大的放大作用范围。因此，在低相位噪声的振荡器研究方面，人们往往会采用 SiGe-HBT 放大器降低环路中的闪烁噪声。

在优化放大器系统方面，可以采用可变增益放大结构 [19]、前馈放大结构 [20]、反馈噪声放大结构 [19] 以及平行放大结构 [21] 来优化闪烁噪声，其基本结构如图 3-12 所示。在可变增益放大结构中，由于微波放大器的 $1/f$ 相位噪声高于微波混频器和 HF-VHF 双极性放大器，利用本振信号将输入信号下变频放大后再上变频的方法使放大器增益可变，降低放大器闪烁噪声 [19]。在前馈放大结构中，利用前馈放大器的渐近模式可以有效消除放大器的噪声 [20]，该结构会引入无法消除的误差放大器的噪声，同时系统中较高的峰值平均功率比会限制非线性强的高效放大器的使用。在反馈噪声放大结构中，通过鉴相器比对放大器输出与输入信号的相位抖动，并通过反馈控制抵消误差信号来补偿主放大器和相位调节器的相位噪声 [19]。在平行放大结构中，通过将输入信号功率平均分成 m 份 (其中 m 为整数) 再合成的方法来消除闪烁噪声，在此过程中每个分支的功率变成原来的

$1/m$，噪声参量系数 b_{-1} 不会随着功率等分而增加，由于不同放大器的闪烁噪声相互独立，因此合成过程中闪烁噪声参量系数为原来的 $1/m$[21]。值得注意的是，平行结构可以降低闪烁噪声但不会降低白相位噪声。

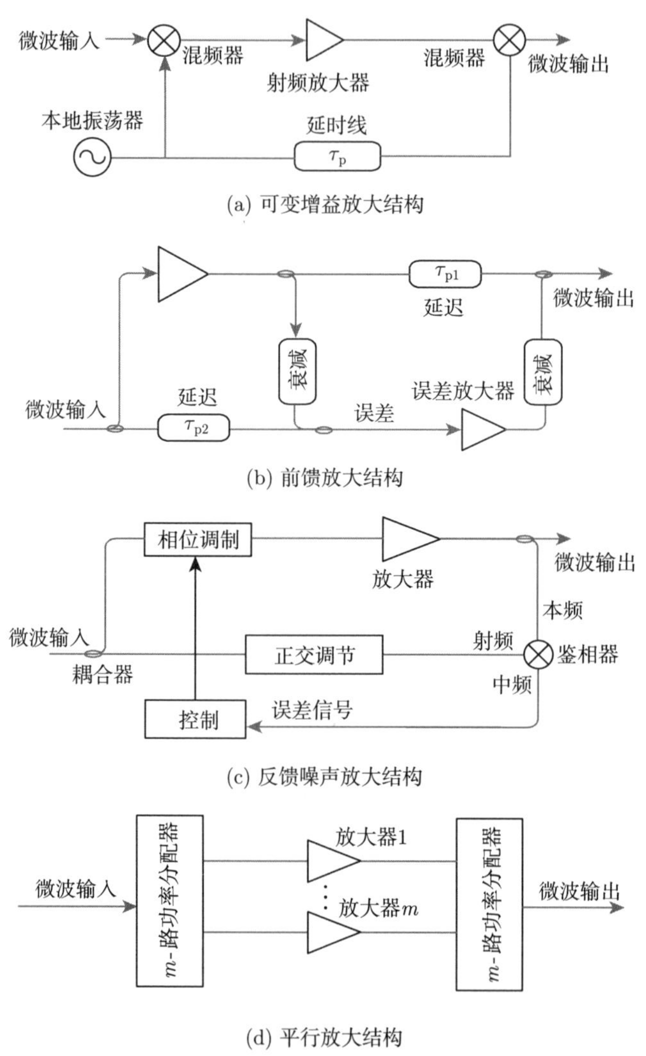

图 3-12　优化放大器闪烁噪声的几种结构

3. 优化光电探测器噪声的影响

射频相对相位是指输入到光电探测器的光载射频信号相位和光电探测器输出射频信号相位的相对值。随着输入到光电探测器光功率的增加，“射频相对相位-光功率”曲线的斜率变小。当输入光功率接近光电探测器饱和功率时，转化曲线斜率变为零，表明激光器相对强度噪声转化为射频相位噪声的现象消失。因此可以看出，如何选择注入的光功率值，是优化光电探测器噪声影响的关键。

当激光器的强度抖动较小时，激光器相对强度噪声到射频信号相位噪声的转化可以表示为

$$S_\varphi(f) = R(f) \cdot P_{\mathrm{o}}^2 \cdot \left(\frac{\mathrm{d}\varphi}{\mathrm{d}P_{\mathrm{o}}}\right)^2 \tag{3-71}$$

$$R(f) = \frac{\Delta P_{\mathrm{o}}^2(f)}{P_{\mathrm{o}}^2} \tag{3-72}$$

式中，$S_\varphi(f)$ 为射频信号在频偏 f 处的相位噪声谱密度；$\mathrm{d}\varphi/\mathrm{d}P_{\mathrm{o}}$ 为“射频相位–光功率”曲线的斜率；$R(f)$ 为激光器的归一化相对强度噪声谱密度；P_{o} 为激光器平均光功率；$\Delta P_{\mathrm{o}}(f)$ 为激光器在频偏 f 处光功率波动的谱密度。

所产生射频信号的单边带相位噪声为

$$L(f) = \frac{1}{2} \cdot S_\varphi(f) \tag{3-73}$$

定义激光器相对强度噪声到射频信号相位噪声的转化因子为

$$F(P_{\mathrm{o}}) = \frac{P_{\mathrm{o}}^2}{2} \cdot \left(\frac{\mathrm{d}\varphi}{\mathrm{d}P_{\mathrm{o}}}\right)^2 \tag{3-74}$$

可以看出，存在一个合适的光功率使得光电探测器的幅度-相位转化系数最小 [3]。此外，由于平衡光电探测器具有高线性度以及更低的近直流噪声，因此其幅度-相位转化系数更小，引入平衡光电探测器可有效降低幅度噪声到相位噪声的转换 [22]。

3.2.3 基于共模强度噪声对消的相位噪声优化

在光电振荡器系统中，进入光电探测器的噪声限制了光电振荡器相位噪声的进一步优化，其主要包括加性噪声和乘性噪声两类。乘性噪声通过振荡链路中非线性效应上变频至振荡频率附近，成为近频端相位噪声；加性噪声则决定了远频端相位噪声的极限。通过共模噪声对消技术，可以有效降低光电振荡器中的加性噪声，从而改善光电振荡器的相位噪声特性。

图 3-13 为实现共模噪声抑制的光电振荡器结构示意图，通过引入相位调制和平衡光电探测结构，实现共模噪声对消 [23]。该光电振荡器主要由激光器、相位调制器、光纤、双输出光滤波器、平衡光电探测器、射频放大器和电带通滤波器组成。相位调制器输出的调制光信号经过长光纤延时后，在双输出光滤波器中实现相位调制到强度调制的转换，输出两路差分的强度调制光信号，并在平衡光电探

测器中进行差分探测，实现光电转换。平衡光电探测器输出的微波信号经过射频放大器、电带通滤波器及功分器后，注入至相位调制器的射频端口，形成反馈振荡环路。当反馈环路满足自由振荡条件，光电振荡器将输出频率接近带通滤波器中心频率的振荡信号。

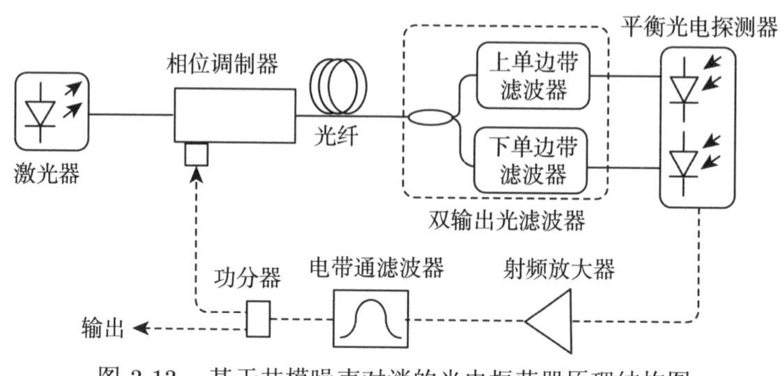

图 3-13　基于共模噪声对消的光电振荡器原理结构图

激光器、相位调制器、双输出光滤波器和平衡光电探测器组成共模噪声对消结构，如图 3-14(a) 所示。令激光器输出的光场为 $E_{\mathrm{LS}}(t)=E_{\mathrm{c}}\exp(\mathrm{i}\omega_{\mathrm{c}}t)$，其中 E_{c} 和 ω_{c} 分别为幅度和角频率。注入相位调制器的微波信号为 $x(t)$，因此相位调制器输出的光信号为

$$E_{\mathrm{PM}}(t)=E_{\mathrm{c}}\exp\left[\mathrm{i}\omega_{\mathrm{c}}t+\mathrm{i}\beta_{\mathrm{m}}x\left(t\right)\right] \tag{3-75}$$

式中，β_{m} 为调制系数。经过双输出光滤波器后，上、下两路输出光场分别为

$$\left\langle\begin{aligned}&E_{\mathrm{up}}(t)=\mathcal{F}^{-1}\left\{H_{\mathrm{up}}(\omega)\cdot\mathcal{F}\left[E_{\mathrm{PM}}(t)\right]\right\}\\&E_{\mathrm{down}}(t)=\mathcal{F}^{-1}\left\{H_{\mathrm{down}}(\omega)\cdot\mathcal{F}\left[E_{\mathrm{PM}}(t)\right]\right\}\end{aligned}\right. \tag{3-76}$$

此处 $H_{\mathrm{up}}(\omega)$、$H_{\mathrm{down}}(\omega)$ 分别为双输出光滤波器的上、下两路滤波响应。经过平衡光电探测器后，输出的电信号为

$$i_{\mathrm{BPD}}(t)=\Re\left[E_{\mathrm{up}}(t)\cdot E_{\mathrm{up}}^{*}(t)-E_{\mathrm{down}}(t)\cdot E_{\mathrm{down}}^{*}(t)\right] \tag{3-77}$$

式中，$\Re$ 为平衡光电探测器的响应度。考虑到光电振荡环路中，仅通带内的模式可以振荡，可将 $x(t)$ 表示如下：

$$x(t)=\frac{1}{2}\mathcal{A}(t)\exp(\mathrm{i}\omega_0t)+\frac{1}{2}\mathcal{A}^{*}(t)\exp(-\mathrm{i}\omega_0t) \tag{3-78}$$

式中，ω_0 为 $x(t)$ 的载频；$\mathcal{A}(t)=|\mathcal{A}(t)|\exp[\mathrm{i}\varphi_{\mathrm{a}}(t)]$ 为复包络，$\varphi_{\mathrm{a}}(t)$ 为相位项，$|\mathcal{A}(t)|$ 与 $\varphi_{\mathrm{a}}(t)$ 是时间的缓变量。于是，式 (3-75) 按 Jacobi 级数展开为

$$E_{\mathrm{PM}}(t)=E_{\mathrm{c}}\exp\left\{\mathrm{i}\omega_{\mathrm{c}}t+\mathrm{i}\beta_{\mathrm{m}}|\mathcal{A}(t)|\cos\left[\omega_0t+\varphi_{\mathrm{a}}(t)\right]\right\}$$

$$= E_{\mathrm{c}} \exp(\mathrm{i}\omega_{\mathrm{c}} t) \sum_{-\infty}^{+\infty} \mathrm{i}^n \mathrm{J}_n(\beta_{\mathrm{m}}|\mathcal{A}(t)|) \exp\left[\mathrm{i}n\omega_0 t + \mathrm{i}n\varphi_{\mathrm{a}}(t)\right] \tag{3-79}$$

式中，$\mathrm{J}_n(\cdot)$ 为 n 阶第一类贝塞尔函数，n 为整数。

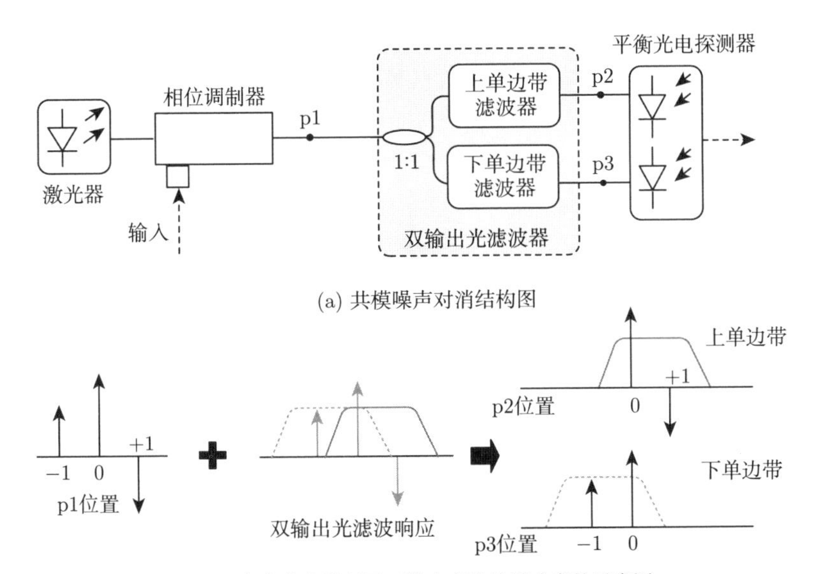

(a) 共模噪声对消结构图

(b) 各点的光谱以及双输出光滤波器响应的示意图

图 3-14 共模噪声对消结构及对应的光谱示意图

共模噪声对消结构中各点的光谱示意图如图 3-14(b) 所示。双输出光滤波器由一个 1:1 的光功分器和上、下单边带滤波器组成。相位调制器输出的调制光信号经过光功分器后，被分为等功率的上、下两路，上路信号经过上单边带滤波器，滤除 −1 阶边带，输出 0 阶和 +1 阶边带；下路信号经过下单边带滤波器，滤除 +1 阶边带，输出 0 阶和 −1 阶边带。于是，式 (3-76) 可以写为

$$\begin{cases} E_{\mathrm{up}}(t) = E_0 \mathrm{e}^{\mathrm{i}\omega_{\mathrm{c}} t} [H_{\mathrm{up}}(\omega_{\mathrm{c}}) \mathrm{J}_0(\beta_{\mathrm{m}}|\mathcal{A}(t)|) \\ \qquad + \mathrm{i} \cdot H_{\mathrm{up}}(\omega_{\mathrm{c}} + \omega_0) \mathrm{J}_1(\beta_{\mathrm{m}}|\mathcal{A}(t)|) \mathrm{e}^{\mathrm{i}\omega_0 t + \mathrm{i}\varphi_{\mathrm{a}}(t)}] \\ E_{\mathrm{down}}(t) = E_0 \mathrm{e}^{\mathrm{i}\omega_{\mathrm{c}} t} [H_{\mathrm{down}}(\omega_{\mathrm{c}}) \mathrm{J}_0(\beta_{\mathrm{m}}|\mathcal{A}(t)|) \\ \qquad + \mathrm{i} \cdot H_{\mathrm{down}}(\omega_{\mathrm{c}} - \omega_0) \mathrm{J}_1(\beta_{\mathrm{m}}|\mathcal{A}(t)|) \mathrm{e}^{-\mathrm{i}\omega_0 t - \mathrm{i}\varphi_{\mathrm{a}}(t)}] \end{cases} \tag{3-80}$$

式中，$H_{\mathrm{up}}(*)$、$H_{\mathrm{down}}(*)$ 为双输出光滤波器在对应频率处的幅相响应。双输出光滤波器输出的两路光信号经过光电转化，产生的电信号分别为

$$
\begin{aligned}
i_{\mathrm{up}}(t) = & \Re E_0^2 \{ |H_{\mathrm{up}}(\omega_{\mathrm{c}})|^2 \cdot \mathrm{J}_0 [\beta_{\mathrm{m}} |\mathcal{A}(t)|]^2 + |H_{\mathrm{up}}(\omega_{\mathrm{c}} + \omega_0)|^2 \cdot \mathrm{J}_1 [\beta_{\mathrm{m}} |\mathcal{A}(t)|]^2 \\
& + 2 |H_{\mathrm{up}}(\omega_{\mathrm{c}} + \omega_0) \cdot H_{\mathrm{up}}(\omega_{\mathrm{c}})| \cdot \mathrm{J}_0 [\beta_{\mathrm{m}} |\mathcal{A}(t)|] \\
& \cdot \mathrm{J}_1 [\beta_{\mathrm{m}} |\mathcal{A}(t)|] \cdot \sin[\omega_0 t + \varphi_{\mathrm{a}}(t)] \}
\end{aligned}
\tag{3-81}
$$

$$
\begin{aligned}
i_{\mathrm{down}}(t) = & \Re E_0^2 \{ |H_{\mathrm{down}}(\omega_{\mathrm{c}})|^2 \cdot \mathrm{J}_0 [\beta_{\mathrm{m}} |\mathcal{A}(t)|]^2 + |H_{\mathrm{down}}(\omega_{\mathrm{c}} - \omega_0)|^2 \cdot \mathrm{J}_1 [\beta_{\mathrm{m}} |\mathcal{A}(t)|]^2 \\
& - 2 |H_{\mathrm{down}}(\omega_{\mathrm{c}} - \omega_0) \cdot H_{\mathrm{down}}(\omega_{\mathrm{c}})| \\
& \cdot \mathrm{J}_0 [\beta_{\mathrm{m}} |\mathcal{A}(t)|] \cdot \mathrm{J}_1 [\beta_{\mathrm{m}} |\mathcal{A}(t)|] \cdot \sin[\omega_0 t + \varphi_{\mathrm{a}}(t)] \}
\end{aligned}
\tag{3-82}
$$

式中，$\Re$ 为光电探测器的响应度。可以看出，上下路的光电探测器输出的电信号中均包含了直流项和交流项，其中直流项将引入噪声，其主要来自光载波及其边带信号的自拍频噪声，包括激光器的相对强度噪声、光纤中的散射噪声以及链路中频率噪声-强度噪声转化所引入的噪声等。假设上、下单边带滤波器的带内响应平坦，即 $H_{\mathrm{up}}(\omega_{\mathrm{c}}) = H_{\mathrm{down}}(\omega_{\mathrm{c}}) = H_{\mathrm{up}}(\omega_{\mathrm{c}} - \omega_0) = H_{\mathrm{down}}(\omega_{\mathrm{c}} - \omega_0)$，将式 (3-80) 代入式 (3-77)，得

$$
i_{\mathrm{BPD}}(t) = 4\Re E_0^2 \left|H_{\mathrm{up}}(\omega_{\mathrm{c}})\right|^2 \mathrm{J}_0 [\beta_{\mathrm{m}} |\mathcal{A}(t)|] \, \mathrm{J}_1 [\beta_{\mathrm{m}} |\mathcal{A}(t)|] \sin[\omega_0 t + \varphi_{\mathrm{a}}(t)] \tag{3-83}
$$

可以看出，直流项引入的共模噪声被有效对消，且低频噪声到高频噪声的转化也被抑制。因此，通过共模噪声抑制，可以有效降低光电振荡器中的加性噪声，降低远频端相位噪声，并抑制噪声通过链路非线性引起的近频端相位噪声恶化。

3.3　光电振荡器的边模抑制

利用长光纤的低损耗特性形成高 Q 值谐振腔是构建光电振荡器的基本思想之一，但这种结构必然使得模式间隔小，进而导致边模抑制难等问题。光电振荡器振荡模式的间隔由光电振荡环路时延的倒数决定 [10]。当光电振荡腔中使用的光纤长度为 1km 时，振荡模式间隔约为 200 kHz。目前的高频电滤波器或光滤波器难以提供足够窄的通带实现单一的模式选择。针对这一挑战，研究者分别提出了使用高 Q 值光微谐振器代替长光纤的光电振荡器方案和采用多环路结构的边模抑制方案。

采用高 Q 值光微谐振器可有效增大模式间隔，是抑制边模、实现单一模式起振的有效方法之一。一种典型的光微谐振器是回音廊模式谐振器 (whispering-gallery mode resonators)[24]，其周长仅为毫米甚至亚毫米级，但 Q 值可以达到 10^8，等同于数千米光纤形成的 Q 值。由于模式间隔较大，极易用光滤波器或电滤波器将不想要的非谐振模式滤除干净。但高 Q 值光微谐振器的光纤耦合极为困难，激光器波长与谐振器超窄谐振峰的动态对准也是一大技术挑战。

多环路结构是目前抑制边模的最常用方法 [25,26]。在具有多环路结构的光电振荡器中，每一个环长都决定了一套起振模式，根据游标卡尺效应，只有同时满足多个环路模式的频率成分才能稳定起振，这等效增大了模式间隔，辅以电带通滤波器，最终可以得到比较理想的单模输出，实现对边模的有效抑制。下面对基于多环路结构的光电振荡器边模抑制方法进行详细分析。

3.3.1 多环路结构抑制边模的理论分析

典型的多环路光电振荡器结构如图 3-15 所示，其所包含的多个环路长度不同。下面以常用的双环路为例进行理论分析。类似于对单环路光电振荡器分析的方法，利用环路反馈的递归关系可得到 [25]：

$$\tilde{V}_i(\omega) = (g_1\mathrm{e}^{\mathrm{i}\omega\tau_1} + g_2\mathrm{e}^{\mathrm{i}\omega\tau_2})\tilde{V}_{i-1}(\omega) \tag{3-84}$$

式中，$\tilde{V}_i(\omega)$ 为信号循环 i 圈后的复振幅；g_1、g_2 分别为两个环路的复增益；τ_1、τ_2 分别为两个环路的时延。形成稳定振荡后，输出的电压为

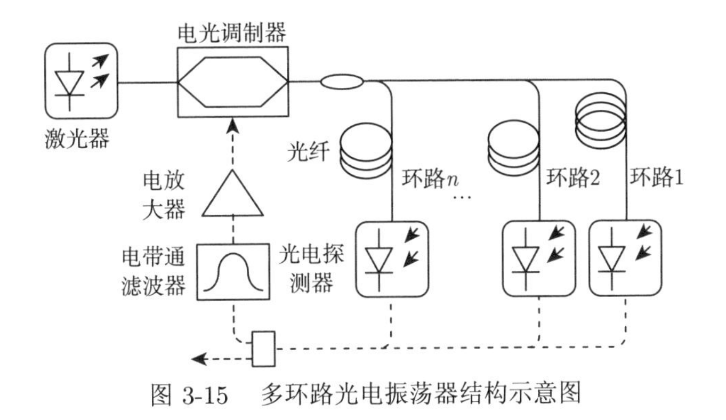

图 3-15 多环路光电振荡器结构示意图

$$\tilde{V}_{\mathrm{out}}(\omega) = \sum_{i=0}^{\infty}\left(g_1\mathrm{e}^{\mathrm{i}\omega\tau_1} + g_2\mathrm{e}^{\mathrm{i}\omega\tau_2}\right)^i \tilde{V}_i(\omega) = \frac{\tilde{V}_0}{1-(g_1\mathrm{e}^{\mathrm{i}\omega\tau_1} + g_2\mathrm{e}^{\mathrm{i}\omega\tau_2})} \tag{3-85}$$

式中，$\tilde{V}_0$ 为输入信号电压的复振幅。相应的输出功率为 $p(\omega) = \left|\tilde{V}_{\mathrm{out}}\right|^2/(2R)$，$R$ 为光电探测器的阻抗。于是可得其功率谱密度为

$$p(\omega) = \frac{\left|\tilde{V}_0\right|^2/(2R)}{1+|g_1|^2+|g_2|^2+2|g_1||g_2|\cos(\varPhi_1-\varPhi_2)-2(|g_1|\cos\varPhi_1+|g_2|\cos\varPhi_2)} \tag{3-86}$$

式中，$\Phi_i(\omega)=\omega\tau_i+\varphi_i$，而 φ_i 为复增益 $g_i(i=1,2)$ 的相位。以频率 ω 起振时，两环路的相位关系需为

$$\begin{cases}\Phi_1(\omega)=2k\pi\\ \Phi_2(\omega)=2m\pi\\ \Phi_1(\omega)-\Phi_2(\omega)=2(k-m)\pi\end{cases},k,m\text{为整数} \tag{3-87}$$

最终可得

$$p(\omega)=\frac{\left|\tilde{V}_0\right|^2/(2R)}{1+\left|g_1\right|^2+\left|g_2\right|^2+2\left|g_1\right|\left|g_2\right|-2\left|g_1\right|-2\left|g_2\right|} \tag{3-88}$$

由于是从噪声起振，式 (3-88) 中分母应为零，由此得到这种双环振荡器稳定振荡后两路的增益关系为

$$\left|g_1\right|+\left|g_2\right|=1 \tag{3-89}$$

从上面的推导可以看出，两个环路的作用相当于两个具有不同选模特性的滤波器，只有同时满足这两个选模腔条件的模式才有可能起振。采用长、短腔搭配的方式可以使起振模式间隔大于电滤波器的带宽，最终获得单模起振。其模式选择与单模起振的示意如图 3-16 所示。

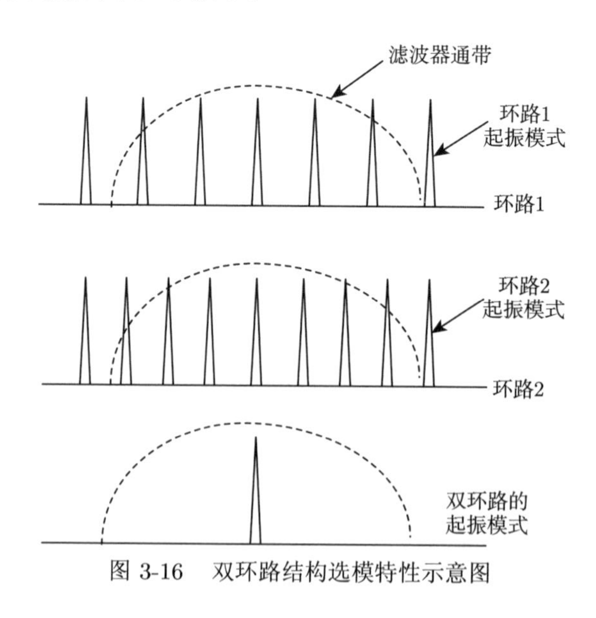

图 3-16 双环路结构选模特性示意图

根据式 (3-87) 对双环路光电振荡器的相位噪声进行了分析，结果如图 3-17 所示，其中双环路光电振荡器采用的光纤分别为 2km 和 0.2km。为了更直观地分

析其性能，分别画出单环路光电振荡器中光纤长度为 0.2km 和 2km 时，10Hz~10MHz 频偏范围内的相位噪声曲线进行对比。由图 3-17 可知，光电振荡器近载频端的相位噪声随着光纤的增长而降低，双环结构光电振荡器的相位噪声介于两个单环路光电振荡器相位噪声之间。相对于 2km 光纤光电振荡器而言，双环路光电振荡器的相位噪声虽然恶化 5~ 6dB，但是由于双环游标卡尺效应，其边模抑制比优化将近 20dB。以上结果证明了双环路光电振荡器的边模抑制性能。

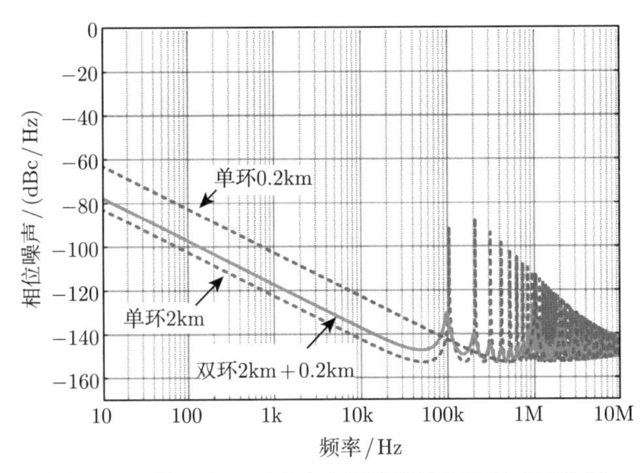

图 3-17 单环和双环路光电振荡器的相位噪声对比图

双环路光电振荡器具有较好的边模抑制性能，但是对双环路中光纤的选择提出了挑战。针对这个问题，依照式 (3-87) 进行不同光纤情况的分析。固定一路光纤长度为 0.2km，改变另外一路光纤的长度时，所得到的相位噪声和边模情况如图 3-18 所示。另一路光纤的长度以 0.2km 为基准，变化范围为其 0~10 倍，调节步进为 0.001。图 3-18 中实线、虚线、点划线分别代表另一路光纤长度分别为 0、1km、2km 时双环结构光电振荡器的相位噪声情况，相位噪声曲线中的频率尖峰是由振荡边模引入。从图 3-18 可以看出，当另一路光纤较短时，其模式相对较少，随着光纤长度增加，模式相应增多。因为光电振荡器环路中微波滤波器可以滤除远频端的边模，但难以滤除近频端的边模，所以在进行双环长度的选择时，可以尽量避免采用近端边模很高的双环长度组合。

此外还分析了双环条件下，两路增益不一致对相位噪声的影响情况，结果如图 3-19 所示。在本次分析中，采用的双环光纤长度分别为 2km 和 0.2km。当 2km 光纤所在的环路增益由 0 变为 1 时，对应的 0.2km 光纤所在的环路增益由 1 变为 0，其相位噪声情况如图 3-19 所示。图中实线、虚线、点划线分别代表 2km 光纤所在环路增益为 0、0.5、1 时双环结构光电振荡器的相位噪声情况。从图中可知，当两路环路的增益分别为 0.5 时，环路中将会出现两个环路对应的边模，但是这些边模的强度弱于单环振荡状态，从而验证了在双环增益分别为 0.5 时边模抑制效果最佳的结论。

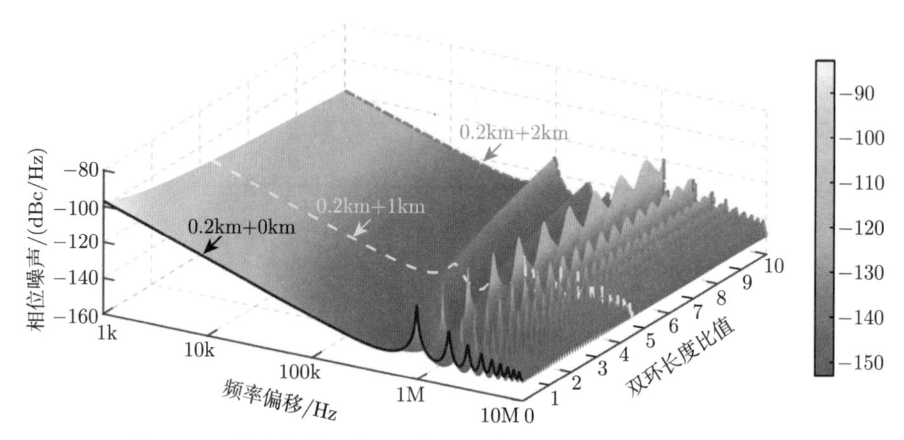

图 3-18 光电振荡器中双环相对长度对相位噪声和边模的影响

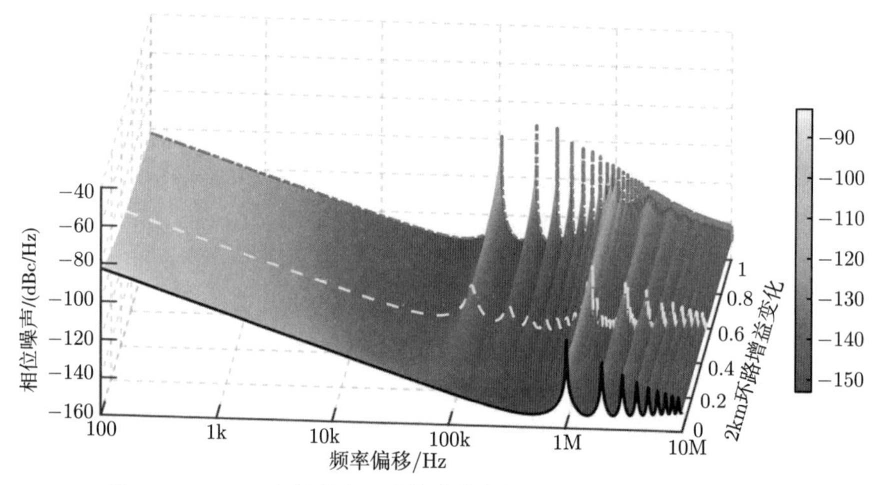

图 3-19 2 km 光纤所在环路的增益变化对相位噪声和边模的影响

通过微调环路的腔长，可实现双环路光电振荡器工作频率的微调。对于长度为 L 的环，振荡频率的变化与环长度的变化 ΔL 有如下关系：

$$\Delta f'/f_{\mathrm{osc}} = -\Delta L/L \tag{3-90}$$

式中，f_{osc} 为振荡频率；$\Delta f'$ 为腔长变化导致的频率变化。因此光电振荡器对短腔的长度变化更敏感。通过调节腔长进行频率调谐时，其调谐精度由长腔所产生的模式间隔决定。

3.3.2 多环路结构抑制边模的实现方法

如图 3-15 所示的光电振荡器结构最早由 Yao 和 Maleki[25] 提出，每个环路都为光电混合型。由于每个环路都需要一套独立的光电探测、滤波、放大等器件，因此，系统结构比较复杂，且增加了有源器件噪声的引入。此后，Lee 等 [27] 提出了一种包括一路电振荡环路和一路光电混合环路的双环路结构，如图 3-20 所示。其中，电振荡环路较短，光电混合振荡环路较长，短腔电振荡环产生电微波信号，部分耦合注入光电振荡环路。该方案利用长光纤的储能效力，极大降低了电振荡环路产生信号的相位噪声，并且获得了双环路抑制边模的效果。该结构最终输出信号的相位噪声性能与电环路的注入功率以及光电振荡环路中的光纤长度相关，在较大注入功率条件下，光电振荡环路中的光纤长度越长，最终输出信号的相位噪声性能越好。在 30GHz 工作时，电振荡环路注入功率接近饱和时，边模抑制比达到 50 dB，相位噪声在 10kHz 频偏处达到 −118.5dBc/Hz。该方案只需一个光电探测器件，但仍需要多套电放大、电滤波等器件，且电振荡环路部分一般会有较大的连接损耗和噪声引入。

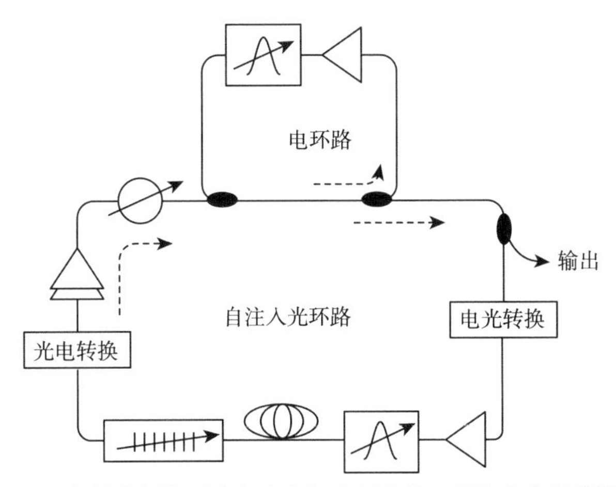

图 3-20 包括电振荡环路和光电混合环路的双环路光电振荡器结构

上述方案中，之所以选择在电域将两个环路合并，是因为光域合波易产生干涉，造成光电振荡器对环境扰动极为敏感。为了避免该问题，人们提出了基于光波分复用 [28]、偏分复用 [29] 的结构。图 3-21 是基于偏分复用的光电振荡器结构 [29]。在该结构中，调制后的光信号由偏振分束器分成偏振方向相互垂直的两部分，分别经过不同长度的光纤，再由偏振合束器合为一路光信号，注入光电探测器，经电放大滤波后，反馈回调制器。因为两个光路的偏振态垂直，所以避免了合束时光干涉造成的振荡频率随机跳变和拍频噪声的产生；同时由于只使用了一个光电探测器，该方案还避免了有源器件的增加及由此带来的额外噪声。图 3-22 给出了基于偏振调制和偏分复用的双环路光电振荡器的典型边模抑制效果。光电振荡环路的振荡频率为 9.95GHz。如果仅较短的光环路工作，光电振荡环路内振荡信号的边模抑制比约为 60dB；仅较长的光环路工作时，边模抑制比约为 30dB。采用偏分复用技术使两个光环路同时工作时，边模抑制比得到有效提升，达到了 78dB。

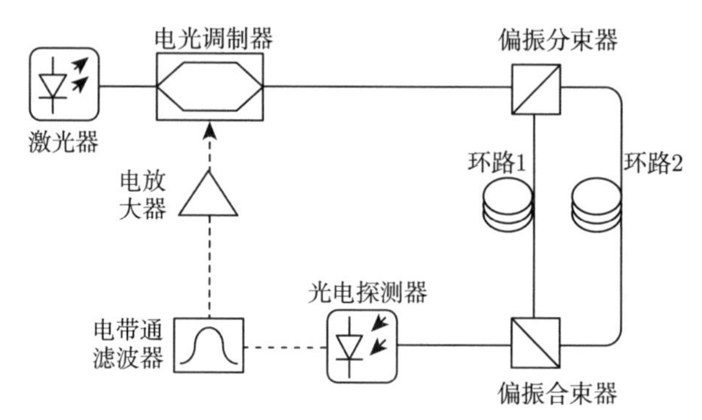

图 3-21　光域双环路光电振荡器结构框图

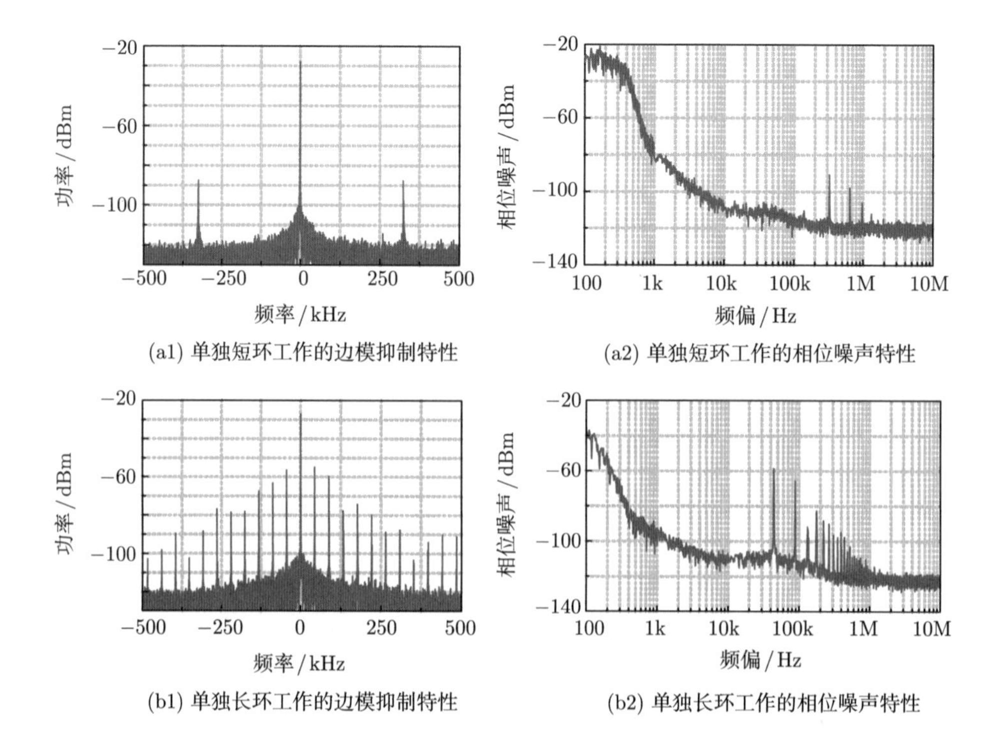

(a1) 单独短环工作的边模抑制特性

(a2) 单独短环工作的相位噪声特性

(b1) 单独长环工作的边模抑制特性

(b2) 单独长环工作的相位噪声特性

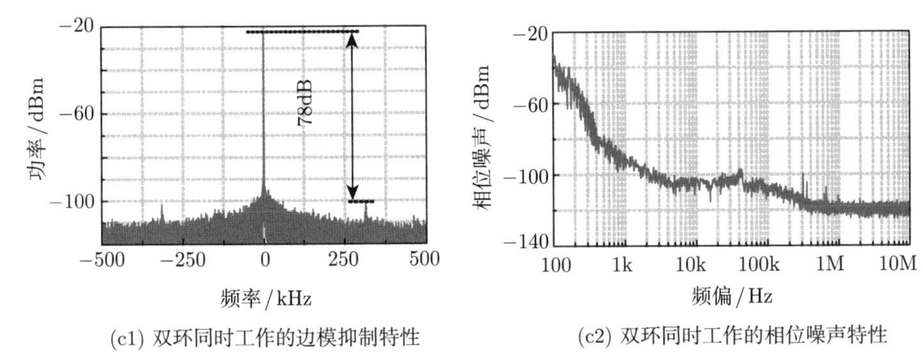

(c1) 双环同时工作的边模抑制特性　　(c2) 双环同时工作的相位噪声特性

图 3-22　基于偏振调制和偏分复用的双环路光电振荡器的输出特性

3.4　光电振荡器的稳定性提升

光电振荡器的稳定性对其实用化至关重要，本节将分别介绍基于锁相环、注入锁定、延时反馈控制技术的光电振荡器稳定性提升技术。其中，基于锁相环和基于注入锁定的稳定性提升技术，均是将光电振荡器的输出信号与频率稳定的外参考信号进行相位锁定，以实现光电振荡器输出信号的稳定。基于延时反馈控制和基于色散的稳定性提升技术，则是通过提取光电振荡环路中的相位或者延时的变化，获得光电振荡器输出信号的不稳定特性，进而改变环路的某个参数来抵消此变化，从而提升光电振荡器的稳定性。

3.4.1　基于锁相环的光电振荡器频率稳定技术

锁相环 (phase locked loop, PLL) 是一种相位控制系统，将参考信号与输出信号的相位进行比较，产生相位误差电压，反馈调整输出信号的相位，从而使得输出信号与参考信号之间的相位差保持为常数。对于单音信号，相位的微分等于频率的变化：

$$\Delta\omega(t) = \frac{\mathrm{d}\varphi}{\mathrm{d}t} \tag{3-91}$$

锁相环通过将光电振荡器产生的信号和稳定参考信号的相位进行锁定，从而提升光电振荡器的频率稳定性。锁相环的原理图如图 3-23 所示，主要由鉴相器、环路滤波器和压控振荡器三个功能模块构成。

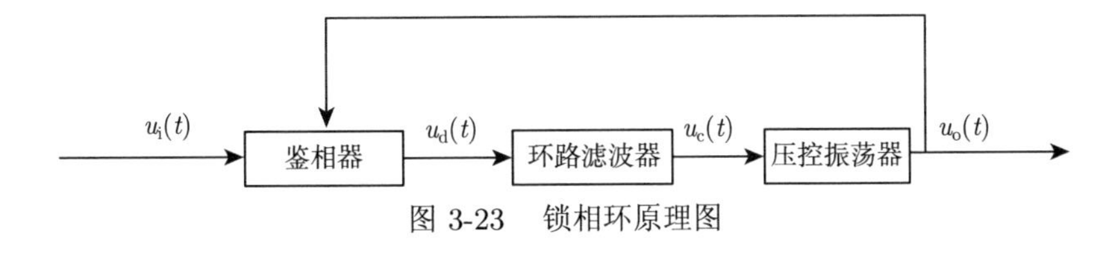

图 3-23　锁相环原理图

锁相环的基本工作原理如下：将输入信号电压 $u_{\mathrm{i}}(t)$ 与输出信号电压 $u_{\mathrm{o}}(t)$ 注入鉴相器，在鉴相器中进行相位比较，得到误差相位，并由误差相位产生误差电压 $u_{\mathrm{d}}(t)$；误差电压 $u_{\mathrm{d}}(t)$ 经过环路滤波器，输出控制电压 $u_{\mathrm{c}}(t)$ 并加到压控振荡器上，使之产生频率偏移来跟踪输入信号 $u_{\mathrm{i}}(t)$ 的频率 $\omega_{\mathrm{i}}(t)$；若输入信号的频率 ω_{i} 为固定值，在 $u_{\mathrm{c}}(t)$ 的作用下，压控振荡器的频率 $\omega_{\mathrm{v}}(t)$ 向 ω_{i} 靠近，直到两者相等，误差相位为恒定值时稳定下来，形成锁定；环路锁定之后，压控振荡器的频率与输入信号频率相同，两者之间维持一定的稳态相差。值得注意的是，此稳态相差是维持误差电压 $u_{\mathrm{d}}(t)$ 与控制电压 $u_{\mathrm{c}}(t)$ 所必需的，若无此稳态相差，控制电压 $u_{\mathrm{c}}(t)$ 就会消失，压控振荡器的振荡又将回到自由振荡频率，环路将无法被锁定。

锁相环路的相位模型如图 3-24 所示，可以得到环路的动态方程如下：

$$\theta_{\mathrm{e}}(s)=\theta_{\mathrm{i}}(s)-\theta_{\mathrm{o}}(s) \tag{3-92}$$

$$\theta_{\mathrm{o}}(s)=U_{\mathrm{d}}\theta_{\mathrm{e}}(s)H'(s)\frac{K_{\mathrm{o}}}{s} \tag{3-93}$$

式中，$\theta_{\mathrm{o}}(s)$、$\theta_{\mathrm{i}}(s)$、$\theta_{\mathrm{e}}(s)$、$H'(s)$ 和 K_{o} 分别为输出相位、输入相位、误差相位、环路滤波器传输函数和增益系数；U_{d} 为鉴相器转换系数。

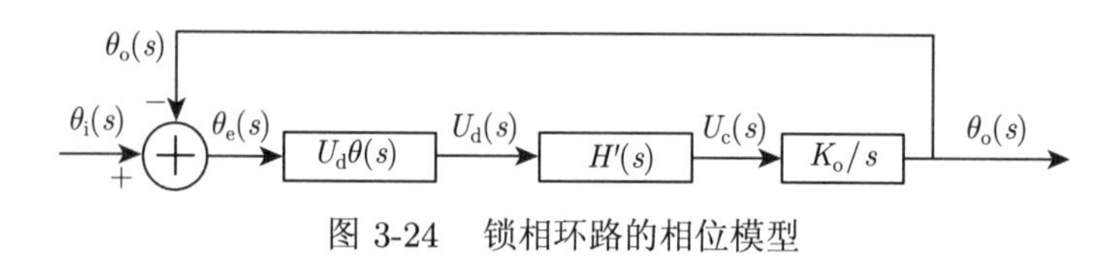

图 3-24 锁相环路的相位模型

由式 (3-92) 和式 (3-93) 可得

$$s\theta_{\mathrm{e}}(s)=s\theta_{\mathrm{i}}(s)-U_{\mathrm{d}}K_{\mathrm{o}}H'(s)\theta_{\mathrm{e}}(s) \tag{3-94}$$

令环路增益 $K=K_{\mathrm{o}}U_{\mathrm{d}}$，则上式变为

$$s\theta_{\mathrm{e}}(s)=s\theta_{\mathrm{i}}(s)-KH'(s)\theta_{\mathrm{e}}(s) \tag{3-95}$$

当锁相环路在闭环状态，锁相环路的闭环相位传输函数为

$$H(s)=\frac{\theta_{\mathrm{o}}(s)}{\theta_{\mathrm{i}}(s)}=\frac{KH'(s)}{s+KH'(s)} \tag{3-96}$$

此时，锁相环路的闭环相位误差传输函数为

$$H_{\mathrm{e}}(s)=\frac{\theta_{\mathrm{e}}(s)}{\theta_{\mathrm{i}}(s)}=\frac{s}{s+KH'(s)} \tag{3-97}$$

$H_e(s)$ 和 $H(s)$ 之间满足如下关系：

$$H_e(s) = 1 - H(s) \tag{3-98}$$

光电振荡环路中的光纤极易受到环境温度、振动等影响，从而造成振荡模式的改变，使得光电振荡器频率稳定度较差。通过引入锁相环，可将光电振荡器锁定到高频率稳定度的外部参考振荡器上，提升光电振荡器的频率稳定性。

基于锁相环提升光电振荡器频率稳定性的系统如图 3-25 所示 [30]。在单环路光电振荡器系统中插入电移相器，以补偿因温度变化而导致的环路腔长变化。引入双平衡混频器对光电振荡器振荡信号与外参考微波源信号进行鉴相，得到相位误差信号。“比例-积分-微分控制器”(proportional-integral-derivative controller, PID) 将相位误差信号处理为控制电压信号，反馈给电移相器，补偿光电振荡器环路的相位漂移。

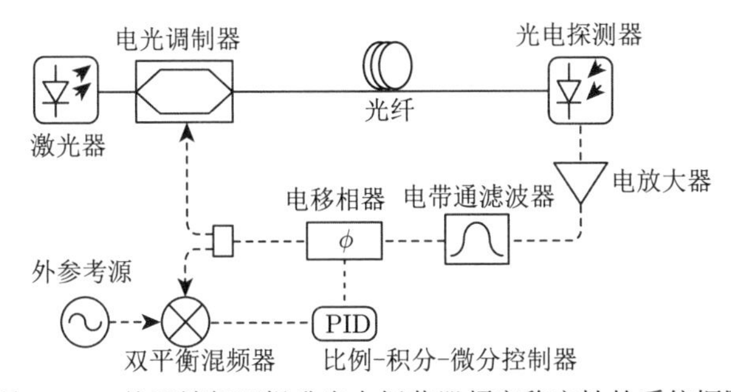

图 3-25 基于锁相环提升光电振荡器频率稳定性的系统框图

根据锁相环模型，可以推导出光电振荡器在复频域的开环传递函数 $H_o(s)$、闭环传递函数 $H(s)$ 和误差传递函数 $H_e(s)$，分别表示如下：

$$H_o(s) = \frac{\theta_o(s)}{\theta_e(s)} = \frac{KA_{\text{PID}}(s)H'(s)}{s} \tag{3-99}$$

$$H(s) = \frac{\theta_o(s)}{\theta_i(s)} = \frac{KA_{\text{PID}}(s)H'(s)}{s + KA_{\text{PID}}(s)H'(s)} \tag{3-100}$$

$$H_e(s) = \frac{\theta_e(s)}{\theta_i(s)} = \frac{s}{s + KA_{\text{PID}}(s)H'(s)} \tag{3-101}$$

式中，$\theta_i(s)$、$\theta_o(s)$ 和 $\theta_e(s)$ 分别为输入微波参考信号的相位、光电振荡器输出信号的相位和误差相位；K 为环路的总增益；$A_{\text{PID}}(s)$ 为“比例-积分-微分控制器”的传输函数；$H'(s)$ 为环路滤波器的传输函数。

锁相环不仅可以改善光电振荡器的频率稳定度，还可以优化相位噪声特性。

根据式 (3-99) 和式 (3-101) 可知，锁相环对外部参考信号引入的噪声具有低通特性，对光电振荡器引入的噪声具有高通特性，通过适当选择锁相环的环路带宽，即可以实现光电振荡环路的相位噪声的优化。同时，由于锁相环的反馈信号通过电控移相器来控制光电振荡器的环路长度，在锁定条件下，光电振荡器处于单模振荡的临界情况，因此能够保证光电振荡器较好的杂散抑制特性。

3.4.2 基于注入锁定的光电振荡器频率稳定技术

注入锁定是指将外参考信号注入振荡器，当振荡器的振荡频率与注入的外参考信号频率相近时，振荡器振荡信号与外参考信号的相位差保持恒定。通过注入锁定实现光电振荡器的频率稳定 [31,32]，是利用频率稳定的参考信号作为注入源，通过微波或光通道注入至光电振荡器中，当光电振荡器的振荡频率与注入信号的频率差进入锁定带宽时，光电振荡器的振荡频率将受注入信号的牵引，最终在注入源频率处形成振荡并锁定相位。注入锁定光电振荡器可以消除部分外界抖动的影响。此外，由于信号能量的注入，被注入锁定的振荡模式能量比其他模式高，增强了其模式竞争能力，从而有效抑制了边模。

图 3-26 为注入锁定光电振荡器的原理结构以及信号矢量图。

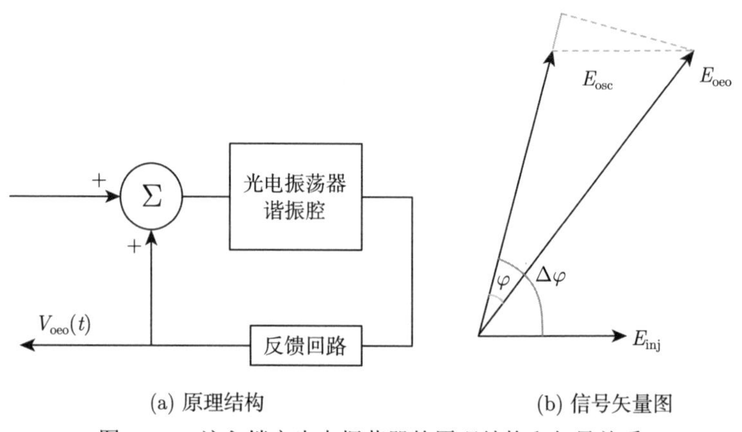

图 3-26 注入锁定光电振荡器的原理结构和矢量关系

设注入信号为 $V_{inj}(t)=E_{inj}\cos(\omega_{inj}t)$，自由振荡信号为 $V_{osc}(t)=E_{osc}\cos(\omega_{osc}t)$，注入后的振荡信号为 $V_{oeo}(t) = E_{oeo}\cos(\omega_{oeo}t)$。则由矢量叠加原理可得，注入后光电振荡器的输出信号与自由振荡信号的相位有如下关系：

$$\tan\varphi = \frac{E_{inj}\sin\Delta\varphi}{E_{osc} + E_{inj}\cos\Delta\varphi} \tag{3-102}$$

式中，$\Delta\varphi$ 表示自由振荡信号与注入源信号的相位差，注入锁定结构中的瞬时信

号频率为 $\Delta\omega_{\mathrm{osc}} = \omega_{\mathrm{osc}} - \omega_{\mathrm{inj}} = \mathrm{d}\Delta\varphi/\mathrm{d}t$。根据注入锁定振荡器的原理 [32,33]，式 (3-102) 的左边可以写成：

$$\tan\varphi = 2Q\frac{\omega_{\mathrm{osc}} - \omega_{\mathrm{o}}}{\omega_{\mathrm{o}}} \tag{3-103}$$

式中，$Q = \omega_0 T$，表示光电振荡环路的品质因子，T 为反馈环路的延时。联合式 (3-102) 和式 (3-103)，可以得到

$$-\frac{E_{\mathrm{inj}}\sin\Delta\varphi}{E_{\mathrm{osc}} + E_{\mathrm{inj}}\cos\Delta\varphi} = 2Q\frac{\omega_{\mathrm{osc}} - \omega_{\mathrm{o}}}{\omega_{\mathrm{o}}} \tag{3-104}$$

而

$$\begin{aligned}\omega_{\mathrm{osc}} - \omega_{\mathrm{o}} &= (\omega_{\mathrm{osc}} - \omega_{\mathrm{inj}}) - (\omega_{\mathrm{o}} - \omega_{\mathrm{inj}}) \\ &= \Delta\omega_{\mathrm{osc}} - \Delta\omega_{\mathrm{o}} = \mathrm{d}\Delta\varphi/\mathrm{d}t - \Delta\omega_{\mathrm{o}}\end{aligned} \tag{3-105}$$

将式 (3-105) 代入式 (3-104)，则相位微分方程在时域中可以表示为

$$\frac{\mathrm{d}\Delta\varphi}{\mathrm{d}t} = \Delta\omega_{\mathrm{o}} - \frac{\omega_{\mathrm{o}}}{2Q}\frac{E_{\mathrm{inj}}\sin\Delta\varphi}{E_{\mathrm{osc}} + E_{\mathrm{inj}}\cos\Delta\varphi} \tag{3-106}$$

在稳态条件下，式 (3-106) 的等号左边等于 0，于是可得

$$\Delta\omega_{\mathrm{o}} = \frac{\omega_{\mathrm{o}}}{2Q}\frac{E_{\mathrm{inj}}\sin\Delta\varphi}{E_{\mathrm{osc}} + E_{\mathrm{inj}}\cos\Delta\varphi} \tag{3-107}$$

在实际注入锁定过程中，自由振荡信号的幅度与注入信号的幅度满足 $E_{\mathrm{inj}} \ll E_{\mathrm{osc}}$。因此式 (3-107) 可以简化为

$$\Delta\omega_{\mathrm{o}} = \frac{\omega_{\mathrm{o}}}{2Q}\frac{E_{\mathrm{inj}}}{E_{\mathrm{osc}}}\sin\Delta\varphi \tag{3-108}$$

可以得到光电振荡器的注入锁定频率范围为

$$|\Delta\omega_{\mathrm{o}}| \leqslant \frac{\omega_{\mathrm{o}}}{2Q}\frac{E_{\mathrm{inj}}}{E_{\mathrm{osc}}} = \frac{1}{2T}\frac{E_{\mathrm{inj}}}{E_{\mathrm{osc}}} \tag{3-109}$$

可以看出，光电振荡器的频率锁定范围由光电振荡环路的延时以及注入信号功率与振荡信号功率的比值决定。

注入锁定光电振荡器的实验框图如图 3-27 所示。光电振荡环路的延时约为 50μs，因此光电振荡环路的相邻模式间隔约为 20kHz；电带通滤波器的中心频率

为 10.664GHz，带宽为 13MHz，注入外参考信号的频率为 10.664GHz。通过调节可调光延时线，调谐光电振荡环路的振荡模式频率，使之靠近注入外参考源频率，当二者的频率差处于锁定范围内，该模式将被锁定到外参考信号上。光电振荡器的振荡模式与注入信号锁定过程的示意图如图 3-28 所示 [33]。图 3-28(a) 为光电振荡器自由振荡时的输出频谱；图 3-28(b) 为光电振荡器在准注入锁定时的输出频谱分量，可以看出，在准锁定状态下，除被选定的振荡模式外还存在一串等频率间隔的振荡模式；图 3-28(c) 为注入锁定状态下光电振荡器的输出频谱，除被锁定的振荡模式外，其他振荡模式均被有效抑制。

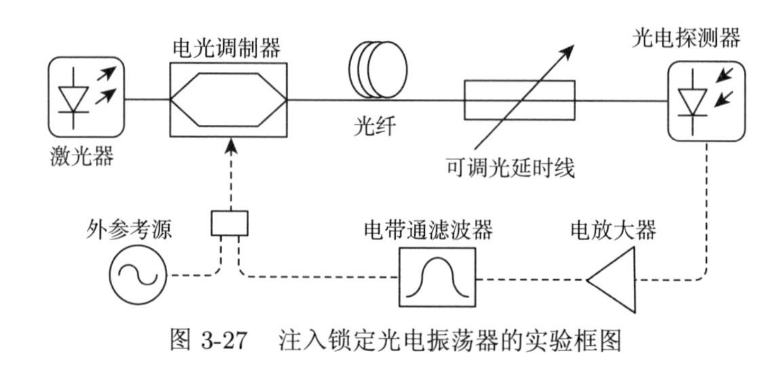

图 3-27　注入锁定光电振荡器的实验框图

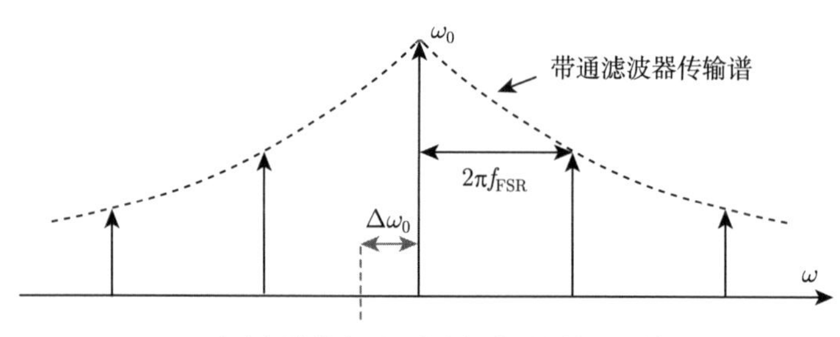

(a) 自由振荡状态下，光电振荡器的输出频谱

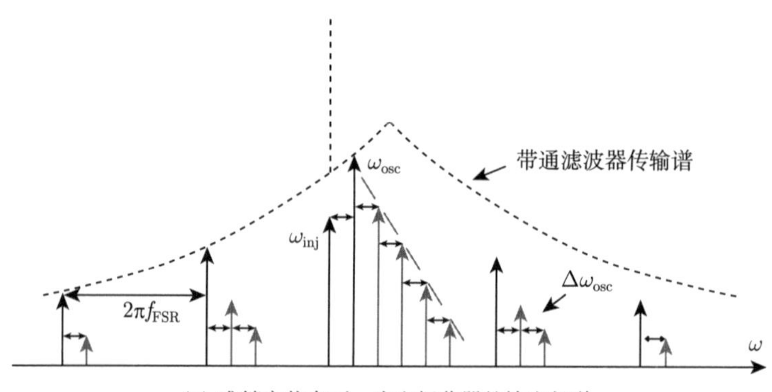

(b) 准锁定状态下，光电振荡器的输出频谱

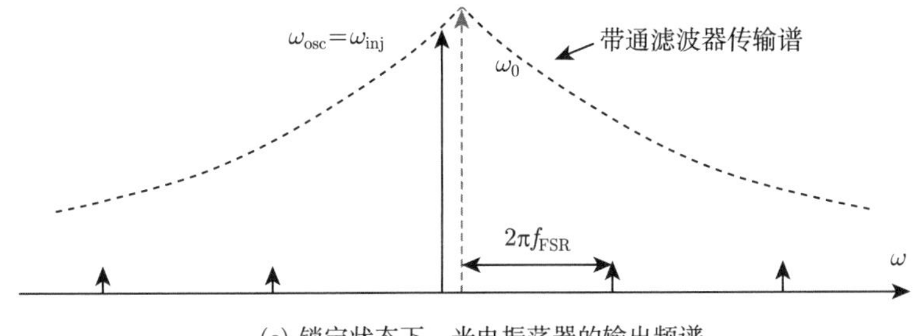

(c) 锁定状态下，光电振荡器的输出频谱

图 3-28 注入锁定光电振荡器的振荡模式与注入信号的锁定过程示意图

图 3-29 是光电振荡器的频率锁定范围与环路长度以及外注入参考信号功率关系的实验结果图，可以看出，环路的长度越长，频率锁定范围越窄，外参考信号的功率越强，频率锁定范围越宽，与理论分析结果一致。

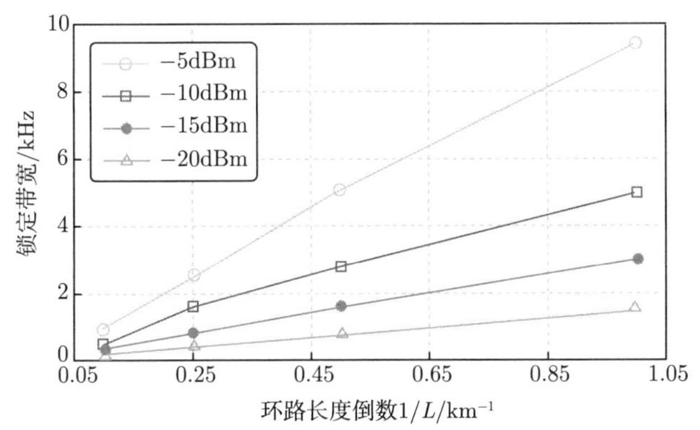

(a) 频率锁定带宽范围与环路长度倒数之间关系的实验结果

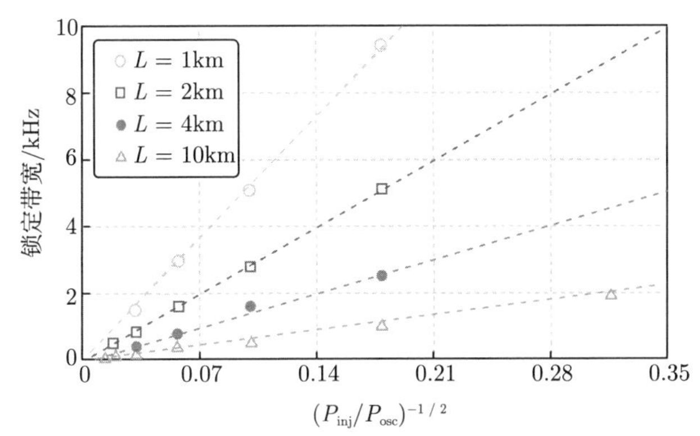

(b) 频率锁定带宽和$(P_{\text{inj}}/P_{\text{osc}})^{-1/2}$之间关系的实验结果($P_{\text{inj}}$和$P_{\text{osc}}$分别为注入信号功率和光电振荡器振荡信号功率)

图 3-29 注入锁定光电振荡器的频率锁定范围与环路长度以及外注入参考信号功率关系的实验结果

3.4.3 基于延时反馈控制的光电振荡器频率稳定技术

光电振荡器中光纤的温度敏感性是造成光电振荡器频率变化的最主要原因。基于光纤传输延迟时间的变化，可以推断出光电振荡器频率的变化量。由于光电振荡器的振荡频率与光电振荡环路的延迟时间成反比，因此振荡频率的变化量 $\Delta f_{\rm osc}$ 与光纤延迟时间的变化量 $\Delta\tau$ 有如下关系：

$$\frac{\Delta f_{\rm osc}}{f_{\rm osc}}=\frac{-\Delta\tau}{T} \tag{3-110}$$

式中，$f_{\rm osc}$ 和 T 分别为稳定振荡时的振荡频率和振荡环路的延迟时间。由式 (3-110) 可知，通过测量光纤延迟时间的变化量，可以获得相应的振荡频率变化量，反馈补偿环路时延，从而补偿频率的变化，提高光电振荡器的频率稳定性。

光电振荡器的频率漂移补偿技术可以分为被动补偿和主动锁相两类。其中，被动补偿技术包括引入环境隔离和温度控制等方法，但控制精度有限。可以通过使用具有较低温度系数的器件 (如光子晶体光纤) 来构建光电振荡器，使得在相同的温度变化条件下频率漂移更小，从而降低所需的控制范围。传统的主动锁相稳频技术，通过将外参考信号与光电振荡器的输出信号进行鉴相处理，提取误差控制信号，反馈调节光电振荡器的有效腔长，实现稳频。

图 3-30 为一种典型的基于延时反馈控制的稳频系统框图 [34]。图 3-30 中的光电振荡器为双环型，其延时变化主要源于长环路，因此对长环路进行延时反馈控制，提升光电振荡器的频率稳定性。将伪随机噪声 (pseudo-random noise，PRN) 编码注入长环路中，并在输出端检测伪随机码的变化，从而获得该环路中光纤延迟时间的变化。具体方案如下：将伪随机噪声编码信号注入直调激光器，直调激光器的输出光信号通过光功分器分为两路。较长光环路中的光信号经过光电探测器后，部分作为探测信号输入到调制解调器中，通过检测其与初始信号之间的相位变化，获取长环路中光纤的延迟时间。基于探测到的光纤延迟时间的变化，反馈控制长环路中的可调光延时线，补偿光纤延时的变化，从而提升光电振荡器的频率稳定性。

Pham 等 [35] 提出了一种基于矢量分析的光电振荡器稳频的方案，其系统框图如图 3-31 所示。矢量网络分析仪输出频率为 ω_1 的探测信号，与光电振荡环路中的振荡信号耦合后，输入到电光调制器的射频端中。在光电振荡环路中，通过光功分器输出部分光信号，经过光电探测器 2 探测、射频放大后，再通过中心频率为 ω_1 的电滤波器。输出的电信号注入矢量网络分析仪的输入口。基于上述结构，在矢量网络分析仪中即可获得频率为 ω_1 的探测信号通过光电振荡环路中光纤传输后的延时变化。基于所获得光纤延迟的变化量，反馈控制光环路的延时和相位，从而提高光电振荡器的频率稳定性。由于光电振荡器的振荡频率和探测信号的频率不同，因此探测信号的引入不会对光电振荡器的输出信号产生影响。

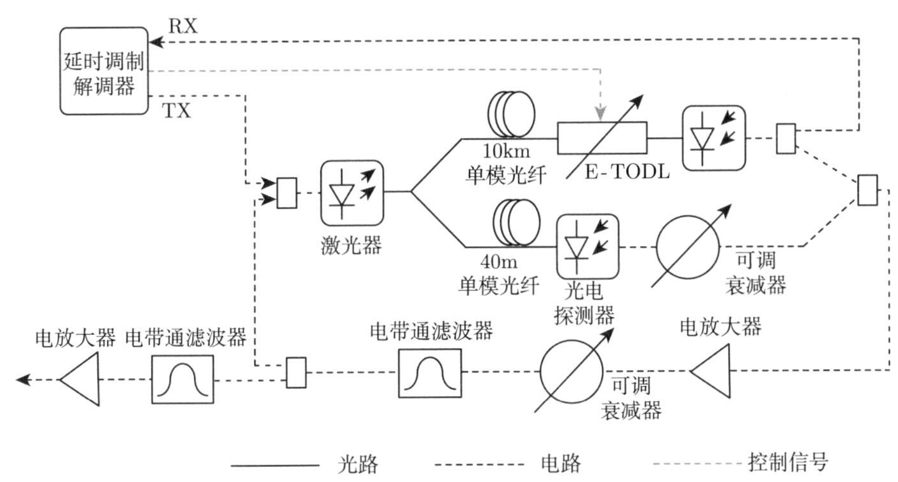

图 3-30 基于延时反馈控制的光电振荡器稳频原理框图

E-TODL：电控可调光延时线

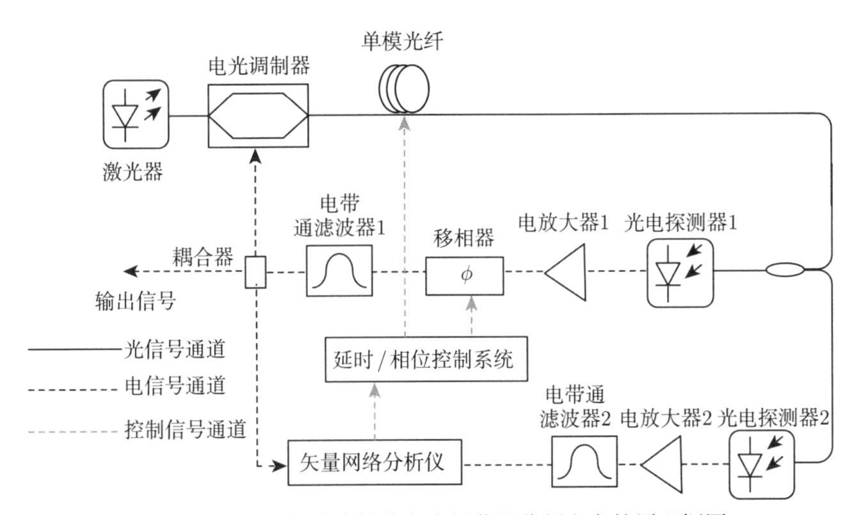

图 3-31 基于矢量分析的光电振荡器稳频方案的原理框图

为实现宽带可调谐光电振荡器的稳频，北京邮电大学提出了一种外参考自锁相的补偿技术 [36]，其原理如图 3-32 所示。该方案引入一个低频参考信号用于鉴相以获取光纤延时链路的相位误差信号。为实现大范围、高精度的时延抖动补偿，该方案引入光纤色散，通过调谐激光器波长实现环路中延时的控制。当光电振荡环路中使用普通单模光纤时，其色散系数在波长 1550nm 处为 17ps/(km· nm)，而光纤的温度变化系数为 35ps/(km· ℃)。为补偿 15℃ 的温度变化所带来的时延变化，激光器需要调谐的波长范围为 30nm。通过采用具有高色散量的色散补偿光纤，可以降低对激光器波长调谐范围的要求。当色散补偿光纤的色散系数为 100ps/(km· nm) 时，为补偿 15℃ 的温度变化带来的频率变化，激光器仅需进行 5.3nm 的波长调谐。

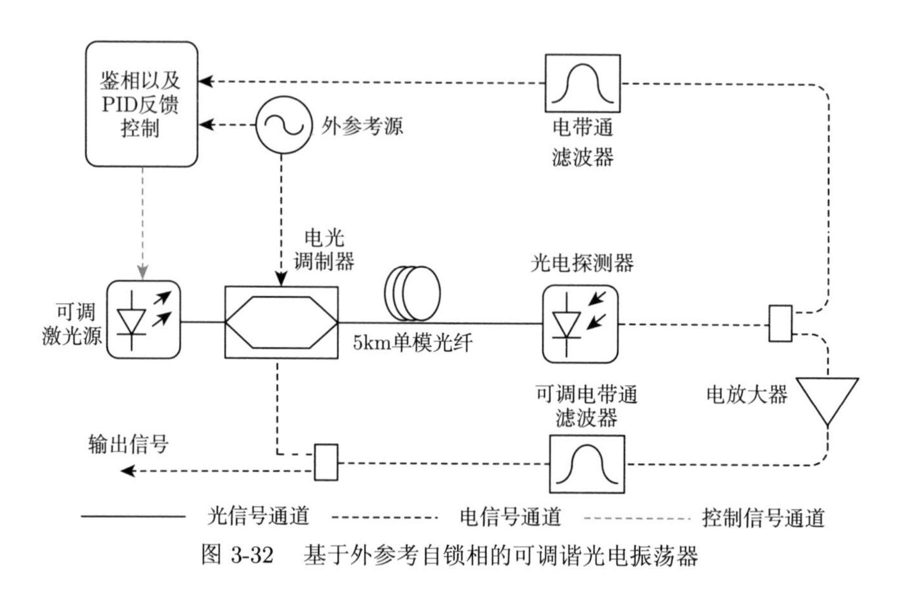

图 3-32 基于外参考自锁相的可调谐光电振荡器

图 3-33 为该方案对光电振荡器环路中光纤延时抖动进行补偿前后的效果。可以看出，补偿前时延变化量约 ±6 ps，补偿后时延变化量小于 ±0.1 ps，实现数量级的提升。对光纤时延抖动进行补偿前后，光电振荡器输出信号的阿伦方差的对

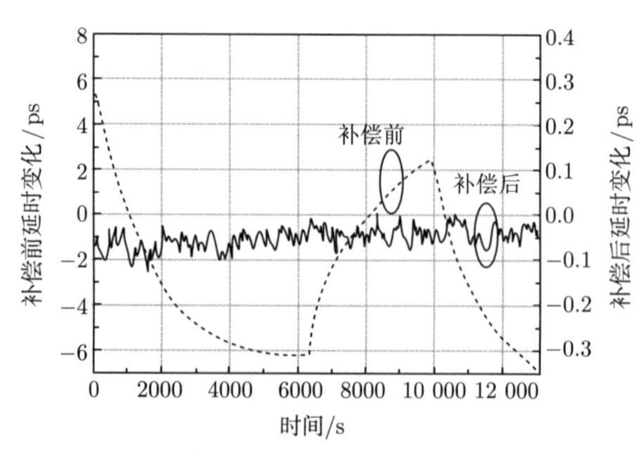

图 3-33 对光电振荡器环路中的光纤时延抖动进行补偿前后的效果对比

比如图 3-34 所示。从图 3-34 可以看出，基于该方案，光电振荡器在 1000 s 内的阿伦方差从 1.5×10^{-6} 提升到了 5×10^{-9}，实现了长期频率稳定性的大幅度提升。

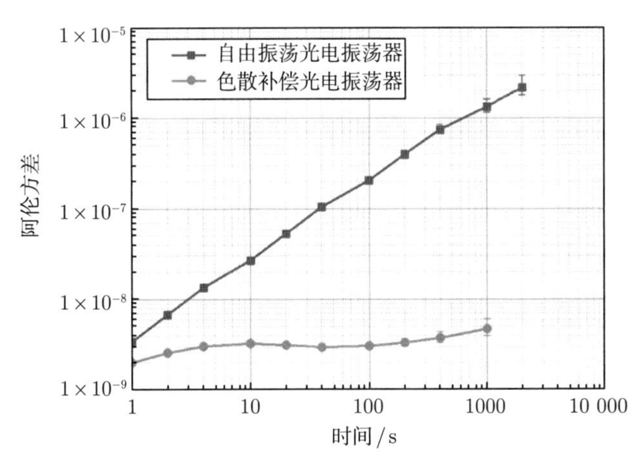

图 3-34　未引入与引入色散补偿的光电振荡器的输出信号的阿伦方差测试结果对比

参考文献

[1] IEEE Standard Definitions of Physical Quantities for Fundamental Frequency and Time Metrology-Random Instabilities: IEEE Std 1139—1999[S]. NY, USA: IEEE, 1999: 1-40.

[2] Timmer J, Koenig M. On generating power law noise [J]. Astronomy and Astrophysics, 1995, 300: 707-710.

[3] Eliyahu D, Seidel D, Maleki L. RF amplitude and phase-noise reduction of an optical link and an opto-electronic oscillator [J]. IEEE Transactions on Microwave Theory and Techniques, 2008, 56(2): 449-456.

[4] Leeson D B. A simple model of feedback oscillator noise spectrum [J]. Proceedings of the IEEE, 1966, 54(2): 329-330.

[5] Okusaga O, Cahill J, Zhou W, et al. Optical scattering induced noise in RF-photonic systems[C]. 2011 Joint Conference of the IEEE International Frequency Control and the European Frequency and Time Forum (FCS) Proceedings, San Francisco, CA, USA, 2011: 1-6.

[6] Okusaga O, Cahill J P, Docherty A, et al. Suppression of Rayleigh-scattering-induced Noise in OEOs [J]. Optics Express, 2013, 21(19): 22255-22262.

[7] Preussler S, Schneider T. Stimulated Brillouin scattering gain bandwidth reduction and applications in microwave photonics and optical signal processing [J]. Optical Engineering, 2015, 55(3): 031110.

[8] Barnes J A, Chi A R, Cutler L S, et al. Characterization of frequency stability [J]. IEEE Transactions on Instrumentation and Measurement, 1971, IM-20(2): 105-120.

[9] Lesage P, Ayi T. Characterization of frequency stability: analysis of the modified Allan variance and properties of its estimate [J]. IEEE Transactions on Instrumentation and Measurement, 1984, 33(4): 332-336.

[10] Yao X S, Maleki L. Optoelectronic microwave oscillator [J]. Journal of the Optical Society of America B, 1996, 13(8): 1725-1735.

[11] Leeson D B. Oscillator phase noise: a 50-year review [J]. IEEE Transactions on Ultrasonics, Ferroelectrics, and Frequency Control, 2016, 63(8): 1208-1225.

[12] Guo J J, Jin X D, Zhu Y H, et al. A comprehensive model for phase noise characteristics of an optoelectronic oscillator [J]. Microwave and Optical Technology Letters, 2018, 60(9): 2194-2197.

[13] Lelièvre O, Crozatier V, Berger P, et al. A model for designing ultralow noise single- and dual-loop 10-GHz optoelectronic oscillators [J]. Journal of Lightwave Technology, 2017, 35(20): 4366-4374.

[14] Rybin Y K. Barkhausen criterion for pulse oscillators [J]. International Journal of Electronics, 2012, 99(11): 1547-1556.

[15] 苑泽. ROF 链路中平衡探测降低 RIN 噪声的研究 [D]. 成都: 电子科技大学, 2017.

[16] Marazzi L, Boletti A, Parolari P, et al. Relative intensity noise suppression in reflective SOAs [J]. Optics Communications, 2014, 318: 186-188.

[17] Nelson C W, Hati A, Howe D A. Relative intensity noise suppression for RF photonic links [J]. IEEE Photonics Technology Letters, 2008, 20(18): 1542-1544.

[18] Johnson R, Jasik H. Antenna Engineering Handbook [M]. 2nd ed. New York: McGraw-Hill, Inc., 1984.

[19] Driscoll M M, Weinert R W. Spectral performance of sapphire dielectric resonator-controlled oscillators operating in the 80 K to 275 K temperature range[C]. Proceedings of the 1995 IEEE International Frequency Control Symposium (49th Annual Symposium), San Francisco, CA, USA, 1995: 401-412.

[20] Kang S G, Lee I K, Yoo K S. Analysis and design of feedforward power amplifier[C]. Proceedings of 1997 IEEE MTT-S International Microwave Symposium Digest, Denver, CO, USA, 1997: 1519-1522.

[21] Shirvani A, Su D K, Wooley B A. A CMOS RF power amplifier with parallel amplification for efficient power control [J]. IEEE Journal of Solid-State Circuits, 2002, 37(6): 684-693.

[22] Lessing M, Margolis H S, Brown C T A, et al. Suppression of amplitude-to-phase noise conversion in balanced optical-microwave phase detectors [J]. Optics Express, 2013, 21(22): 27057-27062.

[23] 刘世锋, 徐晓瑞, 张方正, 等. 超低相噪光电振荡器及其频率综合技术研究 [J]. 雷达学报, 2019, 8(2): 243-250.

[24] Ilchenko V S, Matsko A B. Optical resonators with whispering-gallery modes-part II: applications [J]. IEEE Journal of Selected Topics in Quantum Electronics, 2006, 12(1): 15-32.

[25] Yao X S, Maleki L. Multiloop optoelectronic oscillator [J]. IEEE Journal of Quantum Electronics, 2000, 36(1): 79-84.

[26] Ghosh D, Mukherjee A, Chatterjee S, et al. A comprehensive theoretical study of dual loop optoelectronic oscillator [J]. Optik, 2016, 127(6): 3337-3342.

[27] Lee K H, Kim J Y, Choi W Y. Hybrid dual-loop optoelectronic oscillators [C]. Proceedings of 2007 International Topical Meeting on Microwave Photonics, Victoria, BC, Canada, 2007: 74-77.

[28] Jia S, Yu J, Wang J, et al. A novel optoelectronic oscillator based on wavelength multiplexing [J]. IEEE Photonics Technology Letters, 2015, 27(2): 213-216.

[29] Cai S, Pan S, Zhu D, et al. Coupled frequency-doubling optoelectronic oscillator based on polarization modulation and polarization multiplexing [J]. Optics Communications, 2012, 285(6): 1140-1143.

[30] Spencer D T, Srinivasan S, Bluestone A, et al. A low phase noise dual loop optoelectronic oscillator as a voltage controlled oscillator with phase locked loop [C]. Proceedings of 2014 IEEE Photonics Conference, San Diego, CA, USA, 2014: 412-413.

[31] Fleyer M, Sherman A, Horowitz M, et al. Wideband-frequency tunable optoelectronic oscillator based on injection locking to an electronic oscillator [J]. Optics Letters, 2016, 41(9): 1993-1996.

[32] Razavi B. A study of injection locking and pulling in oscillators [J]. IEEE Journal of Solid-State Circuits, 2004, 39(9): 1415-1424.

[33] Fan Z, Su J, Lin Y, et al. Injection locking and pulling phenomena in an optoelectronic oscillator [J]. Optics Express, 2021, 29(3): 4681-4699.

[34] Tseng W H, Feng K M. Enhancing long-term stability of the optoelectronic oscillator with a probe-injected fiber delay monitoring mechanism [J]. Optics Express, 2012, 20(2): 1597-1607.

[35] Pham T T, Ledoux-Rak I, Journet B, et al. A new technique to monitor the long-term stability of an optoelectronic oscillator [C]. Proceedings of SPIE, Prague, 2015: 72-80.

[36] Xu K, Wu Z, Zheng J, et al. Long-term stability improvement of tunable optoelectronic oscillator using dynamic feedback compensation [J]. Optics Express, 2015, 23(10): 12935-12941.

第 4 章　光电振荡器相位噪声的测量

相位噪声是光电振荡器最核心的性能指标，相位噪声的测量对光电振荡器的发展具有重要意义。此前微波源的相位噪声特性一般都是由电子学方法测量，包括直接频谱法、鉴相法、鉴频法等。为了提高测量灵敏度，人们还提出了双通道互相关法。这些电子学方法大都形成了商业化仪表，但是这些仪表要么测量范围很小，要么在高频处的噪底很高，很难满足光电振荡器的测量需求。要想深入研究光电振荡器的相位噪声特性，必须开拓新思路和新方法。一种可行的思路是在光域实现鉴相或鉴频，从而实现大带宽和高灵敏度的相位噪声测量。南京航空航天大学微波光子学课题组提出了一种光子学辅助的正交鉴频相位噪声测量方法，解决了鉴频法结构复杂、校准复杂和测量准确度差的问题。本章将对上述各种相位噪声测量方法进行介绍，分析其优缺点和应用场景，探讨其性能提升方法。

4.1　微波信号相位噪声的电子学测量方法

相位噪声表征的是振荡信号频率的短期稳定度 [1]，一般定义为微波信号相位抖动$\varphi(t)$ 单边带功率谱密度 $S_\varphi(f_{\mathrm{m}})$ 的一半 [2]，即

$$L\left(f_{\mathrm{m}}\right)=\frac{S_{\varphi}\left(f_{\mathrm{m}}\right)}{2} \tag{4-1}$$

目前，相位噪声测量方法主要有直接频谱法、鉴相法、鉴频法、双通道互相关法。

4.1.1　直接频谱法

直接频谱法是最简单的相位噪声测量方法，它的原理如图 4-1 所示 [3]。把待测信号直接输入频谱分析仪，测量待测信号的频谱，然后通过式 (4-2) 计算得到待测信号源的相位噪声：

$$L\left(f_{\mathrm{m}}\right)=\frac{P_{\text{noise}}\left(f_{\mathrm{m}}\right)}{P_{\mathrm{c}}} \tag{4-2}$$

式中，$P_{\text{noise}}(f_{\mathrm{m}})$ 为偏离载波频率 f_{m} 处微波信号的功率谱密度；P_{c} 为载波频率处微波信号的功率谱密度。直接频谱相位噪声测量法结构简单且易于实现。然而，该方法是基于式 (4-2) 近似计算得到的，仅适用于相位噪声较小的情形，不

适用于相位噪声性能较差的微波信号；此外，该方法无法区分待测信号的相位噪声和幅度噪声，测量的结果既包含相位噪声又包含幅度噪声，造成测量结果的不准确；且该方法的测量带宽以及灵敏度分别受限于频谱分析仪的工作带宽和动态范围。

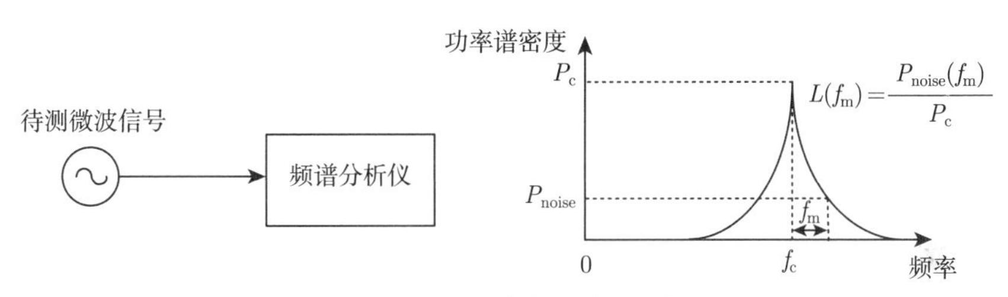

图 4-1 直接频谱法的原理示意图

4.1.2 鉴相法

鉴相法的原理示意图如图 4-2 所示。参考源和待测微波信号频率相同且相位相差 90°，将两者共同输入鉴相器，鉴相器的作用是将待测信号和参考信号间的相位差转化为可以测量的电压。然后，通过频谱分析仪得到电压信号的功率谱密度。最后，通过校准去除所得功率谱密度中鉴相器的“相位–电压转换系数”的影响，得到待测信号和参考信号间相位差的功率谱密度。考虑到参考信号的相位噪声远小于待测信号的相位噪声，其相位噪声可以忽略不计。这样，待测信号和参考信号间相位差的功率谱密度即为待测信号相位抖动的功率谱密度，从而由式 (4-1) 计算出待测信号的相位噪声。

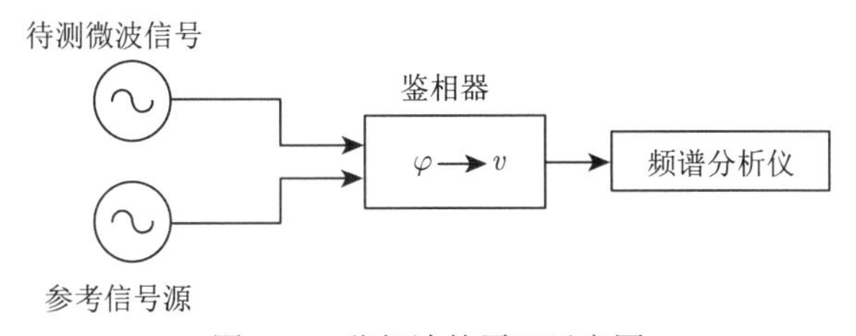

图 4-2 鉴相法的原理示意图

鉴相法能够得到较为准确的相位噪声测量结果，但该方法对参考源的要求较为苛刻，在实际测量过程中，难以找到和待测信号同频且相位噪声远低于待测信号的参考源。所以，鉴相法的测量带宽和灵敏度分别受限于参考源的可调谐频率范围和相位噪声性能。此外，鉴相法不能用来测量自由振荡或频率稳定度较差的微波信号，原因在于难以保证参考源与这类信号源频率相同且相位相差 90°。

4.1.3 鉴频法

鉴频法的原理示意图如图 4-3 所示 [4]。功分器将待测微波信号分为两路，一路信号通过移相器后输入鉴相器，另一路信号延时 τ 后输入鉴相器。调节移相器使得输入鉴相器的两路信号相位相差 90°，此时，鉴相器输出的是与两路信号相位差成正比的电压信号，利用频谱分析仪可获取该电压信号的功率谱密度。类似鉴相法，通过校准去除所得功率谱密度中鉴相器的相位电压转换系数的影响，最终得到延时和非延时信号相位差 $\varphi(t)-\varphi(t-\tau)$ 的功率谱密度，而相位噪声 $L(f_{\mathrm{m}})$ 与相位差 $\varphi(t)-\varphi(t-\tau)$ 的单边带功率谱密度具有如下关系：

$$[\varphi(t)-\varphi(t-\tau)]_{\mathrm{PSD}}=\left|1-\mathrm{e}^{-\mathrm{i}2\pi f_{\mathrm{m}}\tau}\right|^{2}S_{\varphi}(f_{\mathrm{m}})=8\sin^{2}(\pi f_{\mathrm{m}}\tau)L(f_{\mathrm{m}}) \tag{4-3}$$

根据式 (4-3)，将 $\varphi(t)-\varphi(t-\tau)$ 的单边带功率谱密度除以系数 $8\sin^{2}(\pi f_{\mathrm{m}}\tau)$，便可以得到待测信号的相位噪声。相比于鉴相法，鉴频法最大的优点是不需要参考源，从而突破了参考源对相位噪声测量带宽和灵敏度的限制。但是，鉴频法存在着低频偏处相位噪声测量不准确的问题。对于鉴频法，延时线的长度和带宽是相位噪声测量灵敏度和带宽的主要限制因素。电延时线的带宽有限，在长度增加的同时必然伴随着衰减的增大。因为鉴相器的相位电压转换系数会随着输入信号功率减小而减小，所以衰减增大必然会恶化相位噪声测量灵敏度。另外，电鉴相器和电移相器有限的工作带宽也是限制鉴频法测量带宽的重要因素。

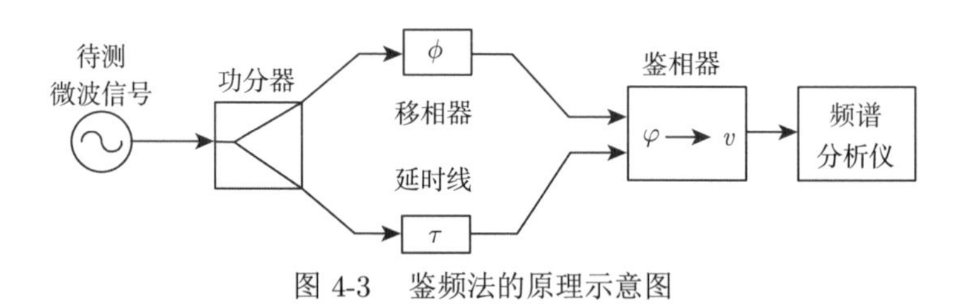

图 4-3　鉴频法的原理示意图

4.1.4 双通道互相关法

在鉴相法和鉴频法的基础上，利用双通道互相关技术可以进一步提升相位噪声测量灵敏度。双通道互相关法的原理示意图如图 4-4 所示 [5]。待测微波信号分为两路，分别通过两个结构相同的相位噪声测量系统。假设两个相位噪声测量系统的本征噪声分别为 $a(t)$ 和 $b(t)$，待测信号的相位噪声为 $c(t)$，则两个测量系统输出的是相位噪声与各个系统的本征噪声之和。计算两个测量系统输出信号的互功率谱 S_{xy}：

$$S_{xy}=\frac{1}{T}E\left\{(C+A)\times(C+B)^{*}\right\}$$

$$= \frac{1}{T}\left(E\left\{CC^{*}\right\}+E\left\{CB^{*}\right\}+E\left\{AC^{*}\right\}+E\left\{AB^{*}\right\}\right) \tag{4-4}$$

式中，A、B、C 分别为 $a(t)$、$b(t)$、$c(t)$ 的傅里叶变换。由于 $a(t)$、$b(t)$ 和 $c(t)$ 相互独立，所以式 (4-4) 中的后三项均为零。因此，双通道互相关法可以消除单个测量系统的本征噪声，从而降低整个测量系统的噪底。双通道互相关相位噪声测量系统所能达到的灵敏度与对互功率谱的平均次数有关，次数越多，灵敏度越高，但是测量时间会增大。此外，双通道互相关法还会增加系统结构的复杂度。

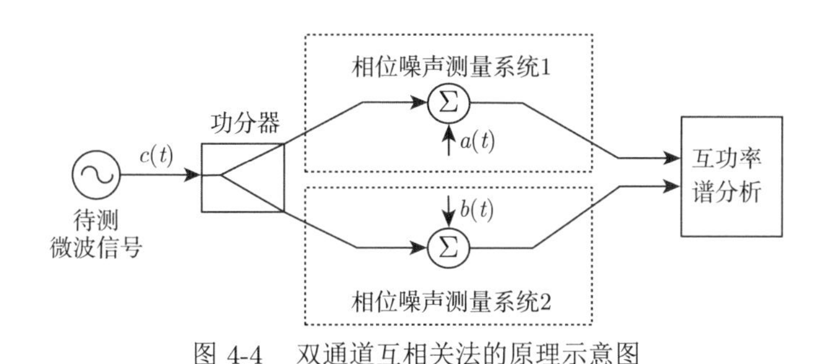

图 4-4 双通道互相关法的原理示意图

4.1.5 电子学测量方法的比较

上述四种相位噪声测量方法各有优缺点，表 4-1 列出了它们的优缺点。直接频谱法的突出优点是结构简单且易于实现，但是其测量带宽和测量灵敏度分别受限于频谱仪的工作频率范围和动态范围，且无法区分幅度和相位噪声。鉴相法可以达到较高的测量准确度，但该方法对参考源的要求较为苛刻，其测量带宽和灵敏度分别受限于参考源的可调谐频率范围和相位噪声性能。此外，鉴相法不能用来测量频率稳定度较差的微波信号。鉴频法不需要参考源，但是其低频偏处的测量灵敏度较差。双通道互相关法可以获得极高的测量灵敏度，但是测量时间较长，且系统复杂。

表 4-1 相位噪声电子学测量方法的优缺点

方法	优点	缺点
直接频谱法	结构简单，易于实现	测量带宽和灵敏度受限于频谱仪； 无法区分幅度和相位噪声
鉴相法	测量准确度高	测量带宽和灵敏度受限于参考源； 不适用于测量频率稳定度较差的信号
鉴频法	不需要参考源	低频偏处测量灵敏度差
双通道互相关法	极高的测量灵敏度	结构复杂; 测量时间长

4.2　微波信号相位噪声的光子学测量方法

为了克服电子学测量方法的局限性，近年来人们探索了多种基于微波光子技术的相位噪声测量方法，这些方法大体可以分为两大类：一类是在传统电子学鉴相法基础上发展起来的，称作微波光子鉴相法；另一类是在传统电子学鉴频法基础上发展起来的，称作微波光子鉴频法。

4.2.1　微波光子鉴相法

对于电子学鉴相法，参考信号源的相位噪声是限制鉴相法灵敏度的主要因素。为了突破微波信号源的相位噪声瓶颈，微波光子鉴相法使用相位噪声性能更好的超短脉冲激光源或光电振荡器 (OEO) 作为参考信号源。

超短脉冲激光由时域上极短的光学脉冲序列组成，具有极低的时间抖动 (等价于极低的相位噪声)，这一特性使得超短脉冲激光在高灵敏度相位噪声测量中具有重要的应用前景 [6]。基于超短脉冲激光的微波光子鉴相法使用微波光子鉴相器来探测光脉冲与微波信号之间的相位差，从而测量微波信号的相位噪声。根据结构的不同，微波光子鉴相器可以分为 Sagnac 环型、双输出马赫–曾德尔调制器型和偏振调制器 (polarization modulator, PolM) 型三大类。

Sagnac 环型微波光子鉴相器的原理示意图如图 4-5 所示 [7]。假设超短脉冲激光的重复频率为 f_{R}，待测微波信号的频率为脉冲重复频率的 N 倍 (N 为整数)，相位抖动为 φ。为探测 φ，将超短光脉冲和待测微波信号输入鉴相器。该鉴相器由光环行器、2×2 光耦合器 (功分比例为 50 : 50)、Sagnac 环和平衡光电探测器组成，如图 4-5 所示。超短光脉冲经过光环行器后，经 2×2 光耦合器的一个端口入射到 Sagnac 环中，Sagnac 环由相位调制器连接 $\pi/2$ 相位偏置器组成。两路光脉冲分别以顺时针和逆时针方向在 Sagnac 环中传输，由 $\pi/2$ 相位偏置器在其中一路引入 $\pi/2$ 的相移。另外，由于电光相位调制器的行波特性，仅有顺时针方向传输的光脉冲会被驱动信号调制，逆时针方向传输的光脉冲不会被调制或受到较弱的调制。当在相位调制器上加载待测微波信号时，就会在顺、逆时针方向通过相位调制器的光脉冲间引入与待测微波信号成正比的相位差。特别地，当待测微波信号的过零点与脉冲对齐时，该相位差大约正比于相位抖动 φ，设为 $k\varphi$(k 为常数)。由于相位调制器和 $\pi/2$ 相位偏置器的作用，两路光脉冲间会产生 $\Psi = k\varphi + \pi/2$ 的相位差。在 Sagnac 环中传输一周后，两路光脉冲序列在耦合器中干涉并经过 2×2 光耦合器输出。2×2 光耦合器输出的两路光功率分别正比于 $\cos^2(\Psi/2)$ 和 $\sin^2(\Psi/2)$。Sagnac 环的两路输出送入平衡光电探测器，探测得到两路信号间的功率差，则该功率差正比于 $\cos\Psi$。当相位抖动比较小时，$\cos\Psi$ 约为 $k\varphi$，即正比于 φ。通过校准得到该微波光子鉴相器相位到电压的转换系数，从而求出相位抖

动 φ。最后根据式 (4-1) 便可以得到待测微波源的相位噪声。

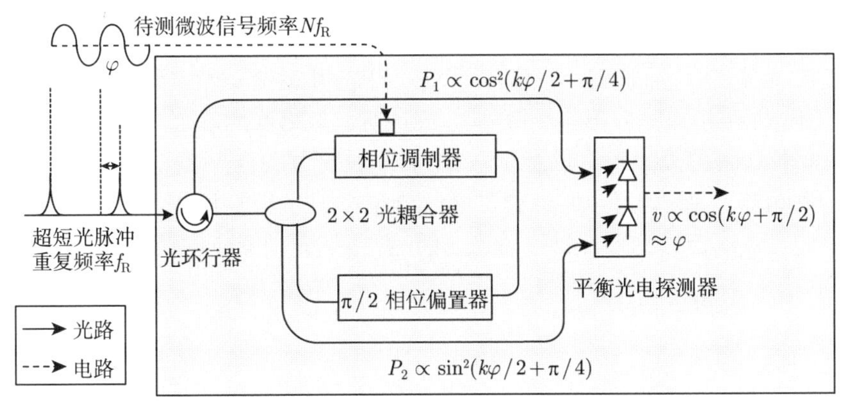

图 4-5 Sagnac 环型微波光子鉴相器的原理示意图

早在 2004 年，Kim 等 [7] 就提出了上述 Sagnac 环型微波光子鉴相器，他们的初衷是为了将微波源与超短光脉冲同步，并提升微波源的频率稳定性。最初的鉴相器是由空间光 Sagnac 环构建的，由于机械振动的影响，该鉴相器在低频偏 (<1kHz) 处的噪底较高。2012 年，Jung 等 [8,9] 提出了基于光纤结构的微波光子鉴相器。实验结果表明，相比基于空间结构的微波光子鉴相器，基于光纤 Sagnac 环的微波光子鉴相器具有更低的噪底。2013 年，为了减小光脉冲幅度噪声对相位探测的影响，英国国家物理实验室在平衡光电探测器之前加入了两个可调光衰减器，用来调节进入平衡光电探测器的两路光脉冲功率，确保两路光功率平衡 [10]。然而，上述结构中都需要一个 π/2 相位偏置器在 Sagnac 环顺、逆时针方向通路之间引入一个 π/2 的相位差，以使得鉴相器偏置在线性点，而 π/2 相位偏置器是温度敏感的，这导致鉴相器的稳定性较差。为了解决 π/2 相位偏置器带来的温度稳定性问题，Kim 等 [11−13] 又提出了一种基于 Sagnac 环的平衡微波光子鉴相器，该鉴相器不需要 π/2 相位偏置器来调节鉴相器的工作点，而是用从超短脉冲激光提取的、频率为 $f_R/2$ 的低频信号来调节鉴相器的工作点。

基于 Sagnac 环的平衡微波光子鉴相器虽然具有更好的稳定性，但 Sagnac 环的长度和相位调制器在 Sagnac 环中的位置都需要精确调节，且两者与光脉冲的重复频率有关，这大大增加了系统结构的复杂度与调试的难度。

为了解决上述问题，Endo 等 [14] 提出了基于双输出马赫–曾德尔调制器的微波光子鉴相器，其结构示意图如图 4-6 所示。双输出马赫–曾德尔调制器工作在正交偏置点，其两路输出光信号功率与所加载微波信号幅度近似呈斜率相反的线性关系。两路输出经过平衡探测，便可以得到近似线性的鉴相特性曲线：当待测微波信号的过零点与超短光脉冲完全对齐时，平衡光电探测器的输出电压为 0；而当待测微波信号过零点发生变化时 (即存在相位抖动)，加载到双输出马赫–曾德尔调制器的微波信号幅度与相位抖动呈线性关系，因而鉴相器输出的电压就与该相位抖动成正比。通过校准得到鉴相特性曲线的斜率，便可以计算出相位抖动，从而得到待测微波信号的相位噪声。为了进一步提升相位噪声的测量灵敏度，Endo 等 [14] 在双输出马赫–曾德尔调制器型微波光子鉴相器的基础上利用双通道互相关法将相位噪声测量灵敏度提升至 −167dBc/Hz@10kHz。相比于 Sagnac 环型微波光子鉴相器，双输出马赫–曾德尔调制器型微波光子鉴相器具有结构简单且调试简单的优点，但其稳定性受双输出马赫–曾德尔调制器的偏置点漂移影响。

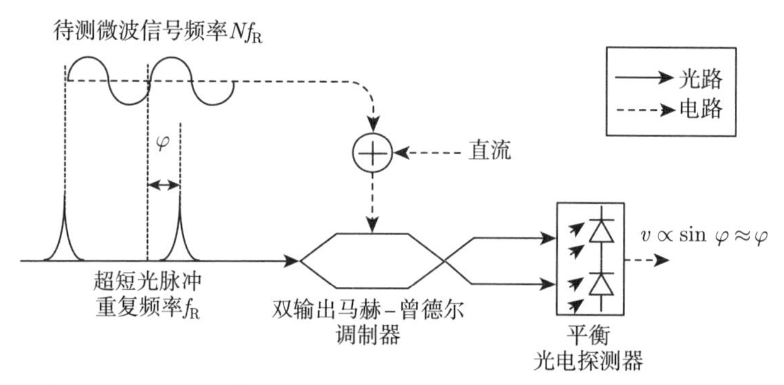

图 4-6 双输出马赫–曾德尔调制器型微波光子鉴相器的原理示意图

为了消除双输出马赫–曾德尔调制器的偏置点漂移影响，南京航空航天大学微波光子学课题组提出了如图 4-7 所示的基于偏振调制器的微波光子鉴相器 [15]。

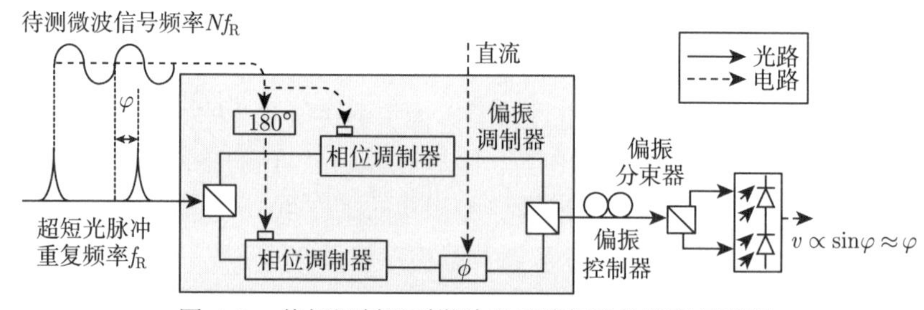

图 4-7 偏振调制器型微波光子鉴相器的原理示意图

在偏振调制器中，光脉冲分为偏振态相互正交的两路，待测微波信号对两路光脉冲进行了调制系数相反的相位调制，分别记为 E_x 和 E_y，它们之间的固定相位差可以通过改变偏振调制器的直流偏置来调节。为了得到微波信号的相位信息 φ，需要实现正交偏振态上光信号的干涉，将相位信息转换为强度信息。调节偏振控制器，再通过偏振分束器就可以实现不同偏振态上光信号的干涉。将 E_x 和 E_y 与偏振分束器的主轴之间夹角设为 45°，偏振分束器的两路输出功率即可正

比于 φ，等效于上述提到的 Sagnac 环的功能。通过获得的相位信息 φ 与该鉴相器的电压–相位转换系数就可以计算得到待测微波信号的相位噪声。该鉴相器仅需要 4 个器件且不需要光纤环的结构即可实现，因此结构上更紧凑、简单，实现上也更简便、容易。相比于双输出马赫–曾德尔调制器，偏振调制器的偏置点漂移较小。

采用脉冲鉴相测量相噪的局限性在于待测微波信号的频率只能是脉冲重复频率的整数倍，限制了其实用价值。

光电振荡器具有超低的相位噪声特性 [15]，可以作为鉴相法中的参考信号源，从而提升相位噪声测量的灵敏度。北京大学陈章渊等提出了一种基于光电振荡器和直接数字合成器 (direct digital synthesizer, DDS) 的高灵敏度相位噪声分析仪 [16]。系统中光电振荡器所产生的 10GHz 微波信号在 10kHz 频偏处的相位噪声为 −140dBc/Hz。通过调节 DDS 输出信号的频率并将其与光电振荡器产生的 10GHz 微波信号相混频，使得参考信号源的频率在 9~11GHz 之间可调。因此，该相位噪声分析仪的测量带宽为 9~11GHz，灵敏度为 −140dBc/Hz@10kHz。基于光电振荡器的微波光子鉴相法可以达到较高的相位噪声测量灵敏度，但光电振荡器的谐振频率不易调节，从而限制了该方法的相位噪声测量带宽。

4.2.2 微波光子鉴频法

对于基于延时线的鉴频法，延时线的长度和带宽是鉴频法灵敏度和工作带宽的主要限制因素。在特定频偏处，延时线所能提供的延时越长，鉴频法所能达到的噪底越低，灵敏度也就越高。但是，电延时线的带宽有限，在长度增加的同时必然伴随着衰减的增大 [17,18]。为了解决电延时线带宽有限和衰减过大的问题，Rubiola 等 [19] 提出用光纤代替电缆提供延时。相比于电缆，光纤具有带宽大 (>10THz)、衰减小 (~0.2dB/km) 和质量轻等优点 [20]。基于光纤延时鉴频法的信号源相位噪声测量系统如图 4-8 所示。在该系统中，激光器输出连续波光信号到马赫–曾德尔调制器。功分器将待测信号分为两路：其中一路信号从马赫–曾德尔调制器的射

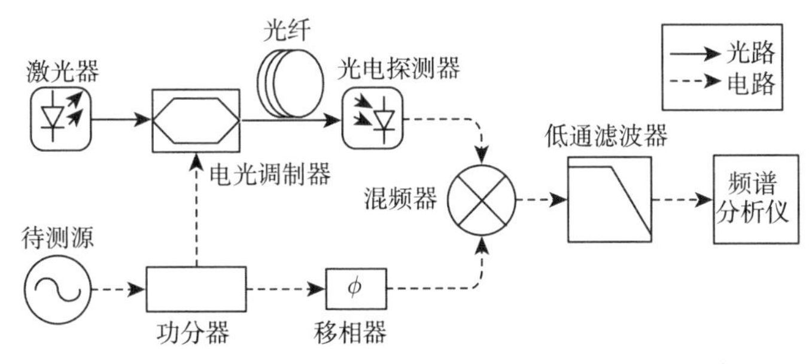

图 4-8 基于光纤延时鉴频法的信号源相位噪声测量系统

频口输入，调制光信号的强度；经强度调制的光信号通过光纤引入延时；经延时后的光信号通过光电探测器实现光电转换，得到延时后的待测信号；另一路待测信号经移相器后，和延时后的待测信号一起输入到由混频器和低通滤波器组成的鉴相器中，调节移相器使输入到混频器的两路信号相位相差 90°，则鉴相器会输出与两路信号相位差成正比的电压信号。将电压信号输入频谱分析仪，得到其功率谱密度。与电延时鉴频法相同，再经过一系列校准，便可以得到待测源的相位噪声。

用光纤延时代替电延时极大地提高了相位噪声测量灵敏度。但由于将 $\varphi(t)-\varphi(t-\tau)$ 的功率谱密度转换到信号源的相位噪声 ($\varphi(t)$ 的功率谱密度的一半) 需除以系数 $H(f_{\mathrm{m}})=8\sin^2(\pi f_{\mathrm{m}}\tau)$，而 $H(f_{\mathrm{m}})$ 在频偏为 $f_{\mathrm{m}}=n/\tau$(n 为整数) 处周期性地出现零点，意味着 n/τ 及其附近频偏处测量灵敏度较差。相应地，其倒数 $1/H(f_{\mathrm{m}})$ 在频偏为 $f_{\mathrm{m}}=n/\tau$(n 为整数) 处会周期性地出现峰值，如图 4-9 所示。因此，在测量相位噪声时，随着延时的增大，频偏范围 $(0,1/(2\tau))$ 处测量灵敏度会相应提高，但 $1/\tau$ 的值会越小，可测的频偏范围也会减小。所以，延时线鉴频法无法同时提高测量灵敏度与可测频偏范围。Onillon 等 [21] 针对该问题提出如下解决方案：在测量高频偏处相位噪声时使用较短的延时，而在测量低频偏处相位噪声时使用较长的延时。该方案在一定程度上缓解了上述矛盾。

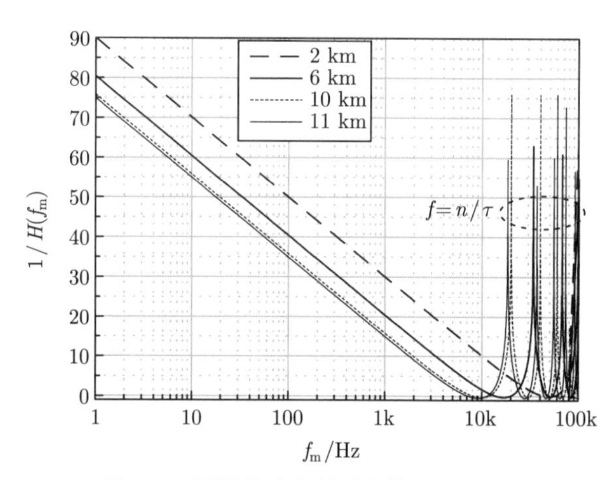

图 4-9 不同长度光纤对应的 $1/H(f_{\mathrm{m}})$

光纤的引入不仅突破了电延时线对测量灵敏度的限制，也在一定程度上增加了测量带宽。但是，基于光纤延时的信号源相位噪声测量系统仍然受限于其他电器件，如移相器、混频器等。

为了解决此问题，南京航空航天大学微波光子学课题组提出了基于微波光子移相的相位噪声测量系统，如图 4-10 所示 [22,23]。虚线框内所示为微波光子移相器，当激光器输出的线性偏振光偏振方向与偏振调制器一个主轴的夹角为 45° 时，偏振调制器沿着两个主轴的输出光场可以表示为

$$\begin{bmatrix} E_x \\ E_y \end{bmatrix} = \frac{\sqrt{2}}{2} \begin{bmatrix} \mathrm{e}^{\mathrm{i}(\omega_{\mathrm{c}}t+\beta V(t)+\varphi_0)} \\ \mathrm{e}^{\mathrm{i}(\omega_{\mathrm{c}}t-\beta V(t))} \end{bmatrix} = \frac{\sqrt{2}}{2}\mathrm{e}^{\mathrm{i}\omega_{\mathrm{c}}t} \begin{bmatrix} \mathrm{e}^{\mathrm{i}\varphi_0}\left[\sum\limits_{m=-\infty}^{+\infty} \mathrm{J}_m(\beta V_0)\mathrm{e}^{\mathrm{i}m\omega t}\right] \\ \sum\limits_{m=-\infty}^{+\infty} \mathrm{J}_m(\beta V_0)\mathrm{e}^{\mathrm{i}m(\omega t+\pi)} \end{bmatrix} \tag{4-5}$$

式中，$V(t)$ 为微波信号；ω 为微波信号的频率；ω_{c} 为光载波的角频率；$\mathrm{J}_m(\cdot)$ 为 m 阶第一类贝塞尔函数；β 为相位调制系数；φ_0 是由偏振调制器直流偏置决定的相位差。假设以上电光调制是小信号调制，则高于一阶的调制边带可以忽略。通过可调谐光带通滤波器滤除一个一阶边带，输出的光信号为

$$\begin{bmatrix} E'_x \\ E'_y \end{bmatrix} \propto \mathrm{e}^{\mathrm{i}\omega_{\mathrm{c}}t} \begin{bmatrix} \mathrm{e}^{\mathrm{i}\varphi_0}\left[\mathrm{J}_0(\beta V_0)+\mathrm{J}_{-1}(\beta V_0)\mathrm{e}^{-\mathrm{i}\omega t}\right] \\ \mathrm{J}_0(\beta V_0)+\mathrm{J}_{-1}(\beta V_0)\mathrm{e}^{-\mathrm{i}(\omega t+\pi)} \end{bmatrix} \tag{4-6}$$

滤波器输出的光信号与检偏器透射方向的夹角 α 可以通过调节偏振控制器改变。检偏器输出的光信号可以表示为

$$E_{\mathrm{o}}(t) = \cos\alpha \cdot E'_x + \sin\alpha \cdot E'_y \tag{4-7}$$

光信号输入光电探测器进行平方律检波后，得到

$$I(t) \propto E_{\mathrm{o}}(t) \cdot E^*_{\mathrm{o}}(t) \propto \cos\left(\omega t + 2\alpha + \frac{\pi}{2}\right) \tag{4-8}$$

可以看出光电探测器输出的信号频率与输入信号相同，相位可以通过调节偏振控制器改变，即通过以上结构可以实现微波信号的移相。

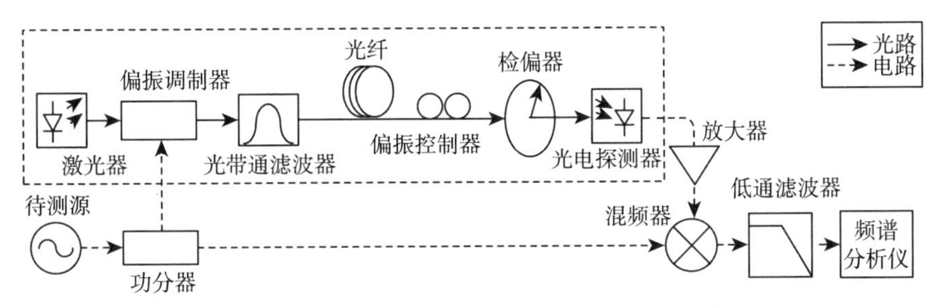

图 4-10 基于微波光子移相的相位噪声测量系统

为了验证基于微波光子移相的相位噪声测量系统的正确性，测试了由码型发生器 (Anritsu MP1763C) 输出的 10GHz 时钟信号的相位噪声。测量结果与采用

商用相位噪声测量仪器 (Agilent E4447A) 的结果对比如图 4-11(a) 所示。可以看出，两者在 (100,100k)Hz 的频偏范围内基本吻合。此外，为获得相位噪声测量灵敏度，实验中用具有相同插入损耗的光衰减器取代 2km 的单模光纤，测试出测量系统的灵敏度，结果如图 4-11(b) 所示。可以看出 10kHz 频偏处的灵敏度大约为 −135dBc/Hz。这也证明了该测量系统相比于现有多数商用仪器具有测量灵敏度高的优势。

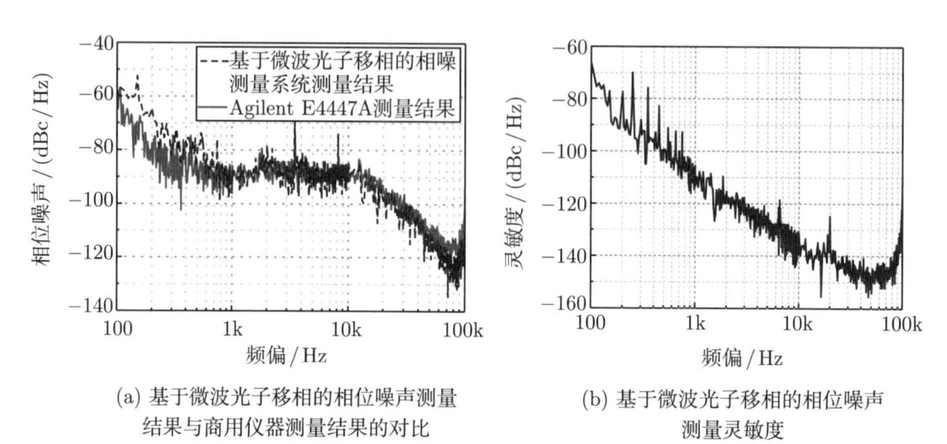

(a) 基于微波光子移相的相位噪声测量结果与商用仪器测量结果的对比

(b) 基于微波光子移相的相位噪声测量灵敏度

图 4-11　基于微波光子移相的相位噪声测量系统实验结果

接下来,采用所述系统测量了由宽带信号源 (Agilent E8257D) 输出的以 5GHz 步进的微波信号的相位噪声。图 4-12 给出了各被测频率点在 10kHz 频偏处的相位噪声值。作为对比，信号发生器说明书给出的典型相位噪声值也在图 4-12 给出。可以看出，采用所提出的测量系统的测量结果与信号源相位噪声的典型值的差别在 $-1\sim4$dB 之间，这证明了提出的测量系统具有很大的工作带宽，且在整个工作带宽内的测量结果均很可靠。

图 4-13 为基于微波光子混频的相位噪声测量系统框图 [24]。图中虚线框所示为微波光子混频器，基于级联的相位和强度调制器实现的。该微波光子混频器的原理如图 4-14 所示。下面以两个调制器都是马赫–曾德尔调制器为例介绍其工作原理。假设射频输入信号和本振信号分别为 $E_1(t)$ 和 $E_2(t)$，其中 $E_1(t)=V_1\cos(\omega_1 t+\varphi_1)$，$E_2(t)=V_2\cos(\omega_2 t+\varphi_2)$，光载波 $E_\mathrm{c}(t)=E_\mathrm{c}\exp(\mathrm{i}\omega_\mathrm{c}t)$。第一个马赫–曾德尔调制器由 $E_1(t)$ 驱动，则其输出光信号为

$$E_{\mathrm{O1}}(t)=\sqrt{2}E_\mathrm{c}\cos\frac{\pi[E_1(t)-V_{\mathrm{B1}}]}{2V_{\pi1}}\exp\mathrm{i}\left\{\omega_\mathrm{c}t+\frac{\pi[E_1(t)+V_{\mathrm{B1}}]}{2V_{\pi1}}\right\}\tag{4-9}$$

式中，V_{B1} 为加在第一个马赫–曾德尔调制器上的直流偏置电压；$V_{\pi1}$ 为第一个马赫–曾德尔调制器的半波电压。式 (4-9) 描述的光信号在第二个马赫–曾德尔调制

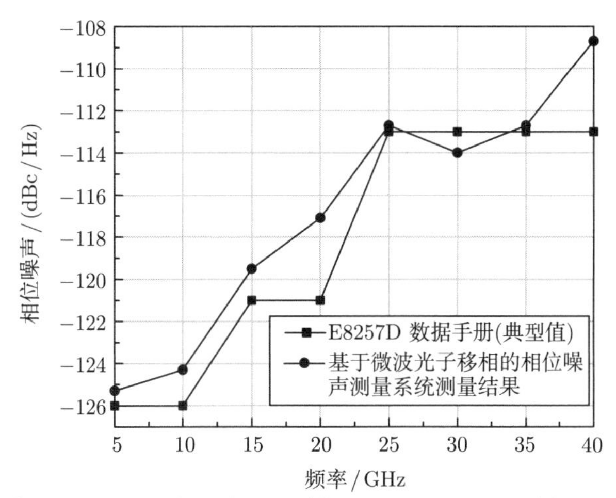

图 4-12 基于微波光子移相的相位噪声测量系统对 5 ~ 40GHz 微波信号 10kHz 频偏处相位噪声测量结果

器上被 $E_2(t)$ 进行第二次电光调制，输出光信号如下：

$$
\begin{aligned}
E_{\mathrm{O2}}(t) =& 2E_{\mathrm{c}} \cos \frac{\pi[E_1(t) - V_{\mathrm{B1}}]}{2V_{\pi 1}} \cos \frac{\pi[E_2(t) - V_{\mathrm{B2}}]}{2V_{\pi 2}} \\
& \times \exp \mathrm{i} \left\{ \omega_{\mathrm{c}} t + \frac{\pi[E_1(t) + V_{\mathrm{B1}}]}{2V_{\pi 1}} + \frac{\pi[E_2(t) + V_{\mathrm{B2}}]}{2V_{\pi 2}} \right\}
\end{aligned} \tag{4-10}
$$

该信号经过光电探测器光电转换以后，得到的信号为

$$
\begin{aligned}
i_{\mathrm{PD}}(t) =& \eta E_{\mathrm{O2}}(t) \cdot E_{\mathrm{O2}}^*(t) \\
=& \frac{1}{4} \eta E_{\mathrm{c}}^2 \left[1 + \cos \frac{\pi V_1 \cos(\omega_1 t + \varphi_1) - \pi V_{\mathrm{B1}}}{V_{\pi 1}} \right. \\
& + \cos \frac{\pi V_2 \cos(\omega_2 t + \varphi_2) - \pi V_{\mathrm{B2}}}{V_{\pi 2}} \\
& \left. + \cos \frac{\pi V_1 \cos(\omega_1 t + \varphi_1) - \pi V_{\mathrm{B1}}}{V_{\pi 1}} \cos \frac{\pi V_2 \cos(\omega_2 t + \varphi_2) - \pi V_{\mathrm{B2}}}{V_{\pi 2}} \right]
\end{aligned} \tag{4-11}
$$

式中，η 是光电探测器的响应度。把式 (4-11) 最后一项展开并忽略高次项可以得到

$$
\begin{aligned}
i(t) &\propto \cos(\omega_1 t + \varphi_1) \cos(\omega_2 t + \varphi_2) \\
&\propto \cos[(\omega_1 + \omega_2) t + (\varphi_1 + \varphi_2)] + \cos[(\omega_1 - \omega_2) t + (\varphi_1 - \varphi_2)]
\end{aligned} \tag{4-12}
$$

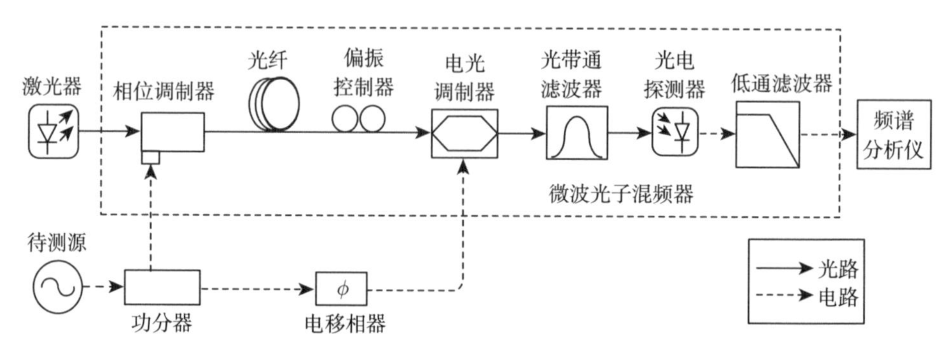

图 4-13 基于微波光子混频的相位噪声测量系统

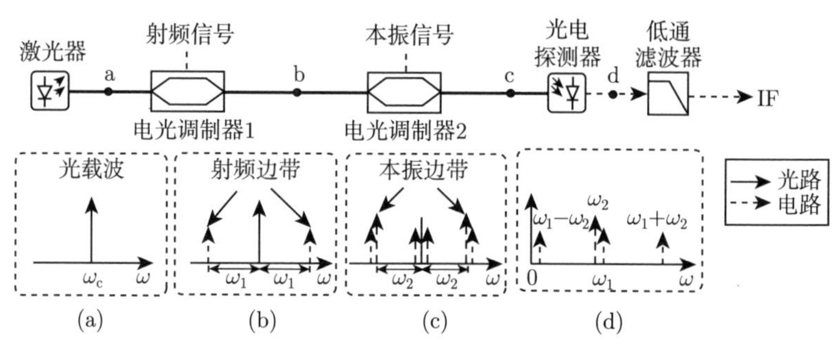

图 4-14 基于级联调制器的微波光子混频

式 (4-12) 中的信号经过低通滤波后可得到 IF 输出信号为

$$i_{\mathrm{IF}}(t) \propto \cos\left[(\omega_1-\omega_2)t+(\varphi_1-\varphi_2)\right] \tag{4-13}$$

因此，通过上述结构即可实现微波信号的下变频。

为了验证基于微波光子混频的相位噪声测量系统，首先测量了一个由码型发生器 (Anritsu MP1763C) 输出的 10GHz 时钟信号的相位噪声。测量结果与商用相位噪声测量仪器 (Agilent E4447A) 的测量结果相符，如图 4-15(a) 所示。此外，图 4-15(b) 给出测量系统的噪声基底。由图 4-15(b) 可知，在 1kHz 和 10kHz 频偏处的噪声基底分别是 −123dBc/Hz 和 −137dBc/Hz。

基于微波光子混频的相位噪声测量系统由于避免使用微波放大器等微波器件，以及对光电探测器的带宽要求不高，因此该系统的工作带宽更容易提高。实验中测量了由信号源 Agilent E8257D 产生的 5~40GHz 微波信号的相位噪声，并把测量结果与该仪器的数据手册对比，结果如图 4-16(a) 所示。可以看出，系统的测量结果与数据手册提供的相位噪声数据差别在 3dB 以内。此外，实验中还测量了 5~40GHz 范围测量系统的相位噪声基底，如图 4-16(b) 所示。可以看出，在整个频率范围内系统的相位噪声基底在 1kHz 和 10kHz 频偏处的变化分别小于 3dB 和 1dB。因此系统的噪声基底几乎不随频率变化。

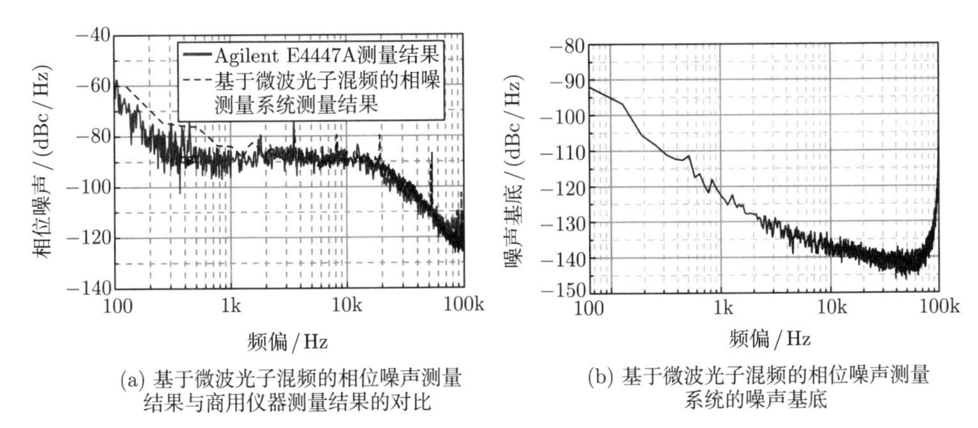

(a) 基于微波光子混频的相位噪声测量结果与商用仪器测量结果的对比

(b) 基于微波光子混频的相位噪声测量系统的噪声基底

图 4-15 基于微波光子混频的相位噪声测量系统实验结果

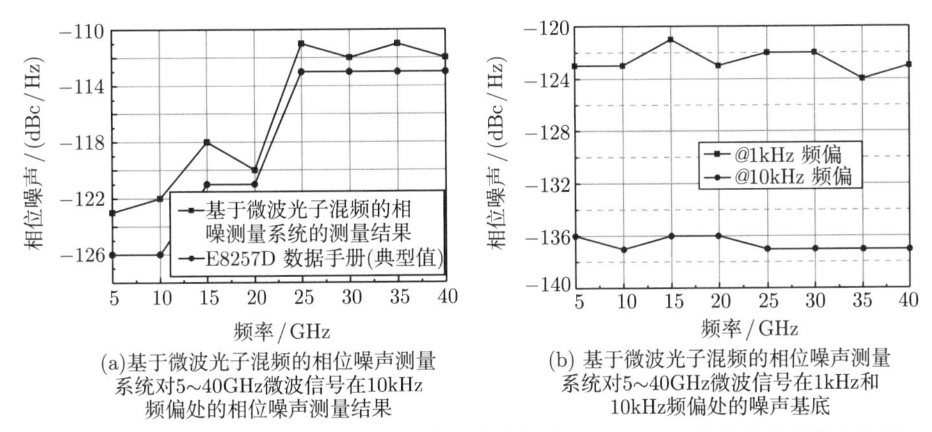

(a)基于微波光子混频的相位噪声测量系统对5~40GHz微波信号在10kHz频偏处的相位噪声测量结果

(b) 基于微波光子混频的相位噪声测量系统对5~40GHz微波信号在1kHz和10kHz频偏处的噪声基底

图 4-16 基于微波光子混频的相位噪声测量系统对 5 ~ 40GHz 微波信号的测量结果

基于微波光子移相和混频的微波源相位噪声测量系统能够同时解决电移相器和电混频器对鉴频法工作带宽的限制问题 [25]，一个典型的方案如图 4-17 所示。通过切分器将被测微波信号分为两路，分别表示为 $E_1(t)$ 和 $E_2(t)$。$E_1(t)$ 通过相位调制器调制光载波相位，相位调制器的输出为

$$E_{o1}(t) = E_c \exp[i\omega_c t + i\beta_1 E_1(t)] \tag{4-14}$$

式中，β_1 为相位调制器的调制系数；E_c 和 ω_c 分别为激光器输出光信号的幅度和角频率。经过光纤延时 τ，进入偏振调制器前的光信号表示为

$$E_i(t) = E_c \exp[i\omega_c(t-\tau) + i\beta_1 E_1(t-\tau)] \tag{4-15}$$

在偏振调制器中，信号在两个正交的偏振轴上受到相反的相位调制，输出的

信号可写为

$$\begin{bmatrix} E_x \\ E_y \end{bmatrix} = \frac{\sqrt{2}E_{\mathrm{c}}}{2}\mathrm{e}^{\mathrm{i}\omega_{\mathrm{c}}(t-\tau)}\begin{bmatrix} \exp\mathrm{i}[\beta_1 E_1(t-\tau)+\beta_2 E_2(t)+\varphi] \\ \exp\mathrm{i}[\beta_1 E_1(t-\tau)-\beta_2 E_2(t)] \end{bmatrix} \tag{4-16}$$

式中，β_2 为偏振调制器的调制系数；φ 为两个偏振方向的相位差。调节偏振调制器的直流偏置使 $\varphi=\pi/2$，并由光带通滤波器选出两个正一阶边带，经过检偏器后，输出光信号如下：

$$\begin{aligned} &E_{\mathrm{o}}(t) \propto \cos\alpha\cdot E_x+\sin\alpha\cdot E_y \\ =&\frac{\sqrt{2}E_{\mathrm{c}}}{2}\mathrm{e}^{\mathrm{i}\omega_{\mathrm{c}}(t-\tau)}\{-\cos\alpha[\mathrm{J}_1(\beta_1 V_1)\mathrm{e}^{\mathrm{i}[\omega(t-\tau)+\varphi(t-\tau)]}+\mathrm{J}_1(\beta_2 V_2)\mathrm{e}^{\mathrm{i}[\omega t+\varphi(t)]}] \\ &+\mathrm{i}\sin\alpha[\mathrm{J}_1(\beta_1 V_1)\mathrm{e}^{\mathrm{i}[\omega(t-\tau)+\varphi(t-\tau)]}-\mathrm{J}_1(\beta_2 V_2)\mathrm{e}^{\mathrm{i}[\omega t+\varphi(t)]}]\} \end{aligned} \tag{4-17}$$

式中，V_1 和 V_2 分别为 $E_1(t)$ 和 $E_2(t)$ 的幅度。调节检偏角 α，使得 $2\alpha+\omega\tau=\pi/2$。经过光电探测器的光电转换，输出电信号为

$$I_{\mathrm{PD}}(t)\approx 2\mathrm{J}_1(\beta_1 V_1)\mathrm{J}_1(\beta_2 V_2)[\varphi(t)-\varphi(t-\tau)] \tag{4-18}$$

使用频谱分析仪获得 $I_{\mathrm{PD}}(t)$ 的功率谱密度 $S_{\mathrm{PD}}(f)$，经过一系列校准，得到待测微波信号的相位噪声如下：

$$L(f)=\frac{S_\varphi(f)}{2}\propto\frac{S_{\mathrm{PD}}(f)}{\sin^2(\pi f\tau)} \tag{4-19}$$

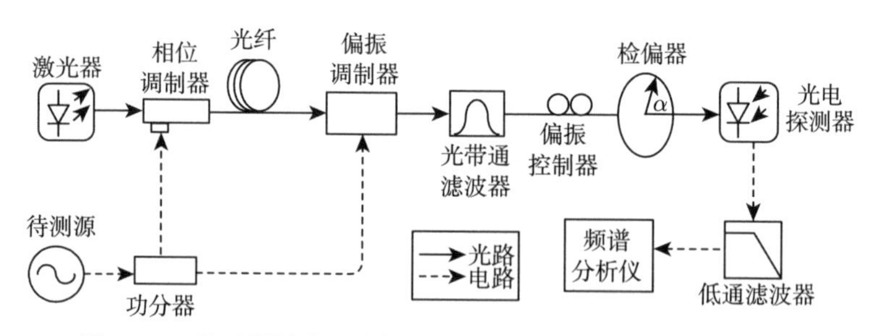

图 4-17　基于微波光子移相和混频的微波源相位噪声测量系统

为了验证基于微波光子移相和混频的微波源相位噪声测量系统，对由码型发生器 (Anritsu MP1763C) 输出的 10GHz 时钟信号的相位噪声进行了测试，并与商用相位噪声测量仪器 (Agilent E4447A) 的测量结果进行了对比，结果如图 4-18 (a) 所示。此外，为获得系统在采用 2km 光纤时的测量灵敏度，对系统噪声基底的测试结果如图 4-18(b) 所示。可以看出，系统的噪声基底在 1kHz 和 10kHz 频偏处分别大约为 −115dBc/Hz 和 −137dBc/Hz。

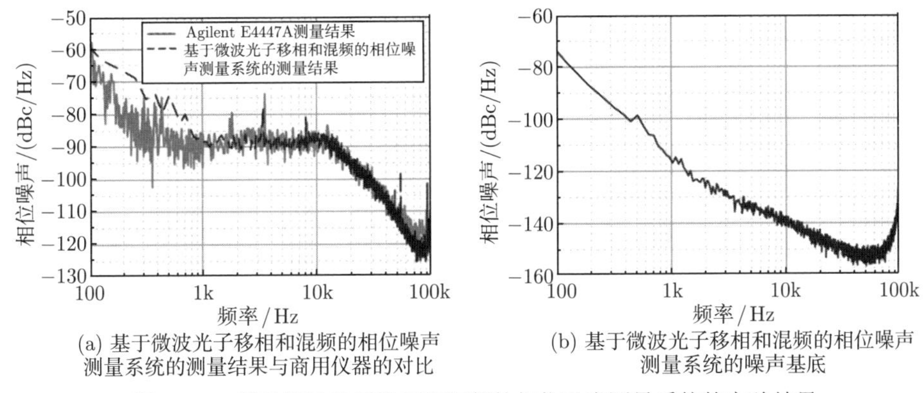

(a) 基于微波光子移相和混频的相位噪声测量系统的测量结果与商用仪器的对比
(b) 基于微波光子移相和混频的相位噪声测量系统的噪声基底

图 4-18 基于微波光子移相和混频的相位噪声测量系统的实验结果

对该系统的宽带工作性能进行了研究,在不重构系统的情况下测量了 5~40GHz 的噪声基底，结果如图 4-19 (a) 所示。对微波源 Agilent E8257D 产生的 5~40GHz 的微波信号在 10kHz 频偏处的相位噪声进行测量，并将测量结果与仪器数据手册中相位噪声数据对比，结果如图 4-19(b) 所示。可以看出，基于微波光子移相和混频的相位噪声测量系统的结果与仪器手册数据差别在 4dB 以内。因此，该系统具有大带宽的优势，且在整个工作频带内具有较高的可靠性和测量灵敏度。

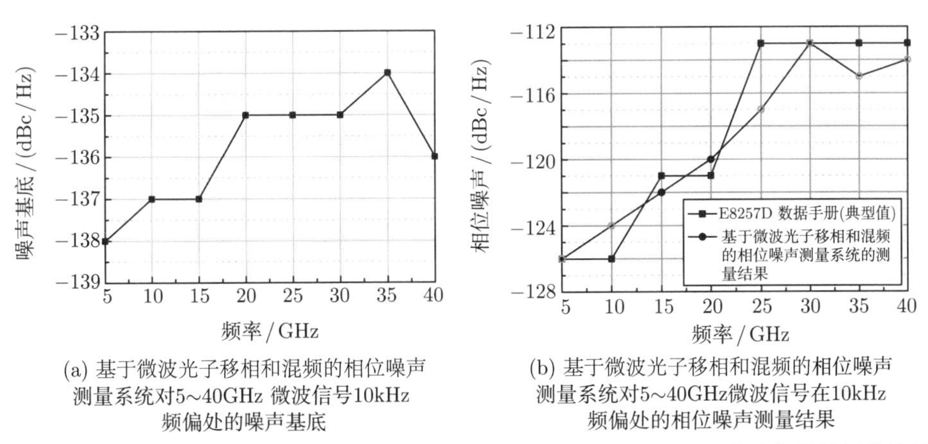

(a) 基于微波光子移相和混频的相位噪声测量系统对5~40GHz 微波信号10kHz 频偏处的噪声基底
(b) 基于微波光子移相和混频的相位噪声测量系统对5~40GHz微波信号在10kHz 频偏处的相位噪声测量结果

图 4-19 基于微波光子移相和混频的相位噪声测量系统对 5 ~ 40GHz 微波信号的测量结果

4.3 新型微波相位噪声测量方法——正交鉴频法

借助光纤提供的长延时，鉴频法可以达到较高的相位噪声测量灵敏度 [19]，且微波光子移相和混频技术进一步提升了该方法的测量带宽 [24,26,27]。然而，装置中由混频器和低通滤波器构成的鉴相器会带来一些缺点，包括校准复杂、测量结果受幅度噪声影响、移相器和反馈回路造成的结构复杂以及低频偏处相位噪声测量结果受影响等。正交鉴频法利用 I/Q 混频器和数字信号处理代替传统鉴相器实现鉴相功能，不需要移相器和反馈回路调节正交，通过对 I/Q 混频器输出的中频信号进行数字信号处理得到两路输入信号的相位差。本节将从传统鉴频法的缺点出发，介绍正交鉴频法的原理及其优势，分析 I/Q 混频不平衡对相位噪声测量精确度的影响并提出解决方法，建立模型分析正交鉴频法的相位噪声测量灵敏度并提出灵敏度提升方法。如图 4-20 所示，假设待测微波信号为

$$x(t) = [V_0 + \varepsilon(t)] \cos[2\pi f_x t + \varphi(t)] \tag{4-20}$$

式中，V_0、$\varepsilon(t)$、f_x、$\varphi(t)$ 分别为待测微波信号的幅度、幅度抖动、中心频率和相位抖动。功分器将待测微波信号分为两路，其中一路经历延时 τ，另一路经历移相 ξ。则输入鉴相器的两路信号分别为

$$\begin{cases} x_1(t) \propto [V_0 + \varepsilon(t-\tau)] \cos[2\pi f_x(t-\tau) + \varphi(t-\tau)] \\ x_2(t) \propto [V_0 + \varepsilon(t)] \cos[2\pi f_x t + \varphi(t) + \xi] \end{cases} \tag{4-21}$$

如图 4-21 所示，鉴相器由混频器和低通滤波器组成，则输出为

$$v_{\mathrm{pd}}(t) = \frac{h_{\mathrm{mix}}[V_0 + \varepsilon(t-\tau)][V_0 + \varepsilon(t)]}{2} \cos[\varphi(t) - \varphi(t-\tau) + \varphi_0] \tag{4-22}$$

式中，$\varphi_0 = 2\pi f_x \tau + \xi$ 为鉴相器的偏置点；h_{mix} 为混频器的转换效率。

鉴相器的响应曲线如图 4-21 所示，当鉴相器偏置在$n\pi+\pi/2(n=0,\pm1,\pm2,\cdots)$时，其对微小相位变化的响应近似为线性，且响应曲线的陡峭度最高。一方面，线性的响应曲线意味着鉴相器输出的电压与两个输入信号间的相位差成正比，这样有利于从电压反推相位差，能够在一定程度上降低后期校准的复杂度；另一方面，陡峭的响应曲线意味着高的鉴相灵敏度，这样有利于探测到微小的相位变化，从而提高相位噪声的测量灵敏度。基于上述两点考虑，需要把鉴相器偏置在线性点，而偏置点 ($\varphi_0 = 2\pi f_x \tau + \xi$) 的调节可以通过移相器改变 ξ 来实现。

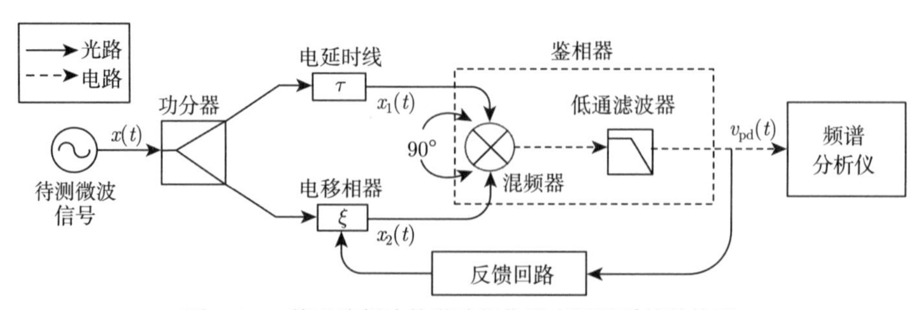

图 4-20　基于鉴频法的微波相位噪声测量系统结构图

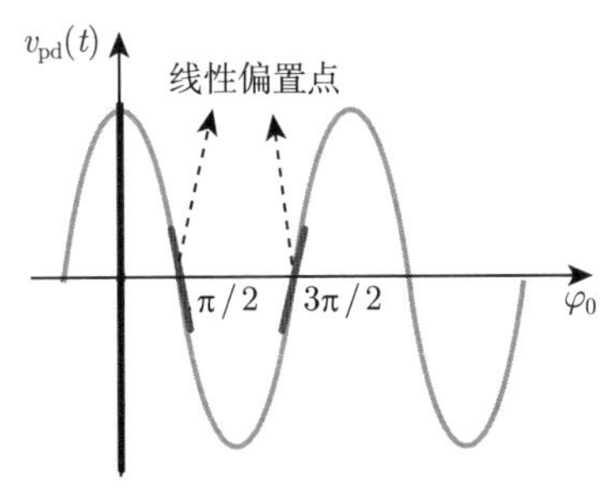

图 4-21 鉴相曲线示意图

当鉴相器偏置在线性点时，其输出电压为

$$\begin{aligned} v_{\text{pd}}(t) &= \pm\frac{h_{\text{mix}}\left[V_0+\varepsilon(t-\tau)\right]\left[V_0+\varepsilon(t)\right]}{2}\sin\left(\varphi(t)-\varphi(t-\tau)\right) \\ &\approx \pm\frac{h_{\text{mix}}\left[V_0+\varepsilon(t-\tau)\right]\left[V_0+\varepsilon(t)\right]}{2}\left(\varphi(t)-\varphi(t-\tau)\right) \\ &= k_{\text{pd}}\left[\varphi(t)-\varphi(t-\tau)\right] \end{aligned} \tag{4-23}$$

式中，$k_{\text{pd}}=\pm h_{\text{mix}}[V_0+\varepsilon(t-\tau)][V_0+\varepsilon(t)]/2$，为鉴相器的相位–电压转换系数。

鉴相器输出电压信号经过频谱分析仪得到其功率谱密度，设为 $S_v(f_{\text{m}})$。$\varphi(t)-\varphi(t-\tau)$ 的功率谱密度为

$$\left[\varphi(t)-\varphi(t-\tau)\right]_{\text{PSD}}=\frac{S_v(f_{\text{m}})}{k_{\text{pd}}^2} \tag{4-24}$$

根据式 (4-3)，推导得到待测微波信号的相位噪声为

$$L(f_{\text{m}})=\frac{\left[\varphi(t)-\varphi(t-\tau)\right]_{\text{PSD}}}{8\sin^2(\pi f_{\text{m}}\tau)}=\frac{S_v(f_{\text{m}})}{8k_{\text{pd}}^2\sin^2(\pi f_{\text{m}}\tau)} \tag{4-25}$$

根据式 (4-25)，为了得到相位噪声需要知道鉴相器的相位–电压转换系数 k_{pd}，而由式 (4-23)，k_{pd} 的大小与待测微波信号幅度 V_0 以及混频器转换系数 h_{mix} 相关，且 h_{mix} 又是与输入混频器微波信号频率相关的。因此，k_{pd} 的大小与待测微波信号的功率和频率相关。对于每次相位噪声测量，待测微波信号的功率和频率是不相同且未知的。因此，每次对相位噪声进行测量前都需要测量 k_{pd}，即校准。测量 k_{pd} 的过程是非常复杂的 [3]，一种较简单的校准方法是先用如图 4-20 所示的系统测量一个与待测微波信号同功率同频且相位噪声已知 (设为 $L_0(f_{\text{m}})$) 的微波信号。此时，系统输出电压信号功率谱密度为 $S_{v0}(f_{\text{m}})$。那么，k_{pd} 可以通过下式得到：

$$k_{\text{pd}}=\sqrt{\frac{S_{v0}(f_{\text{m}})}{8L_0(f_{\text{m}})\sin^2(\pi f_{\text{m}}\tau)}} \tag{4-26}$$

该校准方法虽然简单，但对用于校准的参考信号的要求却是极为苛刻的，既要求与待测信号同频、同功率，又要求其相位噪声已知。

鉴相器除了使得校准变得复杂外，还会在相位噪声测量结果中引入幅度噪声，使得测量结果不准确。如式 (4-23) 所示，鉴相器的相位–电压转换系数 k_{pd} 是与待测微波信号的幅度抖动 $\varepsilon(t)$ 相关的。所以，k_{pd} 不是常数，而是随时间不断变化的随机量。而在实际测量过程中，校准得到的 k_{pd} 是被当作常数对待的。因此，幅度噪声造成的 k_{pd} 变化会影响相位噪声测量结果，降低测量准确度。

要想让鉴相器偏置在线性工作点，需要在系统中加入移相器和反馈回路，这无疑会增加系统结构的复杂度。另外，据式 (4-22)，输入鉴相器的两路信号相位差为 $\varphi(t)-\varphi(t-\tau)+\xi$，可以看出相位抖动 $\varphi(t)$ 也是影响两路信号正交，从而影响鉴相器偏置在线性工作点的重要因素。反馈回路的作用是为了保证鉴相器的两路输出相差 90°，而相位噪声是影响这个 90° 的因素，所以反馈回路会通过调移相器将这个相位噪声对 90° 的改变进行补偿，即会抑制相位噪声。因此，反馈回路带宽内的相位抖动会被抑制，从而影响低频偏处的相位噪声测量结果，如图 4-22 所示。

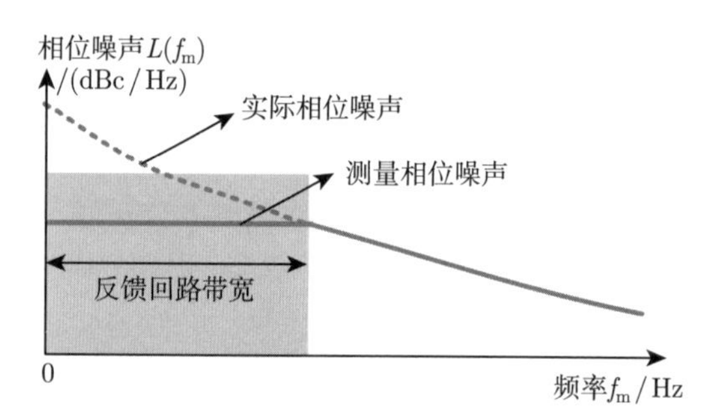

图 4-22　反馈回路影响低频偏处相位噪声测量结果的示意图

4.3.1　正交鉴频法的基本原理

图 4-23 为正交鉴频相位噪声测量方法的原理示意图 [28−30]。待测微波信号经功分器 1 分为两路，一路经过延时 τ 并和另一路共同输入 I/Q 混频器。在 I/Q 混频器中，延时信号被功分器 2 分为两路，其输出均具有式 (4-21) 中 $x_1(t)$ 的形式。而未延时信号被 90° 电桥分为两路，分别为同相输出和正交输出，表示为

$$\begin{cases} x_{21}(t) \propto [V_0+\varepsilon(t)]\cos[2\pi f_x t+\varphi(t)] \\ x_{22}(t) \propto [V_0+\varepsilon(t)]\sin[2\pi f_x t+\varphi(t)] \end{cases} \tag{4-27}$$

接着，90° 电桥的同相输出与功分器 2 的其中一路输出共同输入混频器 1 并经低通滤波器 1 滤波，输出信号如下：

$$v_{\mathrm{I}}(t)=\frac{h_{\mathrm{mix1}}\left[V_0+\varepsilon(t-\tau)\right]\cdot\left[V_0+\varepsilon(t)\right]}{2}\cos\left[\varphi(t)-\varphi(t-\tau)+2\pi f_x\tau\right] \quad (4\text{-}28)$$

式中，h_{mix1} 为混频器 1 的转换效率。同理，90° 电桥的正交输出与功分器 2 的另一路输出共同输入混频器 2 并经低通滤波器 2 滤波，输出信号如下：

$$v_{\mathrm{Q}}(t)=\frac{h_{\mathrm{mix2}}\left[V_0+\varepsilon(t-\tau)\right]\cdot\left[V_0+\varepsilon(t)\right]}{2}\sin\left[\varphi(t)-\varphi(t-\tau)+2\pi f_x\tau\right] \quad (4\text{-}29)$$

式中，h_{mix2} 为混频器 2 的转换效率。

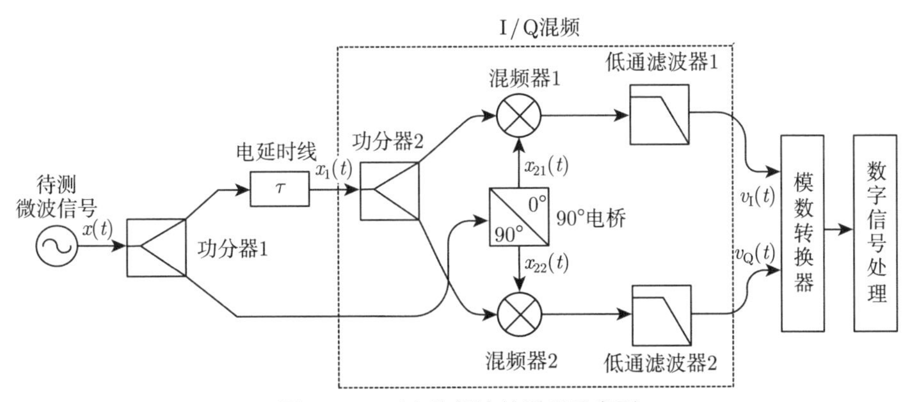

图 4-23 正交鉴频法的原理示意图

使用模数转换器 (analog to digital converter, ADC) 采集低通滤波器 1 和低通滤波器 2 的输出并转换为数字信号进行数字信号处理。如果混频器 1 和混频器 2 具有相同的转换效率，即 $h_{\mathrm{mix1}}=h_{\mathrm{mix2}}$，则式 (4-28) 和式 (4-29) 的相位项 $\varphi(t)-\varphi(t-\tau)+2\pi f_x\tau$(设为 $\psi(t)$) 可以通过如下数字信号处理过程得到：

$$\psi(t)=\arctan\left[\frac{v_{\mathrm{Q}}(t)}{v_{\mathrm{I}}(t)}\right] \quad (4\text{-}30)$$

考虑到 $\psi(t)$ 由 $\varphi(t)-\varphi(t-\tau)$ 和 $2\pi f_x\tau$ 两项构成，而 f_x 和 τ 均为常数，所以在非零频处 $\psi(t)$ 和 $\varphi(t)-\varphi(t-\tau)$ 具有相同的功率谱密度。根据式 (4-3)，通过如下数字处理过程可以得到待测微波信号的相位噪声：

$$L(f_{\mathrm{m}})=\frac{\left[\varphi(t)-\varphi(t-\tau)\right]_{\mathrm{PSD}}}{8\sin^2(\pi f_{\mathrm{m}}\tau)}=\frac{S_\psi(f_{\mathrm{m}})}{8\sin^2(\pi f_{\mathrm{m}}\tau)},\ f_{\mathrm{m}}\neq 0 \quad (4\text{-}31)$$

式中，$S_\psi(f_{\mathrm{m}})$ 为 $\psi(t)$ 的功率谱密度。

对比式 (4-31) 和式 (4-25) 可知，正交鉴频法不需要考虑鉴相器的相位–电压转换系数 k_{pd}，从而可以避免鉴频法校准复杂和受幅度噪声影响的缺点。对比

图 4-23 和图 4-20 可知，正交鉴频法不需要移相器和反馈回路来调节鉴相器的工作点，从而可以弥补鉴频法中移相器和反馈回路带来的结构复杂和低频偏处相位噪声测量易受影响的缺点。

4.3.2 I/Q 混频不平衡及其补偿

I/Q 混频不平衡是指 I/Q 混频器的两路中频输出幅度不相等，相位差不等于 90°。考虑 I/Q 混频不平衡，I/Q 混频器的输出可以表示为

$$\begin{cases} v_{\mathrm{I}}(t) = A\cos[\psi(t)] \\ v_{\mathrm{Q}}(t) = k_{\mathrm{A}}A\sin[\psi(t) + \Delta\psi] \end{cases} \tag{4-32}$$

式中，A 为 I/Q 混频器 I 路中频的幅度；$\psi(t) = \varphi(t) - \varphi(t-\tau) + 2\pi f_x\tau$ 为 I 路中频的相位；$k_{\mathrm{A}}A$ 为 Q 路中频的幅度；$\psi(t) + \Delta\psi$ 为 Q 路中频的相位；k_{A} 为 I/Q 混频幅度不平衡度，其越接近于 1，说明 I/Q 混频器的幅度平衡度越好；$\Delta\psi$ 为相位不平衡度，其越接近于 0，说明 I/Q 混频器的相位平衡度越好。

I/Q 混频不平衡的补偿是为了得到准确的相位噪声，即根据式 (4-32) 准确得到相位项 $\psi(t)$。注意到，式 (4-32) 中的 $v_{\mathrm{Q}}(t)$ 可以展开为如下形式：

$$\begin{aligned} v_{\mathrm{Q}}(t) &= k_{\mathrm{A}}A\sin[\psi(t) + \Delta\psi] \\ &= k_{\mathrm{A}}A\sin[\psi(t)]\cos(\Delta\psi) + k_{\mathrm{A}}A\cos[\psi(t)]\sin(\Delta\psi) \end{aligned} \tag{4-33}$$

将式 (4-32) 中的 $v_{\mathrm{I}}(t) = A\cos[\psi(t)]$ 代入式 (4-33)，得到

$$v_{\mathrm{Q}}(t) = k_{\mathrm{A}}A\sin[\psi(t)]\cos(\Delta\psi) + k_{\mathrm{A}}v_{\mathrm{I}}(t)\sin(\Delta\psi) \tag{4-34}$$

由式 (4-34) 推导得到相位项 $\psi(t)$ 为

$$\psi(t) = \arcsin\left[\frac{v_{\mathrm{Q}}(t) - k_{\mathrm{A}}v_{\mathrm{I}}(t)\sin(\Delta\psi)}{k_{\mathrm{A}}A\cos(\Delta\psi)}\right] \tag{4-35}$$

式 (4-35) 可用于 I/Q 混频不平衡的补偿，但这依赖于一个前提：I/Q 混频幅度不平衡度 (k_{A}) 和相位不平衡度 ($\Delta\psi$) 已知。因此，为了精确补偿 I/Q 混频不平衡，需要对 I/Q 混频的不平衡度进行精确测量。

对于如图 4-23 所示的正交鉴频相位噪声测量系统，混频器 1 和混频器 2 的转换效率不相同 ($h_{\mathrm{mix1}} \neq h_{\mathrm{mix2}}$) 会造成幅度不平衡。另外，90° 电桥的功率分配比例不同、功分器 2 的功率分配比例不同、低通滤波器 1 和低通滤波器 2 的衰减不同，以及 I/Q 混频器两条支路中连接电缆衰减不同等都会造成 I/Q 混频幅度不平衡。造成 I/Q 混频相位不平衡的因素也有很多，包括 90° 电桥的两路输出相

位不正交、功分器 2 的两路输出相位不同、低通滤波器 1 和低通滤波器 2 的相位响应不同、I/Q 混频器两条支路中连接电缆长度不同，以及 ADC 对两路输入的非同步采样等。

本节提出一种基于可调延时的 I/Q 混频不平衡测量方法 [31]。将 $\psi(t)=\varphi(t)-\varphi(t-\tau)+2\pi f_x\tau$ 代入式 (4-32)，得到

$$
\begin{aligned}
v_{\mathrm{I}}(t) &= A\cos\left[\varphi(t)-\varphi(t-\tau)+2\pi f_x\tau\right] \\
v_{\mathrm{Q}}(t) &= k_{\mathrm{A}}A\sin\left[\varphi(t)-\varphi(t-\tau)+2\pi f_x\tau+\Delta\psi\right]
\end{aligned}
\tag{4-36}
$$

如果以匀速 v_τ 改变延时，即延时 $\tau=\tau_0+v_\tau t$，其中 τ_0 为延时线提供的固定延时，且满足 $\tau_0 \gg v_\tau t$，则式 (4-36) 变为

$$
\left\{
\begin{aligned}
v_{\mathrm{I}}(t) &= A\cos\left[\varphi(t)-\varphi(t-\tau_0-v_\tau t)+2\pi f_x\tau_0+2\pi f_x v_\tau t\right] \\
&\approx A\cos\left[2\pi f_x v_\tau t+\psi(t)\right] \\
v_{\mathrm{Q}}(t) &= k_{\mathrm{A}}A\sin\left[\varphi(t)-\varphi(t-\tau_0-v_\tau t)+2\pi f_x\tau_0+\Delta\psi+2\pi f_x v_\tau t\right] \\
&\approx k_{\mathrm{A}}A\sin\left[2\pi f_x v_\tau t+\psi(t)+\Delta\psi\right]
\end{aligned}
\right.
\tag{4-37}
$$

在匀速改变延时的过程中，根据式 (4-37) 可以得到如图 4-24 所示的 $v_{\mathrm{I}}(t)$ 和 $v_{\mathrm{Q}}(t)$ 轨迹曲线。$v_{\mathrm{I}}(t)$ 和 $v_{\mathrm{Q}}(t)$ 曲线均为正弦函数，周期均为 $T=1/2\pi f_x v_\tau$，幅度分别为 A 和 $k_{\mathrm{A}}A$，两个曲线间的相位差为 $\pi/2-\Delta\psi$。则 I/Q 混频幅度不平衡度 (k_{A}) 和相位不平衡度 ($\Delta\psi$) 可以通过式 (4-38) 推导得到

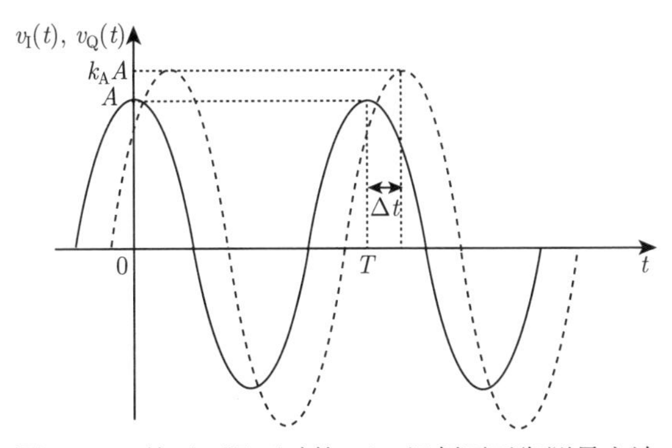

图 4-24 基于可调延时的 I/Q 混频不平衡测量方法

$$
\left\{
\begin{aligned}
k_{\mathrm{A}} &= \frac{k_{\mathrm{A}}A}{A}=\frac{\mathrm{Amp}\left[v_{\mathrm{Q}}(t)\right]}{\mathrm{Amp}\left[v_{\mathrm{I}}(t)\right]}=\frac{\mathrm{Max}_T\left[v_{\mathrm{Q}}(t)\right]}{\mathrm{Max}_T\left[v_{\mathrm{I}}(t)\right]} \\
\Delta\psi &= \frac{\pi}{2}-\frac{2\pi\Delta t}{T}
\end{aligned}
\right.
\tag{4-38}
$$

式中，$\mathrm{Amp}[y(t)]$ 为函数 $y(t)$ 的幅度；$\mathrm{Max}_T[y(t)]$ 为函数 $y(t)$ 在一个周期 T 内

的最大值，对于正弦函数 $y(t)$，$\mathrm{Amp}[y(t)]=\mathrm{Max}_T[y(t)]$；$\Delta t$ 为 $v_{\mathrm{I}}(t)$ 和 $v_{\mathrm{Q}}(t)$ 达到最大值时刻的最小间隔，如图 4-24 所示。

4.3.3　正交鉴频法的实验验证

上述基于可调延时的 I/Q 混频不平衡测量方法易于与图 4-23 所示正交鉴频相位噪声测量系统相融合。一方面，结构易融合。只需在图 4-23 所示系统中的延时线后加一可调延时线，就可同时测量 I/Q 混频不平衡与相位噪声，如图 4-25 所示。由于可调延时线的长度远小于延时线的长度，所以可调延时线的加入不会影响相位噪声测量。另一方面，功能易融合。I/Q 混频不平衡的测量是为了更精确的相位噪声测量，通过调节延时线的工作状态，便可以实现 I/Q 混频不平衡测量与相位噪声测量功能间的切换，即当延时线提供的延时是匀速变化时，图 4-25 所示系统用于测量 I/Q 混频不平衡，当延时线提供的延时是固定不变时，图 4-25 所示系统用于测量相位噪声。最后，易于与待测微波信号融合。所述 I/Q 混频不平衡测量方法测量的是整个系统的 I/Q 不平衡，考虑到了所有影响因素，避免了忽略某些与受待测微波信号频率和功率有关的因素。

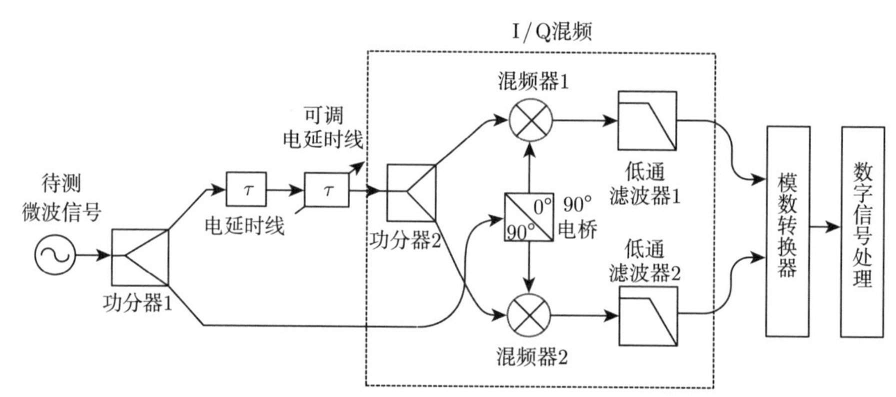

图 4-25　具有 I/Q 混频不平衡测量功能的微波相位噪声测量系统

正交鉴频法实验验证系统如图 4-26 所示。该系统具有 I/Q 混频不平衡测量功能，是在图 4-25 所示系统的基础上构建的。其中，使用光子学辅助的微波延时模块代替了图 4-25 中的延时线和可调延时线，这是因为相比于微波延时线，光纤具有更低的插损，可以提供更大的延时量并实现更大的中频输出幅度，从而保证更高的相位噪声测量灵敏度。

光子学辅助的微波延时模块使用激光器输出连续波作为光载波，记为

$$E(t) = E_{\mathrm{c}}\mathrm{e}^{\mathrm{i}[2\pi f_{\mathrm{c}}t+\varphi_{\mathrm{c}}(t)]} \tag{4-39}$$

式中，E_{c}、f_{c} 和 $\varphi_{\mathrm{c}}(t)$ 分别为光载波的幅度、频率和相位噪声。具有式 (4-20) 形

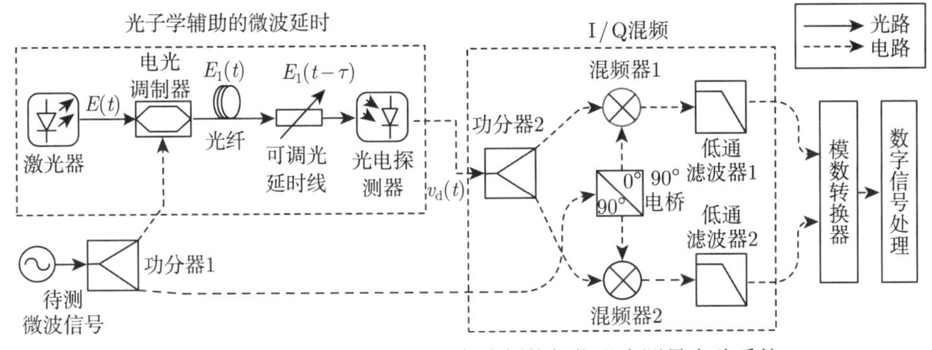

图 4-26　基于光子延时的正交鉴频的相位噪声测量实验系统

式的待测微波信号驱动零啁啾马赫–曾德尔调制器，调制激光器输出的光载波。马赫–曾德尔调制器偏置在正交点，其输出为

$$
\begin{aligned}
E_1(t) &\propto \cos\left\{\alpha\cos\left[2\pi f_x t+\varphi(t)\right]+\frac{\pi}{4}\right\}\mathrm{e}^{\mathrm{i}\left[2\pi f_{\mathrm{c}}t+\varphi_{\mathrm{c}}(t)+\frac{\pi}{4}\right]} \\
&\approx \frac{\sqrt{2}}{2}\mathrm{J}_0(\alpha)\,\mathrm{e}^{\mathrm{i}\left[2\pi f_{\mathrm{c}}t+\varphi_{\mathrm{c}}(t)+\frac{\pi}{4}\right]} \\
&\quad -\frac{\sqrt{2}}{2}\mathrm{J}_1(\alpha)\left\{\mathrm{e}^{\mathrm{i}\left[2\pi(f_{\mathrm{c}}-f_x)t+\phi_{\mathrm{c}}(t)-\varphi(t)+\frac{\pi}{4}\right]}+\mathrm{e}^{\mathrm{i}\left[2\pi(f_{\mathrm{c}}+f_x)t+\varphi_{\mathrm{c}}(t)+\varphi(t)+\frac{\pi}{4}\right]}\right\}
\end{aligned}
\tag{4-40}
$$

式中，α 为调制系数，与待测微波信号幅度以及马赫–曾德尔调制器的半波电压有关；$\mathrm{J}_n(\cdot)$ 为 n 阶第一类贝塞尔函数。式 (4-40) 所示光信号通过光纤和可调光延时线得到 $E_1(t-\tau)$。令 $\tau=\tau_0+v_\tau t$，其中 τ_0 为光纤提供的固定延时，v_τ 为可调光延时线的延时扫描速度。最终，通过光电探测器探测 $E_1(t-\tau)$ 的光功率，忽略其中的直流项和高频项，得到

$$
\begin{aligned}
v_{\mathrm{d}}(t) &\propto R_{\mathrm{PD}}Z_{\mathrm{L}}E_1(t-\tau)E_1^*(t-\tau) \\
&= -R_{\mathrm{PD}}Z_{\mathrm{L}}\mathrm{J}_1(\alpha)\mathrm{J}_0(\alpha)\cos\left[2\pi f_x(t-\tau)+\varphi(t-\tau)\right]
\end{aligned}
\tag{4-41}
$$

式中，R_{PD} 为光电探测器的响应度；Z_{L} 为光电探测器的输入阻抗。式 (4-41) 表明，经过图 4-26 所示系统中光子学辅助的微波延时模块，达到了对待测微波信号延时的目的。

将微波信号源 Anritsu MP1763C 产生的时钟信号作为待测信号，其频率为 10GHz。可调光延时线工作在扫描模式，ADC 采集到的 I/Q 混频器两路中频输出波形如图 4-27 所示。根据式 (4-38) 对图 4-27 中的波形进行处理，可得 I/Q 混频的幅度不平衡度 k_{A}=1.11，相位不平衡度 $\Delta\psi=-7.45°$。

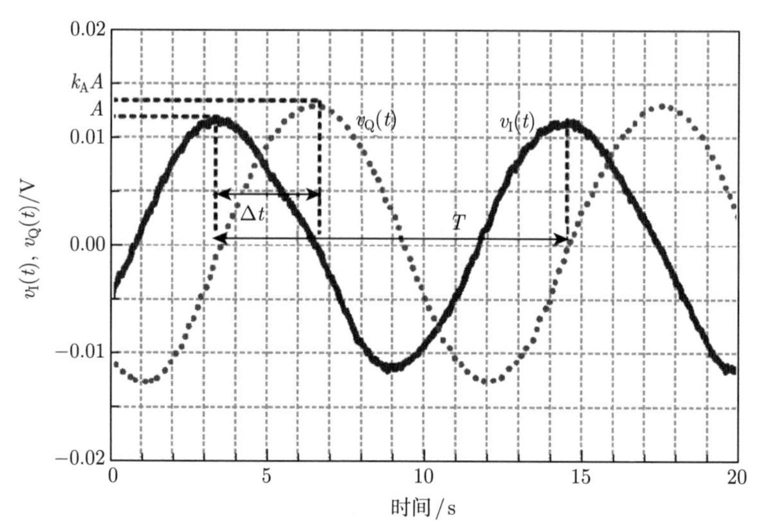

图 4-27　改变延时情况下 I/Q 混频器两路输出波形

停止改变可调光延时线的延时，对 ADC 采集到的 I/Q 混频器的中频输出使用式 (4-35)，得到相位项 $\psi(t)$。求取 $\psi(t)$ 的功率谱密度，并根据式 (4-31) 得到待测微波信号的相位噪声，如图 4-28 所示。对于式 (4-31) 中的延时 τ，计算方法如下：

$$\tau = n_{\mathrm{f}}\frac{L_{\mathrm{d}}}{c} \tag{4-42}$$

式中，n_{f} 为二氧化硅的折射率，约为 1.5；L_{d} 为光纤的长度；c 为真空中电磁波的传输速度，等于 3×10^8m/s。对于实验中使用的 2km 长度的光纤，其延时约为 10μs。

为了证明测量结果的准确性，使用商用相位噪声分析仪 (R&S FSV-K40) 测量了同一信号，结果以虚线形式在图 4-28 给出。对于相位噪声分析仪 R&S FSV-K40，根据其数据手册得到了 FSV-K40 在一些频偏处的测量灵敏度典型值 [32]，如图 4-28 所示。比较实验验证系统和商用相位噪声分析仪的测量结果，可得：在大于 1 kHz 频偏处，测量结果基本重合；而在小于 1 kHz 频偏处，测量结果相差较大，这是因为正交鉴频法在低频偏处灵敏度有限。

正交鉴频法相位噪声测量灵敏度的测试方法为：将延时线换成具有相同插损的衰减器，按照相位噪声测量方法得到的结果即为系统的噪底，即灵敏度 [33]。按照上述方法测量得到的噪底如图 4-29 所示。当使用 2km 长光纤作为延时线时，在 1kHz 和 10kHz 频偏处的相位噪声测量灵敏度分别为 −105dBc/Hz 和 −134dBc/Hz，劣于 6km 长光纤作为延时线时的测量灵敏度，但远优于使用电缆作为延时线时的灵敏度。长延时虽然会使得某些低频偏处的相位噪声测量灵敏度得到改善，但也会造成某些特殊频点及其附近的灵敏度恶化，如 2km 长光纤造成的 100kHz 及其附近频偏处灵敏度的恶化，以及 6km 长光纤造成的 33kHz、66kHz、99kHz 及其附近频偏处灵敏度的恶化。

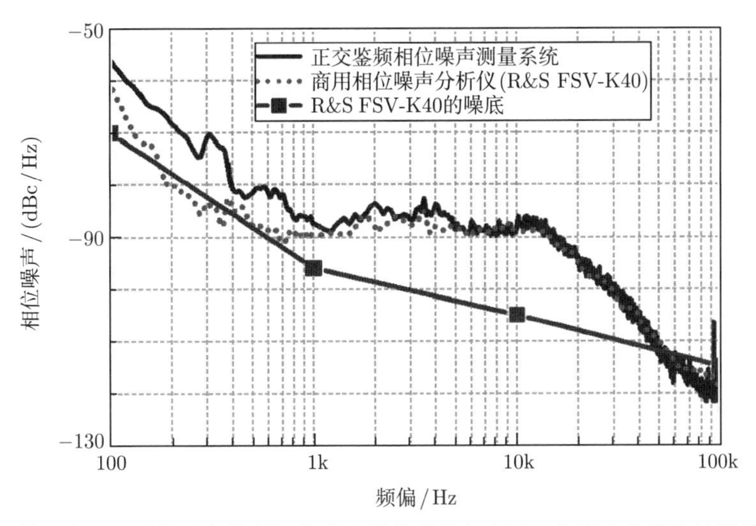

图 4-28 基于光子延时的正交鉴频相位噪声测量系统和商用相位噪声分析仪的测量结果对比

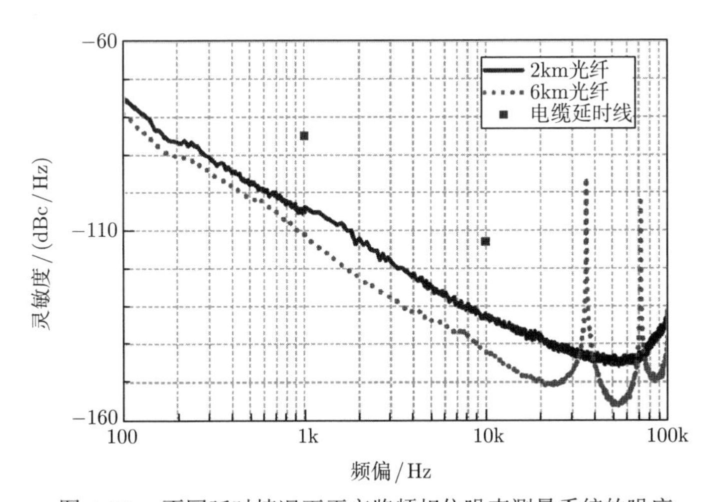

图 4-29 不同延时情况下正交鉴频相位噪声测量系统的噪底

为了说明灵敏度提升的必要性，使用正交鉴频相位噪声测量系统和商用相位噪声分析仪 (R&S FSV-K40) 对相位噪声性能较好的微波信号进行测量。使用微波信号源 Agilent E8257D 产生，频率为 10GHz 的微波信号。测量结果如图 4-30 所示。作为参考，图 4-30 中还给出了 E8257D 微波信号源数据手册提供的相位噪

声参考值 [34]。可以看出，基于光子延时的正交鉴频相位噪声测量系统的测量结果与数据手册提供的参考值具有更好的吻合度，而商用相位噪声分析仪的测量结果与参考值具有较大差距，这是因为商用相位噪声分析仪 (R&S FSV-K40) 是基于直接频谱法构建的，它的相位噪声测量灵敏度较差。

为了进一步扩展正交鉴频法的相位噪声测量带宽，南京航空航天大学微波光子学课题组构建并验证了三种微波光子正交鉴频相位噪声测量系统 [28,35,36]，应用不同的微波光子 I/Q 混频技术来突破微波 I/Q 混频器对系统测量带宽的限制，使相位噪声测量的带宽达到 5 ~ 50GHz[28,35]；为了提升正交鉴频法相位噪声测量灵敏度，将正交鉴频法与光频梳技术相结合，利用光频梳相位噪声倍增机理将 10kHz 频偏处的相位噪声测量灵敏度改善至 −146.1dBc/Hz[36]。

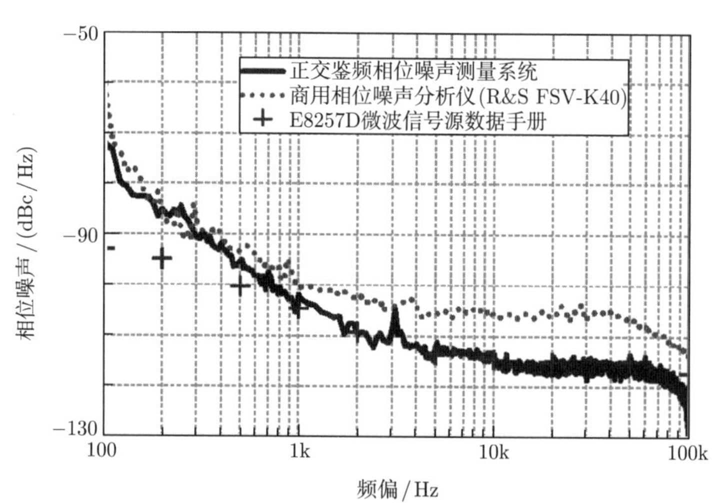

图 4-30　基于光子延时的正交鉴频相位噪声测量系统和商用相位噪声分析仪对 E8257D 微波源产生的 10GHz 信号的测量结果

参 考 文 献

[1] Leeson D B. Oscillator phase noise: a 50-year review[J]. IEEE Transactions on Ultrasonics Ferroelectrics and Frequency Control, 2016, 63(8): 1208-1225.

[2] IEEE Standard Definitions of Physical Quantities for Fundamental Frequency and Time Metrology-Random Instabilities: IEEE Std 1139—2008 [S]. NY, USA: IEEE, 2009: c1-35.

[3] 朱登建. 基于微波光子技术的宽带微波源相位噪声测量研究 [D]. 南京: 南京航空航天大学, 2016.

[4] Schiebold C. Theory and design of the delay line discriminator for phase noise measurements[J]. Microwave Journal, 1983, 26(12): 103-112.

[5] Vessot R, Mueller L, Vanier J. A cross-correlation technique for measuring the short-term properties of stable oscillators[C]. Proceedings of IEEE-NASA Symposium on, Short Term Frequency Stability Greenbelt, MD, USA, 1965: 111-118.
[6] Kim J, Song Y. Ultralow-noise mode-locked fiber lasers and frequency combs: principles, status, and applications[J]. Advances in Optics and Photonics, 2016, 8(3): 465-540.
[7] Kim J, Kärtner F X, Perrott M H. Femtosecond synchronization of radio frequency signals with optical pulse trains[J]. Optics Letters, 2004, 29(17): 2076-2078.
[8] Jung K, Kim J. Subfemtosecond synchronization of microwave oscillators with mode-locked Er-fiber lasers[J]. Optics Letters, 2012, 37(14): 2958-2960.
[9] Jung K, Shin J, Kim J. Ultralow phase noise microwave generation from mode-locked Er-fiber lasers with subfemtosecond integrated timing jitter[J]. IEEE Photonics Journal, 2013, 5(3): 5500906.
[10] Lessing M, Margolis H S, Brown C T A, et al. Suppression of amplitude-to-phase noise conversion in balanced optical-microwave phase detectors[J]. Optics Express, 2013, 21(22): 27057-27062.
[11] Kim J, Kärtner F X, Ludwig F. Balanced optical-microwave phase detectors for opto-electronic phase-locked loops[J]. Optics Letters, 2006, 31(24): 3659-3661.
[12] Kim J, Kärtner F X. Attosecond-precision ultrafast photonics[J]. Laser & Photonics Reviews, 2010, 4(3): 432-456.
[13] Kim J, Cox J A, Chen J, et al. Drift-free femtosecond timing synchronization of remote optical and microwave sources[J]. Nature Photonics, 2008, 2(12): 733-736.
[14] Endo M, Shoji T D, Schibli T R. High-sensitivity optical to microwave comparison with dual-output Mach-Zehnder modulators[J]. Scientific Reports, 2018, 8(1): 4388.
[15] Maleki L. Sources: the optoelectronic oscillator[J]. Nature Photonics, 2011, 5(12): 728-730.
[16] Peng H F, Xu Y C, Guo R, et al. High sensitivity microwave phase noise analyzer based on a phase locked optoelectronic oscillator[J]. Optics Express, 2019, 27(13): 18910-18927.
[17] Poddar A K, Rohde U L, Apte A M. How low can they go?: oscillator phase noise model, theoretical, experimental validation, and phase noise measurements[J]. IEEE Microwave Magazine, 2013, 14(6): 50-72.
[18] Rohde U L, Poddar A K, Apte A M. Getting its measure: oscillator phase noise measurement techniques and limitations[J]. IEEE Microwave Magazine, 2013, 14(6): 73-86.
[19] Rubiola E, Salik E, Huang S H, et al. Photonic-delay technique for phase-noise measurement of microwave oscillators[J]. Journal of the Optical Society of America B, 2005, 22(5): 987-997.
[20] Pan S L, Yao J P. Photonics-based broadband microwave measurement[J]. Journal of Lightwave Technology, 2017, 35(16): 3498-3513.
[21] Onillon B, Constant S, Liopis O. Optical links for ultra low phase noise microwave oscillators measurement[C]. Proceedings of the 2005 IEEE International Frequency Control

Symposium and Exposition, Vancouver, BC, Canada, 2005: 6.

[22] Zhu D J, Zhang F Z, Zhou P, et al. Wideband phase noise measurement using a multi-functional microwave photonic processor[J]. IEEE Photonics Technology Letters, 2014, 26(24): 2434-2437.

[23] Pan S L, Zhang Y M. Tunable and wideband microwave photonic phase shifter based on a single-sideband polarization modulator and a polarizer[J]. Optics Letters, 2012, 37(21): 4483-4485.

[24] Zhu D J, Zhang F Z, Zhou P, et al. Phase noise measurement of wideband microwave sources based on a microwave photonic frequency down-converter[J]. Optics Letters, 2015, 40(7): 1326-1329.

[25] Zhang F Z, Zhu D J, Pan S L. Photonic-assisted wideband phase noise measurement of microwave signal sources[J]. Electronics Letters, 2015, 51(16): 1272-1274.

[26] Volyanskiy K, Cussey J, Tavernier H, et al. Applications of the optical fiber to the generation and measurement of low-phase-noise microwave signals[J]. Journal of The Optical Society of America B, 2008, 25(12): 2140-2150.

[27] Wang W T, Liu J G, Mei H K, et al. Photonic-assisted wideband phase noise analyzer based on optoelectronic hybrid units[J]. Journal of Lightwave Technology, 2016, 34(14): 3425-3431.

[28] Shi J Z, Zhang F Z, Pan S L. High-sensitivity phase noise measurement of RF sources by photonic-delay line and digital phase demodulation[C]. 2017 16th International Conference on Optical Communications and Networks (ICOCN), Wuzhen, China, 2017: 1-3.

[29] Shi J Z, Zhang F Z, Pan S L. Phase noise measurement of RF signals by photonic time delay and digital phase demodulation[J]. IEEE Transactions on Microwave Theory and Techniques, 2018, 66(9): 4306-4315.

[30] 史经展. 光子学辅助的微波相位噪声与频率测量研究 [D]. 南京: 南京航空航天大学, 2020.

[31] Shi J Z, Zhang F Z, Ben D, et al. Wideband microwave phase noise analyzer based on an all-optical microwave I/Q mixer[J]. Journal of Lightwave Technology, 2018, 36(19): 4319-4325.

[32] Rohde & Schwarz. R&S FSV-K40 Phase Noise Measurement Application Specifications [Z]. 2014.

[33] Gheidi H, Banai A L. Phase-noise measurement of microwave oscillators using phase-shifterless delay-line discriminator[J]. IEEE Transactions on Microwave Theory and Techniques, 2010, 58(2): 468-477.

[34] Agilent. E8257D PSG Microwave Analog Signal Generator Data Sheet [Z]. 2016.

[35] Zhang F Z, Shi J Z, Pan S L. Wideband microwave phase noise measurement based on photonic-assisted I/Q mixing and digital phase demodulation[J]. Optics Express, 2017, 25(19): 22760-22768.

[36] Zhang F Z, Shi J Z, Zhang Y, et al. Self-calibrating and high-sensitivity microwave phase noise analyzer applying an optical frequency comb generator and an optical-hybrid-based I/Q detector[J]. Optics Letters, 2018, 43(20): 5029-5032.

第 5 章 光电振荡器的频率调谐

光电振荡器一般在某一固定频率工作，但现代雷达、无线通信、无线传感、测试仪表等应用往往要求信号源能够提供频率可变的本振信号，因此，光电振荡器的频率可调谐特性是面向实际应用的一项重要指标。本章将主要阐述光电振荡器的频率调谐机理，探讨可调谐光电振荡器的典型实现方法，并回顾可调谐光电振荡器的研究进展。

5.1 光电振荡器的频率调谐机理

从第 2 章介绍的光电振荡器原理可知，当满足环路起振条件时，光电振荡系统中将会存在许多具有等频率间隔的振荡模式，其振荡频率可由式 (5-1) 确定：

$$\omega_k\tau' + \phi(\omega_k) + \phi_0 = 2k\pi, \quad k = 0, 1, 2, \cdots \tag{5-1}$$

式中，k 为模式阶数；τ' 为反馈环路物理长度所带来的时延；$\phi(\omega_k)$ 为与频率有关的相位项；ϕ_0 由调制器的偏置状态决定。当环路中的带通滤波器将其中某一模式选出时，振荡频率和自由频谱范围可以分别表示为

$$\begin{cases} f_{\mathrm{OSC}} = \dfrac{k - \phi_0 2\pi}{\tau} \\ \mathrm{FSR} = \dfrac{1}{\tau} \end{cases} \tag{5-2}$$

式中，τ 为光电反馈环路的总时延，包括反馈环路物理长度带来的时延 τ' 和环路中色散带来的群时延，即

$$\tau = \tau' + \left.\frac{\mathrm{d}\phi_0(\omega)}{\mathrm{d}\omega}\right|_{\omega=\omega_{\mathrm{OSC}}} \tag{5-3}$$

从式 (5-1) 和式 (5-2) 可知，光电振荡器最终输出的振荡信号频率由模式阶数 k 和模式频率共同决定，其中模式阶数 k 取决于滤波器的中心频率，而模式频率取决于环路的总时延和相位。因此，实现光电振荡器的频率调谐主要有两个途径：①当滤波器的中心频率固定时 (即模式阶数 k 确定时)，可以通过调节环路的时延 τ 或相位来改变振荡模式的频率，其原理如图 5-1(a) 所示；②当振荡模式的

频率固定时，可以通过改变滤波器的中心频率来选择不同阶数的振荡模式，其原理如图 5-1(b) 所示。

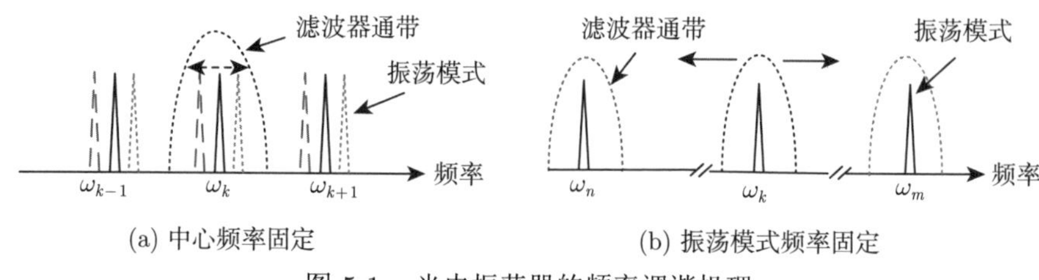

(a) 中心频率固定　　(b) 振荡模式频率固定

图 5-1　光电振荡器的频率调谐机理

5.2　基于模式调谐的光电振荡器

由于光电振荡器的振荡模式主要与环路的时延 (即腔长) 和相位有关，因此，基于模式调谐的光电振荡器的基本思路是在光域或微波域对环路的时延或相位进行调节。

5.2.1　环路时延调谐

根据式 (5-3)，调节光路延时的方法是改变环路物理长度或者改变色散引入的时延。由于可调电控光延时线的长度普遍较短，通常在厘米量级，而光电振荡器环路的物理长度一般需要数千米，因此，从目前的技术水平看，很难直接通过动态改变环路的物理长度实现很大的腔长变化。为解决该问题，文献 [1] 提出了一种等效实现物理长度变化的方法，其结构如图 5-2 所示。该方法采用了级联光纤布拉格光栅 (fiber Bragg grating, FBG) 结构，并将两个 FBG 的反射波长设计为 1533.5nm 和 1534.5nm。从图 5-2 可以看出，当波长为 1533.5nm 时，级联 FBG 结构的等效光程可以表示为 $L_1+2L_2+L_4$，而当波长切换为 1534.5nm 时，该结构引入的光程为 $L_1+2L_2+2L_3+L_4$，即两种情况下有 $2L_3$ 的光程差。因此，当改变光波长时，整个环路的腔长就会发生改变，从而改变振荡模式的频率，该方法最终实现了 14MHz 的频率调谐范围。

此外，还可以利用色散效应实现对环路时延的调节，此时需要使用可调谐激光器改变激光波长。例如，文献 [2] 给出了一种基于波长调谐的光电振荡器。可调谐激光器输出的光载波信号经过电光调制后分成两路，在每条支路上连接不同长度的光纤，形成游标卡尺效应以抑制边模。经光电转换后的微波信号通过射频放大和微波滤波后反馈回调制器实现光电振荡。当改变激光器波长时，振荡频率的调谐量可以由式 (5-4) 给出：

$$\frac{\Delta f}{f_{\mathrm{OSC}}}=-\frac{l_1 D\Delta\lambda}{\tau_1}=-\frac{l_2 D\Delta\lambda}{\tau_2} \tag{5-4}$$

式中，Δf 和 f_{OSC} 分别为频率的调谐量和初始波长对应的振荡频率；τ_1 和 τ_2 为初始波长时两条光纤环路的延时；l_1 和 l_2 为两条光纤环路的长度；D 为光纤的色散系数；$\Delta\lambda$ 为波长的变化量。基于此原理，当波长调谐范围为 ±40nm 时，光电振荡器的频率调谐范围为 9GHz±0.95MHz，相位噪声为 −105 dBc/Hz@10kHz。

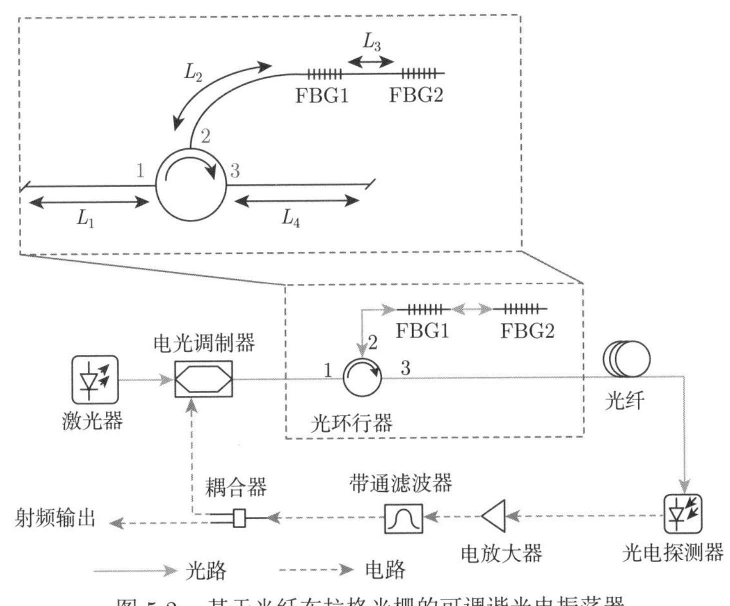

图 5-2 基于光纤布拉格光栅的可调谐光电振荡器

该思路也被用于集成光电振荡器芯片的频率调谐。例如，文献 [3] 报道了一个单片集成的光电振荡器。当改变片上激光器的驱动电流时，激光器的激射波长将发生改变。由于色散效应，环路的腔长也随之变化，从而实现了 20MHz 范围的频率调谐。基于锁模激光器的集成宇称–时间 (parity-time, PT) 对称光电振荡器也采用了类似的思路 [4]。通过改变片上激光器的驱动电流，环路的腔长随之改变，最终实现了频率范围为 24 ~ 25GHz 的 PT 对称光电振荡器。

5.2.2 环路相位调谐

通过调节环路相位来调谐光电振荡器振荡频率的典型结构如图 5-3 所示 [3]。该光电振荡器采用双环路结构以抑制边模，并在其中一路接入了一个可调的微波移相器。当调节该环路中的移相器时，由该路腔长所决定的振荡模式频率将随之改变。根据双环路光电振荡器的游标卡尺效应，最终输出的振荡模式的频率也将随之改变。利用该结构实现了频率范围为 20.7~21.8GHz 的可调谐光电振荡器，在 10kHz 频偏处的相位噪声为 −105dBc/Hz[5]。基于相同结构，还可实现频率调谐范围为 49.5GHz±75MHz 的光电振荡器，在 10kHz 频偏处的相位噪声为 −95dBc/Hz [6]。

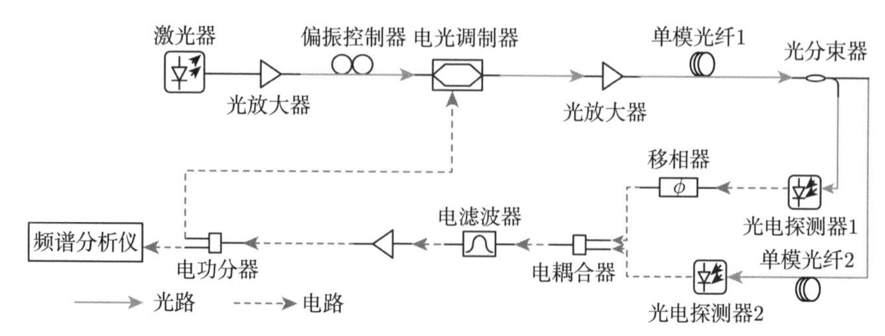

图 5-3 基于相位调谐的光电振荡器结构

除了微波移相器外，还可以利用半导体光放大器 (semiconductor optical amplifier, SOA) 在光域引入相位变化，其结构如图 5-4 所示 [7]。与传统光电振荡器相比，最明显的区别在于光纤后端加了半导体光放大器和由光纤布拉格光栅与光隔离器构成的光陷波滤波器。当光信号输入半导体光放大器，由于相干布居振荡 (coherent population oscillation, CPO) 效应，会发生非简并的四波混频。若使用陷波滤波器将产生红移的光边带滤除，经光电转换后即可引入一个可调的微波移相。该微波移相的范围与红移边带被滤除的程度有关 [8]。因此，通过改变激光器的波长将红移产生的光边带对准滤波器的不同位置，即可实现对红移光边带的幅度调控，进而改变环路相位，实现频率调谐。文献 [7] 基于该方法实现了中心频率为 10GHz、频率调谐范围为 3MHz 的微波信号的产生，在 10kHz 频偏处的相位噪声可低于 -110dBc/Hz。

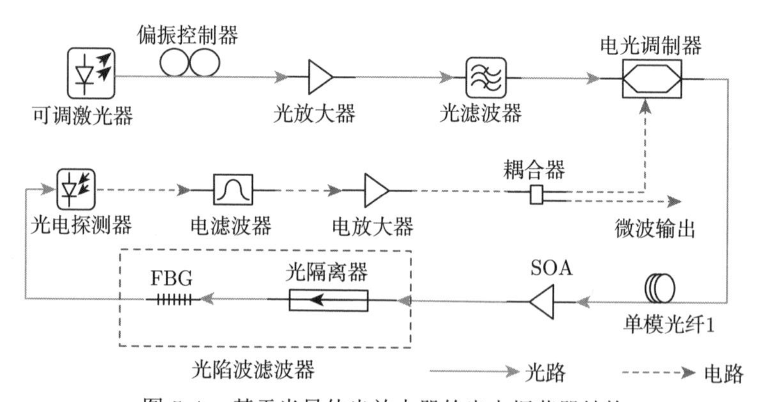

图 5-4 基于半导体光放大器的光电振荡器结构

除上述两种相位调谐方法外，还有一种相位调谐方法是改变调制器的偏置电压。由式 (5-2) 可得，当调节调制器的偏置电压时，可以引入频率偏移：

$$\Delta f = -\frac{1}{2\pi\tau}\Delta\phi \tag{5-5}$$

式中，$\Delta\phi$ 为改变调制器偏置电压时引入的相位变化。通过调节偏置电压，人们曾通过实验实现了最大调谐范围为 1.48MHz 的光电振荡器 [9]。2020 年报道的可调谐 PT 对称光电振荡器 [10]，通过调节双平行调制器的偏置电压，也实现了对振荡频率的精细调谐，调谐范围为 1.4MHz。

综上可知，基于模式调谐的光电振荡器的调谐范围通常较小，其原因在于，为了保证低的相位噪声，整个光电振荡环路的腔长通常很长，这就导致每个振荡模式之间的频率间隔通常很小。为了保证单模振荡，需要使用窄带的滤波器进行模式选择。而模式调谐只能在滤波器通带范围内调谐，导致调谐范围非常有限，因此基于模式调谐的可调光电振荡器主要用来对振荡频率进行精细调节。

5.3 基于可调谐滤波器的光电振荡器

基于可调谐滤波器的光电振荡器的基本原理是调节滤波器的中心频率，使之对准不同的振荡模式。因此，该方法的核心是实现滤波器的调谐，通常有可调微波滤波器和可调微波光子滤波器两类方法。

5.3.1 基于可调微波滤波器

滤波器在光电振荡器中的首要功能是选出想要的模式，抑制其他不想要的模式，因此应用于光电振荡器的可调微波滤波器需同时具备宽频率调谐范围和高品质因子。

一种常用的高品质因子可调微波滤波器是钇铁石榴石 (YIG) 滤波器。根据 YIG 滤波器的工作原理，当改变施加在 YIG 滤波器上的直流电压，其中心频率将会随之改变。但 YIG 滤波器的通带宽度一般为数十到数百兆赫兹，相比光电振荡器的模式间隔 (一般为数十到数百千赫兹) 仍然太宽，需要配合其他选模机制才能满足光电振荡器的选模要求。图 5-5 给出了一种基于 YIG 滤波器的可调光电振荡器结构图 [11]。激光器输出的光载波信号输入电光调制器，电光调制器的输出光信号分成三路，经过不同长度的光纤链路后分别输入一个光电探测器进行光电转换。转换得到的电信号通过微波耦合器耦合在一起，依次经过电放大器和 YIG 滤波器后反馈回电光调制器，构成光电振荡环路。本实验使用的 YIG 滤波器频率范围为 2~18GHz，滤波器的通带宽度为 36MHz。由于该响应带宽远大于光电振荡器的模式间隔 (约 50kHz)，所以在实验中采用三个不同长度的光纤环路形成游标卡尺效应来抑制其他振荡模式，实现单模输出。最终光电振荡器的输出频率范围为 6~12GHz(以 3MHz 为调谐步进)，10kHz 频偏处相位噪声为 −128dBc/Hz，边模抑制比约为 90dB。基于类似方法，天津大学于晋龙教授课题组采用基于波分复用技术的双环结构和 YIG 滤波器实现了频率调谐范围 8~12GHz、杂散抑制比 70dB、

10kHz 频偏处相位噪声 −135.16dBc/Hz 的光电振荡器 [12]。南京航空航天大学微波光子学课题组采用偏振调制技术和双环结构实现了四倍频的可调谐光电振荡器，振荡频率范围为 32∼42.7GHz，其中 39.75GHz 振荡信号在 10kHz 频偏处的相位噪声为 −90.69dBc/Hz[13]。中国科学院半导体研究所黄永箴研究员课题组采用直调激光器搭配可调微波滤波器实现了光电振荡器的频率调谐 [14]，频率调谐范围为 1.8∼10.4GHz，相位噪声为 −116dBc/Hz@10kHz，边模抑制比大于 55dB。

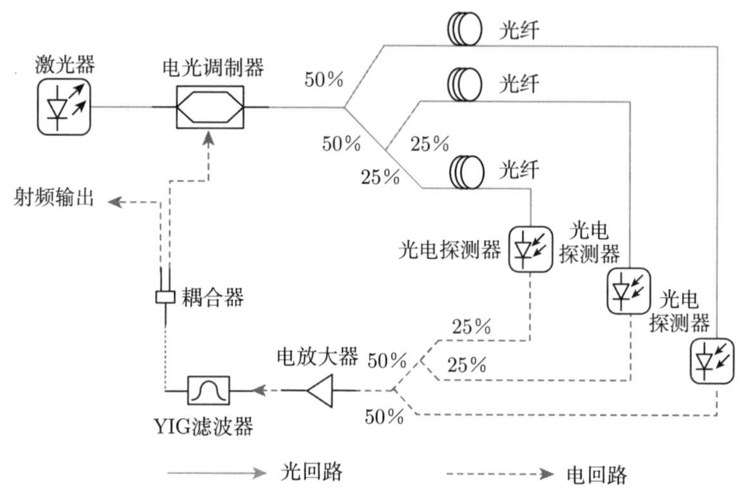

图 5-5　基于钇铁石榴石 (YIG) 滤波器的可调光电振荡器

基于 YIG 滤波器的可调光电振荡器结构简单，但是存在以下不足：①与电光调制器、光电探测器动辄数十甚至上百吉赫兹的工作带宽相比，YIG 滤波器的调谐范围通常较小，仅数吉赫兹。因此即使使用光子倍频技术 [13]，基于 YIG 滤波器的光电振荡器调谐范围仍然有限，并没有发挥光子技术的宽带优势。②受限于 YIG 晶体的材料特性，随着滤波器工作频率的增加，YIG 晶体的损耗将增加，这导致 YIG 滤波器的品质因子随频率降低。由于光电振荡器的振荡信号质量 (相位噪声、边模抑制等) 与滤波器的品质因子密切相关，基于 YIG 滤波器的可调光电振荡器在高频处的相位噪声特性明显恶化，在实际应用系统中将影响不同工作频段性能的一致性。③YIG 滤波器的中心频率取决于温度和直流电压，因此环境温度的微小变化和直流电压的纹波都会引发其中心频率的随机漂移，导致光电振荡器的振荡频率难以稳定。

5.3.2　基于可调微波光子滤波器

微波光子滤波器是利用光学方法实现微波滤波器的功能，可通过调节某些光学参数 (例如激光器波长、激光器工作温度、光滤波器的谐振波长、激光器的注入电流等) 实现滤波器中心频率的调谐，进而选择不同的振荡模式。与 5.3.1 节中所述可调微波滤波器类似，对微波光子滤波器的要求同样是宽频率调谐范围和高品质因子。

常用的微波光子滤波器的实现方式可以归纳为以下几种。

第一种采用具有微波频率间隔的超窄梳状光滤波器，其原理如图 5-6(a) 所示 [15]。首先，光电振荡环路在光域产生多个等间隔的振荡模式，当使用一个具有周期性频率间隔的超窄光滤波器进行选模时，落在滤波器通带内的振荡模式会被选出，如图 5-6(b) 所示。当选出的振荡模式送入光电探测器进行拍频时，即可得到与滤波器频率间隔相等的微波信号。由于只有处于光滤波器通带内的光谱模式才能被有效滤出，因此该结构等效响应为一个单通带的微波光子滤波器，且滤波器的中心频率由光滤波器周期响应的频率间隔决定。显然，对该光滤波器响应的频率间隔进行调谐便可实现微波频率的调节。一种能够实现滤波器响应频率间隔可调的光滤波器是电控的回音壁 (whispering gallery mode, WGM) 谐振腔 [16]。通过设计谐振腔的尺寸，可以使滤波器响应的频率间隔处于微波频段。并且通过改变 WGM 谐振腔的直流偏置电压，可以改变 WGM 谐振腔响应的频率间隔，从而实现振荡频率的调谐。文献 [16] 利用本方法生成 8~12GHz 的可调谐微波信号，相位噪声小于 -100dBc/Hz@10kHz。

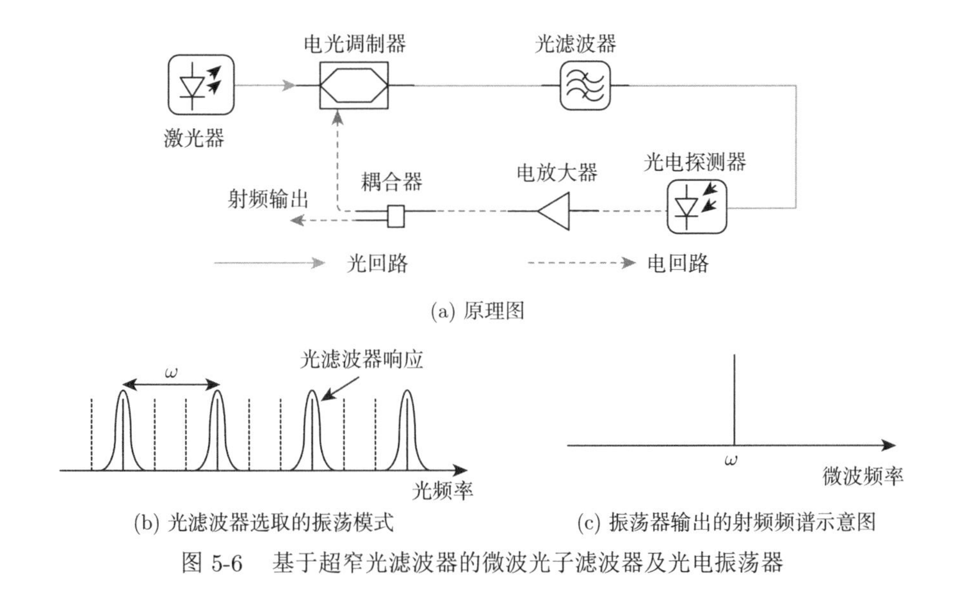

图 5-6 基于超窄光滤波器的微波光子滤波器及光电振荡器

值得说明的是，在调节 WGM 谐振腔响应频率间隔时，WGM 谐振腔响应的绝对频率也将随之移动，因此，该方法需要对激光器波长进行动态调控。此外，尽管 WGM 谐振腔具有超高品质因子，可达 10^8 量级，但是光信号在谐振腔内的多次循环也会累积出可观的非线性效应。所以，相比于利用光纤作为储能单元的传统光电振荡器，基于单个 WGM 谐振腔的光电振荡器在噪声基底方面有所不足。例如，基于光纤的光电振荡器噪声基底可以达到 −160dBc/Hz 以下，而基于纯 WGM 谐振腔的光电振荡器仅限制在 −140dBc/Hz 左右。

第二种微波光子滤波器的实现方法是采用相位调制器和光滤波器 [17]，其滤波原理如图 5-7(a) 所示。根据相位调制原理，当射频信号加载到相位调制器上，将在光载波左右两侧产生相位相反的光边带。若直接进行光电探测，由于相位相干相消，将无法得到任何电信号。反之，若采用光滤波器破坏该对称性，例如选用光陷波滤波器去除某一个边带 (或利用光带通滤波器选出光载波和一个边带)，如图 5-7(b) 所示，则经过光电探测可以得到微波信号。因此，相位调制器搭配窄带光滤波器可等效实现一个单通带的微波光子滤波器。从原理分析可知，基于此原理的微波光子滤波器的中心频率等于光载波波长与光滤波器中心波长的频率差。因

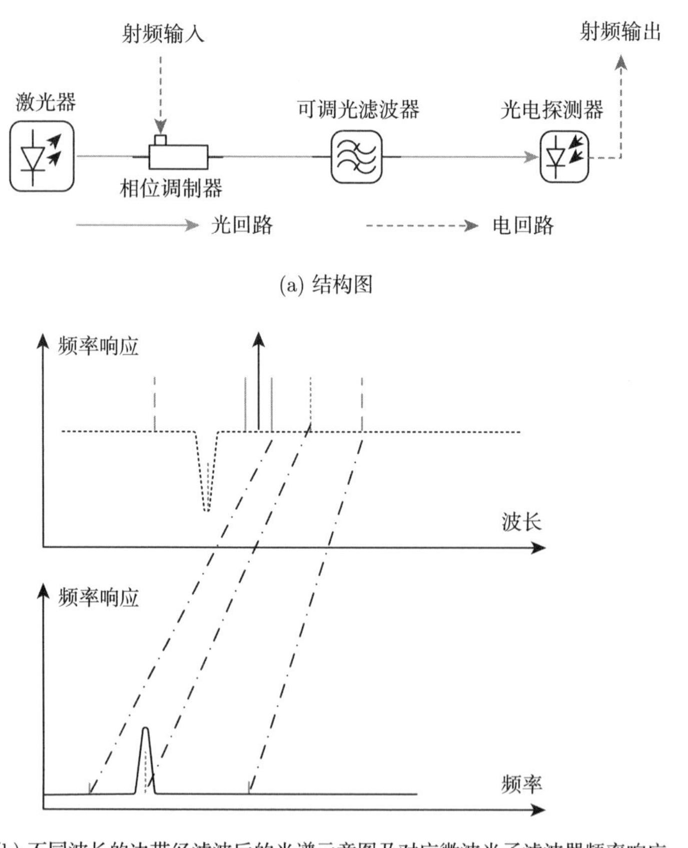

(a) 结构图

(b) 不同波长的边带经滤波后的光谱示意图及对应微波光子滤波器频率响应

图 5-7　基于相位调制器的单通带微波光子滤波器

此，为了实现可调谐的微波光子滤波器，主要有以下两种途径：

(1) 固定激光器波长，改变滤波器的中心波长。例如，文献 [18] 报道了基于相位调制器和 WGM 谐振腔的可调谐光电振荡器，调谐范围为 2~15GHz、相位噪声为 −100dBc/Hz@10kHz。与直接调节 WGM 谐振腔的响应频率间隔相比，该方案中的 WGM 谐振腔只需抑制相位调制产生的一个一阶边带，而无须根据 WGM 谐振状态的改变而调节光载波，使得方案的复杂度有所降低。但是由于 WGM 谐振腔加工困难并且与光纤器件的耦合难度大，所以研究人员大多采用光纤型光滤波器来实现上述系统所需的光滤波功能，例如基于空间衍射光栅的可调谐光滤波器 [19,20] 和受激布里渊散射 [21−23]。近年来，随着硅基光子集成技术的发展，硅基集成的可调谐光滤波器逐渐成为一种小型化、低成本的解决方案。例如，文献 [24]、[25] 均采用了基于相位调制器和微盘谐振器的可调谐微波光子滤波器，通过改变微盘谐振器热电极上加载的电流，改变了微盘谐振器的谐振波长，分别实现了频率调谐范围为 2~8GHz 和 2~14GHz 的光电振荡器。

(2) 固定光滤波器响应，改变激光器的波长。例如，相移光纤光栅可以提供较窄带的传输响应，但是设计完成之后通常难以调谐，可以通过改变激光器波长的方法实现微波光子滤波器中心频率的调谐。加拿大渥太华大学姚建平教授研究组基于该方法实现了频率调谐范围为 3~28GHz、相位噪声为 −100dBc/Hz@10kHz、边模抑制比为 60dB 的可调谐光电振荡器 [26] 和调谐范围为 2~12GHz 的 PT 对称光电振荡器 [27]。利用双平行马赫–曾德尔调制器和相移光纤光栅也可实现类似功能的微波光子滤波器 [26]。但是受限于所使用的相移光纤光栅性能，最终实现的频率调谐范围为 8.4~11.8GHz，相位噪声仅约 −65dBc/Hz@10kHz，边模抑制比仅 38dB [28]。

基于相位调制和光滤波器的可调谐光电振荡器的最突出优点是调谐灵活且调谐范围大，0~60GHz 超宽调谐范围的光电振荡器已有报道 [20]。但是从本质上看，该微波光子滤波器是将光滤波器的响应映射到微波域，因此要想实现高质量的微波信号产生，对光滤波器的带宽要求很高。目前较窄的光滤波器是基于受激布里渊散射 [21−23] 和 WGM 谐振腔 [15,16] 实现：前者受环境影响较大，且会引入额外的噪声；后者制作难度大，且难以与其他光纤器件耦合。而且，即使使用上述两种窄带的光滤波器，其带宽也无法满足超低相位噪声信号产生的选模要求，因此仍然需要搭配使用多个光纤环路。

第三种微波光子滤波器基于可调谐的色散效应实现。当微波信号在色散链路中传输时，系统传输响应可以表示为 [29]

$$H(\omega) = \sin\left(\frac{1}{2}D_{\omega}\omega_{\mathrm{m}}^{2}\right) \tag{5-6}$$

式中，D_{ω} 为色散系数，与光载波波长及光纤特性有关；ω_{m} 为传输的射频信号频率。从式 (5-6) 可以看出，色散链路的传输响应为正弦型。因此，根据光电振荡器环内增益竞争原理，只有处于最大传输响应的振荡模式才能存活下来，即当满足式 (5-7) 的条件时：

$$\frac{1}{2}D_{\omega}\omega_{\mathrm{m}}^{2}=\frac{(2k+1)\,\pi}{2},\quad k=0,\pm1,\pm2,\cdots \tag{5-7}$$

光电振荡器才能有效振荡，且振荡频率可以表示为

$$\omega_{\mathrm{m}}=\sqrt{(2k+1)\,\pi/D_{\omega}},\quad k=0,\pm1,\pm2,\cdots \tag{5-8}$$

显然，若该色散传输响应能够进行调谐，便可实现可调谐的光电振荡器。有以下两种途径可以实现对色散响应的调谐：

(1) 调节激光器的波长。例如，中国科学院半导体研究所祝宁华研究员课题组提出了基于级联相位调制器和啁啾光纤布拉格光栅 (chirped fiber Bragg grating, CFBG) 的可调谐光电振荡器 [30]。通过调节光载波波长，实现了频率范围为 6.5~11.5GHz、相位噪声约为 −100dBc/Hz@10kHz 的可调谐光电振荡器。浙江大学金晓峰教授课题组提出了基于双平行马赫–曾德尔调制器和 CFBG 的可调谐色散滤波器，通过波长调谐实现了频率范围为 8.3~9.6GHz、相位噪声为 −95dBc/Hz@10kHz 的光电振荡器 [31]。基于色散效应的微波光子滤波器同样可用于实现可调谐的 PT 对称光电振荡器。例如，文献 [32] 提出了基于相位调制和色散补偿光纤的可调谐 PT 对称光电振荡器，频率调谐范围为 19.34~20.34GHz，在 10kHz 频偏处的相位噪声为 −116.1dBc/Hz。

(2) 调节检偏角度。代表性结构为基于偏振调制器和 CFBG 的可调谐光电振荡器，如图 5-8(a) 所示 [33]。根据偏振调制原理，加载在调制器上的射频信号将沿着两个正交偏振态作相位相反的相位调制。当经过色散器件 (即图 5-8(a) 中所示的 CFBG) 时，两个偏振态上的光信号将会被引入与色散有关的光相移。当光信号通过偏振控制器和偏振分束器时，两个光信号将向某一偏振轴映射，并且映射角度 α 可以通过偏振控制器进行调节，此时系统的传输响应可以表示为 [33]

$$H\left(\omega\right)=\sin\left(\frac{1}{2}D_{\omega}\omega_{\mathrm{m}}^{2}+2\alpha\right) \tag{5-9}$$

显然，当调节映射角度 α，链路响应将出现频移，如图 5-8(b) 所示。根据此原理构建了可调谐光电振荡器，实验得到的调谐范围为 5.8~11.8GHz，相位噪声为 −104.56dBc/Hz@10kHz，边模抑制比达到 60dB[33]。基于相同原理，2020 年，文献 [34] 报道了基于偏振调制和色散补偿光纤的可调谐 PT 光电振荡器，通过改变检

偏角度得到了频率范围为 16~30GHz 的光电振荡器，相位噪声为 −116dBc/Hz@10kHz。

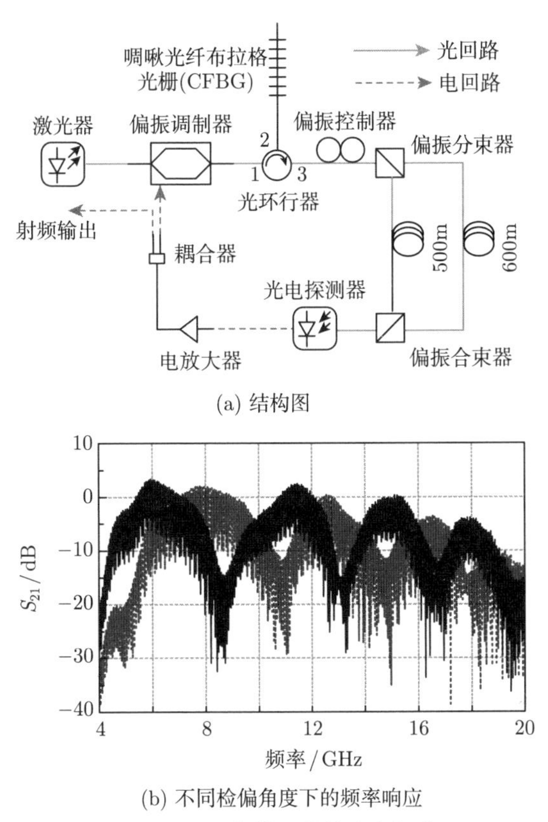

(a) 结构图

(b) 不同检偏角度下的频率响应

图 5-8 基于色散调谐的光电振荡器

基于色散的可调谐光电振荡器的优点是不需要使用高品质因子的光滤波或微波滤波器，但是从式 (5-6) 和式 (5-9) 可以看出，色散响应的带宽很宽，所以处于最大传输响应附近的振荡模式之间的差异较小，都容易实现振荡，故而极易出现模式跳变。同时，频率调谐的范围相对较小。此外，链路中的幅度噪声经过色散效应后会转换成相位噪声，因此色散效应本身也会对光电振荡器的相位噪声造成影响。

第四种是基于半导体激光器的微波光子滤波器。有以下多种技术途径可基于半导体激光器实现可调谐的微波光子滤波器：

(1) 基于半导体激光器的弛豫振荡频率调谐 [35]。直调激光器输出的光信号经延时和光电探测后直接反馈回直调激光器的射频输入端口构成光电振荡环路。由半导体激光器的工作原理可知，当振荡模式的频率与半导体激光器的弛豫振荡频率接近时，电光调制的效率最高，可在模式竞争中存活下来，因此该光电振荡器的振荡频率约等于半导体激光器的弛豫振荡频率。由于激光器的弛豫振荡频率可通过调节直调激光器的工作电流或工作温度进行调谐，因而基于该方法振荡产生的微波信号频率也可以调节。利用该结构，产生了频率范围为 3.77~8.75GHz 的微波信号，相位噪声为 −103.6dBc/Hz@10kHz，边模抑制比为 50dB。基于类似原理，2018 年也报道了频率范围为 3.5~8.6GHz、相位噪声为 −112.5dBc/Hz@10kHz、边模抑制比为 50dB 的可调谐光电振荡器 [36]。

(2) 基于外注入激光器的增益谱调谐。其原理是将经过调制的激光波长注入尚未到达激射阈值的从激光器，当调制频率等于主从激光器波长间隔时，所产生的一个边带会被从激光器放大，从而形成有源滤波效应。改变主激光器的波长，可实现滤波器通带频率的调谐。基于该思路构建了可调谐光电振荡器，如图 5-9 所示 [37]，实现了频率范围为 6.41~10.85GHz、相位噪声为 −92.8dBc/Hz@10kHz 的光电振荡器。

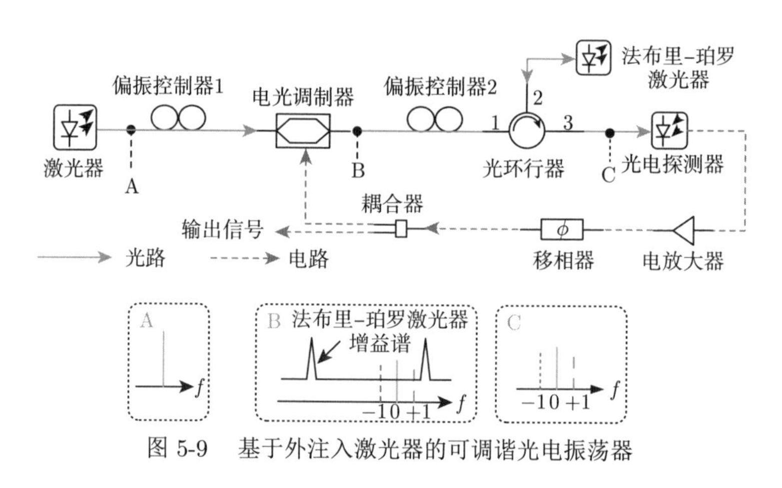

图 5-9　基于外注入激光器的可调谐光电振荡器

另一种更常见的调谐方法如图 5-10(a) 所示 [38]。当直调激光器在注入锁定状态工作时，一方面直调激光器的输出频率将从自由振荡频率 (f_0) 锁定至某个固定频率 ($f_{\rm inj}$)，另一方面在该注入锁定频率处会产生一个红移的存在光增益的腔模 $f_{\rm cav}$ [39]。从图 5-10(b) 可以看出，当模式频率 ($f_{\rm m}$) 等于 $f_{\rm inj}-f_{\rm cav}$ 时，该振荡模式将得到最大的信号增益，从而实现稳定的频率起振。通过调节主激光器的波长或注入强度，增益谱的波长 $f_{\rm cav}$ 将随之改变，因此振荡模式的频率也随之改变。基于该思路构建了可调谐光电振荡器 [40]，实现了频率范围为 9.63~19.11GHz、相位噪声为 −103.19dBc/Hz@10kHz 的微波信号的产生。

(3) 基于半导体激光器的单周期振荡 (period-one，P1) 非线性效应。半导体激光器的输出光信号分成两路，其中一路经过一段光纤后从光口反馈回激光器，使激光器在 P1 非线性状态工作。激光器在 P1 非线性状态工作时，将在光载波两侧产生间隔为微波频率的光边带 [42]。另一路直接经光电探测和电放大后反馈回激光器的电口，构成光电振荡回路。通过调节激光器的注入强度即可改变 P1 非线性效应产生的光边带频率，从而产生频率调谐范围为 8.6~15.2GHz、相位噪声为 −110.88dBc/Hz@10kHz、边模抑制比大于 64dB 的微波信号。文献 [43] 也给出了另一种基于半导体激光器 P1 非线性效应的可调谐光电振荡器，受限于电器件的带宽，最终输出了频率为 10.43~39.1GHz 的可调谐微波信号。

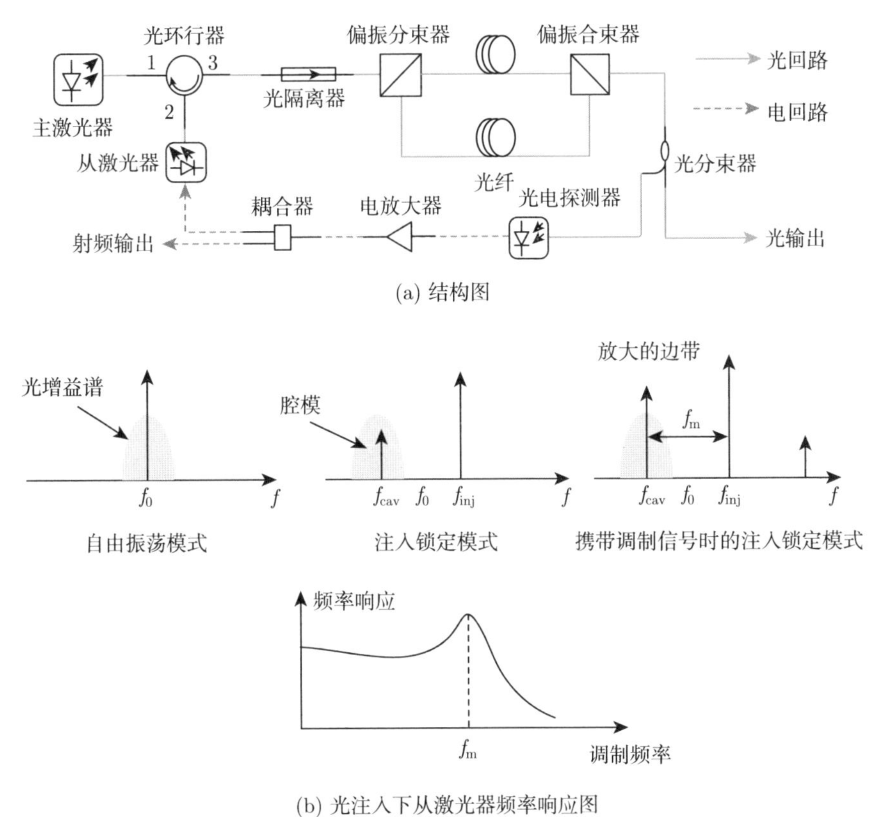

(a) 结构图

(b) 光注入下从激光器频率响应图

图 5-10 基于直调激光器和注入锁定的可调光电振荡器

基于半导体激光器的微波光子滤波器的优点在于结构简单。一方面通常利用激光器的直接调制特性，因而无须使用昂贵的外调制器，成本较低；另一方面，无须使用额外的微波滤波器或光滤波器等选模器件，仅需对激光器的注入电流或激光器的波长进行调节即可实现微波频率调谐。但该滤波器的品质因子往往较低，导致光电振荡器的相位噪声特性较差。此外，振荡信号的频率直接决定于注入电流，因此环境或者电流的波动极易造成频率的漂移。

第五种微波光子滤波器采用微波光子有限冲激响应滤波器或微波光子无限冲激响应滤波器 [44]，其典型结构如图 5-11 所示。其中图 5-11(a) 为具有有限冲激响应的微波光子滤波器：经微波调制的光信号被分成多路，每路光信号经过幅度和时延调节后重新耦合在一起，经过光电探测后，拍频得到微波信号。图 5-11(b) 给出具有无限冲激响应的微波光子滤波器：经微波调制的光信号输入一个光谐振环。在光谐振环内，经不同次循环的光信号耦合在一起，最终输入光电探测器进行光电转换。

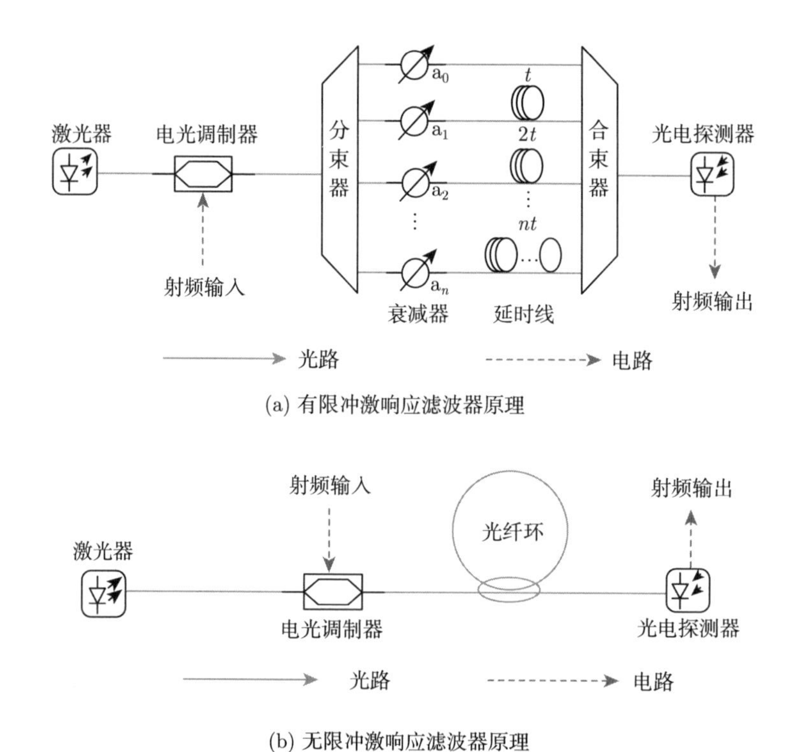

图 5-11　基于有限冲激响应和无限冲激响应的微波光子滤波器

基于上述原理，文献 [45] 给出了一种利用宽光谱切割的多抽头微波光子滤波器。掺铒光纤放大器输出宽谱光信号，利用可编程光处理器将宽谱光信号以一定的频率间隔进行频谱切割，得到等效的多波长信号。该多波长信号经调制后输入色散器件。色散器件对不同波长的光信号进行延时，然后输入光电探测器，最终实现多抽头的微波光子有限冲激响应滤波器。通过改变可编程光处理器的参数 (例如通带带宽、频谱间隔等)，即可实现对微波光子滤波器响应的调节。然而该方法需要借助昂贵的可编程光处理器，并且由于可编程光处理器的切换速度和编程颗粒度较低，所以基于此滤波器的光电振荡器调谐范围略窄 (4.09~9.68GHz)，相位

噪声为 -120dBc/Hz@10kHz，边模抑制比约为 50dB。基于类似的原理，文献 [46] 利用可调干涉仪进行频谱切割，实现了频率调谐范围为 1~12GHz、相位噪声为 -115dBc/Hz@10kHz、边模抑制比为 65dB 的光电振荡器。

与前述几类微波光子滤波器不同，基于有限冲激响应和无限冲激响应的微波光子滤波器通常具有周期性的频率响应，选模效果往往有限。为解决这一问题，实际应用中可级联多种滤波器。例如，文献 [47]、[48] 结合了基于宽频谱切割的有限冲激响应滤波器和基于光纤环的无限冲激响应滤波器，分别得到了频率范围为 10.3~26.7GHz、相位噪声为 -113dBc/Hz@10kHz[47] 和调谐范围为 6.88~12.79GHz、相位噪声为 -112dBc/Hz@10kHz 的可调谐微波信号 [48]。文献 [49] 结合了前述基于相位调制器和窄带光滤波器的单通带微波光子滤波器和基于光纤环的无限冲激响应滤波器，实现了带宽 150kHz 的窄带微波光子滤波器，产生了 0~40GHz 的可调谐微波信号，相位噪声为 -113dBc/Hz@10kHz，边模抑制比为 50dB。

与 5.2 节介绍的基于模式调谐的光电振荡器相比，基于可调谐滤波器的光电振荡器频率调谐范围更大，可以达到数吉赫兹到数十吉赫兹，因此，该类型光电振荡器通常用来实现频率的粗调。

显然，可以综合利用 5.2 节和 5.3 节中所述方法，构建一个可同时对频率进行粗调和细调的可调谐光电振荡器。代表性结构如图 5-12 所示 [50]。其中可调谐滤波器用以实现大范围的频率粗调，而移相器主要用以实现对频率的细调。

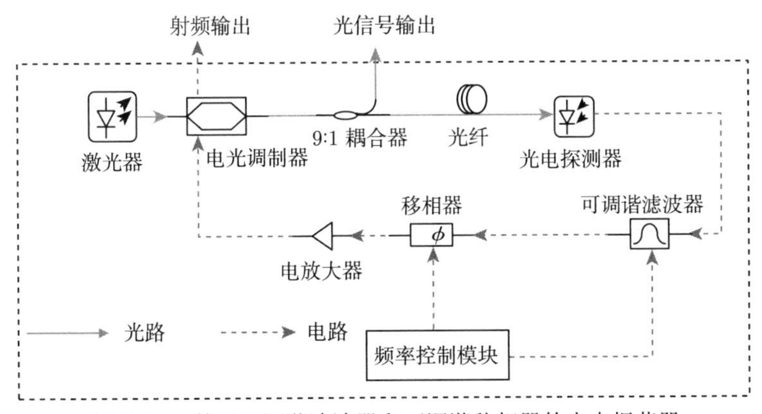

图 5-12 基于可调谐滤波器和可调谐移相器的光电振荡器

5.4 本章小结

表 5-1 总结了可调谐光电振荡器的研究现状。从表 5-1 可以看出，目前可调谐光电振荡器的研究虽已覆盖 0~60GHz 的各个频段，但是仍存在以下不足：一

方面，与单频光电振荡器相比，可调谐光电振荡器的相位噪声相对较差；另一方面，相比于单频光电振荡器，可调谐光电振荡器对系统的频率控制及频率锁定要求更高。另外，大部分可调谐光电振荡器的研究工作专注于提高调谐范围、降低相位噪声和提高边模抑制比，对调谐速度的研究较少。因此，快速调谐的光电振荡器也是未来研究的重点。目前已有一定实现思路，例如文献 [51] 引入傅里叶锁模的概念，实现了无建立时间的快速可调谐光电振荡器，最终实现了线性调频信号的产生，关于傅里叶锁模光电振荡器的介绍详见本书第 6 章，在此不详细展开。

表 5-1　可调谐光电振荡器研究现状

文献编号	作者	实现方法	频率范围 /GHz	相位噪声 /(dBc/Hz)	边模抑制比/dB	年份
[1]	Madziar 等	基于级联 FBG 的腔长调谐	0.014			2014
[2]	Poinsot 等	基于色散的腔长调谐	9±0.95MHz	−105		2002
[3]	Tang 等	基于色散的腔长调谐	7.3/8.87±0.01	∼ −90		2018
[4]	Zou 等	基于色散的腔长调谐	24∼25	−108	>20	2021
[5]	Fedderwitz 等	基于微波移相器的相位调谐	20.7∼21.8	−105		2010
[6]	Fedderwitz 等	基于微波移相器的相位调谐	50±0.05	−95		2010
[7]	Shumakher 等	基于 SOA 慢光效应的相位调谐	10±1.5MHz	−110		2009
[9]	Jiang 等	基于偏置电压的相位调谐	10±0.74MHz			2013
[10]	Ding 等	基于偏置电压的相位调谐	4.2±0.7MHz	−108		2020
[12]	贾石等	YIG 滤波器	8∼12	−135.16	70	2015
[13]	Zhu 等	YIG 滤波器	32∼42.7			2012
[14]	Yang 等	微波滤波器	1.85∼10.24			2018
[16]	Savchenkov 等	压控 WGM 谐振腔	8∼12			2010
[18]	Eliyahu 等	PM+WGM	2∼15			2013
[19]	Xie 等	相位调制器 + 可调光滤波器	4.74∼38.38			2013
[20]	Li 等	偏振调制器 + 可调光滤波器	8.8∼37.6			2015
[21]	Peng 等	相位调制器 +SBS	0∼60			2015
[22]	Peng 等	相位调制器 +SBS	7∼40			2017
[23]	Tang 等	相位调制器 +SBS	2.6∼40			2019
[24]	Zhang 等	相位调制器 + 微盘	2∼8			2018
[25]	Fan 等	相位调制器 + 微盘	2∼12			2020

续表

文献编号	作者	实现方法	频率范围/GHz	相位噪声/(dBc/Hz)	边模抑制比/dB	年份
[26]	Li 等	相位调制器 + 相移光纤光栅	3～28			2012
[27]	Dai 等	相位调制器 + 相移光纤光栅	2～12			2020
[28]	Yang 等	双平行调制器 + 相移光纤光栅	8.4～11.8			2012
[30]	Li 等	相位调制器 + 啁啾光纤光栅	6.5～11.5			2010
[31]	Yang 等	双平行调制器 + 啁啾光纤光栅	8.3～9.6			2013
[32]	Teng 等	相位调制器 + 色散补偿光纤	19.49～20.34			2020
[33]	Tang 等	偏振调制器 + 啁啾光纤光栅	5.8～11.8			2012
[34]	Teng 等	偏振调制器 + 色散补偿光纤	16～30			2020
[35]	Xiong 等	直调激光器	3.77～8.75			2013
[36]	Liao 等	直调激光器	3.5～8.6			2018
[37]	Pan 等	法布里–珀罗激光器	6.41～10.85			2010
[38]	Wang 等	光注入的直调激光器	5.98～15.22			2015
[40]	Zhang 等	光注入的直调激光器	9.63～19.11			2015
[41]	Chen 等	直调激光器的 P1 振荡	8.6～15.2			2018
[43]	Lin 等	光注入的直调激光器	10.43～39.1			2018
[45]	Li 等	有限冲激微波光子滤波器	4.09～9.68			2012
[46]	Zhang 等	有限冲激微波光子滤波器	1～12			2014
[47]	Xu 等	有限 + 无限冲激微波光子滤波器	10.3～26.7			2018
[48]	Jiang 等	有限 + 无限冲激微波光子滤波器	6.88～12.79			2013
[49]	Tang 等	相位调制器 + 无限冲激滤波器	0～40			2018

参考文献

[1] Madziar K, Galwas B, Osuch T. Fiber Bragg gratings based tuning of an optoelectronic oscillator[C]. 2014 20th International Conference on Microwaves, Radar and Wireless Communications (MIKON), Gdansk, Poland, 2014: 1-4.

[2] Poinsot S, Porte H, Goedgebuer J P, et al. Continuous radio-frequency tuning of an optoelectronic oscillator with dispersive feedback[J]. Optics Letters, 2002, 27(15): 1300-1302.

[3] Tang J, Hao T F, Li W, et al. Integrated optoelectronic oscillator[J]. Optics Express, 2018, 26(9): 12257-12265.

[4] Zou F, Zou L, Lai Y, et al. Parity-time symmetric optoelectronic oscillator based on an integrated mode-locked laser[J]. IEEE Journal of Quantum Electronics, 2021, 57(2): 1-9.

[5] Fedderwitz S, Stohr A, Babiel S, et al. Optoelectronic K-band oscillator with gigahertz tuning range and low phase noise[J]. IEEE Photonics Technology Letters, 2010, 22(20): 1497-1499.

[6] Fedderwitz S, Stöhr A, Babiel S, et al. Opto-electronic dual-loop 50 GHz oscillator with wide tunability and low phase noise[C]. 2010 IEEE International Topical Meeting on Microwave Photonics, Montreal, QC, Canada, 2010: 224-226.

[7] Shumakher E, Dúill S Ó, Eisenstein G. Optoelectronic oscillator tunable by an SOA based slow light element[J]. Journal of Lightwave Technology, 2009, 27(18): 4063-4068.

[8] Xue W Q, Chen Y H, Öhman F, et al. Enhancing light slow-down in semiconductor optical amplifiers by optical filtering[J]. Optics Letters, 2008, 33(10): 1084-1086.

[9] Jiang C L, Chen F S, Yi Xi K Z. A novel tunable optoelectronic oscillator based on a photonic RF phase shifter[J]. Optoelectronics Letters, 2013, 9(6): 446-448.

[10] Ding Q, Wang M G, Zhang J, et al. A precisely frequency-tunable parity-time-symmetric optoelectronic oscillator[J]. Journal of Lightwave Technology, 2020, 38(23): 6569-6577.

[11] Eliyahu D, Maleki L. Tunable, ultra-low phase noise YIG based opto-electronic oscillator[C]. Proceedings of 2003 IEEE MTT-S International Microwave Symposium Digest, Philadelphia, PA, USA, 2003: 2185-2187.

[12] 贾石, 于晋龙, 王菊, 等. 一种新型的 X 波段高稳光电振荡器 [C]. 2015 年全国微波毫米波会议, 合肥, 2015: 1780-1783.

[13] Zhu D, Pan S L, Ben D. Tunable frequency-quadrupling dual-loop optoelectronic oscillator[J]. IEEE Photonics Technology Letters, 2012, 24(3): 194-196.

[14] Yang Y D, Liao M L, Han J Y, et al. Narrow-linewidth microwave generation by optoelectronic oscillators with AlGaInAs/InP microcavity lasers[J]. Journal of Lightwave Technology, 2018, 36(19): 4379-4385.

[15] Ozdur I T, Akbulut M, Hoghooghi N, et al. Optoelectronic loop design with 1000 finesse Fabry-Perot etalon[J]. Optics Letters, 2010, 35(6): 799-801.

[16] Savchenkov A A, Ilchenko V S, Liang W, et al. Voltage-controlled photonic oscillator[J]. Optics Letters, 2010, 35(10): 1572-1574.

[17] Chen T, Yi X K, Li L W, et al. Single passband microwave photonic filter with wideband tunability and adjustable bandwidth[J]. Optics Letters, 2012, 37(22): 4699-4701.

[18] Eliyahu D, Liang W, Dale E, et al. Resonant widely tunable opto-electronic oscillator[J]. IEEE Photonics Technology Letters, 2013, 25(15): 1535-1538.

[19] Xie X P, Zhang C, Sun T, et al. Wideband tunable optoelectronic oscillator based on a phase modulator and a tunable optical filter[J]. Optics Letters, 2013, 38(5): 655-657.

[20] Li W, Liu J G, Zhu N H. A widely and continuously tunable frequency doubling optoelectronic oscillator[J]. IEEE Photonics Technology Letters, 2015, 27(13): 1461-1464.

[21] Peng H F, Zhang C, Xie X P, et al. Tunable DC-60 GHz RF generation utilizing a dual-loop optoelectronic oscillator based on stimulated Brillouin scattering[J]. Journal of Lightwave Technology, 2015, 33(13): 2707-2715.

[22] Peng H F, Xu Y C, Peng X F, et al. Wideband tunable optoelectronic oscillator based on the deamplification of stimulated Brillouin scattering[J]. Optics Express, 2017, 25(9): 10287-10305.

[23] Tang H T, Yu Y, Zhang X L. Widely tunable optoelectronic oscillator based on selective parity-time-symmetry breaking[J]. Optica, 2019, 6(8): 944-950.

[24] Zhang W F, Yao J P. Silicon photonic integrated optoelectronic oscillator for frequency-tunable microwave generation[J]. Journal of Lightwave Technology, 2018, 36(19): 4655-4663.

[25] Fan Z Q, Zhang W F, Qiu Q, et al. Hybrid frequency-tunable parity-time symmetric optoelectronic oscillator[J]. Journal of Lightwave Technology, 2020, 38(8): 2127-2133.

[26] Li W Z, Yao J P. A wideband frequency tunable optoelectronic oscillator incorporating a tunable microwave photonic filter based on phase-modulation to intensity-modulation conversion using a phase-shifted fiber Bragg grating[J]. IEEE Transactions on Microwave Theory and Technology, 2012, 60(6): 1735-1742.

[27] Dai Z, Fan Z Q, Li P, et al. Frequency-tunable parity-time-symmetric optoelectronic oscillator using a polarization-dependent sagnac loop[J]. Journal of Lightwave Technology, 2020, 38(19): 5327-5332.

[28] Yang B, Jin X F, Zhang X M, et al. A wideband frequency-tunable optoelectronic oscillator based on a narrowband phase-shifted FBG and wavelength tuning of laser[J]. IEEE Photonics Technology Letters, 2012, 24(1): 73-75.

[29] Yao J P, Zeng F, Wang Q. Photonic generation of ultrawideband signals[J]. Journal of Lightwave Technology, 2007, 25(11): 3219-3235.

[30] Li W Z, Yao J P. An optically tunable optoelectronic oscillator[J]. Journal of Lightwave Technology, 2010, 28(18): 2640-2645.

[31] Yang B, Jin X F, Chen Y, et al. A tunable optoelectronic oscillator based on a dispersion-induced microwave photonic filter[J]. IEEE Photonics Technology Letters, 2013, 25(10): 921-924.

[32] Teng C H, Zou X H, Li P X, et al. Fine tunable PT-symmetric optoelectronic oscillator based on laser wavelength tuning[J]. IEEE Photonics Technology Letters, 2020, 32(1): 47-50.

[33] Tang Z Z, Pan S L, Zhu D, et al. Tunable optoelectronic oscillator based on a polarization modulator and a chirped FBG[J]. IEEE Photonics Technology Letters, 2012, 24(17): 1487-1489.

[34] Teng C H, Zou X H, Li P X, et al. Wideband frequency-tunable parity-time symmetric optoelectronic oscillator based on hybrid phase and intensity modulations[J]. Journal of Lightwave Technology, 2020, 38(19): 5406-5411.

[35] Xiong J T, Wang R, Fang T, et al. Low-cost and wideband frequency tunable optoelectronic oscillator based on a directly modulated distributed feedback semiconductor laser[J]. Optics Letters, 2013, 38(20): 4128-4130.

[36] Liao M L, Xiao J L, Huang Y Z, et al. Tunable optoelectronic oscillator using a directly modulated microsquare laser[J]. IEEE Photonics Technology Letters, 2018, 30(13): 1242-1245.

[37] Pan S L, Yao J P. Wideband and frequency-tunable microwave generation using an optoelectronic oscillator incorporating a Fabry- Perot laser diode with external optical injection[J]. Optics Letters, 2010, 35(11): 1911-1913.

[38] Wang P, Xiong J T, Zhang T T, et al. Frequency tunable optoelectronic oscillator based on a directly modulated DFB semiconductor laser under optical injection[J]. Optics Express, 2015, 23(16): 20450-20458.

[39] Sung H K, Lau E K, Wu M C. Optical single sideband modulation using strong optical injection-locked semiconductor lasers[J]. IEEE Photonics Technology Letters, 2007, 19(13): 1005-1007.

[40] Zhang T T, Xiong J T, Wang P, et al. Tunable optoelectronic oscillator using FWM dynamics of an optical-injected DFB laser[J]. IEEE Photonics Technology Letters, 2015, 27(12): 1313-1316.

[41] Chen G C, Lu D, Guo L, et al. Frequency-tunable OEO using a DFB laser at period-one oscillations with optoelectronic feedback[J]. IEEE Photonics Technology Letters, 2018, 30(18): 1593-1596.

[42] Lin L C, Liu S H, Lin F Y. Stability of period-one (P1) oscillations generated by semiconductor lasers subject to optical injection or optical feedback[J]. Optics Express, 2017, 25(21): 25523-25532.

[43] Lin X D, Wu Z M, Deng T, et al. Generation of widely tunable narrow-linewidth photonic microwave signals based on an optoelectronic oscillator using an optically injected semiconductor laser as the active tunable microwave photonic filter[J]. IEEE Photonics Journal, 2018, 10(6): 1-9.

[44] Capmany J, Ortega B, Pastor D. A tutorial on microwave photonic filters[J]. Journal of Lightwave Technology, 2006, 24(1): 201-229.

[45] Li M, Li W Z, Yao J P. Tunable optoelectronic oscillator incorporating a high-Q spectrum-sliced photonic microwave transversal filter[J]. IEEE Photonics Technology Letters, 2012, 24(14): 1251-1253.

[46] Zhang J J, Gao L, Yao J P. Tunable optoelectronic oscillator incorporating a single passband microwave photonic filter[J]. IEEE Photonics Technology Letters, 2014, 26(4): 326-329.

[47] Xu Y C, Peng H F, Guo Y, et al. Wideband tunable optoelectronic oscillator based on

a single-bandpass microwave photonic filter and a recirculating delay line[J]. Chinese Optics Letters, 2018, 16(11): 110602.

[48] Jiang F, Wong J H, Lam H Q, et al. An optically tunable wideband optoelectronic oscillator based on a bandpass microwave photonic filter[J]. Optics Express, 2013, 21(14): 16381-16389.

[49] Tang H T, Yu Y, Wang Z W, et al. Wideband tunable optoelectronic oscillator based on a microwave photonic filter with an ultra-narrow passband[J]. Optics Letters, 2018, 43(10): 2328-2331.

[50] Huang S H, Maleki L, Le T. A 10 GHz optoelectronic oscillator with continuous frequency tunability and low phase noise[C]. Proceedings of the 2001 IEEE International Frequency Control Symposium and PDA Exhibition (Cat. No.01CH37218), Seattle, WA, USA, 2001: 720-727.

[51] Hao T F, Chen Q Z, Dai Y T, et al. Breaking the limitation of mode building time in an optoelectronic oscillator[J]. Nature Communications, 2018, 9(1): 1839.

第 6 章　倍频光电振荡器

随着毫米波、太赫兹波技术的快速发展和广泛应用，高频高质量本振信号产生的意义越来越大。受限于振荡环路中电光调制器、电滤波器、电放大器等光电器件的带宽，光电振荡器通常难以实现数十吉赫兹信号的产生。即使制作出了高频宽带光电器件，由于其噪声大、转换效率低，所产生高频振荡信号的相位噪声性能通常也较差。为了拓展工作频率，人们将微波光子倍频技术引入到光电振荡器结构中，对环路中的光载微波信号进行倍频后再输出。

微波光子倍频自 1992 年英国威尔士大学 O'Reilly 教授首次提出后就因其频率高、带宽大、频率可调谐、结构简单等特点受到了广泛的关注 [1]。此后，随着电光调制器、非线性器件的发展，人们提出了一系列微波光子倍频方法，并应用到不同场合去实现高频、宽带、可调谐信号的产生。类似地，倍频光电振荡器的实现方法也有多种，根据电光调制器的不同，可以分为基于强度调制器、基于相位调制器和基于偏振调制器三类。本章将首先介绍微波光子倍频的基本原理，随后介绍几种常见的倍频光电振荡器实现方法。

6.1　微波光子倍频技术

6.1.1　微波光子倍频的基本原理

实现微波光子倍频的关键是利用非线性效应激发多个相位相关的光边带，选出想要的一对光边带，并抑制其他无用的边带。将该信号在光电探测器中拍频即可得到倍频信号。可用于激发多个光边带的典型非线性效应包括电光效应、四波混频、交叉相位调制等，其中最常用的为电光效应。实现电光效应的器件通常为电光调制器。图 6-1 为基于电光调制器的微波光子倍频系统结构示意图。基频微波信号通过电光调制器调制到光载波上，当调制系数足够大时，电光非线性效应将激发出多个高阶光边带。通过引入边带对消技术 (如控制强度调制器的偏置电压等) 或者级联边带选择器件 (如滤波器等)，可以选出不同间隔的一对光边带，进而实现不同倍频系数的微波光子倍频。

常见的电光调制器包括马赫–曾德尔强度调制器、相位调制器和偏振调制器，下面以马赫–曾德尔强度调制器为例分析微波光子倍频的原理。根据前述分析可

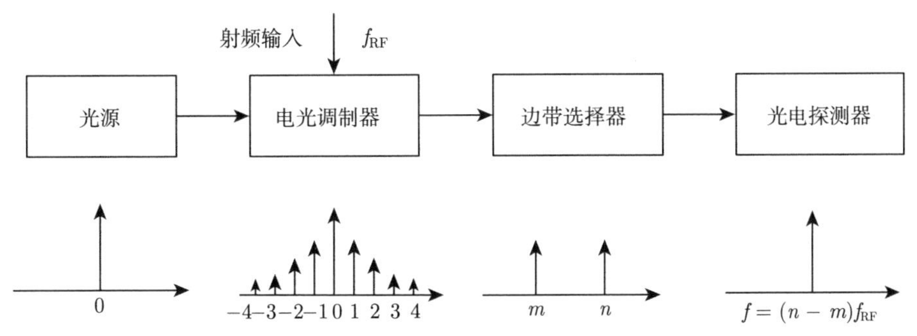

图 6-1 基于电光调制器的微波光子倍频系统结构示意图

知，设输入电光调制器的光信号和射频信号分别为

$$E_{in}(t)=E_o\exp(\mathrm{i}\omega_o t) \tag{6-1}$$

$$v(t)=V_{bias}+V_{RF}\cos(\omega_{RF}t+\phi) \tag{6-2}$$

式中，E_o 和 ω_o 分别为光载波的幅度和角频率；V_{bias} 为偏置电压；V_{RF}、ω_{RF} 和 ϕ 分别为射频信号的幅度、角频率和相位。则电光调制器输出端的信号为

$$E(t)\propto 2E_o\exp\left(\mathrm{i}\omega_o t+\mathrm{i}\frac{\varphi}{2}\right)\cos\left[\frac{\varphi}{2}+\beta\cos(\omega_{RF}t+\phi)\right] \tag{6-3}$$

式中，$\beta=\pi V_{RF}/(2V_\pi)$ 为电光调制器的调制系数；$\varphi=\pi V_{bias}/V_\pi$ 为直流偏置引入的相位。

用贝塞尔函数将式 (6-3) 展开，可以得到

$$\begin{aligned}E(t)\propto&2E_o\exp\left(\mathrm{i}\omega_o t+\mathrm{i}\frac{\varphi}{2}\right)\left\{\cos\left(\frac{\varphi}{2}\right)\cos[\beta\cos(\omega_{RF}t+\phi)]\right.\\&\left.-\sin\left(\frac{\varphi}{2}\right)\sin[\beta\cos(\omega_{RF}t+\phi)]\right\}\\=&2E_o\exp\left(\mathrm{i}\omega_o t+\mathrm{i}\frac{\varphi}{2}\right)\\&\cdot\left\{\cos\left(\frac{\varphi}{2}\right)\left[\mathrm{J}_0(\beta)+2\sum_{m=1}^{\infty}(-1)^m\mathrm{J}_{2m}(\beta)\cos(2m(\omega_{RF}t+\phi))\right]\right.\\&\left.+2\sin\left(\frac{\varphi}{2}\right)\sum_{m=1}^{\infty}(-1)^m\mathrm{J}_{2m-1}(\beta)\cos((2m-1)(\omega_{RF}t+\phi))\right\}\end{aligned} \tag{6-4}$$

可以看出，马赫–曾德尔调制器的输出光谱包括光载波、±1 阶边带、±2 阶边带等多个边带。当控制直流偏置电压使得 $\varphi=\pi$，即 $V_{bias}=V_\pi$，此时电光调制器

偏置于最小传输点，偶次边带被抑制，只保留奇次边带。假设电光调制器调制系数很小，可以忽略高次谐波，那么此时只有 ±1 阶边带，则经过光电探测后可得

$$I(t)=\Re \mathrm{J}_1^2(\beta)\cos(2\omega_{\mathrm{RF}}t+2\phi) \tag{6-5}$$

式中，$\Re$ 为光电探测器的响应度。从式 (6-5) 可以看出，光电探测器输出了二倍于驱动信号频率的信号。基于上述原理，1992 年英国威尔士大学的 O'Reilly 教授使用 18GHz 信号产生了 36GHz 信号，该系统为最早的微波光子倍频系统 [1]。

当控制直流偏置电压使得 $\varphi=0$，即 $V_{\text{bias}}=0$，此时电光调制器偏置于最大传输点，奇次边带被抑制，只保留了偶次边带。则式 (6-4) 可以改写为

$$\begin{aligned}E(t)\propto\, & 2E_{\mathrm{o}}\exp\left(\mathrm{i}\omega_{\mathrm{o}}t+\mathrm{i}\frac{\varphi}{2}\right)\\ & \cdot\cos\left(\frac{\varphi}{2}\right)\left[\mathrm{J}_0(\beta)+2\sum_{m=1}^{\infty}(-1)^m\,\mathrm{J}_{2m}(\beta)\cos\left(2m\left(\omega_{\mathrm{RF}}t+\phi\right)\right)\right]\end{aligned} \tag{6-6}$$

若使用一个光陷波滤波器滤除光载波 $\mathrm{J}_0(\beta)$，则只剩下 ±2 阶边带及高阶偶次边带。同样假设电光调制器的调制系数较小，几乎可以忽略高阶偶次边带的功率，那么此时只有 ±2 阶边带进入光电探测器，从而实现四倍频。基于此原理，O'Reilly 教授于 1994 年实现了 60 GHz 信号的产生 [2]。

值得一提的是，除了使用滤波器滤除光载波以外，还可以通过控制电光调制器的调制系数，使得 $\mathrm{J}_0(\beta)=0$，则光载波也可以被抑制，但其带来的问题是高阶边带功率较大，从而影响谐波抑制比。

为了实现更高次倍频信号的产生，通常需要使用复杂电光调制器、级联电光调制器等方式来对消不需要的光边带，得到所需的高阶边带。一个典型的复杂电光调制器是双平行马赫–曾德尔调制器。

双平行马赫–曾德尔调制器相当于三个子马赫–曾德尔调制器的组合，即 MZ-a、MZ-b 和 MZ-c。MZ-a 和 MZ-b 用于将射频信号调制到光载波上，而 MZ-c 用于在 MZ-a 和 MZ-b 之间引入相位差，如图 6-2 所示。此前，人们利用双平行马赫–曾德尔调制器实现了包括四倍频 [3] 和八倍频 [4] 在内的多种倍频系统。以八倍频为例介绍系统的工作原理。该系统使用一对正交的射频信号驱动电光调制器，并控制直流偏置电压将 MZ-a、MZ-b 和 MZ-c 偏置于最大传输点，此时 MZ-a 和 MZ-b 输出端仅保留偶次边带。由于两电光调制器的驱动信号存在 90° 相位差，两路输出信号的 $4n+2$ 阶边带相位相反 (n 为整数)，$4n$ 阶边带相位相同，则经 MZ-c 后合并 (MZ-c 引入相位差为 0)，$4n+2$ 阶边带被抑制，仅有 $4n$ 阶边带被保留下

来。其表达式为

$$E_{\text{out}}(t) \propto E_{\text{o}} \left\langle \cos(\omega_{\text{o}} t) \mathrm{J}_0(\beta) + \sum_{n=1}^{\infty} (-1)^n \mathrm{J}_{4n}(\beta) \left\{ \cos\left[\omega_{\text{o}} t + 4n(\omega_{\text{RF}} t + \phi)\right] + \cos\left[\omega_{\text{o}} t + 4n(\omega_{\text{RF}} t + \phi)\right] \right\} \right\rangle \tag{6-7}$$

用光陷波滤波器滤除光载波，则信号中只剩余 $4n$ 阶边带。通常情况下，调制系数 $0 \leqslant \beta \leqslant 2\pi$，此时高于 4 阶的光边带功率均可以被忽略，因而只有 ± 4 阶边带进入光电探测器，拍频后便得到一个八倍于驱动信号频率的微波信号。基于此原理，实验中使用频率为 $4.6 \sim 5.3\text{GHz}$ 的信号驱动双平行马赫–曾德尔调制器，产生了 $36.8 \sim 42.4\text{GHz}$ 的微波信号。

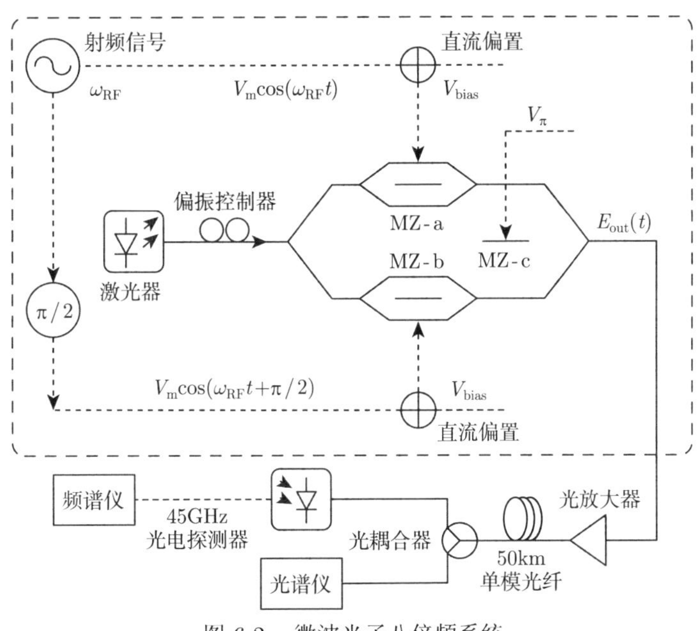

图 6-2 微波光子八倍频系统

除了八倍频以外，还可以用类似装置实现十二倍频 [5]、十六倍频 [6]、二十四倍频 [7] 等，在此不再详细介绍。

6.1.2 谐波抑制比

由于电光调制器不理想的分光比，难以实现理想的光边带抑制，进而产生谐波射频信号。本小节将分析电光调制器不理想分光比对谐波抑制比的影响。

以基于双平行马赫–曾德尔调制器的八倍频系统 (图 6-2) 为例。假设双平行马赫–曾德尔调制器的 Y 型分束器的分光比为 $\alpha:(1-\alpha)$，而输入电光调制器的驱动信号存在 $\pi/2$ 的相位差，于是在电光调制器的输出端可以得到

$$E_{\text{out}}(t)=E_{\text{o}}\exp\left(\omega_{\text{o}}t\right)\left\{ak\mathrm{J}_0\left(\beta\right)+2a\sum_{n=1}^{\infty}\mathrm{J}_{4n}\left(\beta\right)\cos\left(4n\omega_{\text{RF}}t\right)\right.$$
$$\left.+2b\sum_{n=1}^{\infty}\mathrm{J}_{4n-2}\left(\beta\right)\cos\left[\left(4n-2\right)\omega_{\text{RF}}t\right]\right\}\tag{6-8}$$

式中，$k=10^{-\rho/20}$，ρ 为陷波滤波器对载波引入的损耗；$a=\sqrt{\alpha}+\sqrt{1-\alpha}$；$b=\sqrt{1-\alpha}-\sqrt{\alpha}$。由于通常情况下调制指数 β 小于 2π，于是大于八阶的谐波边带功率非常小，可以忽略。在光电探测器中，不同的边带将会拍频产生一系列频谱分量：

$$\begin{aligned}V_{\text{out}}(t)\propto&E_{\text{o}}^2\{[2abk\mathrm{J}_0(\beta)\mathrm{J}_2(\beta)+2ab\mathrm{J}_2(\beta)\mathrm{J}_4(\beta)\\&+2ab\mathrm{J}_4(\beta)\mathrm{J}_6(\beta)+2ab\mathrm{J}_6(\beta)\mathrm{J}_8(\beta)]\cos\left(2\omega_{\text{RF}}t\right)\\&+\left[2a^2k\mathrm{J}_0(\beta)\mathrm{J}_4(\beta)+2b^2\mathrm{J}_2(\beta)\mathrm{J}_6(\beta)\right.\\&\left.+2a^2\mathrm{J}_4(\beta)\mathrm{J}_8(\beta)\right]\cos\left(4\omega_{\text{RF}}t\right)\\&+[2abk\mathrm{J}_0(\beta)\mathrm{J}_6(\beta)+2ab\mathrm{J}_2(\beta)\mathrm{J}_8(\beta)\\&+2ab\mathrm{J}_2(\beta)\mathrm{J}_4(\beta)]\cos\left(6\omega_{\text{RF}}t\right)\\&+\left[2a^2k\mathrm{J}_0(\beta)\mathrm{J}_8(\beta)+2b^2\mathrm{J}_2(\beta)\mathrm{J}_6(\beta)\right.\\&\left.+a^2\mathrm{J}_4(\beta)\mathrm{J}_4(\beta)\right]\cos\left(8\omega_{\text{RF}}t\right)\\&+[2ab\mathrm{J}_2(\beta)\mathrm{J}_8(\beta)+2ab\mathrm{J}_4(\beta)\mathrm{J}_6(\beta)]\cos\left(10\omega_{\text{RF}}t\right)\\&+\left[2a^2\mathrm{J}_4(\beta)\mathrm{J}_8(\beta)+b^2\mathrm{J}_6(\beta)\mathrm{J}_6(\beta)\right]\cos\left(12\omega_{\text{RF}}t\right)\\&+2ab\mathrm{J}_6(\beta)\mathrm{J}_8(\beta)\cos\left(14\omega_{\text{RF}}t\right)\\&+a^2\mathrm{J}_8(\beta)\mathrm{J}_8(\beta)\cos\left(16\omega_{\text{RF}}t\right)\}\\=&E_{\text{o}}^2\left[I_2\cos\left(2\omega_{\text{RF}}t\right)+I_4\cos\left(4\omega_{\text{RF}}t\right)+I_6\cos\left(6\omega_{\text{RF}}t\right)\right.\\&+I_8\cos\left(8\omega_{\text{RF}}t\right)+I_{10}\cos\left(10\omega_{\text{RF}}t\right)+I_{12}\cos\left(12\omega_{\text{RF}}t\right)\\&\left.+I_{14}\cos\left(14\omega_{\text{RF}}t\right)+I_{16}\cos\left(16\omega_{\text{RF}}t\right)\right]\end{aligned}\tag{6-9}$$

设陷波滤波器引入的光载波衰减为 $\rho=40\text{dB}$，电光调制器的分光比为 0.55∶0.45，代入计算可得谐波抑制比 I_8/I_2、I_8/I_4、I_8/I_6、I_8/I_{10}、I_8/I_{12}、I_8/I_{14} 和 I_8/I_{16}，此时谐波抑制比与调制指数 β 的关系如图 6-3 所示。为了评估所产生信号的谐波抑制效果，定义总谐波抑制比 SR 为

$$\text{SR}=\min\{I_8/I_2, I_8/I_4, I_8/I_6, I_8/I_{10}, I_8/I_{12}, I_8/I_{14}, I_8/I_{16}\} \tag{6-10}$$

从图 6-3 可以看出，当 $\beta\approx 4.007$ 时，SR 有最大值，为 70.87dB。若设定谐波抑制比为 40dB，则 β 在 2.5~5.2 都可满足。

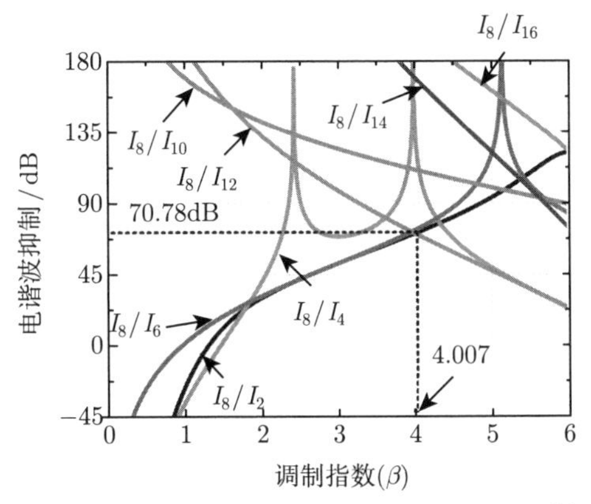

图 6-3 微波光子八倍频系统各阶边带的抑制情况

除了上述因素会影响谐波抑制比外，两个子调制器输入信号的相位差误差、功率误差等都会不同程度地影响输出信号的谐波抑制比，因此要得到良好的谐波抑制比，需要精确控制多个参数。

6.1.3 相位噪声恶化量

微波光子倍频对信号相位噪声的影响与电学倍频完全一致。从式 (6-5) 可以看出，经过倍频后信号的初始相位被放大，因而相位噪声也随之放大。经过微波光子倍频后信号相位噪声的恶化量为

$$\text{PN}_{\alpha-N}=20\lg(N) \tag{6-11}$$

式中，N 为倍频系数。则经过倍频后信号的相位噪声为

$$\text{PN}_N=\text{PN}_\text{F}+\text{PN}_{\alpha-N} \tag{6-12}$$

式中，PN_F 为基频信号的相位噪声；PN_N 为 N 倍频信号的相位噪声。需要指出的是，实际倍频中各类器件还会引入额外的相位噪声。

图 6-4 为微波光子八倍频系统产生的 40GHz 信号与 5GHz 基频信号的相位噪声对比曲线，可以看出，倍频前 (基频) 的相位噪声为 −115.17dBc/Hz@10kHz，经过八倍频后信号的相位噪声变成了 −97dBc/Hz，恶化了 18.17dB，与理论值 18dB 吻合得较好。

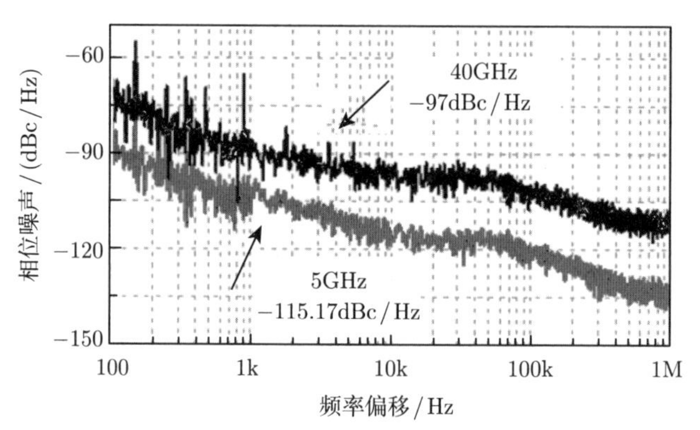

图 6-4 微波光子八倍频信号与原始信号的相位噪声曲线

6.2 基于强度调制的倍频光电振荡器

将 6.1 节中的倍频方法直接引入光电振荡器并不能形成倍频光电振荡器，这是因为基频信号被消除了，使得光电振荡器的稳态振荡难以形成。因此，腔内倍频的难点是如何从高频谱纯度的倍频信号中分频得到基频信号，维持光电振荡器的振荡。根据目前的报道来看，主要有三种方法：腔内级联分频、利用电光调制器的波长相关性和构造复杂电光调制器。

6.2.1 基于腔内分频的强度调制倍频光电振荡器

基于腔内分频的强度调制倍频光电振荡器的方法主要有两种：一种是电分频法，另一种是光分频法。

图 6-5(a) 为基于电分频的强度调制倍频光电振荡器结构示意图。其具体原理如下：光源输出光载波进入强度调制器，控制调制器的偏置电压使其偏置于最小传输点 (保留 ±1 阶边带) 或者最大传输点 (保留光载波及 ±2 阶边带)，调制器输出信号经过光电探测器转换成电信号后分成两路。由于偏置电压的作用，光电探测器输出端仅存在偶次倍频信号。当电光调制器的调制系数较小时，仅有二倍频信号的功率较大；而当调制系数较大时，还可以得到较高的四倍频信号。将该电信号分成两路，一路经过电分频器得到基频信号，控制其功率、相位后反馈回强度调制器的射频输入口，维持光电振荡器的振荡；另一路作为射频输出，从而获得倍频信号。

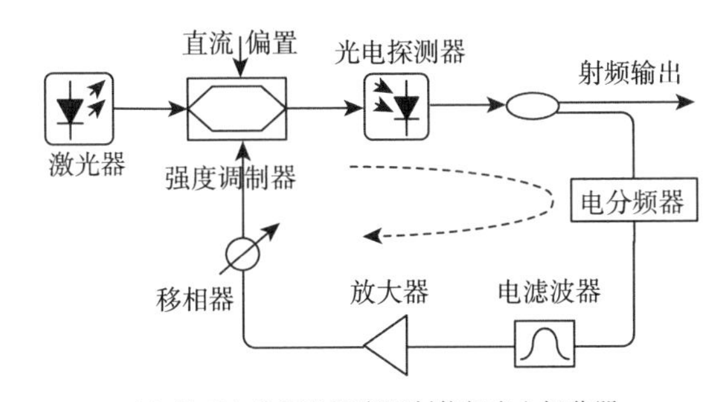

(a) 基于电分频的强度调制倍频光电振荡器

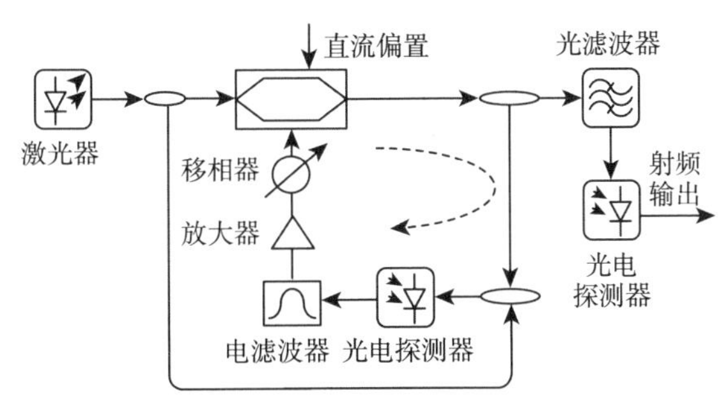

(b) 基于光分频的强度调制倍频光电振荡器

图 6-5 强度调制倍频光电振荡器

上述方法与传统基频光电振荡器的差别在于电光调制器工作状态不同，同时需额外引入一个电分频器。系统的复杂度提升并不大，但是电分频器的使用严重限制了系统的带宽，因此人们提出了基于光分频的强度调制倍频光电振荡器。

图 6-5(b) 为基于光分频的强度调制倍频光电振荡器结构示意图。其具体原理如下：光源输出的光载波分成两路，其中一路输入强度调制器，控制电光调制器的偏置电压使其偏置于最小传输点 (保留 ±1 阶边带)，调制器输出光信号分成两路，一路与另一路光载波经光耦合器合并后拍频得到基频信号，该基频信号经过电放大器、滤波器、移相器等后反馈回强度调制器的射频输入口以维持光电振荡器的基频振荡；另一路直接经过光电探测器拍频得到二倍频的信号。若结合光滤波，还有望实现四倍频和六倍频信号的产生。

文献 [8] 基于此方法，利用腔内强度调制器产生 ±1 阶和 ±3 阶边带，分成两路：一路通过额外引入的光载波实现了光分频，得到了维持光电振荡器稳定振荡的基频信号；另一路在腔外结合光滤波器，实现六倍频信号的产生。最终该光电振荡器振荡产生了 4.03GHz 的基频信号和 24.18GHz 的六倍频信号。

上述方法中用以维持光电振荡器稳定振荡的基频信号是通过额外引入光载波实现的。由于该光载波和光边带经历了不同的路径，会引入额外的抖动和噪声，从而会影响光电振荡器输出信号的频率稳定性和相位噪声。

6.2.2　基于波长相关马赫–曾德尔调制器的倍频光电振荡器

马赫–曾德尔调制器的半波电压是随工作波长变化的。如果其波长范围足够大，有可能找到两个波长，当其中一个偏置于线性点，另一个偏置于最低点或者最高点。图 6-6 为基于波长相关马赫–曾德尔调制器的倍频光电振荡器的原理结构示意图 [9]。

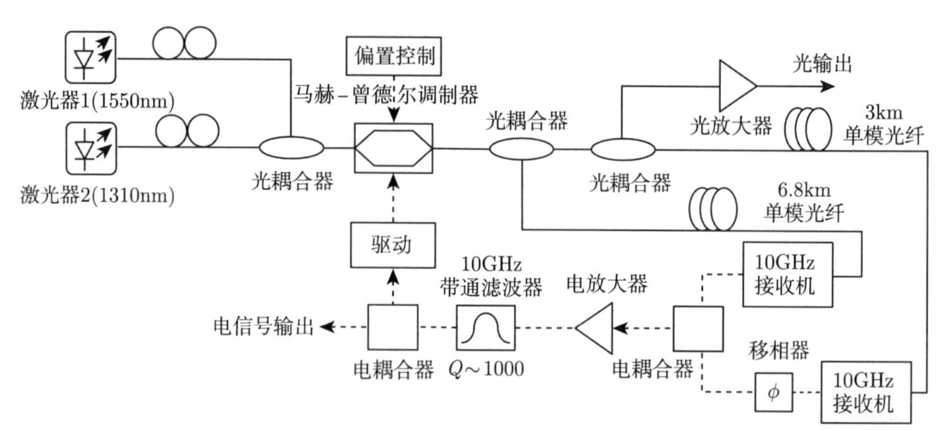

图 6-6　基于 1310nm 和 1550nm 光波长不同响应特性的倍频光电振荡器原理结构示意图

当 1310nm 光波长输入马赫–曾德尔调制器，控制调制器的直流偏置，使其偏置于线性传输点，在此状态下输入 1550nm 的光波长，其输出光信号相当于马赫–曾德尔调制器恰好偏置于最小传输点。那么 1310nm 光波长可通过光电振荡环路反馈回马赫–曾德尔调制器的射频输入端实现基频振荡，而 1550nm 光波长则在光电探测器中拍频输出倍频信号。图 6-7 为波长相关马赫–曾德尔调制器输入不同光波长时输出端光谱示意图。其中图 6-7(a) 为光波长为 1310nm 时的光谱，图 6-7(b) 为光波长为 1550nm 时的光谱。可以看出，1310nm 波长包含光载波和各边带分量，该信号经过光电转换后送回马赫–曾德尔调制器构成光电振荡环路。而 1550nm 波长仅包含 ±1 阶边带，该信号通过光电探测器后实现倍频信

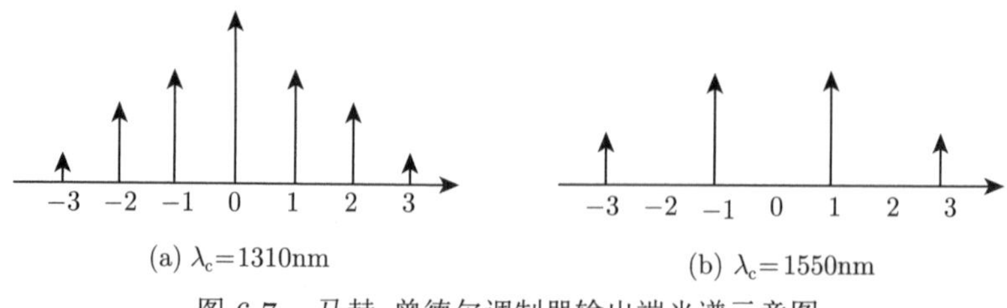

图 6-7　马赫–曾德尔调制器输出端光谱示意图

号的产生。基于这一特性实现了基频和倍频信号的产生，所产生的 10GHz 基频振荡信号和 20GHz 倍频信号在 10kHz 频偏处的相位噪声分别为 −105dBc/Hz 和 −103dBc/Hz。

6.2.3 基于三臂马赫–曾德尔调制器的倍频光电振荡器

如果可以设计出具有两个输出的电光调制器，其中一个输出为基频信号，另一个输出为倍频信号，那么也可以构建出倍频光电振荡器。一个典型的复杂电光调制器如图 6-8 所示，该调制器具有三个臂 [10]。光载波进入调制器后分成两路，一路输入一个马赫–曾德尔调制器 (马赫–曾德尔调制器 1)，通过控制其偏置电压将马赫–曾德尔调制器 1 偏置于最大传输点，所产生的 ±1 阶边带分成两路，其中一路与另一路光载波合并后进入振荡腔，在光电探测器处拍频得到基频分量后反馈回马赫–曾德尔调制器的射频输入口实现振荡，另一路直接送入光电探测器，拍频得到二倍频的频率输出，从而实现二倍频的光电振荡器。上述结构本质上等价于基于光分频的倍频光电振荡器。实验中获得了振荡频率为 9.5GHz 的基频信号，相位噪声为 −102.1dBc/Hz@10kHz，也获得 19GHz 的倍频信号，相位噪声为 −96dBc/Hz@10kHz。

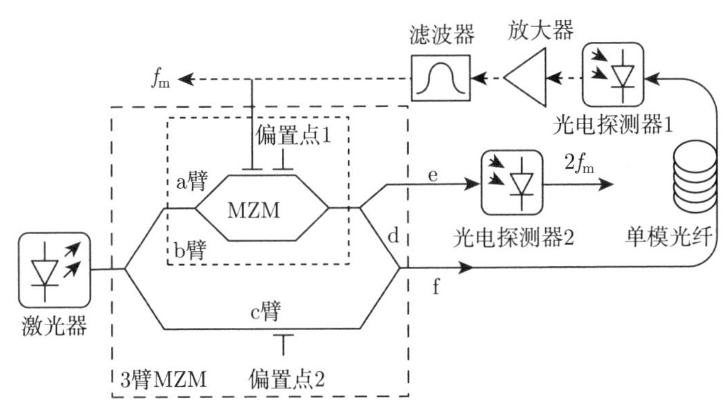

图 6-8 基于三臂马赫–曾德尔调制器的倍频光电振荡器结构示意图

MZM 表示马赫–曾德尔调制器

6.2.4 基于级联马赫–曾德尔调制器的倍频光电振荡器

除了复杂电光调制器外，还可以通过级联调制方式实现腔外的倍频。图 6-9 为基于级联马赫–曾德尔调制器的倍频光电振荡器的结构示意图 [11]，其基本原理如下：光载波进入马赫–曾德尔调制器 1，被外部射频信号调制。将马赫–曾德尔调制器 1 偏置于最小传输点，此时得到的是 ±1 阶和 ±3 阶边带，该信号随后被送入马赫–曾德尔调制器 2。同样地，将马赫–曾德尔调制器 2 偏置于最小传输点，其输出端连接一根光纤布拉格光栅，该光纤布拉格光栅反射 ±1 阶边带、透射 ±3 阶边带，被反射的 ±1 阶边带经过光电探测器转换成二倍于射频驱动信号频率的信号，并反馈回马赫–曾德尔调制器 2 的射频输入口。由于马赫–曾德尔调制器 2 被偏置于最小传输点，在其输出端依然维持 ±1 阶和 ±3 阶边带输出，因此能够保证光电振荡器的稳定振荡，而透射的 ±3 阶边带则经过拍频实现了六倍频信号的产生。系统中各个位置的光谱/频谱示意图如图 6-9 所示。

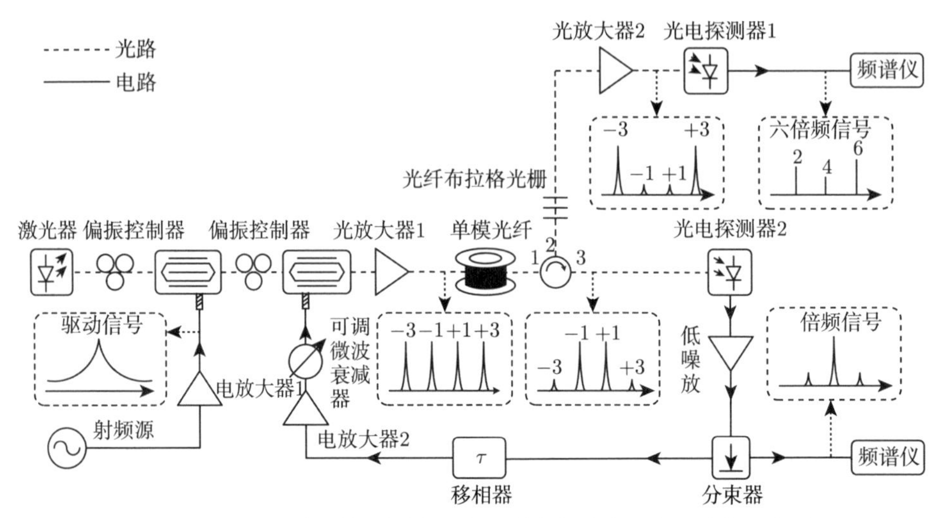

图 6-9　基于级联马赫–曾德尔调制器的倍频光电振荡器结构示意图

6.3　基于相位调制的倍频光电振荡器

光相位调制是对光信号的相位进行操控，经过光电探测器平方律检波后，无法输出射频信号，因此相位调制光链路中通常需要进行相位调制到强度调制的转换，才能得到射频信号的输出。利用这一特性，将电光相位调制引入光电振荡器，在腔内腔外选用不同的相位调制到强度调制转换方式，可同时实现腔内基频振荡和腔外倍频输出，从而构建出倍频光电振荡器。本节介绍一种利用受激布里渊散射实现相位调制到强度调制转换的相位调制倍频光电振荡器方法。

6.3.1　受激布里渊散射效应

受激布里渊散射效应可以描述为泵浦波、斯托克斯波通过声波进行的非线性作用。大功率的泵浦波引发传输介质的电致伸缩效应而产生声波，而声波又引起传输介质折射率的周期性变化 [12]，形成折射率光栅。该光栅通过布拉格衍射效应对泵浦光进行散射，产生一个斯托克斯光子和一个声子，该过程如图 6-10(a) 所示。由于散射效应导致的多普勒位移与以声速移动的光栅有关，因此斯托克斯光与泵浦光存在一个与光纤声速相关的频率差，该频率差称为布里渊频移。在光纤中布里渊频移一般为 10GHz 左右。受激布里渊散射产生了选择性放大效应且在布里渊频移处达到增益峰值。该效应的增益带宽与声波的阻尼时间或者声子的寿命有关，一般只有数十兆赫兹，其谱线轮廓为洛伦兹型。图 6-10(b) 示出了受激布里渊散射的增益谱，其中 v_B 为布里渊频移。此外，受激布里渊散射也会产生损耗谱，位于泵浦波频率相对于增益谱的另一侧。

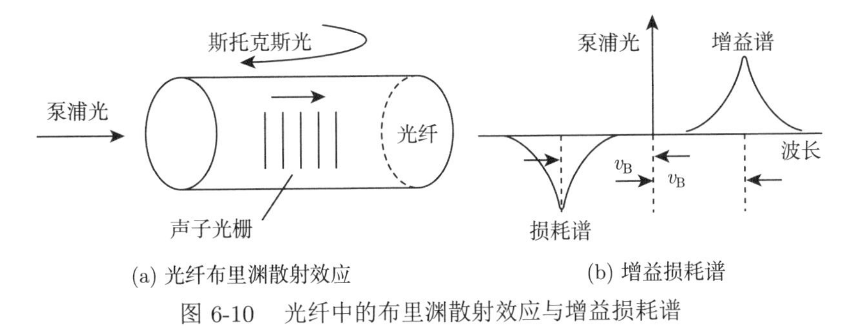

(a) 光纤布里渊散射效应 (b) 增益损耗谱

图 6-10 光纤中的布里渊散射效应与增益损耗谱

6.3.2 基于受激布里渊散射的相位调制倍频光电振荡器

图 6-11 为基于受激布里渊散射的相位调制倍频光电振荡器结构示意图 [13]。该光电振荡器利用布里渊散射的增益谱实现窄带选模，实现环内基频振荡，同时

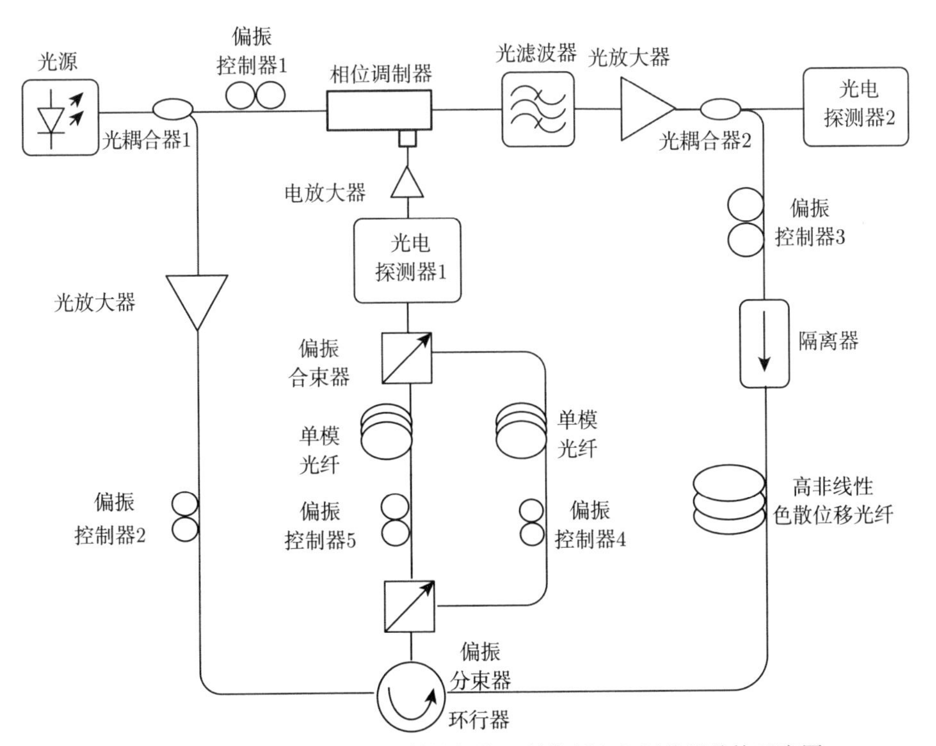

图 6-11 基于受激布里渊散射的相位调制倍频光电振荡器结构示意图

基于相位调制与光滤波器技术在其支路上直接产生倍频信号。为了产生受激布里渊散射效应，激光器输出的光波作为泵浦光通过环行器反向注入高非线性色散位移光纤，泵浦光功率达到一定的阈值时便会在相对泵浦光频率频偏 v_B 处 (v_B 是布里渊频移) 产生反向增益。注入相位调制器的光经过相位调制、滤波和放大正向注入高非线性色散位移光纤，受激布里渊散射的增益效应将相位调制转化为强度调制。再通过偏振复用双路结构，光电探测器将光信号转化为电信号，再由放大器放大反馈注入相位调制器。倍频信号则在光滤波器后的光电探测器中产生。

图 6-12(a) 是光带通滤波器输出端的光谱图。从图 6-12(a) 可以看到，光带通滤波器很好地滤除了相位调制信号中 2 阶及 2 阶以上边带，只留下光载波和两个 1 阶边带。图 6-12 (b) 为环行器输出端的光谱图，由于受激布里渊散射效应的选择性放大，该系统实现了单边带调制。将单边带调制信号注入光电探测器 1，便可以产生基频信号，用于反馈注入相位调制器，维持光电振荡器基频的稳定振荡。

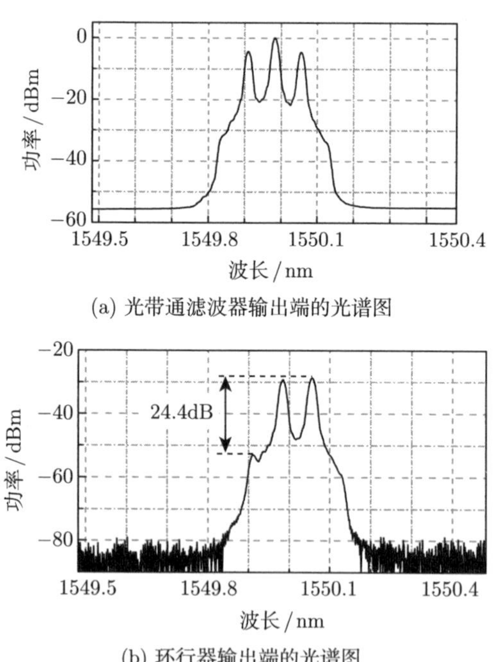

(a) 光带通滤波器输出端的光谱图

(b) 环行器输出端的光谱图

图 6-12　光谱图

图 6-13 为光电探测器 2 输出信号的频谱图。从图 6-13 可以看出，基频信号的频率为 9.2GHz，倍频信号的频率为 18.4GHz。倍频信号功率比其他谐波功率高 36.78dB。左上角小图为倍频信号的精细频谱，该图的频率范围为 1MHz，分辨率带宽为 9.1kHz。从图 6-13 中没有看到明显的边模。

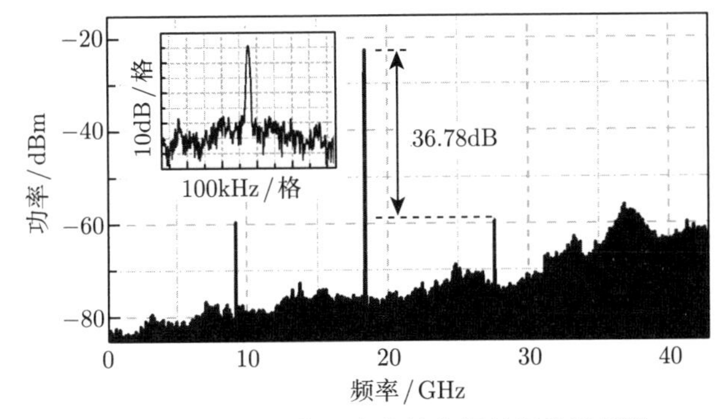

图 6-13 光电振荡器产生的倍频射频信号频谱

图 6-14 为 9.2GHz 的基频 (虚线) 和 18.4GHz 的倍频 (实线) 信号的相位噪声谱。在 10kHz 频偏处，9.2GHz 基频信号的相位噪声和 18.4GHz 倍频信号的相位噪声分别为 −88.82dBc/Hz 和 −82.17dBc/Hz。倍频的相位噪声相比基频恶化了 6.65dB，接近理论值 20lg 2=6dB。

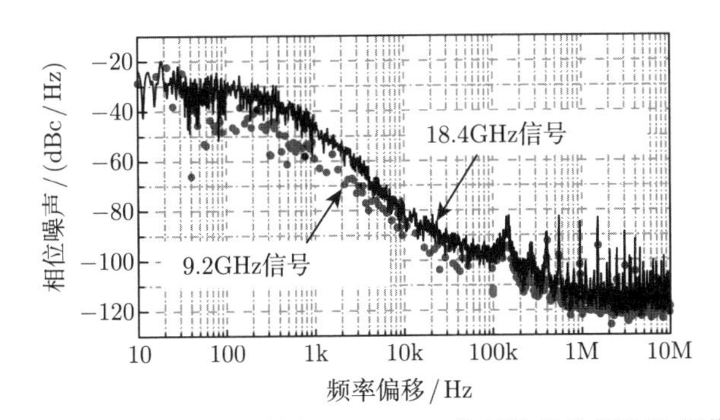

图 6-14 9.2GHz 基频和 18.4 GHz 倍频信号的相位噪声谱

6.3.3 频率调谐性研究

对如图 6-11 所示的系统稍加改进，可以实现可调谐的倍频光电振荡器，如图 6-15 所示 [14]。与图 6-11 相比，图 6-15 中的受激布里渊散射的泵浦信号路增加了一个电光调制器，该调制器由一个外部射频信号 f_{m} 驱动。将马赫–曾德尔调制器偏置于最小传输点，实现 ±1 阶光边带的产生。该信号经过环行器进入高非线性色散光纤后发生受激布里渊散射效应，受激布里渊散射效应会分别给相应的相位调制光边带带来增益与吸收，从而打破相位调制信号的相位平衡，实现强度调制。该信号经过光电探测器 2 探测后产生基频射频信号反馈回相位调制器的射频输入口，维持光电环路的稳定振荡。而光带通滤波器输出的另一路信号进入光电探测器 1。由于 ±1 阶边带与光载波拍频得到的基频信号幅度相等、相位相反，所以二者相互抵消，最后只保留二倍频信号。通过相位调制到强度调制的转换可以将受激布里渊散射的窄带特性应用到光电振荡器的环路滤波中。通过调节马赫–曾德尔调制器的驱动信号频率，可以调谐输出倍频信号的频率。当射频信号 f_{m} 的频率从 200MHz 调谐到 2GHz，输出的倍频信号的频率从 21.4GHz 调谐到 25GHz。

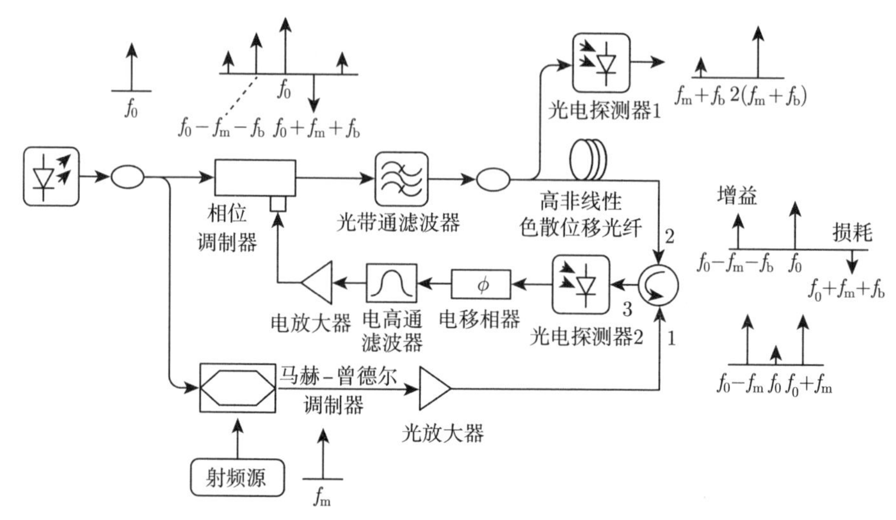

图 6-15　基于相位调制转强度调制的倍频光电振荡器结构示意图

6.4　基于偏振调制的倍频光电振荡器

偏振调制器是一类特殊的电光调制器，级联检偏器可实现强度调制、相位调制和强度相位混合调制，因此前述强度调制和相位调制光电振荡器均可通过偏振调制器实现，并且基于偏振调制的光电振荡器环路具有更高的灵活性。本节将首先介绍偏振调制器的基本原理，然后介绍基于其实现倍频光电振荡器的方法。

6.4.1　偏振调制基本原理

偏振调制相当于两个由偏振分束器和偏振合束器连接的并行的相位调制，对横电 (transverse electric,TE) 模和横磁 (transverse magnetic,TM) 模具有相反的相位调制 [15]。它可以由半导体光放大器中的交叉相位调制、高非线性介质中的非线性偏振旋转、没有前置检偏的相位调制器和基于砷化镓 (GaAs) 的偏振调制器实现。偏振调制的原理示意图如图 6-16 所示。进入偏振调制器的光信号由偏振分束器分成 TE 模和 TM 模两路，分别经历相位相反的调制，其中一路经过相移之后与另一路信号经偏振合束器合并，输出一束在两垂直偏振态上均为相位调制的光信号，两偏振态之间的相位差可通过调节偏振调制器前的偏振控制器引入，也可通过加载直流偏置来控制。

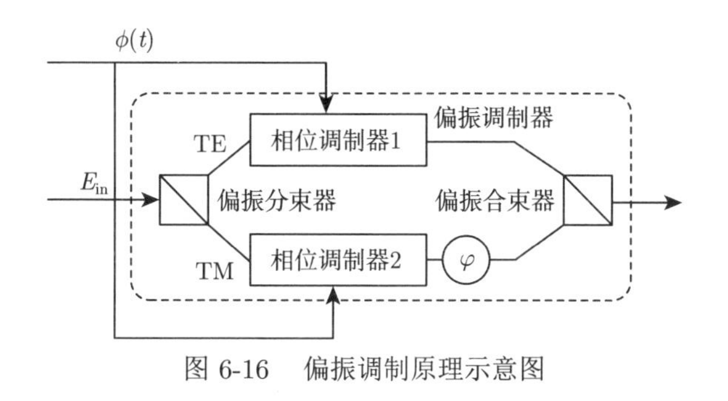

图 6-16 偏振调制原理示意图

将该偏振调制器输出端与检偏器级联，当控制检偏器检偏角度使其对准 TE 模和 TM 模其中一个模式时，其输出端信号为相位调制信号，此时调制器等效为相位调制器；当控制检偏器检偏角度为 45°，其输出端信号为强度调制信号，此时偏振调制器加上检偏器等效为马赫–曾德尔调制器，通过控制直流偏置或者偏振控制器引入的相位差，可以实现等效马赫–曾德尔调制器偏置点的控制；当控制检偏器为其他角度时，其输出端信号既包含相位调制信号，又包含强度调制信号，即偏振调制器加上检偏器等效为强度调制和相位调制的综合。

从上述分析可以得出此结论：偏振调制器级联检偏器可以实现强度调制、相位调制以及强度调制和相位调制的综合。也就是说，任何基于强度调制或者相位调制实现的微波光子信号处理系统，都可以使用偏振调制器级联检偏器实现。此外，偏振调制器相比传统的强度调制器和相位调制器具有更强的频谱操纵能力，可用于实现其他调制方式难以实现的功能。因此偏振调制器具有更好的灵活性，功能更加强大。

6.4.2 基于单偏振调制的倍频光电振荡器

由于偏振调制器级联检偏器可以用作强度调制器，因此基于偏振调制也可以实现倍频。将其与光电振荡器结合，即可实现倍频光电振荡器。基于偏振调制的倍频光电振荡器主要分成两个部分，一部分维持光电振荡器的振荡，另一部分用于产生倍频信号。基本原理为：偏振调制器输出端分成两路，其中一路级联检偏器实现偏置于线性传输点的强度调制，经过光电探测后产生基频信号，送回偏振调制器射频输入端以维持光电振荡器的振荡；另一路级联另一个检偏器实现偏置于不同偏置点的马赫–曾德尔调制，再结合边带选择实现不同倍频信号的输出。

图 6-17 为一种基于偏振调制的典型倍频光电振荡器系统 [17]。该系统包含光源、偏振调制器、三个偏振控制器、两个偏振分束器、光耦合器、两个光电探测器、光滤波器、光放大器、电滤波器、电放大器和单模光纤等。光源产生的连续光经过偏振控制器 1 输入偏振调制器，被环路振荡信号调制。偏振调制器的输出信号分成两路，一路连接由偏振控制器 2 和偏振分束器 1 组成的检偏器，此时偏

振调制器、偏振控制器 2 和偏振分束器 1 等效为偏置于线性传输点的马赫–曾德尔调制器，用于产生基频信号。该基频信号经过电滤波、电放大后送回偏振调制器的射频输入口构成基频光电振荡环路。而另一路与由偏振控制器 3 和偏振分束器 2 构成的检偏器相连，通过调节偏振控制器 3 控制检偏角度，可以输出具有不同边带的光信号，再结合光滤波，可以实现不同倍频系数的微波信号输出。

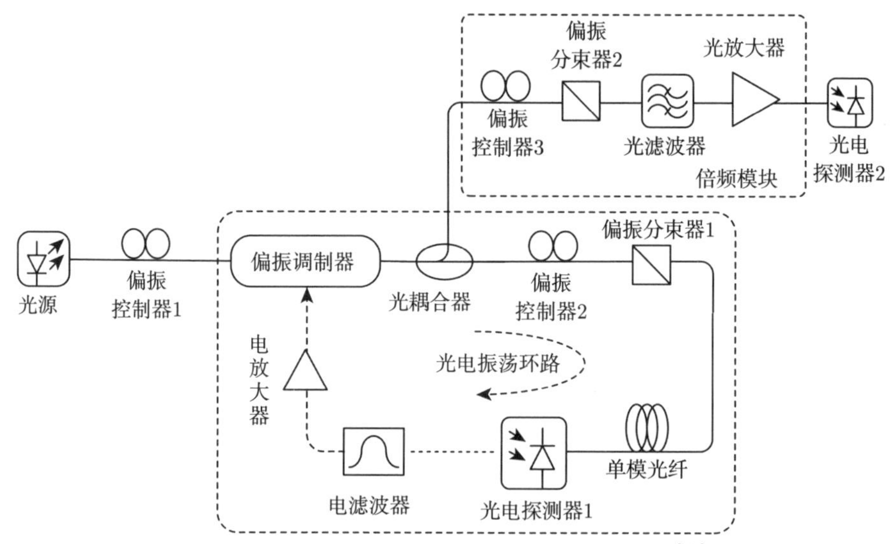

图 6-17　基于偏振调制的倍频光电振荡器系统 [17]

控制偏振控制器 3 使等效的强度调制器偏置于最小传输点时，倍频模块输出信号仅包含奇次阶边带。当调制系数较小时，光信号中主要为 ±1 阶边带，拍频后即可得二倍频信号，如图 6-18(a) 所示。当调制系数较大时，使用光滤波器滤除 ±1 阶边带，则倍频模块输出信号主要为 ±3 阶边带，拍频后即可得到六倍频信号，如图 6-18(b) 所示。图中黑色虚线代表被滤波器滤除的信号，点划线信号代表光滤波器的滤波形状图。

控制偏振控制器 3 使等效的强度调制器偏置于最大传输点时，输出端信号仅包含载波和偶次阶边带。当调制系数较小时，使用光滤波器滤除光载波，则输出端主要为 ±2 阶边带，拍频后即得到四倍频信号，如图 6-18(c) 所示。

可以发现，与传统强度调制倍频系统相比，基于偏振调制的倍频系统更加灵活，可以通过一个调制器分成多路，每一路级联一个检偏器，实现多路不同倍频系数的微波信号输出，从而同时实现不同倍频系数的光电振荡器。以四倍频光电振荡器 [16] 为例说明该类型光电振荡器的实验结果。图 6-19 为倍频模块输出端的光谱图。从图 6-19 可以看到，载波和两个一阶边带被抑制，二阶边带比一阶边带和载波分别高 22dB 和 29dB。两个二阶边带间的波长间隔为 0.316nm

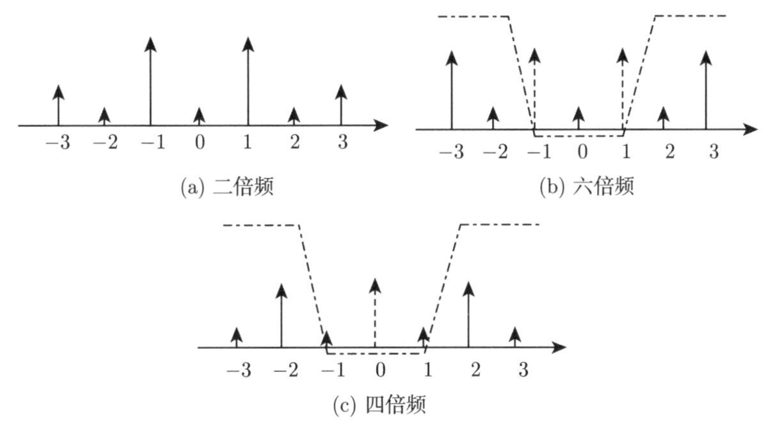

图 6-18 不同倍频系数时，倍频模块光电探测器输入端光谱示意图

(39.75GHz)，正好等于光电振荡器基频振荡信号频率的 4 倍。图 6-20 为所产生微波信号的频谱。其中，四倍频的分量比其他谐波分量高 24.7dB。图 6-20 中的插图展示了 39.75GHz 分量的精细结构，说明该信号比较纯净，没有任何边模。

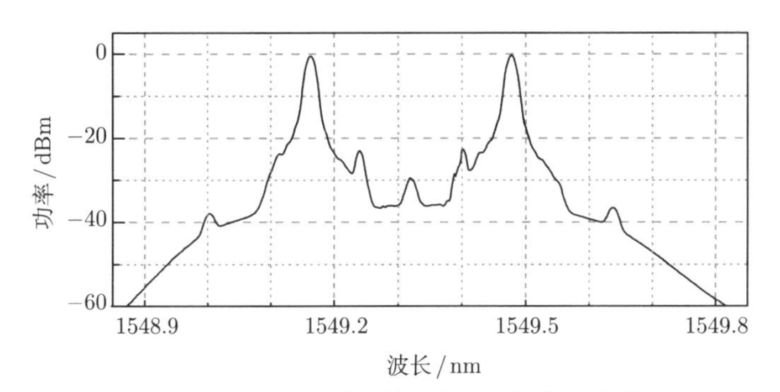

图 6-19 光电振荡器输出的四倍频信号光谱

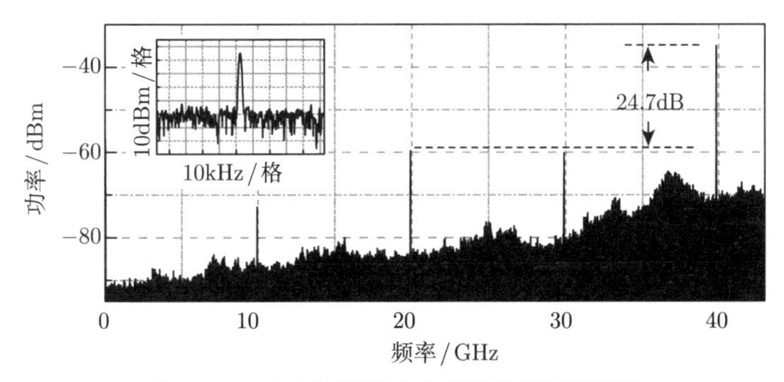

图 6-20 光电振荡器输出的四倍频信号频谱

图 6-21 为该光电振荡器所产生基频信号和四倍频信号的相位噪声性能。可以看出，在 10kHz 频偏处，9.9375GHz 和 39.75GHz 信号的相位噪声分别为 −108.05dBc/Hz 和 −85.05dBc/Hz。从理论上来说，四倍频信号的相位噪声相对基频会有 $10\lg(4^2) = 12\text{dB}$ 的恶化。然而，在该实验中该恶化量为 16dB，大于理论值 12dB，其原因在于系统中引入了两个掺铒光纤放大器，掺铒光纤放大器中的放大自发辐射噪声在光电振荡器中拍频转化成为电噪声，从而造成了四倍频信号性能的进一步恶化。

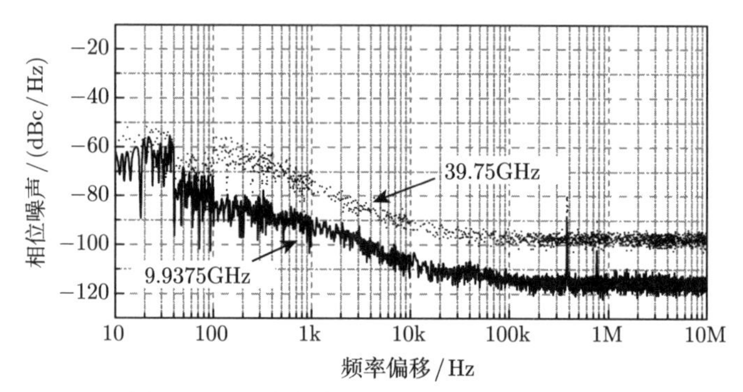

图 6-21　四倍频信号和基频信号的相位噪声

四倍频系统还可在四倍频输出端进行其他的操作，例如进行多通道信号变频 [18]、移相 [19] 等操作，如图 6-22 和图 6-23 所示。其中图 6-22 中输出信号实现了信号的上变频以及信号的相位控制 [18]，图 6-23 实现了多通道的倍频与上

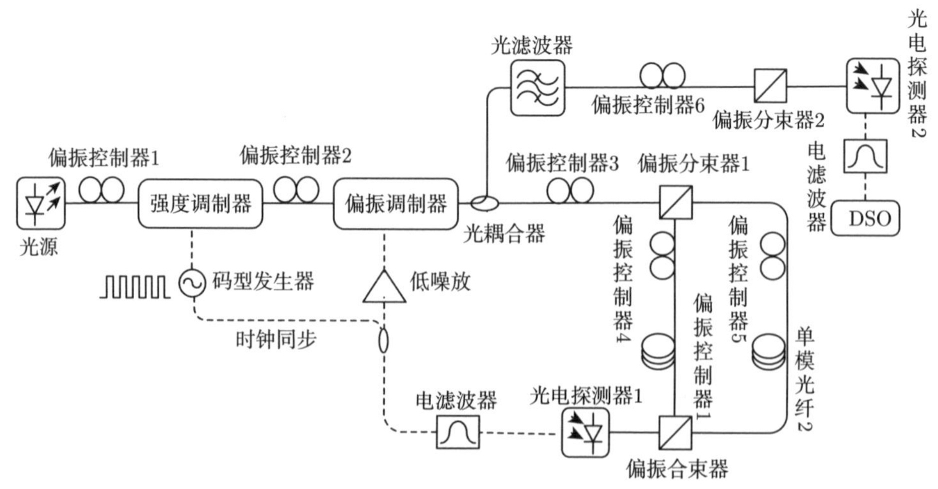

图 6-22　基于可调谐光电振荡器实现宽带信号的上变频与移相的原理图 [18]

变频操作 [19]。这些都是传统光电振荡器难以实现的信号处理功能，因而更加体现了偏振调制的灵活性。

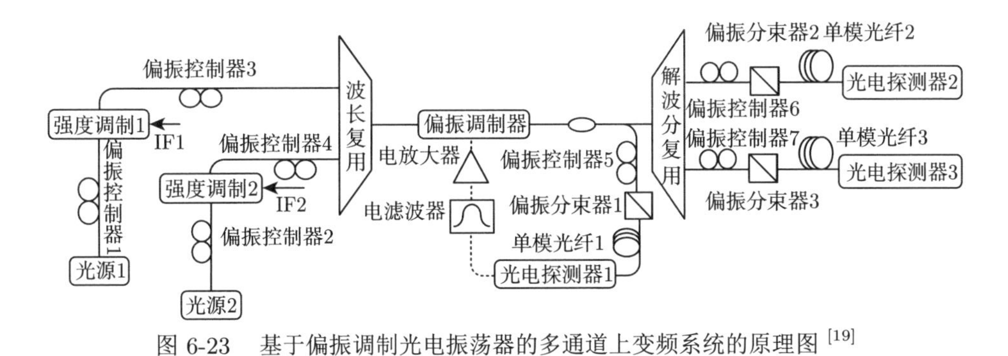

图 6-23 基于偏振调制光电振荡器的多通道上变频系统的原理图 [19]

6.4.3 基于级联偏振调制的倍频光电振荡器

基于单个偏振调制器虽然可以实现二倍频、四倍频、六倍频的光电振荡器，但是其使用的光滤波器会限制系统的调谐性能和频率范围，同时由于单个电光调制器有限的电光非线性，难以实现高信噪比、高倍频系数信号的产生。为解决上述问题，可以通过级联调制的方式进行倍频系数的拓展。图 6-24 为加拿大渥太华大学提出的基于级联偏振调制的倍频光电振荡器 [20]。偏振调制器 1 的输出同样分成两路，其中一路级联偏振控制器 2 和检偏器 1 实现偏置于线性传输点的强度调制，形成基频光电振荡环路。另一路与偏振控制器 3 和检偏器 2 连接，形成第一级强度调制。随后信号进入偏振调制器 2、偏振控制器 5 和检偏器 3，形成第二级强度调制。偏振调制器 2 被移相后的基频信号驱动。通过控制偏振控制器 3、偏振控制器 5 和电移相器，可以实现四倍频、六倍频、八倍频的信号输出。具体原

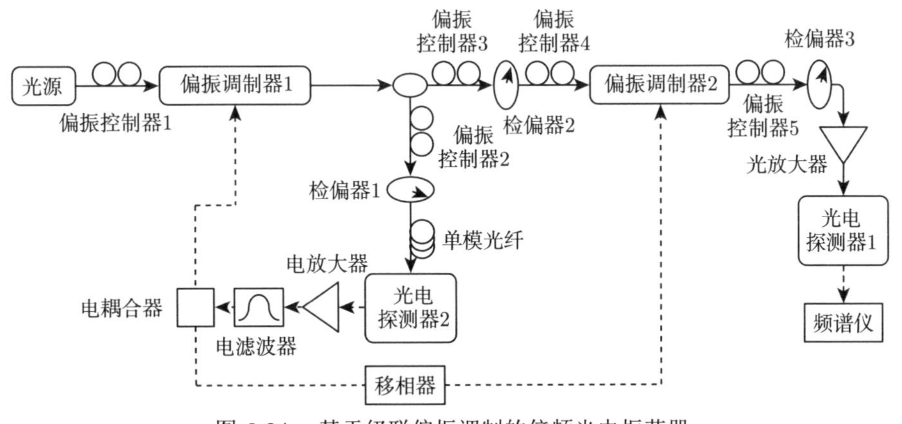

图 6-24 基于级联偏振调制的倍频光电振荡器

理如下 [20]。

为了实现四倍频，偏振调制器 1、偏振控制器 3 和检偏器 2 构成的强度调制器其偏置点设置在最小传输点，控制驱动信号功率使得高于一阶的边带变得非常微弱，从而只需考虑 ±1 阶边带，如图 6-25(a) 所示。上述 ±1 阶边带经过偏振控制器后输入偏振调制器 2，被 $\cos(\omega_{\mathrm{OEO}}t+\varphi_2)$ 调制，其中 ω_{OEO} 为光电振荡器的振荡角频率，φ_2 为经过电移相器后的信号相位。同样控制偏振调制器 2 后的偏振控制器 5，使得偏振调制器 2、偏振控制器 5 和检偏器 3 等效偏置于最小传输点的强度调制器，则检偏器 3 输出端信号可以表示为

$$\begin{aligned}E_{\mathrm{pol}} \propto & \mathrm{i}\exp(\mathrm{i}\omega_{\mathrm{o}}t)\,\mathrm{J}_1(\gamma)\{\exp(\mathrm{i}\omega_{\mathrm{OEO}}t)\sin[\beta\sin(\omega_{\mathrm{OEO}}t)] \\ & +\exp(-\mathrm{i}\omega_{\mathrm{OEO}}t)\sin[\beta\sin(\omega_{\mathrm{OEO}}t)]\} \\ = & \exp(\mathrm{i}\omega_{\mathrm{o}}t)\,\mathrm{J}_1(\gamma)\,\mathrm{J}_1(\beta)[\mathrm{i}\exp(\mathrm{i}2\omega_{\mathrm{OEO}}t)-\mathrm{i}\exp(-\mathrm{i}2\omega_{\mathrm{OEO}}t)]\end{aligned} \tag{6-13}$$

式中，γ 为偏振调制器 1 的调制系数；β 为偏振调制器 2 的调制系数。从式 (6-13) 可以看出，此时输出信号中只有 ±2 阶光边带，如图 6-25(b) 所示。通过光电探测器将式 (6-13) 转换成电信号，则可以实现四倍频信号的产生。

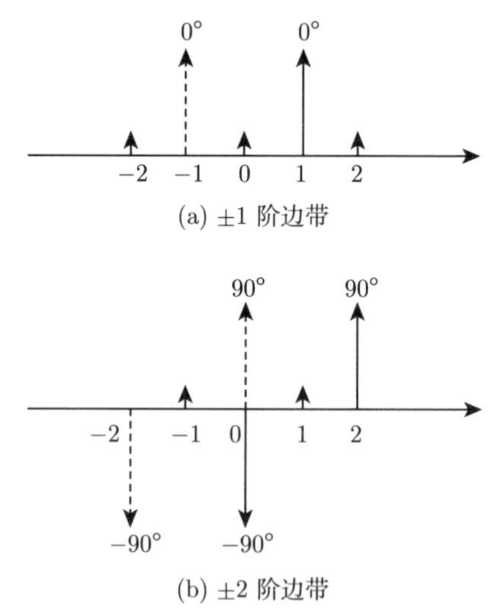

图 6-25　微波四倍频系统原理图

调节偏振控制器 3 和偏振控制器 4 使得等效的两个强度调制器的偏置点分别偏置于最大传输点和最小传输点，或者分别偏置于最小传输点和最大传输点，且输入两调制器的驱动信号存在 π/2 的相位差，此时，均可产生六倍频的微波信号。

以第一个等效的强度调制器偏置于最大传输点，第二个等效的强度调制器偏置于最小传输点为例进行理论分析。此时检偏器 2 输出端信号经过偏振控制器 4 后输入第二个等效强度调制器，该调制器被来自光电振荡器环路的基频信号驱动，且偏置于最小传输点，则此时输出信号可以表示为

$$\begin{aligned}E_{\text{pol}} \propto & \exp\left(\mathrm{i}\omega_{\text{o}}t\right)\left(-\mathrm{J}_0\left(\gamma\right)\sin\left[\beta\cos\left(\omega_{\text{OEO}}t\right)\right]\right.\\ & +\mathrm{J}_2\left(\gamma\right)\left\{\exp\left(\mathrm{i}2\omega_{\text{OEO}}t\right)\sin\left[\beta\cos\left(\omega_{\text{OEO}}t\right)\right]\right.\\ & \left.\left.+\exp\left(-\mathrm{i}2\omega_{\text{OEO}}t\right)\sin\left[\beta\cos\left(\omega_{\text{OEO}}t\right)\right]\right\}\right)\\ = & \exp\left(\mathrm{i}\omega_{\text{o}}t\right)\left\{\left[\mathrm{J}_2\left(\gamma\right)-\mathrm{J}_0\left(\gamma\right)\right]\mathrm{J}_1\left(\beta\right)\left[\exp\left(\mathrm{i}\omega_{\text{OEO}}t\right)+\exp\left(-\mathrm{i}\omega_{\text{OEO}}t\right)\right]\right.\\ & \left.+\mathrm{J}_2\left(\gamma\right)\mathrm{J}_1\left(\beta\right)\left[\exp\left(\mathrm{i}3\omega_{\text{OEO}}t\right)+\exp\left(-\mathrm{i}3\omega_{\text{OEO}}t\right)\right]\right\}\end{aligned} \tag{6-14}$$

从式 (6-14) 可以看出，当控制偏振调制器 1 驱动信号的功率，使得 $\mathrm{J}_0(\gamma)=\mathrm{J}_2(\gamma)$，则 ±1 阶边带可以被消除，仅保留 ±3 阶边带，经光电探测器拍频后可得到六倍频的信号。图 6-26 为检偏器 2 和检偏器 3 输出端光谱的示意图。

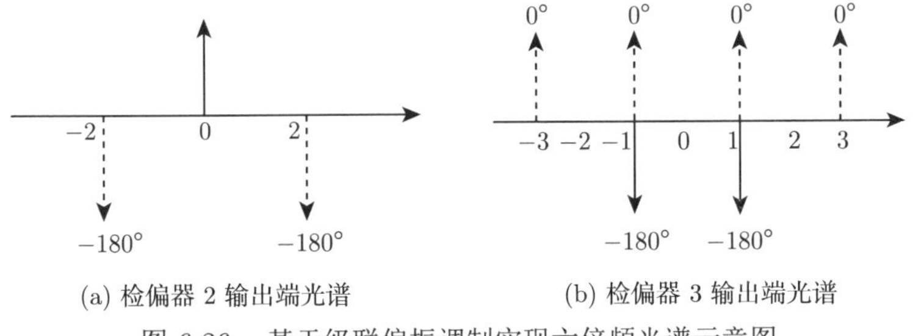

(a) 检偏器 2 输出端光谱　　(b) 检偏器 3 输出端光谱

图 6-26　基于级联偏振调制实现六倍频光谱示意图

如果调节偏振控制器 3 和偏振控制器 5，使得两个等效的强度调制器均偏置于最大传输点，同时控制电移相器使得输入两调制器的驱动信号存在 45° 的相位差，则此时可产生八倍频的微波信号。第一个等效强度调制器偏置于最大传输点，此时只有光载波和 ±2 阶边带。若控制调制器的调制系数，使得光载波功率为 0，则只保留 ±2 阶边带。因此检偏器 2 输出端信号可以改写为

$$E_{\text{pol}} \propto -\exp\left(\mathrm{i}\omega_{\text{o}}t\right)\mathrm{J}_2\left(\gamma\right)\left[\exp\left(\mathrm{i}2\omega_{\text{OEO}}t\right)+\exp\left(-\mathrm{i}2\omega_{\text{OEO}}t\right)\right] \tag{6-15}$$

上述信号随后经偏振控制器 4 进入偏振调制器 2 后，被光电振荡环路输出的信号调制，该调制信号与偏振调制器 1 的信号具有 45° 的相位差。当第二个等效强度调制器偏置于最大传输点时，检偏器 3 输出信号变为

$$E_{\text{pol}} \propto -\exp\left(\mathrm{i}\omega_{\text{o}}t\right)\mathrm{J}_2\left(\gamma\right)\left\{\exp\left(\mathrm{i}2\omega_{\text{OEO}}t\right)\cos\left[\beta\cos\left(\omega_{\text{OEO}}t+\frac{\pi}{4}\right)\right]\right.$$

$$
\begin{aligned}
&+\exp\left(-\mathrm{i}2\omega_{\mathrm{OEO}}t\right)\cos\left[\beta\cos\left(\omega_{\mathrm{OEO}}t+\frac{\pi}{4}\right)\right]\Big\}\\
=&-\exp\left(\mathrm{i}\omega_{\mathrm{o}}t\right)\mathrm{J}_2\left(\gamma\right)\left\{\mathrm{J}_0\left(\beta\right)\exp\left(\mathrm{i}2\omega_{\mathrm{OEO}}t\right)\right.\\
&-\mathrm{J}_2\left(\beta\right)\left[\mathrm{i}\exp\left(\mathrm{i}4\omega_{\mathrm{OEO}}t\right)-\mathrm{i}\right]\\
&\left.+\exp\left(-\mathrm{i}2\omega_{\mathrm{OEO}}t\right)\mathrm{J}_0\left(\beta\right)-\mathrm{J}_2\left(\beta\right)\left[\mathrm{i}-\mathrm{i}\exp\left(-\mathrm{i}4\omega_{\mathrm{OEO}}t\right)\right]\right\}
\end{aligned}
\tag{6-16}
$$

同样控制偏振调制器 2 驱动信号的功率，使得 $\mathrm{J}_0(\beta)=0$，则式 (6-16) 可以简化为

$$
E_{\mathrm{pol}}\propto-\exp\left(\mathrm{i}\omega_{\mathrm{o}}t\right)\mathrm{J}_2\left(\gamma\right)\mathrm{J}_2\left(\beta\right)\left[-\mathrm{i}\exp\left(\mathrm{i}4\omega_{\mathrm{OEO}}t\right)+\mathrm{i}\exp\left(-\mathrm{i}4\omega_{\mathrm{OEO}}t\right)\right]\tag{6-17}
$$

从式 (6-17) 可以看出，此时只剩下 ±4 阶边带，该信号经过光电探测器拍频后可以产生八倍于光电振荡器输出频率的信号。图 6-27 为检偏器 2 和检偏器 3 输出端的光谱示意图。

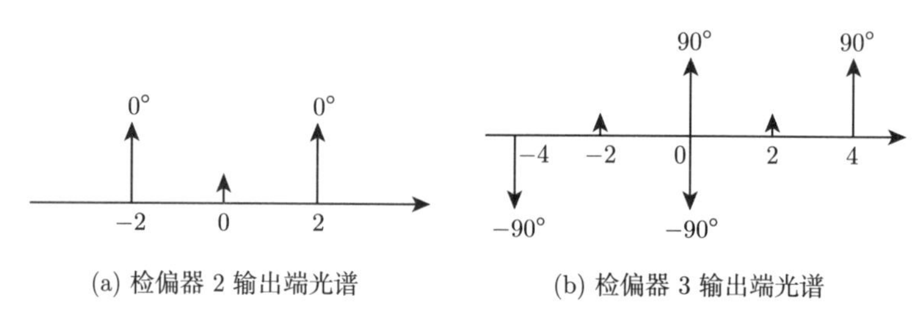

(a) 检偏器 2 输出端光谱　　(b) 检偏器 3 输出端光谱

图 6-27　基于级联偏振调制实现八倍频光谱示意图

实验中考察了该倍频光电振荡器产生的基频、四倍频和六倍频信号的相位噪声特性。信号在 10kHz 频偏处的相位噪声分别为 −113dBc/Hz，−106dBc/Hz 和 −98.8dBc/Hz ，相位噪声基本满足 20lg N(N 为倍频系数) 的恶化系数。

综上所述，将偏振调制器输出端分成多路，每一路级联一个检偏器可实现不同的调制特性。将其中一路用于产生基频信号维持光电振荡环路的振荡，其他分路用于产生倍频信号，从而有效拓展所产生信号的频率范围。基于这一特性，结合光滤波器，可实现二倍频、四倍频、六倍频信号的输出。为了避免光滤波器的使用，同时进一步拓展所产生信号的频率，可采用级联调制的方式。基于这一方法，无需光滤波器即可实现四倍频、六倍频和八倍频信号的产生。

6.5　本章小结

总结上述工作发现，实现倍频光电振荡器至少需要两路，一路用于产生基频振荡信号，维持振荡环路的稳定振荡，另一路用于实现倍频信号的输出。倍频光

电振荡器的实现方式主要有三种：强度调制级联腔内分频、相位调制腔内腔外选择不同边带拍频和偏振调制腔内腔外控制不同的偏振态。倍频光电振荡器可以有效缓解高频信号产生对光电器件带宽的需求，在未来毫米波、太赫兹波通信、感知或对抗系统中具有重要的应用前景。

参 考 文 献

[1] O'Reilly J J, Lane P M, Heidemann R, et al. Optical generation of very narrow linewidth millimeter wave signals[J]. Electronics Letters, 1992, 28(25): 2309-2311.

[2] O'Reilly J, Lane P. Fibre-supported optical generation and delivery of 60 GHz signals[J]. Electronics Letters, 1994, 30(16): 1329-1330.

[3] Lin C T, Shih P T, Chen J, et al. Optical millimeter-wave signal generation using frequency quadrupling technique and no optical filtering[J]. IEEE Photonics Technology Letters, 2008, 20(12): 1027-1029.

[4] Zhang Y M, Pan S L. Experimental demonstration of frequency-octupled millimeter-wave signal generation based on a dual-parallel Mach-Zehnder modulator[C]. 2012 IEEE MTT-S International Microwave Workshop Series on Millimeter Wave Wireless Technology and Applications, Nanjing, 2012: 1-4.

[5] Li W Z, Yao J P. Microwave and terahertz generation based on photonically assisted microwave frequency twelvetupling with large tunability[J]. IEEE Photonics Journal, 2010, 2(6): 954-959.

[6] Yin X J, Wen A J, Chen Y, et al. Studies in an optical millimeter-wave generation scheme via two parallel dual-parallel Mach–Zehnder Modulators[J]. Journal of Modern Optics, 2011, 58(8): 665-673.

[7] Wang T L, Chen H W, Chen M H, et al. High-spectral-purity millimeter-wave signal optical generation[J]. Journal of Lightwave Technology, 2009, 27(12): 2044-2051.

[8] Li C X, Mao J B, Dai R, et al. Frequency-sextupling optoelectronic oscillator using a Mach-Zehnder interferometer and an FBG[J]. IEEE Photonics Technology Letters, 2016, 28(12): 1356-1359.

[9] Shin M, Grigoryan V S, Kumar P. Frequency-doubling optoelectronic oscillator for generating high-frequency microwave signals with low phase noise[J]. Electronics Letters, 2007, 43(4): 242-244.

[10] Chong Y H, Yang C, Li X H, et al. A frequency-doubling optoelectronic oscillator using a three-arm dual-output Mach-Zehnder modulator[J]. Journal of the Optical Society of Korea, 2013, 17(6): 491-493.

[11] Teng Y C, Chen Y W, Zhang B F, et al. Generation of low phase-noise frequency-sextupled signals based on multimode optoelectronic oscillator and cascaded Mach-Zehnder modulators[J]. IEEE Photonics Journal, 2016, 8(4): 1-8.

[12] 沈一春. 受激布里渊散射在 RoF 系统中的应用研究 [D]. 杭州: 浙江大学, 2005.

[13] Liu S F, Zhu D, Pan S. A frequency-doubling optoelectronic oscillator based on stimulated Brillouin scattering and phase modulation[C]. Proceedings of 2013 IEEE MTT-S International Microwave Symposium Digest, Seattle, WA, USA, 2013: 1-4.

[14] Qiao Y F, Pan M, Zheng S L, et al. An electrically tunable frequency-doubling optoelectronic oscillator with operation based on stimulated Brillouin scattering[J]. Journal of Optics, 2013, 15(3): 035406.

[15] 潘时龙, 张亚梅. 偏振调制微波光子信号处理 [J]. 数据采集与处理, 2014, 29(6): 874-884.

[16] Zhu D, Pan S L, Ben D. Tunable frequency-quadrupling dual-loop optoelectronic oscillator[J]. IEEE Photonics Technology Letters, 2012, 24(3): 194-196.

[17] Zhu D, Liu S F, Ben D, et al. Frequency-quadrupling optoelectronic oscillator for multichannel upconversion[J]. IEEE Photonics Technology Letters, 2013, 25(5): 426-429.

[18] Zhu D, Liu S F, Pan S L. Multichannel up-conversion based on polarization-modulated optoelectronic oscillator[J]. IEEE Photonics Technology Letters, 2014, 26(6): 544-547.

[19] Liu S F, Zhu D, Pan S L. Wideband signal upconversion and phase shifting based on a frequency tunable optoelectronic oscillator[J]. Optical Engineering, 2014, 53(3): 036101.

[20] Chen Y, Li W Z, Wen A J, et al. Frequency-multiplying optoelectronic oscillator with a tunable multiplication factor[J]. IEEE Transactions on Microwave Theory and Techniques, 2013, 61(9): 3479-3485.

第 7 章　光电振荡器的宽带振荡

光电振荡器通常用来产生单一频率的射频信号，当利用其产生多频或者宽带信号时，每一个频率处的振荡都要从噪声中重新建立，这会导致光电振荡器中存在严重的增益竞争，进而恶化频率的稳定性。所以，传统的光电振荡器无法应用在多频或者宽带射频信号的产生中。针对上述难题，本章将介绍多频/宽带光电振荡器的实现原理，详细分析其宽带振荡的工作机理，并以典型的多频/宽带光电振荡器系统方案为例介绍其工作性能。

7.1　多频光电振荡器

为了提升系统的探测精度、通信容量、定位精度、集成化水平以及抗干扰能力，现代雷达、通信、导航及其一体化系统往往需要同时使用多个频率的信号作为本振 [1−5]。多频信号也是部分测量测试技术的基础，例如测试射频器件的线性度就需要一种幅度相等的多频射频信号 [6]。为了适应未来更复杂的电磁频谱环境、实现高性能的多功能一体化系统，多频本振源必须具备灵活的频率调谐性、低相位噪声、高频谱纯度和高相干性。目前，大部分多频本振都是基于多个电控振荡器结合电锁相环的方法产生，其中电锁相环将电控振荡器产生的微波信号锁定在同一个参考源上来保证其相干性。但是，该方案受限于分频比和环路带宽，最终产生的多频微波信号的相位噪声和相干性在高频频段会急剧恶化，很难得到高质量的高频本振信号。光电振荡器能够产生高频谱纯度和低相位噪声微波信号，但其振荡腔内往往只有一个振荡频率。近年来人们做了大量突破光电振荡器单频振荡限制的尝试，实现了多频本振信号的产生。本节将介绍光电振荡器的多频振荡机理，并探讨多频光电振荡器的典型实现方案。

7.1.1　光电振荡器的多频振荡机理

目前实现光电振荡器的多频振荡主要有两类思路：一类是在单个光环路中通过电光调制器的非线性调制效应或者多通带微波光子滤波器实现多频信号的产生，即基于串行结构的多频光电振荡器；另一类则是通过多个光环路的复用结构实现多个不同频率的振荡，最终输出多频信号，即基于并行结构的多频光电振荡器。

将普通的光电振荡器和电光调制器的非线性调制效应相结合，即可构建出简单的多频光电振荡器，如图 7-1(a) 所示 [7]。串行结构光电振荡器的基本原理是将振荡环路产生的单频信号调制在电光调制器上，利用电光调制器的非线性效应产生倍频谐波，从而实现多频信号的产生。该结构虽然能够输出多个不同频率的射频信号，但是其本质上仍然是一个单频光电振荡器，在光环路中并没有实现多个频率的同时振荡，所以其产生的多个射频信号的频率值之间有固定的数值关系。此外，基于串行结构的多频光电振荡器 (OEO) 还可以通过多通带微波光子滤波器实现。在此结构中，将传统光电振荡器中的窄带带通滤波器替换为多通带的滤波器，使得在光环路中有多个频率满足振荡条件，从而产生多频射频信号。目前，比较常见的方案有基于多通道光陷波滤波器的多频 OEO[8]、基于受激布里渊散射 (stimulated Brillouin scattering，SBS) 的多频 OEO[9] 和基于相移光纤光栅 (phase shift FBG, PS-FBG) 的多频 OEO[10−13] 等。图 7-1(b) 为基于 PS-FBG 的多频光电振荡器的双音射频信号产生方案 [1]。在该方案中，基于 PS-FBG 构建出一个双通带微波光子滤波器，以代替传统 OEO 中的带通滤波器。串行结构多频光电振荡器的关键挑战是较易产生增益竞争，带来振荡的不稳定性。

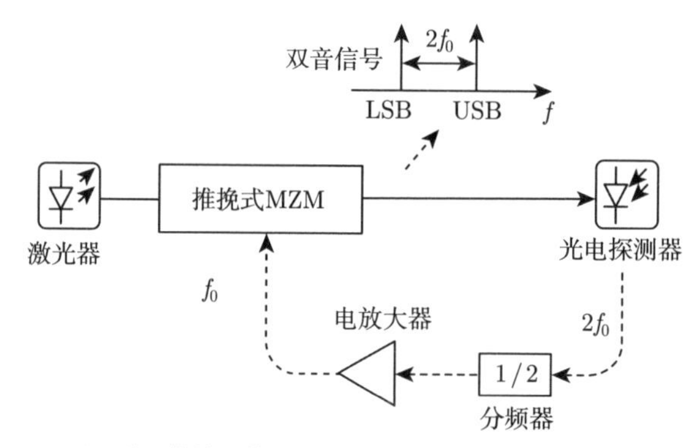

(a) 基于推挽马赫–曾德尔调制器的多频光电振荡器

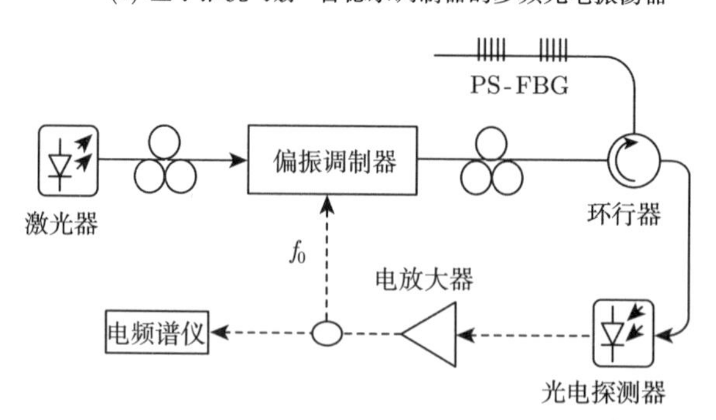

(b) 基于相移光纤光栅(PS-FBG)的多频光电振荡器

图 7-1 串行结构多频光电振荡器工作原理

复用多个并行环路，使每一个环路中都有一个满足振荡条件的模式，也可以实现多频信号的产生。在这类方案中，可以通过控制每个环路的参数独立调节振荡频率，也可以在每个环路加入增益，从而避免多频间的增益竞争。图 7-2 为一个典型的并行结构多频光电振荡器的原理图 [14]。在该方案中，两个不同中心频率的窄带带通滤波器和两个电放大器分别构成了光电振荡环路中两个并行支路，而电光调制器、双环光纤和光电探测器则是两个振荡环路共享的部分。两个振荡环路由于带通滤波器的中心频率不同，可分别输出两个不同频率的射频信号。除了上述方案外，还可以通过偏分复用结构实现可调谐的多频信号产生 [15]。与多个独立光电振荡器产生不同的射频信号相比，基于并行结构的光电振荡器中主体部分是共享的，不仅可以实现多个环路的独立调谐，也能保证所产生的信号间具有较好的相位相干性。

无论采用串行结构还是并行结构，多频光电振荡器要解决的核心问题是如何抑制多频之间的相互串扰，从而保证多个频率的同时稳定振荡。

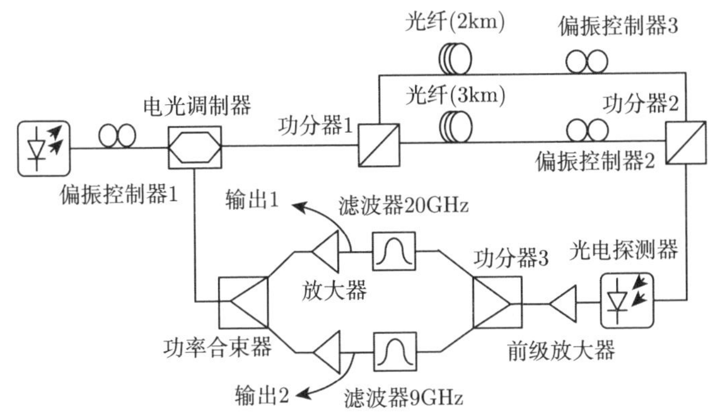

图 7-2 基于并行结构的多频光电振荡器

7.1.2 基于串行结构的多频光电振荡器

本节介绍一种典型的串行结构多频光电振荡器，其原理框图如图 7-3 所示。多个光波长不同的光经过波分复用后，进入电光相位调制器，然后输入一个多通道光陷波滤波器，每个光波长对应光陷波滤波器的一个通道。这样，每个激光器、相位调制器及对应的光陷波通道构成一个宽带可调谐的微波光子滤波器，从而在光电振荡器里选择出多个振荡频率。众所周知，如果对相位调制的光信号直接进行光电探测将不能输出射频信号，因此某个特定光波长 (如 λ_1) 上的振荡信号 (如 f_1) 不会受到其他光波长 (如 λ_2) 上振荡信号 (如 f_2) 的影响，如图 7-4 所示。这在一定程度上抑制了多频之间的相互串扰，不仅可以在电信号输出端口同时获得多个频率信号，还可以在光信号输出端口通过选择相应光波长通道获得对应的频率。

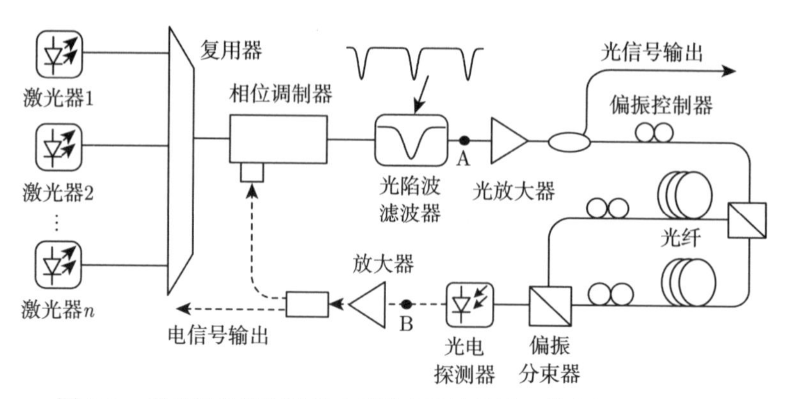

图 7-3　基于相位调制器及多通道光陷波滤波器的多频光电振荡器

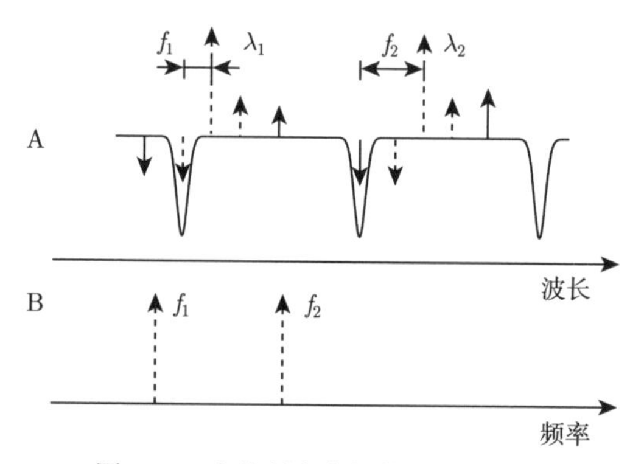

图 7-4　多载频光电振荡原理示意图

通过实验对上述多频光电振荡器方案进行了初步验证，其中多通道光陷波滤波器的自由频谱范围 (free spectrum range，FSR) 为 150GHz。实验中采用两个激光光源论证方案的可行性，其波长为 1552.436nm 和 1553.884nm，距离最近的陷波点的频率差值分别为 10GHz 和 40GHz。两个偏振分束器、两段长光纤和两个偏振控制器构成了偏振复用双环路结构，主要用于抑制边模噪声，其中光纤的长度分别为 1km 和 1.5km。图 7-5 为所产生 10GHz 与 40GHz 信号的光谱图与频谱图。可以发现，光载波 1 上形成了频率为 10GHz 的单边带调制，即其振荡信号的频率为 10GHz。同样地，光载波 2 上形成了频率为 40GHz 的单边带调制，即其振荡信号的频率为 40GHz。这表明，图 7-3 中的结构成功实现了 10GHz 和 40GHz 信号的同时振荡。图 7-6 是所产生 10GHz 和 40GHz 信号在 500kHz 范围内的频谱图。可以看出，本方案所产生的信号频谱纯度较高，边模也得到了良好抑制。图 7-7 是所产生 10GHz 信号和 40GHz 信号的相位噪声曲线。可以看出，其相位噪声分别为 −100.63dBc/Hz@10kHz 和 −84.63dBc/Hz@10kHz。通过选用高性能器件，产生信号的性能参数可以进一步提升。

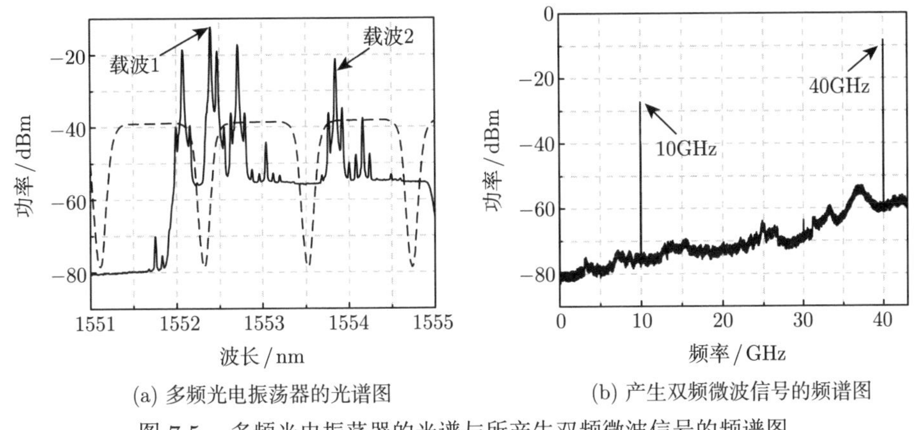

(a) 多频光电振荡器的光谱图　　(b) 产生双频微波信号的频谱图

图 7-5　多频光电振荡器的光谱与所产生双频微波信号的频谱图

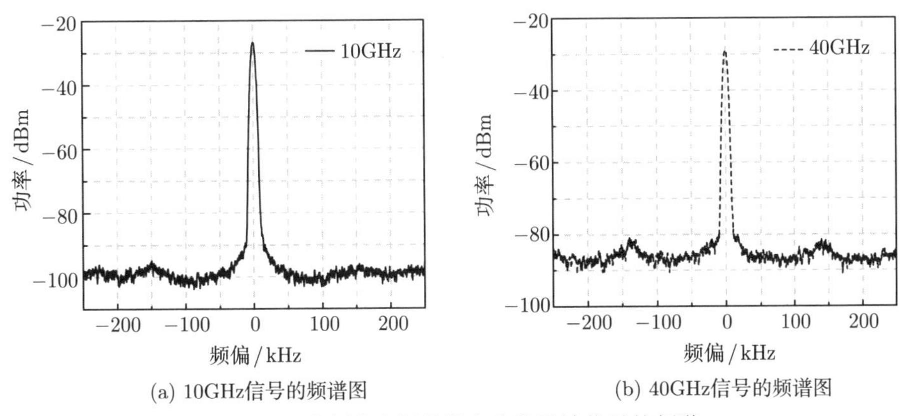

(a) 10GHz信号的频谱图　　(b) 40GHz信号的频谱图

图 7-6　多频光电振荡器产生的微波信号的频谱

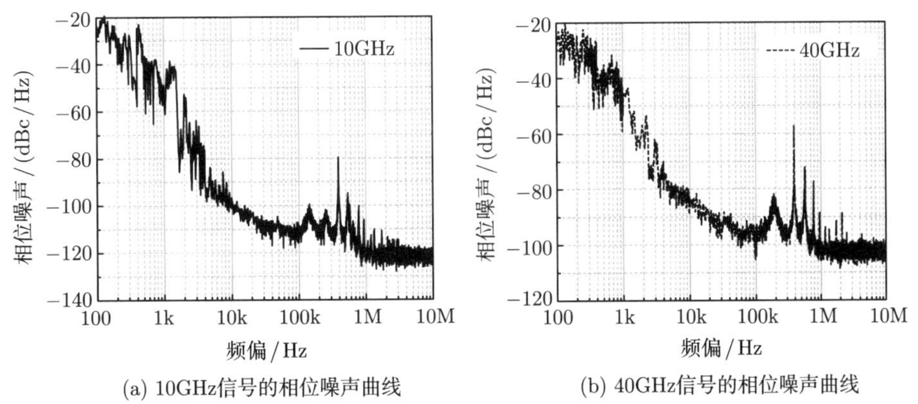

(a) 10GHz信号的相位噪声曲线　　(b) 40GHz信号的相位噪声曲线

图 7-7　多频光电振荡器产生的微波信号的相位噪声曲线

7.1.3 基于并行结构的多频光电振荡器

本节介绍一种典型的并行结构多频光电振荡器，如图 7-8 所示。该系统中的关键器件是一个集成的偏分复用调制器，由两个并行的马赫–曾德尔调制器 (马赫–曾德尔调制器 1 和马赫–曾德尔调制器 2)、一个偏振旋转器和一个偏振合束器组成。激光器产生的连续光在调制器中被分为功率相同的两部分，分别在马赫–曾德尔调制器 1 和马赫–曾德尔调制器 2 中进行调制。两个子调制器都偏置在正交偏置点。在通过马赫–曾德尔调制器 1 后，信号的偏振态通过偏振旋转器被旋转了 90°。然后两个偏振态垂直的光信号通过偏振合束器合并在一起，产生偏振复用的光信号。偏分复用调制器输出的信号随后经过一段单模光纤送入光电探测器，其中单模光纤用来提供 OEO 环路的延时，光电探测器进行光电转换并输出电信号。该电信号经过电放大器放大后由 3dB 功分器分成两个部分。每一部分都经过一个可调的带通滤波器。最后，为了完成整个环路，两个滤波后的电信号分别驱动马赫–曾德尔调制器 1 和马赫–曾德尔调制器 2。当环路建立了稳定振荡后，每一个 OEO 环路中都可以产生一个特定频率的射频信号，且两个信号的频率都可以通过改变相应带通滤波器的中心频率进行调节。

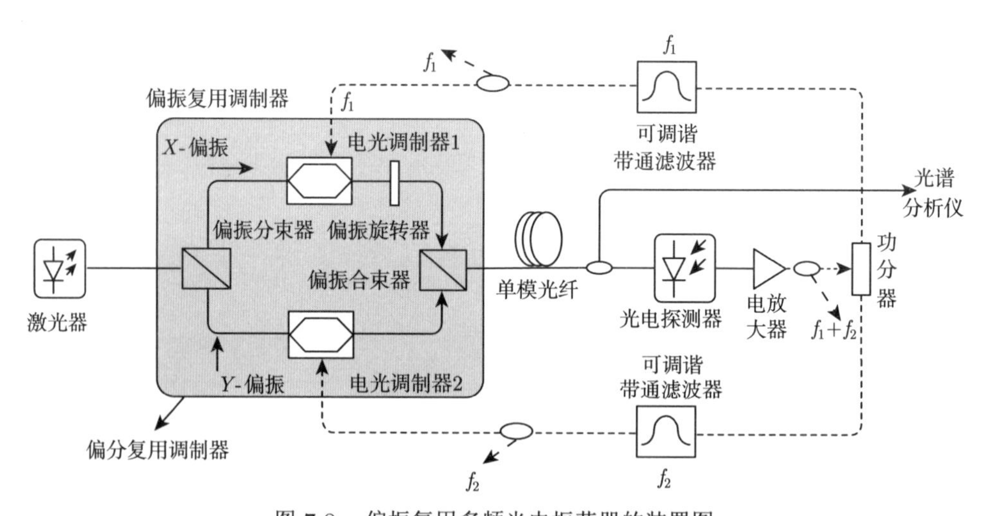

图 7-8 偏振复用多频光电振荡器的装置图

在上述系统中，多频射频信号的振荡环路共享同一套激光源、偏分复用调制器、单模光纤、光电探测器和电放大器，所以该系统的结构较为简单。偏振复用 OEO 的另一个特点是两个频率是在同一个光源的不同偏振态上振荡出来的，不仅可以减少激光源的使用，还应用偏振隔离抑制了两个频率间的相互干扰，使得系统的稳定性得到了提升。此外，在该 OEO 系统中，环内不同频率的电信号驱动的是两个独立的电光调制器，避免了调制器中的交调效应，所以产生的多频信号具有较好的频谱纯度。

通过实验对上述多频光电振荡器方案进行了初步验证。激光器 (SANTUR TL-2020-C) 中产生的连续光中心波长为 1556nm，功率约为 10dBm。实验中使用的调制器为一个双偏振二进制相移键控 (binary phase-shift keying，BPSK) $LiNbO_3$ 调制器 (Fujitsu FTM7980EDA)，其 3dB 带宽约为 30GHz、半波电压为 3.5V@ 21.5GHz。单模光纤的长度为 0.44km，光电探测器的带宽是 18GHz。为了提供足够的增益，在光电探测器后使用两级级联的电放大器对信号进行放大。在两个环路中均加入一个电功分器 (功率比为 9:1)，其中 10%的功率输出用来进行监测。产生多频射频信号的频谱特性在一个带有相位噪声测试模块的电频谱分析仪中进行分析。

为了验证该方案的可行性，首先将腔内两个微波滤波器的中心频率分别设为 9.95GHz 和 10.66GHz(3dB 带宽为 10MHz)，当 OEO 建立稳定的振荡后就可以产生一个多频射频信号。图 7-9 为所产生的多频射频信号的频谱，图中仅有 9.95GHz 和 10.66GHz 两个频率分量，没有额外的交调分量。图 7-10(a) 和 (b) 分别为 9.95GHz 和 10.66GHz 频率分量的单边带相位噪声曲线，其中内嵌图为相应电信号在 2MHz 范围内的频谱。可以看到，两个信号在 10kHz 频偏处的相位噪声分别为 −105.06dBc/Hz 和 −104.43dBc/Hz。此外，信号频谱的边模间距为 450kHz，边模抑制比大于 65dB。通过使用带宽更窄的微波滤波器，信号的边模可以被进一步抑制。

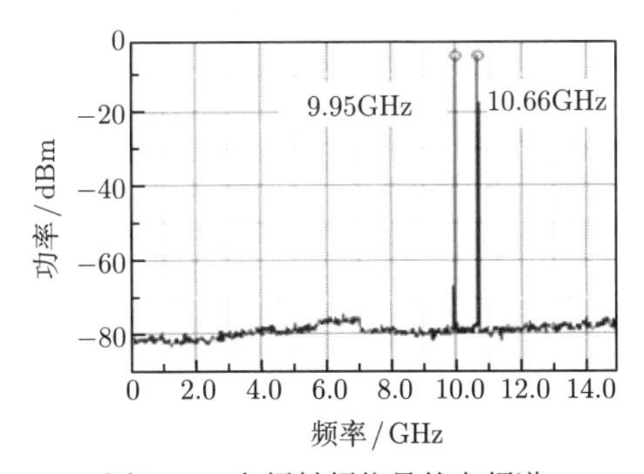

图 7-9 多频射频信号的电频谱

为了证明该系统的频率调谐性，在实验中使用两个带宽为 30MHz 的 YIG 滤波器 (Watkins-Johnson WJ-621-37 & WJ-622-40)，其中心频率可分别在 4~8GHz 和 8~12GHz 范围内调谐。实验中，OEO 可产生的信号频率范围决定于这两个滤波器的调谐范围。图 7-11 为调节滤波器中心频率时所产生信号的电频谱，其中两个滤波器的中心频率分别以 500MHz 和 −500MHz 进行步进调节。图 7-11 中多频射频信号的频率组合分别为 (4.00GHz, 11.96GHz)，(4.50GHz, 11.53GHz)，

(5.02GHz, 10.98GHz)，(5.51GHz, 10.46GHz)，(5.97GHz, 10.00GHz)，(6.55GHz, 9.50GHz)，(6.99GHz, 9.04GHz)，(7.54GHz, 8.43GHz) 和 (7.88GHz, 7.97GHz)。实验中，所产生的多频射频信号的最小频率差为 90MHz，这主要受限于实验中使用的可调微波滤波器。如果使用更高调节精度的微波滤波器，就能够获得更小频率间隔的多频射频信号。

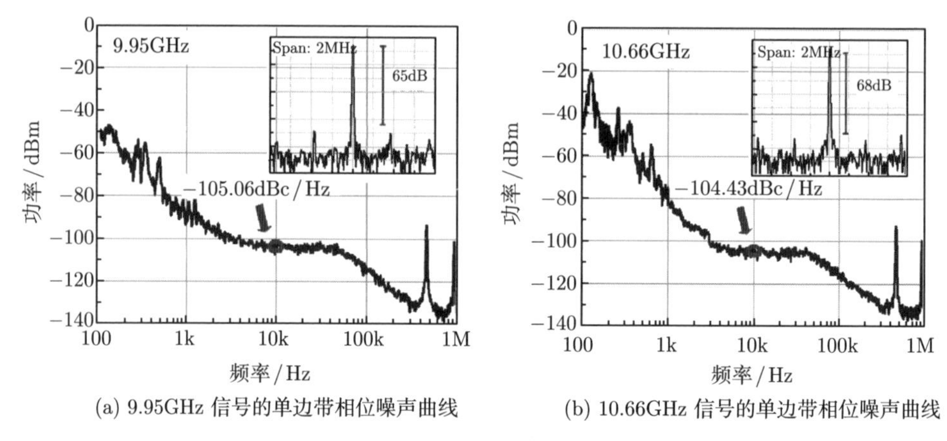

(a) 9.95GHz 信号的单边带相位噪声曲线　(b) 10.66GHz 信号的单边带相位噪声曲线

图 7-10　不同中心频率信号的单边带相位噪声曲线

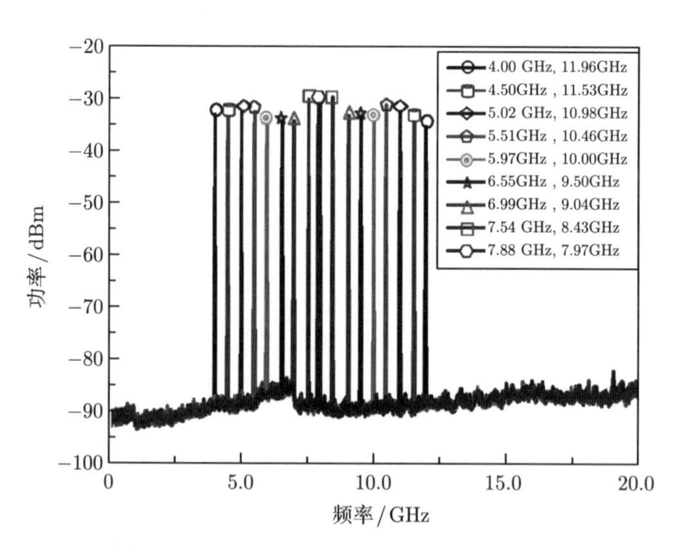

图 7-11　不同频率组合的多频射频信号频谱

在该系统中，OEO 环路中使用的单模光纤可能会造成两个偏振态间的串扰，这个串扰会在一定程度上影响所产生信号的频率稳定性和相位噪声 (实验中，由于使用的单模光纤长度较短，偏振串扰的影响并不明显)。要避免这个问题，可以

用保偏光纤 (polarization maintaining fiber, PMF) 代替单模光纤。该系统的另一个问题是电放大器和光电探测器的非线性，如果振荡的信号功率较大，可能会产生一些高次谐波及其交调分量。这些不想要的交调分量或谐波分量一般都可以通过微波滤波器移除。但是当所产生的非线性分量十分接近振荡频率时，这些分量将难以滤除，此时可以通过控制振荡信号的功率使这些器件在线性区域工作。

7.2 扫频光电振荡器

宽带微波调频信号在军民用领域有着广泛的应用。例如，线性调频 (linear frequency modulation, LFM) 信号是脉冲压缩体制雷达系统中最常用的一种发射波形，其时间带宽积 (time-bandwidth product, TBWP) 大，能够同时提高雷达系统的探测分辨率和探测距离。传统电学方法通常采用直接数字频率合成器 (DDS) 和压控振荡器 (voltage controlled oscillator, VCO) 等方案产生线性调频信号。然而，受限于目前电子技术的瓶颈，所产生的线性调频信号的带宽和中心频率较为有限 (通常不超过数吉赫兹)。虽然现有基于微波光子技术产生微波波形信号的方法，如频域时域映射法和光外差法，可以产生带宽 10GHz 以上的宽带线性信号，但是时宽通常只有几纳秒至几十纳秒，导致最终的时间带宽积及脉冲压缩比通常不超过 100。此外，现有光学方法产生的宽带线性调频信号还具有信号质量差和调谐困难的缺点。如前文所述，光电振荡器被认为是一种产生频率可调谐的高性能微波信号的优选方案。然而它通常只用来产生单一频率的微波信号，当对其工作频率进行调谐以实现扫频工作时，光电振荡器在每一个新的频率处的振荡都要从噪声中重新建立。这不仅会限制扫频速率，也会恶化输出信号的性能参数，如线宽展宽、相位不相干、频率调谐范围受限等。为了克服上述问题，近年来研究人员提出将傅里叶域锁模或频域锁模 (Fourier domain mode locking, FDML) 技术应用于光电振荡器，以实现光电振荡腔内的宽带扫频振荡，产生宽带高性能的微波线性调频信号。本节将介绍光电振荡器的扫频振荡机理，并探讨扫频光电振荡器的典型实现方案。

7.2.1 光电振荡器的宽带扫频振荡机理

目前实现宽带扫频光电振荡器的方案主要是基于频域锁模技术。频域锁模的概念最早由美国麻省理工学院 Huber 等提出并应用于光纤激光器中，实现了可宽带快速扫频的光信号输出，即频域锁模激光器 [16]。具体而言，频域锁模激光器在其光学振荡腔中引入快速调谐的光学带通滤波器，当光带通滤波器的调谐周期等于激光器腔长时，可达成频域锁模状态，此时系统就可以输出宽带、高相干性、扫频的激光信号。

频域锁模技术近年来被推广应用于光电振荡器系统以实现光电振荡器的宽带扫频振荡，构建频域锁模 OEO。图 7-12 给出经典单频光电振荡器与频域锁模光电振荡器的工作原理对比图。如图 7-12(a) 所示的经典单频光电振荡器，其输出微波信号的频率可通过改变微波滤波器的中心频率实现调谐。但是这种频率调谐是一种非稳定工作状态，腔内从一个纵模频率到另一个纵模频率时，腔内能量分布也将随时间变化。因此理论上最大的频率调谐速率受限于光电反馈腔内新振荡模式的建立时间。图 7-12(b) 是可实现快速频率调谐的频域锁模光电振荡器的原理图。该光电振荡器的反馈环路中包括一个可以快速调谐的微波光子滤波器。通过采用周期性的驱动信号调节光电振荡器的输出频率，使得光电振荡器的频率调节周期与 OEO 环路的腔内时延匹配，即驱动信号周期与腔内时延相等或等于腔内时延的整数倍。这种周期性驱动滤波器可以保证腔内的滤波窗口周期性的变化，任意时间内只有符合滤波器带通窗口的频率成分才能无损或低损耗地通过，而其他频率成分则会被滤除。通过的频率成分在腔内经过增益、传输之后再次到达滤波器处，如果此时滤波器的频率窗口刚好与之频率匹配，则信号能够再次通过。因此，符合周期性滤波器窗口的信号能够在腔内得到增益并最终稳定下来。这类稳态的工作模式意味着，光电反馈环路能够将整个线性调频信号存储在延时线中；从频域上看各纵模间也具有固定的相位关系。频域锁模 OEO 最终输出信号的频率将以腔长重复频率为步长扫描，且具有固定的相位关系，即产生了具有优异相位噪声性能的快速微波扫频信号。

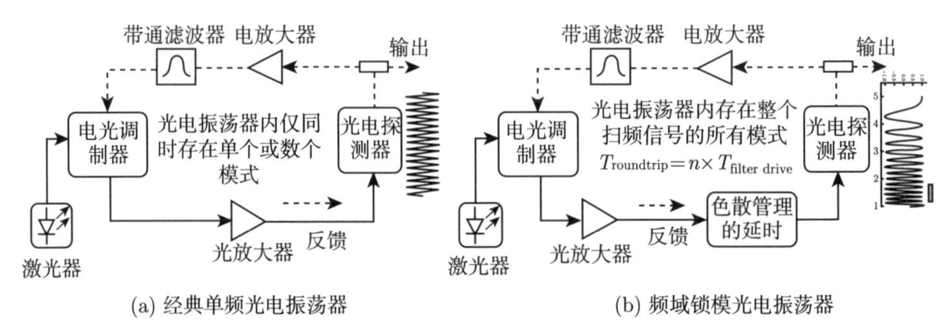

(a) 经典单频光电振荡器　　(b) 频域锁模光电振荡器

图 7-12　经典单频光电振荡器与傅里叶域锁模光电振荡器的原理图对比

基于快速可调微波光子滤波器 (microwave photonic filter, MPF) 可以构建频域锁模 OEO。其中，快速可调微波光子滤波器是基于相位调制–强度调制转换原理实现的 [17,18]。通过加载锯齿波驱动电流，使得激光器波长周期性线性改变，该微波光子滤波器的中心频率也将实现线性扫描。忽略噪声条件，可调微波光子滤波器的输入和输出信号关系可以表示为

$$V_{\text{out}}^{\Omega}(t) = F\left(\left|V_{\text{in}}^{\Omega}\right|\right)\left\{\left[V_{\text{in}}^{\Omega}(t)\,\mathrm{e}^{\mathrm{i}\varphi_{\text{oc}}(t)}\right] * s_{21}^{\text{open loop}}(t)\right\}\mathrm{e}^{-\mathrm{i}\varphi_{\text{oc}}(t)} \tag{7-1}$$

式中，$V_{\text{in}}^{\Omega}(t)$ 和 $V_{\text{out}}^{\Omega}(t)$ 分别为微波光子滤波器的输入和输出微波信号；Ω 为中心频率；$\varphi_{\text{oc}}(t)$ 为激光器的相位变化；$s_{21}^{\text{open loop}}$ 为滤波器静态时的冲激响应；$*$ 代表卷积运算；$F(|V_{\text{in}}^{\Omega}|)$ 为相位调制–强度调制转换过程的饱和因子，其表达式为

$$F\left(\left|V_{\text{in}}^{\Omega}\right|\right)=2\mathrm{J}_0\left(\pi\left|V_{\text{in}}^{\Omega}\right|/V_{\pi}\right)\mathrm{J}_1\left(\pi\left|V_{\text{in}}^{\Omega}\right|/V_{\pi}\right)/\left(\pi\left|V_{\text{in}}^{\Omega}\right|/V_{\pi}\right) \tag{7-2}$$

式中，$\mathrm{J}_m(m=0,1)$ 为 m 阶贝塞尔函数。在频域锁模 OEO 中，可调微波光子滤波器的扫描周期需要与 OEO 环路的腔延时同步以达成频域锁模状态，即

$$\tau=n\times T_{\text{filter drive}} \tag{7-3}$$

式中，$T_{\text{filter drive}}$ 为微波光子滤波器的扫描周期；n 是整数。当 OEO 环路闭合时，宽带微波线性调频信号中每一个模式返回到微波光子滤波器时，可调微波光子滤波器的中心频率也切换到相同的频谱位置，因此能够形成有效的反馈增强，即能够形成稳定的宽带振荡。频域锁模 OEO 中的振荡信号与其经过光电反馈回路一周后的信号相同，即满足以下公式：

$$V_{\text{FDML}}^{\Omega}(t-\tau)=F\left(\left|V_{\text{FDML}}^{\Omega}\right|\right)\left\{\left[V_{\text{FDML}}^{\Omega}(t)\,\mathrm{e}^{\mathrm{i}\varphi_{\text{oc}}(t)}\right]*s_{21}^{\text{open loop}}(t)\right\}\mathrm{e}^{-\mathrm{i}\varphi_{\text{oc}}(t)} \tag{7-4}$$

因此，频域锁模 OEO 的稳定振荡信号需满足：

$$V_{\text{FDML}}^{\Omega}(t)\propto \mathrm{e}^{-\mathrm{i}\varphi_{\text{oc}}^{\tau}} \tag{7-5}$$

式中，$\varphi_{\text{oc}}^{\tau}$ 为达成频域锁模时激光器的相位变化量。从式 (7-5) 可以看出，频域锁模 OEO 能够直接产生连续振荡的宽带微波调频信号，且该微波调频信号的带宽与周期都可以通过调节激光源的驱动信号实现，因此可以灵活调节。此外由于频域锁模 OEO 腔内的长延时，所产生宽带微波调频信号的时宽可达数十微秒，因此输出信号具有超大的时间带宽积和优异的相位噪声性能。

7.2.2 基于频域锁模的扫频光电振荡器的实现方法

本节将介绍基于光注入半导体激光器的扫频光电振荡器方案，实现宽带、低相位噪声的微波线性调频信号产生 [19]。图 7-13 是基于光注入半导体激光器的扫频光电振荡器原理图。该方案中，从激光器是一个单模半导体激光器，在连续波光注入下，通过消除弛豫谐振的阻尼限制，从激光器可以在单周期振荡态 (P1) 工作 [20]。其输出光呈现自持的强度振荡，其光谱呈现非均匀的双边带调制特性，且调制的频率为 P1 频率 f_{o}。经光电探测后可产生频率为 f_{o} 的微波信号。通过调节注入强度ξ 和 (或) 频率失谐 f_{i}，P1 频率 f_{o} 可以从数吉赫兹调谐到超过 100GHz[21]。其中，频率失谐 f_{i} 为主激光器与自由运行从激光器的频率差，注入强度ξ 定义为注入光信号与自由谐振从激光器功率比的平方根，即注入光和自由谐振从激光器

的光场幅度比。尽管光注入半导体激光器在单周期振荡态工作时，可以直接产生大范围可调谐的微波信号，但注入激光器的固有自发辐射噪声将会恶化所产生微波信号的频谱纯度，导致相对较大的线宽，通常为 1~10MHz 量级。为了窄化该线宽，通过构建光电反馈环路以形成光电振荡器结构，即将光环行器 3 端口的输出光信号经过一段光纤延时后输入光电探测器 1。随后输出的微波信号经过电放大器后反馈调制到从激光器上形成反馈环路，即构建了基于光注入半导体激光器的光电振荡器。该光电振荡器的频率可以通过调节注入强度和 (或) 频率失谐来实现。对于给定的失谐频率，该 OEO 的输出频率可由强度调制器和驱动信号 $S(t)$ 构成的强度控制单元控制，当加载形状为近似锯齿波的控制信号 $S(t)$ 时，可产生线性调频信号。如 7.2.1 节所述，为了形成频域模式锁定的 OEO，改善产生线性调频信号的纯度，降低其相位噪声，需要仔细调节控制信号 $S(t)$ 的周期 (τ_{mod}) 来匹配光电反馈环路的延时 (τ_{cav})。当满足条件 $\tau_{\mathrm{mod}} = \tau_{\mathrm{cav}}$ 时，系统中将会形成一种近似的稳态工作模式，实现所产生线性调频信号的相位噪声降低这一结果。这是因为，一方面，光电反馈环路将产生一系列间隔为 $1/\tau_{\mathrm{cav}}$ 的本征模式；另一方面，当某个微波模式经过光电反馈环路后调制到从激光器时，光注入引起的单周期振荡频率也恰好切换到相同的频谱位置，因此能够形成有效的反馈增强。这意味着，光电反馈环路能够将整个线性调频信号存储在延时线中。在理想状态下，输出信号的频率将以腔长重复频率为步长扫描，且具有固定的相位关系。此时，系统产生的线性调频信号将具有更好的相位噪声性能。

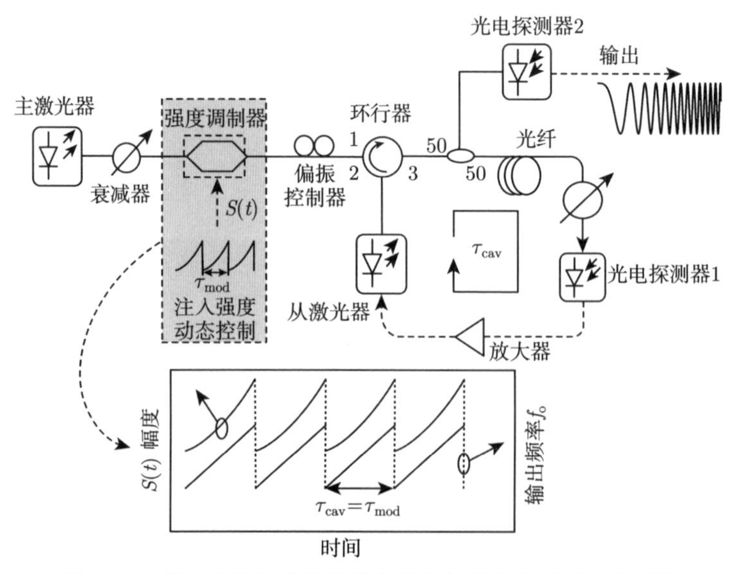

图 7-13 基于光注入半导体激光器的扫频光电振荡器原理图

实验中，控制信号 $S(t)$ 的频率为 26.095MHz，幅度约为 1V。调制频率 26.095MHz 是根据反馈环路的时延而精确选择的，满足 $\tau_{\rm mod}=\tau_{\rm cav}$。图 7-14 是所产生线性调频信号的频谱图。理想的周期性线性调频波形的频谱是频率间隔为 $1/\tau_{\rm mod}$ 的微波频率梳。未加载光电反馈环路时，如图 7-14(a) 所示，由于存在较大的相位噪声和不相干的相位关系，其梳齿信噪比 R 不超过 4dB。作为对比，当加载时延匹配的光电反馈环路时，图 7-14(b) 的频谱中将呈现一系列明显的梳齿，梳齿间隔为 $1/\tau_{\rm cav}$。由于频域锁模带来的固定相位关系和改善的相位噪声特性，梳齿信噪比 R 提升至 47dB。与图 7-14(a) 相比，时延匹配光电反馈结构使梳齿信噪比提升了 43dB。

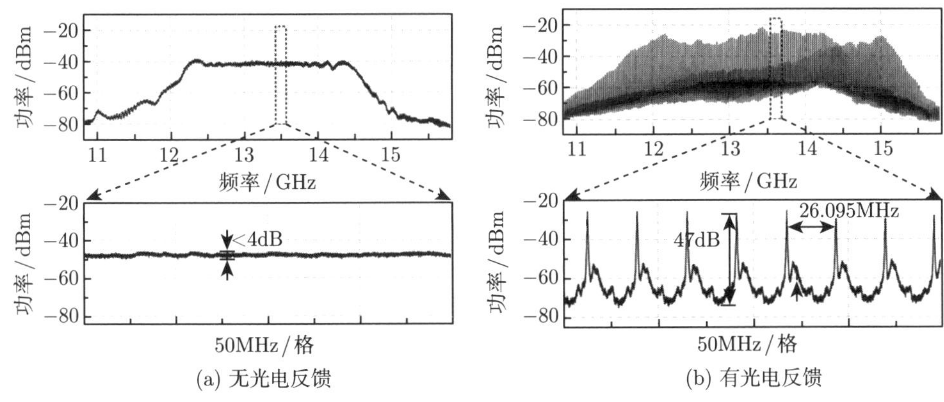

(a) 无光电反馈 (b) 有光电反馈

图 7-14 基于频域锁模光电振荡器所产生线性调频信号的频谱

图 7-15(a) 为所产生的周期为 38.32ns 的线性调频信号时域波形。内嵌图是每周期起始和结束位置长度为 1ns 的波形细节。利用短时傅里叶变换可以获取其瞬时频率，结果如图 7-15(b) 所示。可以看出所得线性调频信号的带宽为 3.3GHz(11.9~15.2GHz)，时间带宽积为 126.5。

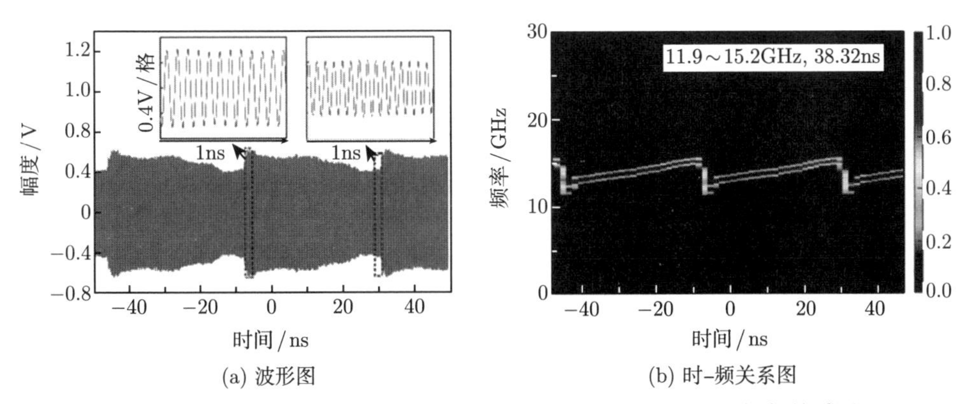

(a) 波形图 (b) 时–频关系图

图 7-15 基于频域锁模 OEO 产生线性调频信号的波形图和时–频关系图

该方案所产生线性调频信号的带宽、周期和频率范围均可以单独调节。如图 7-16(a) 所示，通过调节 $S(t)$ 的幅度至约 2V，所产生线性调频信号的带宽可以增加至 7GHz(10.7~17.7GHz)。此时对应的扫频速率为 0.18GHz/ns，时间带宽积为 268.2。通过在光电反馈环路中加入更长的延时线，将环路的反馈周期 $\tau_{\rm cav}$ 增加到 849.76ns；同时将 $S(t)$ 的重频调节为 1.1768MHz 以匹配 $1/\tau_{\rm cav}$，所产生的线性调频信号如图 7-16(b) 所示，所产生线性调频信号的周期为 849.76ns，带宽为 3.3GHz(11.9~15.2GHz)，时间带宽积为 2804.2。

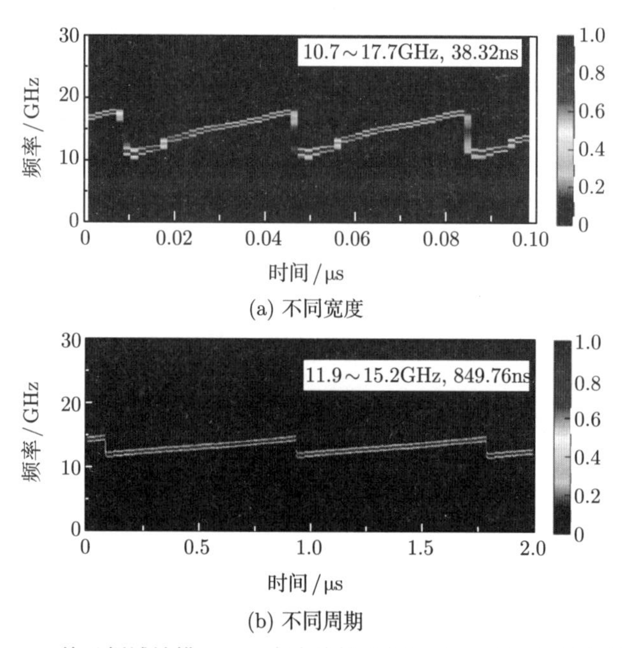

(a) 不同宽度

(b) 不同周期

图 7-16　基于频域锁模 OEO 产生线性调频信号的多参数可调谐特性

频域锁模 OEO 成功地将 OEO 的功能从单频稳定振荡扩展到了宽带扫频振荡，受到研究人员的广泛关注。频域锁模 OEO 方案的关键在于实现可快速调谐微波光子滤波器，除了上文提到的基于光注入半导体激光器的频域锁模 OEO，研究人员还陆续提出了基于相位调制与相移布拉格光栅 [18]、相位调制与受激布里渊散射 [22] 等方案的频域锁模 OEO。除了聚焦于频域锁模 OEO 的实现方案，近年来研究人员还实现了基于频域锁模 OEO 的其他类型宽带微波调频信号产生，如二倍频的线性调频信号 [23]、双啁啾线性调频信号 [24] 和相位编码的调频信号 [25] 等。与现有光子学方法相比，扫频光电振荡器产生的微波调频信号源于腔内直接振荡，无需外部高频信号发生器，且具有带宽大、相干性高、频谱纯度高的性能优势，在微波光子雷达等领域具有广泛的应用前景。

7.3 混沌光电振荡器

混沌信号具有很高的距离分辨率、良好的抗截获特性和图钉状的模糊函数。同时，由于混沌信号对初值敏感，用混沌系统可以很容易产生一系列正交的波形。这些特性使得混沌信号满足多目标定位、MIMO 雷达等系统的应用要求 [26]。然而，通过微波混沌电路和全数字化技术来产生混沌信号往往受限于系统带宽 [27,28]。因此，研究人员利用光电系统的非线性动力学特性来产生混沌信号，主要基于光反馈半导体激光器 [29] 和光电振荡器 [30] 来实现。其中，基于光电振荡器产生的混沌信号具有功率谱平坦和关联维度很高等优点 [31]，并且易产生正交的混沌信号。本节将介绍基于宽带光电振荡器的混沌信号产生原理和特性。

7.3.1 基于宽带光电振荡器的混沌信号产生原理

光电振荡系统由于包含了非线性器件和反馈环，表现出丰富的动力学特性。如图 7-17 所示用于产生混沌信号的光电振荡器系统结构，由激光器、偏振控制器、马赫–曾德尔调制器、单模光纤、光电探测器、电带通滤波器、电放大器和电功分器组成。在环内引入一个电功分器，用以引出环内产生的混沌信号。

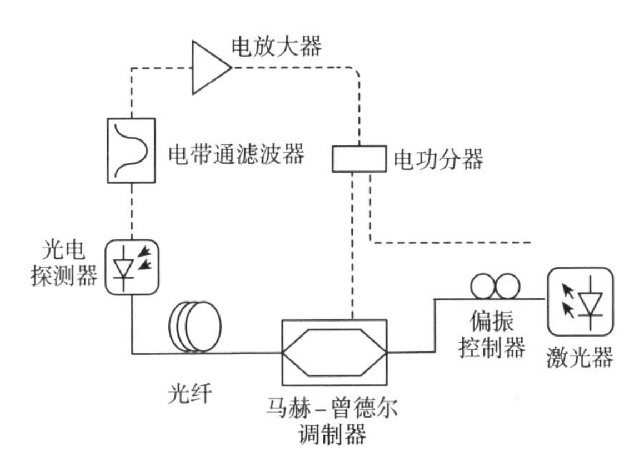

图 7-17 基于宽带光电振荡器的混沌信号产生结构示意图

基于光电振荡器产生混沌信号，主要是利用马赫–曾德尔调制器的调制非线性。加载到马赫–曾德尔调制器传输臂上的电信号 $V_{\mathrm{m}}(t)$ 包括直流偏置电压 V_{B} 和调制的射频信号 $V(t)$，马赫–曾德尔调制器的光输出功率如下：

$$P_{\mathrm{out}}(t)=P_{\mathrm{in}}(t)\cos^2\left[\frac{\pi V_{\mathrm{B}}}{2V_{\pi\mathrm{B}}}+\frac{\pi V(t)}{2V_{\pi\mathrm{RF}}}\right] \tag{7-6}$$

式中，$V_{\pi\mathrm{B}}$ 和 $V_{\pi\mathrm{RF}}$ 分别为直流半波电压和射频半波电压。

光电振荡器中其他器件的带宽一般都比电带通滤波器大，因此电带通滤波器的带宽决定了所产生混沌信号的频率范围。将电带通滤波器等效为一个带宽为 $\Delta f = f_{\mathrm{H}} - f_{\mathrm{L}}$ 的二阶带通滤波器，其中 f_{H} 对应高频截止频率和响应时间 τ_1，f_{L} 对应低频截止频率和响应时间 τ_2。假设电带通滤波器的输入电压为 $v(t)$，输出电压为 $c(t)$。为了方便仿真计算，假设电带通滤波器由一阶高通滤波器和一阶低通滤波器构成，其对应的 3dB 截止频率为 f_{H} 和 f_{L}。则低通滤波器的输出电压 $u(t)$ 与输入电压 $v(t)$ 的关系为

$$u(t) = \tau_2 \frac{\mathrm{d}}{\mathrm{d}t} u(t) + v(t) \tag{7-7}$$

而 $u(t)$ 同时又是高通滤波器的输入电压，高通滤波器的输出电压 $c(t)$ 和 $u(t)$ 的关系可以表示为

$$c(t) = \tau_1 \frac{\mathrm{d}}{\mathrm{d}t} u(t) + u(t) \tag{7-8}$$

因此，电带通滤波器的输入电压 $v(t)$ 和输出电压 $c(t)$ 的关系可以表示为

$$v(t) = \left(1 + \frac{\tau_1}{\tau_2}\right) c(t) + \tau_1 \frac{\mathrm{d}}{\mathrm{d}t} c(t) + \frac{1}{\tau_2} \int c(t) \mathrm{d}t \tag{7-9}$$

设激光器的输出功率为 P，光电振荡环中的总延时为 T，衰减和增益分别表示为 α 和 G，并忽略噪声的影响。设马赫–曾德尔调制器的直流偏置相移为 $\varphi = \pi V_{\mathrm{B}}/(2V_{\pi\mathrm{B}})$，$x(t) = \pi V(t)/(2V_{\pi\mathrm{RF}})$，根据式 (7-6) 和式 (7-9)，可以得到基于光电振荡器产生混沌信号的延时微积分方程为 [32]

$$x(t) + \tau_1 \frac{\mathrm{d}}{\mathrm{d}t} x(t) + \frac{1}{\tau_2} \int_{t_0}^{t} x(s) \mathrm{d}s = \beta \cos^2 [x(t-T) + \varphi] \tag{7-10}$$

式中，$\beta = \pi\alpha GP/(2V_{\pi\mathrm{RF}})$，表示反馈强度。

7.3.2 基于宽带光电振荡器的混沌信号产生

根据图 7-17 所示的结构，对基于光电振荡器的混沌信号产生开展实验研究。所采用的马赫–曾德尔调制器带宽为 10GHz，光电探测器带宽为 20GHz，电带通滤波器的工作带宽为 3.1～10.6GHz，电放大器的带宽为 2～26.5GHz，电功分器的功分比为 10dB。用于分析信号的数字存储示波器 (Agilent DSO-X 92504A) 带宽为 32GHz，样本每秒采样为 80G。

调制器的调制系数反映了反馈信号对光载波的调制深度，定义为 $\pi V_{\mathrm{RF}}/V_{\pi\mathrm{RF}}$。当调制系数为 0.066 时，所产生信号的时域波形、功率谱和幅度的概率分布如图 7-18 所示。此时光电振荡器产生的信号为噪声，信号带宽和所使用电带通滤波器的工作带宽一致，信号的幅度概率分布服从高斯分布。

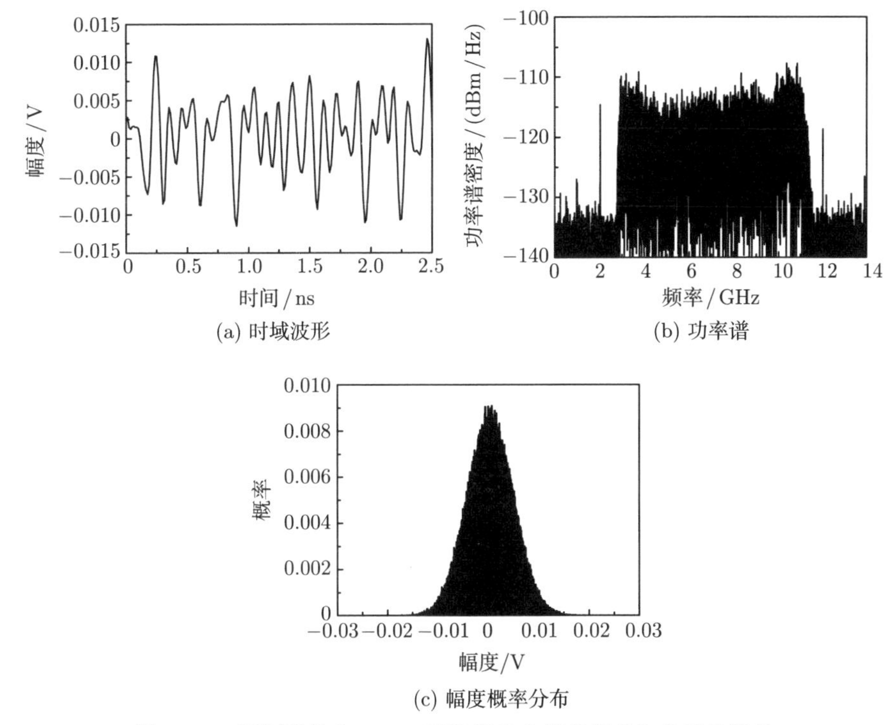

(a) 时域波形

(b) 功率谱

(c) 幅度概率分布

图 7-18 调制系数为 0.066 时宽带光电振荡器产生信号的特性

当调制系数为 1.15 时，如图 7-19 所示，此时所产生的信号为具有固定频率分量的确定性信号，功率最大的频率分量在 3.1GHz 附近，在更高频处还有几个谐波分量。当调制系数增加到 1.73 时，如图 7-20 所示，所产生的信号具有更多的频率分量，这是由于反馈强度的增加，调制器调制曲线的非线性开始起作用。

将调制系数增加到 2.72，所产生的信号如图 7-21 所示，波形变成了近似噪声的形式，信号的功率谱在电带通滤波器带宽内的频率分量基本连成一片，但功率谱还不够平坦；而信号的幅度概率分布又开始接近高斯分布。

继续增加调制系数，直到光电振荡器产生的信号基本不再变化，此时所产生信号的特性如图 7-22 所示，所对应的调制系数为 5.56。可以看出，信号具有类噪声的形式，在电带通滤波器的通带范围内具有十分平坦的功率谱。在图 7-22(c) 中，实线为高斯拟合曲线，可以看出所产生信号的幅度概率服从高斯分布。

综合图 7-18～图 7-22 可知，随着调制系数的增加，宽带光电振荡器所产生的信号从一开始的白噪声，到出现固定频率分量的确定性信号，再演变为混沌信号。这是由于随着调制系数的增加，光电振荡环内的反馈信号不再是线性调制到光载波上，而是通过马赫–曾德尔调制器的非线性产生了大量的频率分量。当调制信号足够大，系统进入混沌态，此时光电振荡器将产生混沌信号。

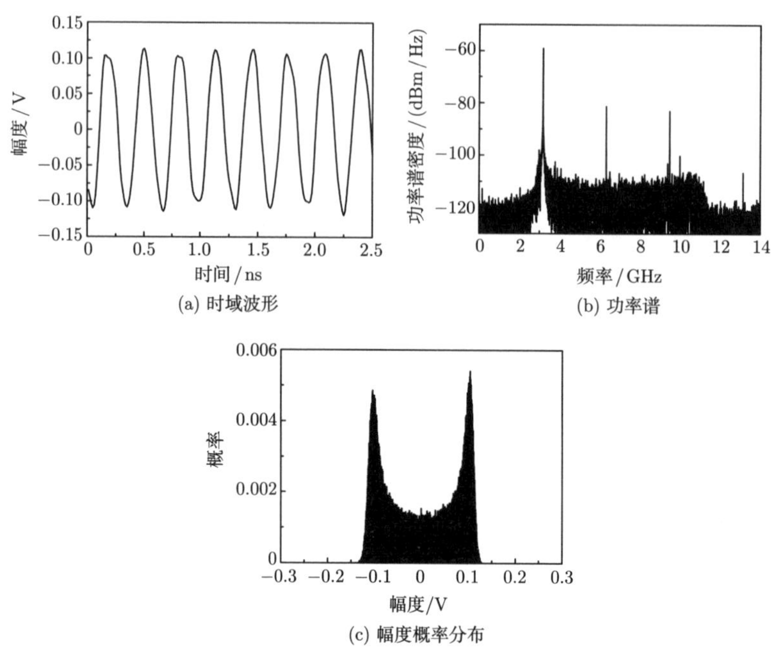

(a) 时域波形　(b) 功率谱　(c) 幅度概率分布

图 7-19　调制系数为 1.15 时宽带光电振荡器产生信号的特性

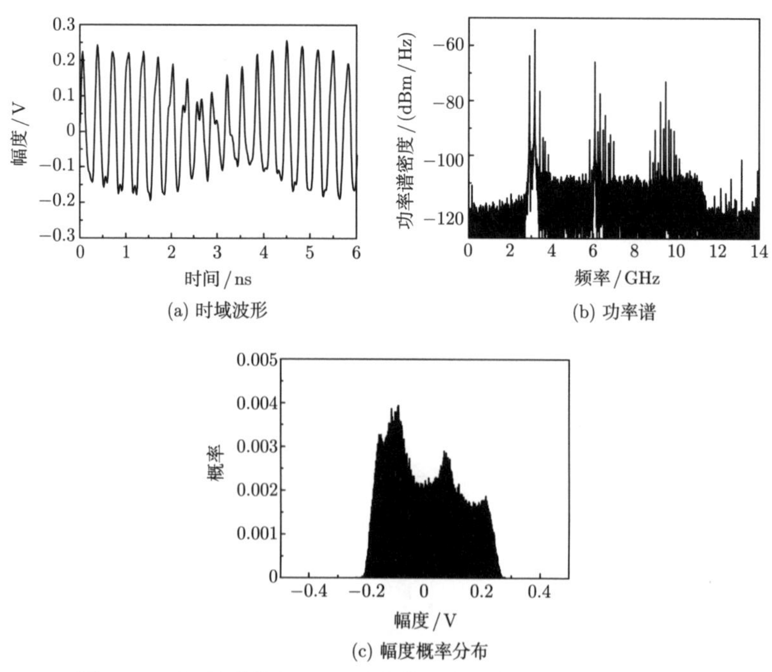

(a) 时域波形　(b) 功率谱　(c) 幅度概率分布

图 7-20　调制系数为 1.73 时宽带光电振荡器产生信号的特性

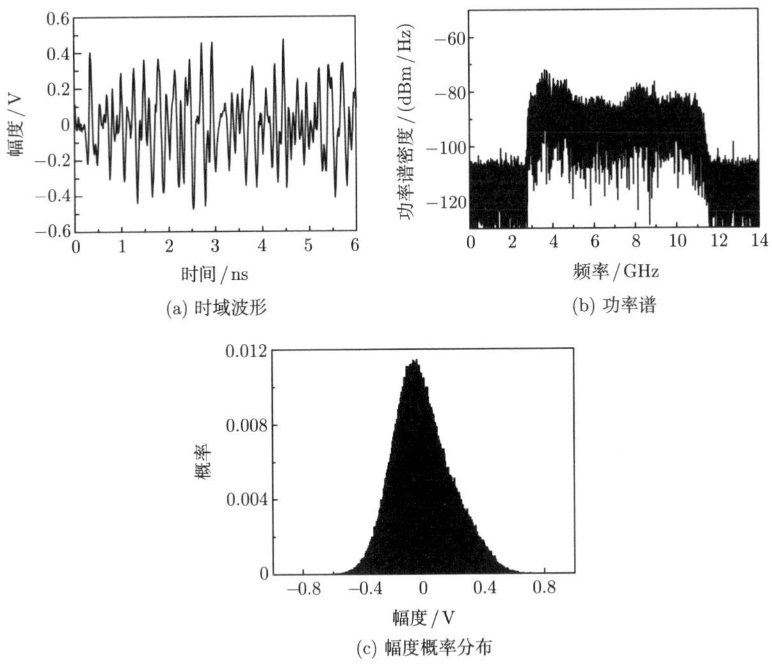

图 7-21 调制系数为 2.72 时宽带光电振荡器产生信号的特性

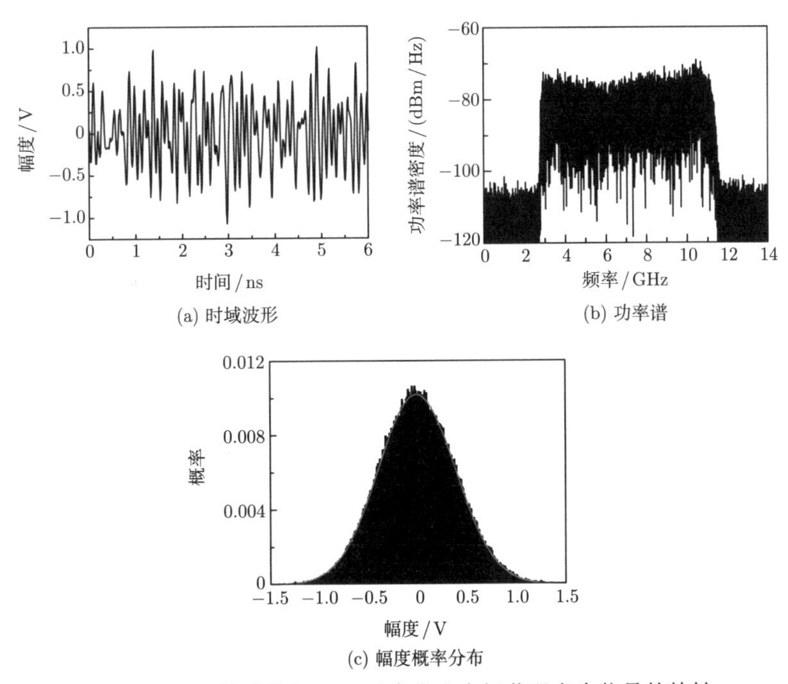

图 7-22 调制系数为 5.56 时宽带光电振荡器产生信号的特性

7.3.3　基于光电振荡器产生混沌信号的正交特性

评价正交波形主要从以下三个方面进行考虑。

1) 自相关特性

信号 $s(t)$ 的自相关函数可表示为

$$r_{\mathrm{ss}}(\tau)=\int_{-\infty}^{\infty} s(t) s^{*}(t-\tau) \mathrm{d} t \tag{7-11}$$

对于时间长度有限的信号，在 $\tau=0$ 时自相关函数会出现最大值，称其为相关峰。

为满足雷达等系统的应用需求，使系统能够获得较高的距离分辨率等，发射信号需具有比较大的带宽和比较窄的自相关主瓣。另一方面，自相关函数中较高的旁瓣则可能引起虚警，为了从强回波中检测弱目标或对干扰进行抑制，信号需具有较低的自相关旁瓣。因而，在工程实践中，对正交信号的自相关特性要求为主瓣较窄、旁瓣较低。

2) 互相关特性

互相关特性体现的是多个信号之间的正交性。假设多个信号分别为 $s_1(t)$，$s_2(t)$，$\cdots$，$s_N(t)$，则其中任意两个信号的互相关函数表示为

$$r_{s_{i} s_{j}}(\tau)=\int_{-\infty}^{\infty} s_{i}(t) s_{j}^{*}(t-\tau) \mathrm{d} t, \quad i \neq j \tag{7-12}$$

若有

$$r_{s_{i} s_{j}}(\tau)=0, \quad i \neq j \tag{7-13}$$

则表明信号 $s_i(t)$ 和 $s_j(t)$ 是正交的。

在工程实践中，很难实现理想的正交，大多数采用的波形只是准正交的，具体表现为其互相关函数较小，但不为零。为了表述方便，本书中将具有准正交性的波形也称为正交波形。为了减小信号之间的相互干扰，要求其互相关值尽可能小。对信号互相关特性的衡量，可以采用信号的峰值互相关电平或平均互相关电平，通常将其对信号的自相关峰值进行归一化处理后用 dB 表示。在实际应用中，当信号之间的平均互相关电平在 $-10\lg(TB)$dB 左右，则认为信号是准正交的，式中 TB 表示信号的时间带宽积，T 为时宽，B 为带宽。

3) 功率谱形状

信号 $s(t)$ 的功率谱表示为

$$P_{s}(\omega)=\lim _{T \rightarrow \infty} \frac{1}{2 T} E\left\{\left|S_{T}(\omega)\right|^{2}\right\} \tag{7-14}$$

其中，$S_T(\omega)$ 为信号的频谱，可通过对信号 $s(t)$ 进行傅里叶变换得到。

为满足雷达等系统的应用需求，通常希望信号的功率谱形状集中在指定的频带范围内，并在带内较为平坦，以便于有效利用频带资源，同时也能减少接收机的信噪比损失。

下面对基于光电振荡器产生的混沌信号的正交特性进行分析。光电振荡器产生的混沌信号的自相关结果如图 7-23 所示，该混沌信号的时长为 10μs。可以看出，自相关峰非常尖锐，且无明显旁瓣；自相关主瓣的半高全宽 (即自相关峰的最大值衰减 6dB 时主瓣的宽度) 约为 0.045ns，这表明了该混沌信号的距离分辨率约为 1.35cm。

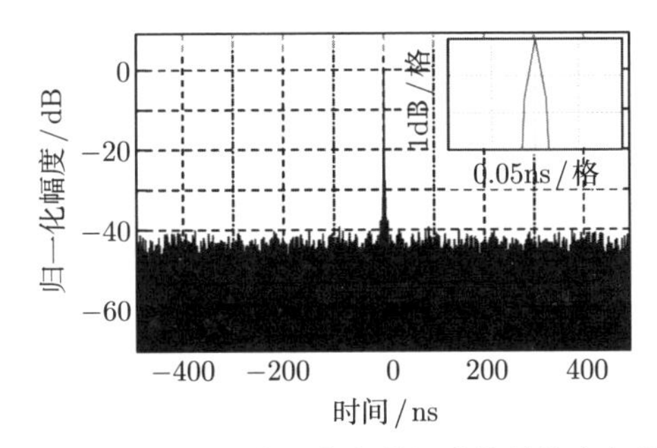

图 7-23 基于光电振荡器产生的混沌信号的自相关结果

由于光电振荡器是一个时延反馈系统，因此所产生混沌信号的自相关结果将在主峰的两侧出现时延峰。时延峰与主峰之间的时间间隔主要由光电振荡器环路的延时决定。如图 7-24 所示的自相关结果中，在与主峰间隔大约 5μs 处出现时延峰。时延峰的存在将会影响该信号用于多目标探测时的性能，容易造成目标的误判。为了消除光电振荡器产生混沌信号的时延信息影响，典型方法包括对激光源使用随机序列进行调制 [33]，增加反馈强度，或改变直流偏置相移等 [34]。

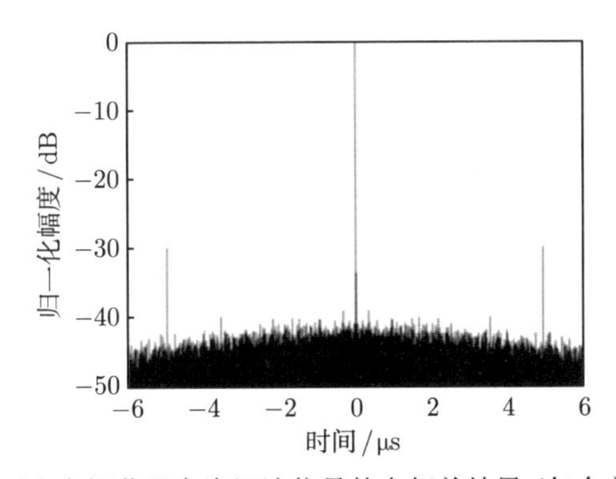

图 7-24 基于光电振荡器产生混沌信号的自相关结果 (包含主峰和时延峰)

基于两个光电振荡器产生两路混沌信号，其互相关结果如图 7-25 所示。两路信号的持续时间均为 10μs，带宽为 7.5GHz。若所产生的混沌信号具有准正交性，则根据公式 $-10\ \lg\ (TB)$ 计算其互相关电平应小于 -48.8dB。基于图 7-25 所示结果，可以看出，两个光电振荡器产生的混沌信号的实际平均互相关电平为 -58dB，满足准正交性的要求。由于混沌系统对初始值敏感，两个光电振荡器从不同的噪声状态起振，或者光电振荡环路中器件参数的微小差别，即能保证所产生的混沌信号具有良好的正交特性。

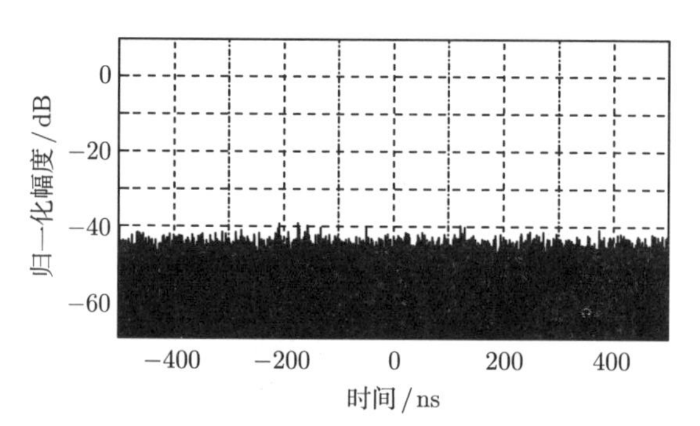

图 7-25　基于光电振荡器产生混沌信号的互相关结果

基于光电振荡器产生混沌信号的功率谱如图 7-26 所示。可以看出，所产生混沌信号的能量都集中在电带通滤波器的通带频率范围内，且功率谱在通带范围内十分平坦。

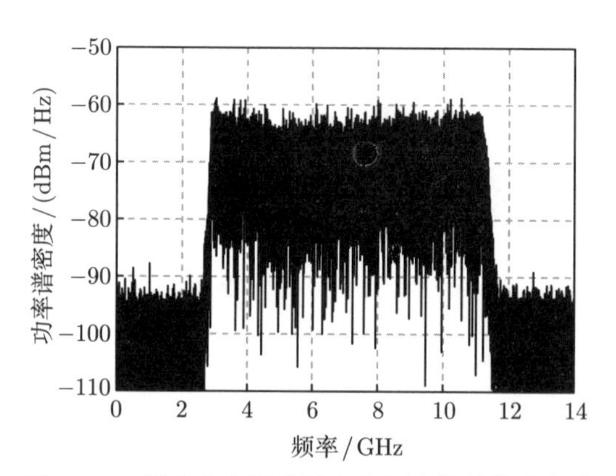

图 7-26　基于光电振荡器产生混沌信号的功率谱

所产生混沌信号的模糊函数如图 7-27 所示。从图 7-27 可以看出混沌信号的模糊函数是理想的图钉型，没有周期性距离模糊和速度模糊。根据雷达模糊函数理论，雷达的距离分辨率取决于发射信号的带宽，而雷达的速度分辨率取决于信号的时宽。由光电振荡器产生的混沌信号具有非常大的带宽，因此具有良好的距离分辨率。同时混沌信号具有类随机性，可以使发射信号的时宽非常大，因此也具有良好的速度分辨率。

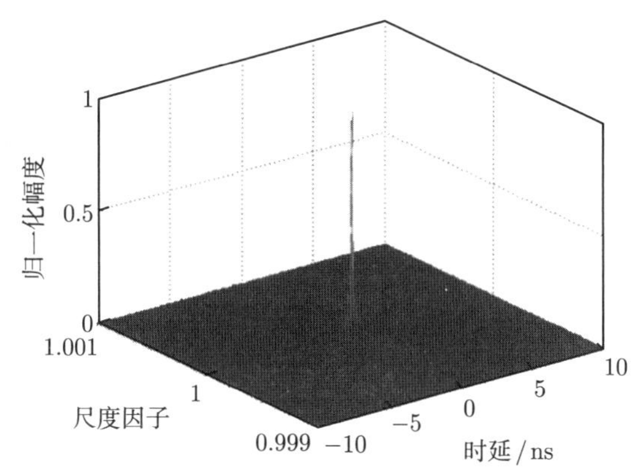

图 7-27 基于光电振荡器产生混沌信号的模糊函数图

由光电振荡器产生混沌信号的以上诸多优点可见，其满足了分布式多目标定位、MIMO 雷达等系统应用对正交波形的要求，因此具有很好的应用前景。为此，人们构建了基于光波分复用网络和混沌光电振荡器的分布式多目标定位系统 [35−38]，通过引入混沌光电振荡器实现宽带正交波形产生，引入基于光波分复用技术网络将分布式发射和接收单元的宽带信号传输回中心站进行信号处理，基于到达时间 (time of arrival, TOA) 定位方法实现了对多目标的精确定位，定位误差达到厘米级。

参考文献

[1] Kong F Q, Li W Z, Yao J P. Transverse load sensing based on a dual-frequency optoelectronic oscillator [J]. Optics Letters, 2013, 38(14): 2611-2613.

[2] Yao J P. Optoelectronic oscillators for high speed and high resolution optical sensing[J]. Journal of Lightwave Technology, 2017, 35(16): 3489-3497.

[3] Jain V, Tzeng F, Zhou L, et al. A single-chip dual-band 22-29-GHz/77-81-GHz BiCMOS transceiver for automotive radars [J]. IEEE Journal of Solid-State Circuits, 2009, 44(12): 3469-3485.

[4] Hashemi H, Hajimiri A. Concurrent multiband low-noise amplifiers-theory, design, and applications [J]. IEEE Transactions on Microwave Theory and Techniques, 2002, 50(1): 288-301.

[5] Dalmia S, Bavisi A, Mukherjee S, et al. A multiple frequency signal generator for 802. 11a/b/g VoWLAN type applications using organic packaging technology [J]. Proceed-

ings of 54th Electronic Components and Technology Conference (IEEE Cat. No. 04CH 37546), Las Vegas, NV, USA, 2004, 2: 1664-1670.

[6] Yang Y, Yi J, Woo Y Y, et al. Optimum design for linearity and efficiency of a microwave doherty amplifier using a new load matching technique [J]. Microwave Journal, 2001, 44(12): 20, 22-23, 26, 28, 32, 36.

[7] Sakamoto T, Kawanishi T, Izutsu M. Optoelectronic oscillator using push-pull Mach-Zehnder modulator biased at null point for optical two-tone signal generation[C]. Proceedings of 2005 Conference on Lasers and Electro-Optics (CLEO), Baltimore, MD, USA, 2005: 877-879.

[8] Zhou P, Zhang F Z, Pan S L. A multi-frequency optoelectronic oscillator based on a single phase-modulator[C]. Proceedings of Conference on Lasers and Electro-Optics (CLEO). San Jose, CA, USA, 2015: 116800.

[9] Zhou P, Zhang F Z, Pan S L. A tunable multi-frequency optoelectronic oscillator based on stimulated Brillouin scattering[C]. Proceedings of 14th International Conference on Optical Communications and Networks, Nanjing, China, 2015: 1-3.

[10] Xu O, Zhang J J, Deng H, et al. Dual-frequency optoelectronic oscillator for thermal-insensitive interrogation of a FBG strain sensor[J]. IEEE Photonics Technology Letters, 2017, 29(4): 357-360.

[11] Wang Y P, Wang M, Xia W, et al. Optical fiber Bragg grating pressure sensor based on dual-frequency optoelectronic oscillator [J]. IEEE Photonics Technology Letters, 2017, 29(21): 1864-1867.

[12] Wu B L, Wang M G, Dong Y, et al. Magnetic field sensor based on a dual-frequency optoelectronic oscillator using cascaded magnetostrictive alloy-fiber Bragg grating-Fabry Perot and fiber Bragg grating-Fabry Perot filters[J]. Optics Express, 2018, 26(21): 27628-27638.

[13] Tang Y, Wang M G, Zhang J, et al. Curvature and temperature sensing based on a dual-frequency OEO using cascaded TCFBG-FP and SMFBG-FP cavities[J]. Optics & Laser Technology, 2020, 131: 106442.

[14] Jiang Y, Liang J H, Bai G F, et al. Multifrequency optoelectronic oscillator [J]. Optical Engineering, 2014, 53(11): 116106.

[15] Gao B D, Zhang F Z, Zhou P, et al. A frequency-tunable two-tone RF signal generator by polarization multiplexed optoelectronic oscillator [J]. IEEE Microwave and Wireless Components Letters, 2017, 27(2): 192-194.

[16] Huber R, Wojtkowski M, Fujimoto J G. Fourier Domain Mode Locking (FDML): a new laser operating regime and applications for optical coherence tomography[J]. Optics Express, 2006, 14(8): 3225-3237.

[17] Li W Z, Yao J P. A wideband frequency tunable optoelectronic oscillator incorporating a tunable microwave photonic filter based on phase-modulation to intensity-modulation conversion using a phase-shifted fiber Bragg grating[J]. IEEE Transactions on Microwave Theory and Techniques, 2012, 60(6): 1735-1742.

[18] Hao T F, Cen Q Z, Dai Y T, et al. Breaking the limitation of mode building time in an optoelectronic oscillator[J]. Nature Communications, 2018, 9(1): 1839.

[19] Zhou P, Zhang F Z, Guo Q S, et al. Linear frequency-modulated waveform generation based on a tunable optoelectronic oscillator[C]. 2017 International Topical Meeting on Microwave Photonics (MWP), Beijing, China, 2017: 1-4.

[20] Simpson T B, Liu J M, Huang K F, et al. Nonlinear dynamics induced by external optical injection in semiconductor lasers[J]. Quantum and Semiclassical Optics, 1997, 9(5): 765-784.

[21] Zhou P, Zhang F Z, Guo Q S, et al. Reconfigurable radar waveform generation based on an optically injected semiconductor laser[J]. IEEE Journal of Selected Topics in Quantum Electronics, 2017, 23(6): 1-9.

[22] Hao T, Tang J, Li W, et al. Fourier domain mode locked optoelectronic oscillator based on the deamplification of stimulated Brillouin scattering [J]. OSA Continuum, 2018, 1(2): 408-415.

[23] Zhou P, Zhang F Z, Pan S L. Generation of linear frequency-modulated waveforms by a frequency-sweeping optoelectronic oscillator[J]. Journal of Lightwave Technology, 2018, 36(18): 3927-3934.

[24] Hao T F, Tang J, Shi N N, et al. Dual-chirp Fourier domain mode-locked optoelectronic oscillator[J]. Optics Letters, 2019, 44(8): 1912-1915.

[25] Li Y N, Hao T F, Li G Z, et al. Photonic generation of phase-coded microwave signals based on Fourier domain mode locking[J]. IEEE Photonics Technology Letters, 2021, 33(9): 433-436.

[26] Willsey M S, Cuomo K M, Oppenheim A V. Quasi-orthogonal wideband radar waveforms based on chaotic systems[J]. IEEE Transactions on Aerospace and Electronic Systems, 2011, 47(3): 1974-1984.

[27] Illing L, Gauthier D J. Ultra-high-frequency chaos in a time-delay electronic device with band-limited feedback[J]. Chaos, 2006, 16(3): 033119.

[28] Jeong M I, Lee J N, Lee C S. Design of quasi-chaotic signal generation circuit for UWB chaotic-OOK system[J]. Journal of Electromagnetic Waves and Applications, 2008, 22(13): 1725-1733.

[29] Wang A, Wang Y, He H. Enhancing the bandwidth of the optical chaotic signal generated by a semiconductor laser with optical feedback[J]. IEEE Photonics Technology Letters, 2008, 20(19): 1633-1635.

[30] Callan K E, Illing L, Gao Z, et al. Broadband chaos generated by an optoelectronic oscillator[J]. Physical Review Letters, 2010, 104(11): 113901.

[31] Vicente R, Dauden J L, Colet P, et al. Analysis and characterization of the hyperchaos generated by a semiconductor laser subject to a delay feedback loop[J]. IEEE Journal of Quantum Electronics, 2005, 41(4): 541-548.

[32] 张建忠, 王安帮, 张明江, 等. 反馈相位随机调制消除混沌半导体激光器的外腔长信息 [J]. 物理学报, 2011, 60(9): 094207.

[33] 李凯, 王安帮, 赵彤, 等. 光电振荡器产生宽带混沌光的时延特征分析 [J]. 物理学报, 2013, 62(14): 144207.

[34] 姚汀峰. 基于微波光子技术的分布式雷达研究 [D]. 南京: 南京航空航天大学, 2015.

[35] Shen J, Molisch A F, Salmi J. Accurate passive location estimation using TOA measurements[J]. IEEE Transactions on Wireless Communications, 2012, 11(6): 2182-2192.

[36] Yao T F, Zhu D, Ben D, et al. Distributed MIMO chaotic radar based on wavelength-division multiplexing technology[J]. Optics Letters, 2015, 40(8): 1631-1634.

[37] 朱丹, 徐威远, 陈文娟, 等. 基于光波分复用网络的分布式多目标定位系统 [J]. 雷达学报, 2019, 8(2): 171-177.

[38] 徐威远. 基于光纤网络架构的分布式多目标定位系统 [D]. 南京: 南京航空航天大学, 2017.

第 8 章　基于光电振荡器的光脉冲产生

高重频、低时间抖动的光脉冲是高速光采样处理、高质量微波信号产生、宽带射频参数测量等系统的基础，其产生方法是相关系统构建和性能提升的难点。光电振荡器能够产生超低相位噪声的高频微波信号，如果能在光域将微波信号转换为光脉冲输出，则微波的高频和低相位噪声会分别映射为光脉冲的高重频和低时间抖动。

光电振荡器中产生光脉冲主要有两种方式：一种是改变光电振荡器环路中的光电调制特性。2003 年，Lasri 等 [1] 采用电吸收调制器替代传统方案中的马赫–曾德尔强度调制器，通过控制电吸收调制器的偏压，形成较窄的开关窗口，得到 10GHz 重频的光脉冲输出。若在光源部分采用多波长光源，这种结构会产生多波长光脉冲。此外，若使用工作在增益开关或者外注入条件下的半导体激光器作为光电振荡器的光源，则无需额外的调制器即可得到光脉冲输出 [2]。这类方案的结构比较简单，但光电振荡器环路中光电调制特性的改变，通常会带来诸如插入损耗增大、附加额外噪声等问题，从而影响所产生光脉冲的脉宽和时间抖动等关键性能。例如，南京航空航天大学微波光子学课题组利用外注入半导体激光器产生 9.68GHz 重频的光脉冲，脉宽是 14.7ps，积分时间抖动为 70.7fs (100Hz∼10MHz)。此时电端口输出的微波信号相位噪声为 −104.41dBc/Hz@10kHz。另一种是耦合光电振荡器 (coupled optoelectronic oscillator，COEO)，主要利用锁模原理产生低时间抖动、高重频的光脉冲。目前，研究人员已基于耦合光电振荡器产生重频为 9.4GHz、时间抖动为 2fs 的光脉冲，电端口输出的微波信号相位噪声为 <−150dBc/Hz@10kHz。考虑到耦合光电振荡器的优异特性，本章主要介绍其基本工作原理、主要性能参数、关键挑战和主要研究进展。

8.1　耦合光电振荡器的工作原理

8.1.1　耦合光电振荡器的基本工作原理

图 8-1 为耦合光电振荡器的基本结构。它由一个锁模激光器环路和一个光电振荡环路构成，两环路共享同一个电光调制器。对于光电振荡环路，电光调制器的光输出口依次连接光电探测器、电带通滤波器和电放大器，电放大器的输出再注入电光调制器的射频输入口，形成反馈回路；对于锁模激光器环路，电光调制器

的光输出依次连接光可调延时线、光滤波器和光放大器，光放大器的输出反馈回电光调制器的光输入端。与传统光电振荡器 (由光源及光电反馈回路组成) 不同，耦合光电振荡器中没有外置的光源，而是由锁模激光器环路振荡产生光信号。

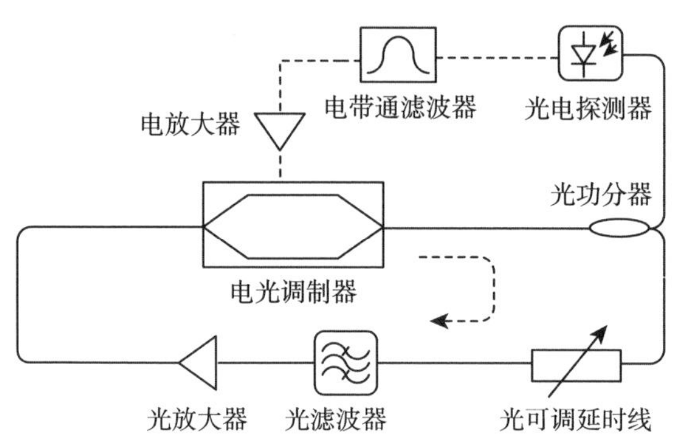

图 8-1　耦合光电振荡器基本结构图

耦合光电振荡器的基本工作原理如图 8-2 和图 8-3 所示。图 8-2(a) 给出了锁模激光器环路中所有可能振荡的激光模式，模式间隔为 Δv(由锁模激光器环路的长度决定)。在没有电光反馈的情况下，这些激光模式的相位是随机的。如将它们送入光电探测器，可拍频产生多种频率的微波信号。

图 8-2(b) 给出了所有激光模式的模间拍频频率，其中最低频率 Δv 的幅度是所有相邻模式拍频分量的矢量和，频率 $2\Delta v$ 的幅度则是所有间隔模式拍频分量的矢量和，以此类推。由于激光模式的相位随机，这些拍频信号较弱且噪声较大。

图 8-2(c) 为光电振荡环路中所有可能的光电环路振荡模式。实际系统中，通过光可调延时线使光电振荡环路的微波模式中恰好有一些与锁模激光器环路的模间拍频频率相同。此时，用电带通滤波器选择其中一个模式 (比如：$f = 3\Delta v$)。与传统光电振荡器类似，当光电振荡环路的增益大于 1 时，所选的模式开始振荡。光电振荡环路的振荡模式通过电光调制器对锁模激光器环路的增益进行调制。如图 8-2(c) 所示，此过程会在腔内形成与调制频率相同的正弦型光损耗调制。当调制频率 f 等于锁模激光器环路模式间隔的整数倍时，锁模激光器环内只会在调制损耗最小值附近产生净增益，进而产生重复频率等于调制频率、脉冲宽度很窄的光脉冲。在频域，锁模相当于使图 8-2(a) 中部分激光模式发生同相振荡，并抑制了其他无法参与锁模的激光模式，如图 8-2(d) 所示。锁模激光器环路激光模式的锁定使得其模式间隔等于光电振荡环路的振荡频率。由于所有的激光模式相位匹配，因此任意两个相邻激光模式间的拍频信号将同相叠加，从而为光电振荡环中的微波振荡模式提供增益，增强其振荡，进一步抑制光电振荡环路中的其他非振荡模式，如图 8-2(e) 所示。上述过程反复进行，直到形成稳态。在稳态下，光电振

荡环路输出低相位噪声的微波信号，而锁模激光器环路输出低抖动的光脉冲，光脉冲的重复频率等同于微波信号的频率。

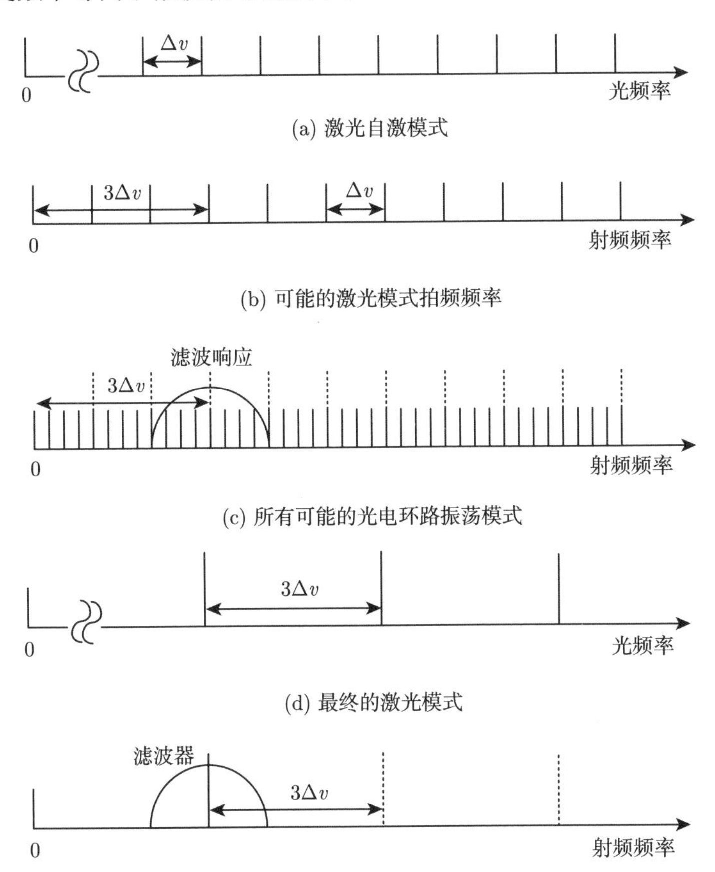

图 8-2 耦合光电振荡器的工作原理

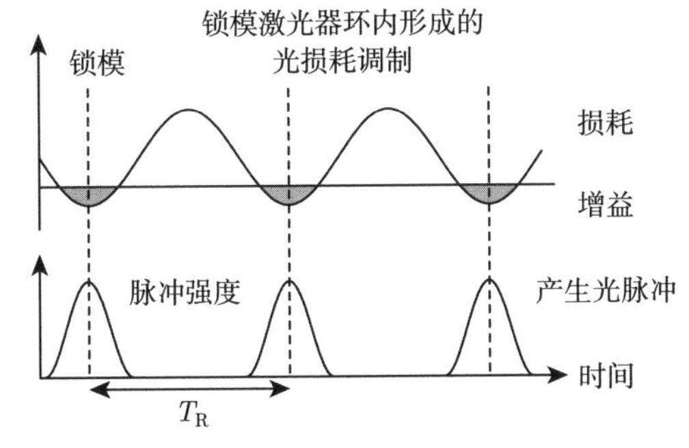

图 8-3 耦合光电振荡器的激光环路锁模原理

8.1.2 耦合光电振荡器的理论模型

对于图 8-1 中的耦合光电振荡器，当锁模激光器环内的色散为正时，对于产生的光脉冲，高斯波形是一种很好的近似，表达式如下：

$$A(T,t)=\left[\frac{E}{\sqrt{\pi}\tau}\right]^{1/2}\left\{\exp\left[-\left(\frac{t-\xi}{\sqrt{2}\tau}\right)^2\right]\right\}^{1+\mathrm{i}q}\mathrm{e}^{\mathrm{i}\Omega(t-\xi)} \tag{8-1}$$

式中，$A(T, t)$ 为电场的缓变包络；$T=z/V_{\mathrm{g}}$，V_{g} 为群速度；ξ 为时移；Ω 为频移；q 为啁啾；τ 为脉冲持续时间；$E=P_{\mathrm{ave}}T_{\mathrm{m}}$ 为脉冲能量，P_{ave} 为光脉冲周期 T_{m} 内的平均功率。可以得到 E 的表达式如下：

$$E=\int_{-T_{\mathrm{m}}/2}^{T_{\mathrm{m}}/2}\left|A(T,t)\right|^2\mathrm{d}t \tag{8-2}$$

光脉冲在光环路中传输，可用如下公式进行描述：

$$\begin{aligned}&T_{\mathrm{R}}\frac{\partial A}{\partial T}+\frac{\mathrm{i}}{2}\left(\beta_{2\Sigma}+\frac{\mathrm{i}}{\Omega_f^2}\right)\frac{\partial^2 A}{\partial t^2}-\frac{1}{6}\beta_{3\Sigma}\frac{\partial^3 A}{\partial t^3}\\&=\mathrm{i}\gamma_{\Sigma}\left|A\right|^2A+\frac{1}{2}\left(g_{\Sigma}-\alpha_{\Sigma}\right)A-A\frac{\Delta AM}{2}\omega_{\mathrm{m}}^2\left(t-t_{\mathrm{m}}\right)^2\end{aligned} \tag{8-3}$$

式中，$T_{\mathrm{R}}=L_{\mathrm{R}}/V_{\mathrm{g}}$ 为在长度为 L_{R} 的光环路中的往返时间；$T_{\mathrm{R}}/T_{\mathrm{m}}$ 为一个整数，代表激光器锁模的谐波数；γ_{Σ} 为整个锁模激光器环内三阶非线性的总和；g_{Σ} 和 α_{Σ} 为环路的增益和衰减；$\beta_{2\Sigma}$ 为二阶色散；$\beta_{3\Sigma}$ 为三阶色散。增益用峰值增益 $g_{0\Sigma}$ 和饱和功率 P_{sat} 来描述，有

$$g_{\Sigma}=g_{0\Sigma}\left(1+\frac{P_{\mathrm{ave}}}{P_{\mathrm{sat}}}\right)^{-1}=g_{0\Sigma}\left(1+\frac{E}{E_{\mathrm{sat}}}\right)^{-1} \tag{8-4}$$

假定腔内的增益响应比光脉冲持续时间快。连接光脉冲的定时抖动和射频环路的相位延迟的方程如下：

$$t_{\mathrm{m}}\left(T+T_{\mathrm{mwd}}\right)=\xi\left(T\right) \tag{8-5}$$

式中，T_{mwd} 为射频环路的群延时。忽略系统的三阶色散，在 $\xi=t_{\mathrm{m}}$，$\Omega=0$ 的情况下，三个方程分别为

$$g_{\Sigma}-\alpha_{\Sigma}-\frac{1+q^2}{2\tau^2\Omega_f^2}-\frac{1}{2}\Delta_{\mathrm{AM}}\omega_{\mathrm{m}}^2\tau^2=0 \tag{8-6}$$

$$\left[\frac{\beta_{2\Sigma}}{\tau^2}-\frac{q}{\tau^2\varOmega_f^2}\right](1+q^2)+\frac{E\gamma_\Sigma}{\sqrt{2\pi}\tau}-q\Delta_{\mathrm{AM}}\omega_{\mathrm{m}}^2\tau^2=0 \tag{8-7}$$

$$q\frac{\beta_{2\Sigma}}{\tau}+\frac{1-q^2}{2\tau\varOmega_f^2}-\frac{1}{2}\Delta_{\mathrm{AM}}\omega_{\mathrm{m}}^2\tau^3=0 \tag{8-8}$$

光脉冲的功率可以从式 (8-6) 得到。这个方程包括两个基本项，对应光脉冲在调制器和滤光器中的衰减。一般来说，这两项比较小：

$$\frac{1+q^2}{2\tau^2\varOmega_f^2}\ll 1 \tag{8-9}$$

$$\Delta_{\mathrm{AM}}\omega_{\mathrm{m}}^2\tau^2\ll 1 \tag{8-10}$$

耦合光电振荡器中的调制效率 Δ_{AM} 取决于脉冲能量，射频放大器的饱和功率也影响调制深度。光脉冲能量主要由光放大器的饱和状态决定，由如下表达式给出：

$$E=E_{\mathrm{sat}}\left(\frac{g_{0\Sigma}}{\alpha_\Sigma}-1\right) \tag{8-11}$$

从式 (8-7) 和式 (8-8) 推导出光脉冲持续时间 τ 和啁啾 q 的表达式如下：

$$\tau^4=\frac{1}{\Delta_{\mathrm{AM}}\omega_{\mathrm{m}}^2\varOmega_f^2}\left\{2\left(1+\frac{1}{\beta_{2\Sigma}^2\varOmega_f^4}\right)\times\left[\sqrt{1+\beta_{2\Sigma}^2\varOmega_f^4\left(1+\frac{E\gamma_\Sigma\tau}{\sqrt{2\pi}\beta_{2\Sigma}}\right)}-1\right]-\frac{E\gamma_\Sigma\tau}{\sqrt{2\pi}\beta_{2\Sigma}}\right\} \tag{8-12}$$

$$q=\frac{1}{\beta_{2\Sigma}\varOmega_f^2}\left[\sqrt{1+\beta_{2\Sigma}^2\varOmega_f^4\left(1+\frac{E\gamma_\Sigma\tau}{\sqrt{2\pi}\beta_{2\Sigma}}\right)}-1\right] \tag{8-13}$$

当二阶色散 $\beta_{2\Sigma}$ 趋近于 0，腔内非线性 γ_Σ 为 0 时，光脉冲的啁啾趋近于 0。在小色散但有限非线性的情况下，有

$$\tau=\frac{1}{\sqrt{2}}\left\{\left[\left(\frac{1}{8\pi}\frac{\varOmega_f^2E^2\gamma_\Sigma^2}{\omega_{\mathrm{m}}^2\Delta_{\mathrm{AM}}}\right)^2+\frac{4}{\Delta_{\mathrm{AM}}\omega_{\mathrm{m}}^2\varOmega_f^2}\right]^{1/2}-\frac{1}{8\pi}\frac{\varOmega_f^2E^2\gamma_\Sigma^2}{\omega_{\mathrm{m}}^2\Delta_{\mathrm{AM}}}\right\}^{1/2} \tag{8-14}$$

$$q=\frac{\varOmega_f^2E\gamma_\Sigma\tau}{2\sqrt{2\pi}} \tag{8-15}$$

耦合光电振荡器的脉冲持续时间和啁啾特性与主动锁模激光器中的参数表现一致。为了得到耦合光电振荡器的有效品质因子，假设射频环路中引入的相移为 $\delta\phi_{\mathrm{mw0}} = t_{\mathrm{m0}}\omega_{\mathrm{m}}$，研究时间值如何达到稳态。

$$T_{\mathrm{R}}\frac{\mathrm{d}\xi}{\mathrm{d}T} = -\left(\beta_{2\Sigma} - \frac{q}{\Omega_f^2}\right)\Omega - \Delta_{\mathrm{AM}}\omega_{\mathrm{m}}^2\tau^2\left(\xi - t_{\mathrm{m}}\right) \tag{8-16}$$

$$T_{\mathrm{R}}\frac{\mathrm{d}\Omega}{\mathrm{d}T} = -\frac{1+q^2}{\Omega_f^2\tau^2}\Omega + \Delta_{\mathrm{AM}}\omega_{\mathrm{m}}^2 q\left(\xi - t_{\mathrm{m}}\right) \tag{8-17}$$

$$T_{\mathrm{mwd}}\frac{\mathrm{d}t_{\mathrm{m}}}{\mathrm{d}T} = \xi - t_{\mathrm{m}} \tag{8-18}$$

当使用近似 $t_{\mathrm{m}}(T+T_{\mathrm{mwd}}) \approx T_{\mathrm{mwd}}(\mathrm{d}t_{\mathrm{m}}/\mathrm{d}T) + t_{\mathrm{m}}$ 时，得到系统的特征值如下：

$$\lambda_0 = 0 \tag{8-19}$$

$$\begin{aligned}\lambda_{\pm} = -\frac{1}{2}\Bigg\{&\frac{1}{T_{\mathrm{mwd}}} + \left(\frac{1+q^2}{\Omega_f^2\tau^2} + \Delta_{\mathrm{AM}}\omega_{\mathrm{m}}^2\tau^2\right)\frac{1}{T_{\mathrm{R}}} \\ &\pm\sqrt{\left[\frac{1}{T_{\mathrm{mwd}}} + \left(-\frac{1+q^2}{\Omega_f^2\tau^2} + \Delta_{\mathrm{AM}}\omega_{\mathrm{m}}^2\tau^2\right)\frac{1}{T_{\mathrm{R}}}\right]^2 - 4\left(\beta_{2\Sigma}\Omega_f^2 - q\right)\frac{\Delta_{\mathrm{AM}}\omega_{\mathrm{m}}^2 q}{\Omega_f^2 T_{\mathrm{R}}^2}}\Bigg\}\end{aligned} \tag{8-20}$$

每个耦合光电振荡器参数 (ξ、t_{m} 和 Ω) 的时间弛豫可以表示为 $\Sigma_{\mathrm{j}} A_{\mathrm{j}}\exp(\lambda_{\mathrm{j}} T)$，此处 A_{j} 是由初始条件给出的一些常数。具有零弛豫的项基本上表明系统的相位不是固定的，可以任意漂移。但是，由于容易找到集合 [式 (8-16) ~ 式 (8-18)] 的解，耦合光电振荡器的部分参数弛豫为零：

$$\begin{cases}\Omega = 0 \\ \xi - t_{\mathrm{m}} = 0\end{cases} \tag{8-21}$$

特征率为 $\lambda_{\pm}$。系统的特征弛豫时间常数为 $\lambda_{\pm}^{-1}$。时间 ξ 和频率 Ω 之间的耦合通常很小，所以可以从式 (8-19) 和式 (8-20) 推导时间常数：

$$\frac{1}{T_+} = \frac{1}{T_{\mathrm{mwd}}} + \Delta_{\mathrm{AM}}\omega_{\mathrm{m}}^2\tau^2\frac{1}{T_{\mathrm{R}}} \tag{8-22}$$

$$\frac{1}{T_-} = \frac{1+q^2}{\Omega_f^2\tau^2}\frac{1}{T_{\mathrm{R}}} \tag{8-23}$$

这些时间常数以 $Q_{\pm} = T_{\pm}\nu_0$ 的形式决定耦合光电振荡器的品质因子，其中 ν_0 为光载波频率。在耦合光电振荡器的光电振荡环路不是非常长的情况下，特征时间 $T_+ \approx T_{\mathrm{mwd}}$ 由光电振荡环路的长度给出。特征时间 T_- 则可以表征锁模激光器环路对射频品质因子的增强作用，增强值可以定义为 $T_-/T_{\mathrm{R}} = \Omega_f^2\tau^2/(1+Q^2)$。可以看出，和传统光电振荡器相比，在光电振荡环路具有相同延时的情况下，耦合光电振荡器的锁模激光器环路将对产生射频信号的等效品质因子起到增强作用。

8.1.3 耦合光电振荡器的主要性能参数

耦合光电振荡器的主要性能参数包括所产生微波信号的相位噪声和边模抑制比，以及所产生光脉冲的时间抖动、超模抑制比等。其中，所产生微波信号的相位噪声和光脉冲的时间抖动分别是对耦合光电振荡器的频率短时稳定度的频域和时域表征。边模抑制比和超模抑制比是对耦合光电振荡器频谱纯度的表征。边模抑制比是光电振荡环内振荡的微波模式和功率最大的其余微波模式的功率比，而超模抑制比则是锁模激光器环路中振荡的激光模式和功率最大的其余激光模式的功率比。由于耦合光电振荡器的光电振荡环路和锁模激光器环路之间的耦合正反馈特性，因此超模噪声和边模噪声在稳态下具有相同的起源。

1. 相位噪声

根据第 2 章中所述相位噪声的定义，对于耦合光电振荡器，相位噪声是光电振荡环内振荡的射频信号短期频率稳定度的频域表征。耦合光电振荡器产生射频信号的频谱纯度来自光电振荡环路的高 Q 值以及锁模激光器环路的高稳定性。和传统光电振荡器不同，耦合光电振荡器的锁模激光器环路将对产生射频信号的等效品质因子起到增强作用，因此在相同光电环路延迟的情况下，耦合光电振荡器的锁模机制将有效提高品质因子，从而有效降低相位噪声。

2. 边模抑制比

当耦合光电振荡器的光电振荡环路中存在多个满足振荡相位条件的边模，主振荡模式与最大边模的功率比即为边模抑制比。同样地，由于耦合光电振荡器的锁模激光器环路对光电振荡环路产生射频信号的等效品质因子起到增强作用，因此可有效降低对光电振荡环路的时延要求，增大相邻边模的频率间隔，有效提升边模抑制比，并避免对光电振荡环内电滤波器 Q 值的苛刻要求。

3. 时间抖动

耦合光电振荡器的锁模激光器环路中产生的光脉冲序列，相比于理想的周期性光脉冲序列，其脉冲的时间位置存在偏差，这种现象称为时间抖动。耦合光电振荡器光电振荡环内振荡信号的相位噪声将直接转化为锁模激光器环路中光脉冲的时间抖动。两者所描述的均是频率短时稳定度，因此，所产生光脉冲的时间抖动可以从对应产生射频信号的相位噪声中导出。

图 8-4 给出耦合光电振荡器产生的射频信号从频偏 1Hz 到 10MHz 范围内的相位噪声曲线示意图。$L(f)$ 以功率谱密度函数的形式给出边带噪声的分布，单位为 dBc。边带的总噪声功率 N 可以由 $L(f)$ 函数在指定频偏范围 $f_1\sim f_2$ 内 (如 10kHz 到 10MHz 频偏) 积分得到，表达式如下：

$$N=\sum_{f_1}^{f_2} L(f)\mathrm{d}f \tag{8-24}$$

由于相位调制正是造成时间抖动的原因，因此该噪声功率造成的时间抖动值如下：

$$\mathrm{RMS_{Jitter}}\,(\text{弧度})=\sqrt{10^{N/10}}\times 2 \tag{8-25}$$

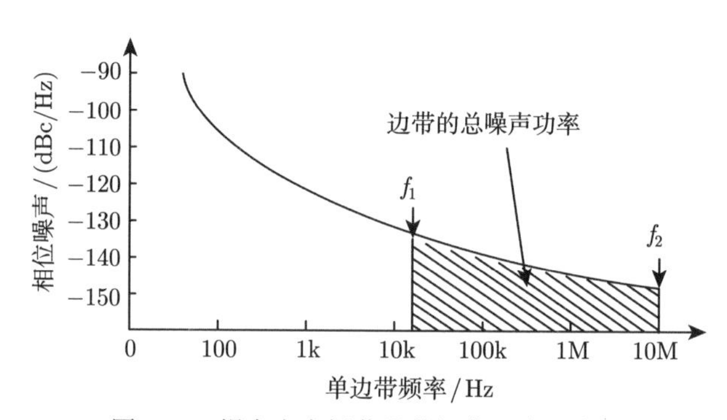

图 8-4 耦合光电振荡器的相位噪声示意图

4. 超模抑制比

耦合光电振荡器稳定工作时，锁模激光器环路中激光纵模之间需要保持相位锁定状态。为实现高重复频率，锁模激光器环路通常在谐波锁模状态工作 (即脉冲的重复频率是腔体基模的整数倍)，将支持多个以腔体基模为间隔的模式振荡。如图 8-5 所示，间隔为工作频率的一组锁相模式为一个超模，不同超模之间的拍频产生了锁模激光器环路最主要的噪声，即超模噪声。锁模激光器环路的增益带宽内通常有许多组超模同时存在，从而产生增益竞争，导致光脉冲序列存在时间抖动。耦合光电振荡器的工作频率越高，谐波锁模的阶次越高，腔内的超模数就越多，超模噪声就越大。

因此，对于高重频的耦合光电振荡器，超模噪声是影响整个系统稳定性的重要因素。超模抑制比是指锁模激光器环路中振荡模式相对于其余模式的比值，是描述耦合光电振荡器性能的关键参数之一。

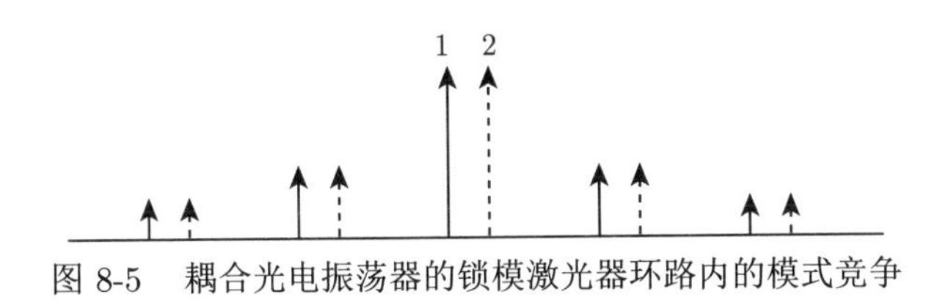

图 8-5　耦合光电振荡器的锁模激光器环路内的模式竞争

8.1.4 耦合光电振荡器的主要研究进展

1997 年和 2000 年，Yao 等 [3,4] 提出基于半导体光放大器的耦合光电振荡器结构，定性描述了耦合光电振荡器的模式对准理论。为了提高系统的长期稳定性，2005 年 Yu 等 [5] 演示了基于原子跃迁参考频率的耦合光电振荡器稳定性方案。为了改善射频信号的相位噪声和光脉冲的时域抖动，2007 年，Salik 等 [6] 在耦合光电振荡器结构中引入了掺铒光纤放大器、保偏光纤和色散位移光纤，获得了相位噪声为 −150dBc/Hz@10kHz 的 9.4GHz 的射频信号和时间抖动为 2fs 的光脉冲。2011 年，Williams 等 [7] 报道了基于光锁相环和倍频机制的耦合光电振荡器，提高了其振荡频率的稳定性，减少了环境温度和机械振动等因素的影响；但这种结构的耦合光电振荡器结构复杂、成本较高，限制了其推广应用。在此基础上，Williams 等 [8] 演示了一种注入锁定式耦合光电振荡器，同时研究了射频信号的频率稳定性与注入光频率稳定性的关系。2012 年，Loh 等 [9] 提出了基于新型大功率平板耦合光波导放大器的耦合光电振荡器，避免引入微波放大器，简化了系统结构，获得了相位噪声为 −143dBc/Hz@10kHz 的 10GHz 射频信号。浙江大学研究人员研究了基于保偏机制的耦合光电振荡器 [10]，分析了光信号的偏振态、相位匹配、环路长度等对产生射频信号相位噪声的影响，实验实现了 5GHz 的耦合光电振荡器，相位噪声为 −136dBc/Hz@10kHz。表 8-1 总结了耦合光电振荡器的研究现状。

表 8-1　耦合光电振荡器研究现状

文献	作者	实现方法	频率/GHz	相位噪声/(dBc/Hz)	超模抑制比/dB	边模抑制比/dB	光脉冲宽度/ps	时间抖动/fs	年份
[3]	Yao 等	SOA 用做调制器	0.3/0.8			66	250/50		1997
[4]	Yao 等	基于 CPM(colliding pulse mode-locked) 锁模激光器的 COEO	18/10	−86/∼ −110@10kHz		21/∼ 60	6.2/15		2000
[5]	Yu 等	基于原子跃迁参考频率的 COEO	9.2	−150@10kHz					2005
[6]	Salik 等	采用非保偏元件和掺铒光纤放大器的 COEO	9.4	−150@10 至 100kHz				2	2007
[7]	Williams 等	基于光锁相环和倍频机制的 COEO	10.24		∼ 35				2011
[9]	Loh 等	基于高功率平板耦合光波导(SCOW) 放大器的 COEO	9.955	−115 @1kHz		72.5	26.8		2012

续表

文献	作者	实现方法	频率/GHz	相位噪声/(dBc/Hz)	超模抑制比/dB	边模抑制比/dB	光脉冲宽度/ps	时间抖动/fs	年份
[10]	徐伟等	基于保偏机制的 COEO	5	−136 @10kHz					2014
[11]	Salik 等	基于 EDFA 的 COEO	10	−135 @10kHz			4.1	6	2004
[12]	Yu 等	使用锁模光纤激光器作为高 Q 谐振腔的 COEO	9.2	−140 @10kHz			2	0.8	2005
[13]	Quinlan 等	引入法布里–珀罗标准具和谐波锁模激光器的稳频 COEO	10.24	−130@10kHz		~ 70	20		2007
[14]	Yoo 等	基于复合腔电光微芯片激光器的 COEO	20			~ 5			2008
[15]	van Dijk 等	基于 QD (quantum dash) 锁模激光器的 COEO	39.9	−75 @10kHz					2008
[16]	van Dijk 等	基于 QD (quantum dash) 锁模激光器的 COEO	54.8	~ −70 @10kHz			0.48		2008
[17]	Lee 等	基于主动锁模外腔激光器的 COEO	2.298 @852nm						2009
[18]	Cai 等	基于非泵浦掺铒光纤饱和吸收效应的 COEO	10.664	−120.58 @10kHz		67			2012
[19]	Matsko 等	基于半导体光放大器的 COEO	10	~ −145 @10kHz			6.5		2013
[21]	Dai 等	基于光脉冲功率前馈的 COEO	10	−125 @10kHz		~ 72			2015
[22]	Auroux 等	基于半导体光放大器的 COEO	10/30	−132/−126 @10kHz		>70			2016
[25]	Jiang 等	基于保偏光纤激光器腔的 COEO	10.1	−133.25 @10kHz			20	55.9	2016
[27]	Dai 等	和嵌入式自由运行振荡器相互注入锁定的 COEO	9.99	−117 @10kHz					2017
[28]	Lelièvre 等	基于半导体光放大器的 COEO	10	−140 @10kHz					2017
[30]	Zhu 等	基于非泵浦掺铒光纤中增强的空间烧孔效应的 COEO	10.0	−130.5 @10kHz	75.4	90.7			2018
[31]	Xiao 等	基于光电混合滤波器的 COEO	9.955	~ −115 @10kHz		82.6			2018
[32]	Du 等	基于保偏光纤激光器腔和空间烧孔效应的 COEO	10	−121.9 @10kHz	61.8	94	6.8		2018
[33]	Ly 等	基于半导体光放大器的 COEO	30	−114.4 @10kHz					2018

综合上述研究现状，耦合光电振荡器的主要研究目标是获得高重频、低时间抖动的光脉冲和超低相噪的微波信号产生，主要集中于解决如下问题：如何抑制超模噪声，如何消除偏振态起伏、环境扰动导致的频率、光脉冲幅度等的不稳定性。

8.2 耦合光电振荡器的超模噪声抑制

本节将介绍典型的耦合光电振荡器超模噪声抑制方法，主要包括在锁模激光器环路内引入窄带滤波效应或非均匀损耗。这些方法显著提升了耦合光电振荡器在光域和微波域的性能。

8.2.1 窄带滤波效应抑制超模噪声

为了提高超模抑制比，一种有效方法是在锁模激光器环路内加入窄带滤波器，包括梳状光滤波器 [34] 和构建复合腔 [35] 等。一种典型的方式是在锁模激光器环路内插入自由频谱范围 (FSR) 与耦合光电振荡器调制频率相同的高 Q 值法布里–珀罗腔 (Fabry-Perot cavity，F-P 腔)，利用 F-P 滤波器的透射峰选择振荡模式，同时抑制其他模式，从而实现超模噪声的抑制。从频域来看，高 Q 值 F-P 腔为梳状光滤波器，并且自由频谱范围与超模间隔相同，利用其光域滤波的特性选择一个模式在增益竞争中占主导地位，从而抑制其他超模。F-P 腔对超模噪声的抑制同样可以从时域来理解：单个光脉冲经过高 Q 值 F-P 腔后会被多次反射，光脉冲每往返一次会输出一部分能量，即 F-P 腔将单个光脉冲分散成多个重复频率与自由频谱范围相同的脉冲序列。由于输入光脉冲序列的重复频率与 F-P 腔的自由频谱范围相等，所以 F-P 腔输出的光脉冲为所有输入光脉冲的多次相干叠加 (如果 Q 值足够高)，实现了光脉冲序列的幅度均衡，从而抑制了超模噪声。

引入 F-P 腔对超模噪声的抑制效果明显，但会给锁模激光器环路引入较大的插入损耗。另一方面，高精度的 F-P 腔对制作工艺要求高，且为实现透射峰与锁模激光器环路模式之间的精确对准，F-P 腔内需要引入额外的控制机制。

另一种典型的方式是在锁模激光器环路中引入复合腔结构，增加等效纵模间隔，从而抑制超模噪声，其原理如图 8-6 所示。复合腔由两个腔长分别为 L_1 和 L_2 的谐振腔构成，两个腔对应的谐振基频为 v_1 和 v_2。L_1 和 L_2 之间的长度差值 ΔL 远小于单个谐振腔的长度。因此，v_1 和 v_2 非常接近，但具有较小的差值。v_c 为 v_1 和 v_2 的最小公倍数，根据游标卡尺效应，复合腔内只有满足 v_{c} 的纵模才能存在。因此 v_{c} 成为复合腔的有效模式间隔，其表达式如下：

$$v_{\mathrm{c}} = N \times v_1 = M \times v_2 \tag{8-26}$$

式中，N 和 M 为满足条件的互质整数，并且无公因子。从式 (8-26) 可以看出，引入复合腔的目的是增加有效纵模间隔，进而降低谐波锁模的阶数，即减少参与增益竞争的超模组数，从而有效抑制超模噪声。基于上述原理，可以看出，需要选择合适的腔长差 ΔL，使得 v_{c} 远大于 v_1 和 v_2。

从结构上看，开环的复合腔结构为双臂不等长的马赫–曾德尔干涉仪，其传输曲线可以表示为

$$T = \frac{1}{2}\left[1 + \cos\left(2\pi\frac{f}{\Delta v_f}\right)\right] \tag{8-27}$$

式中，Δv_f 为 ΔL 对应的纵模间隔差。可以看出，复合腔的自由频谱范围为马赫–曾德尔干涉仪结构透过率周期的整数倍，对应最大透过率的模式才能处于稳态。因此，复合腔结构等效于一个梳状光滤波器。

复合腔结构虽然可以增加等效纵模间隔，但是需要精确的腔长匹配，在实际应用中，腔长匹配的误差通常使得不同模式间的滤波效应不够明显。此外，复合腔方法利用的是干涉结构，对腔体长度变化引起的相位浮动更加敏感，这将不可避免地降低锁模激光器环路的稳定性。

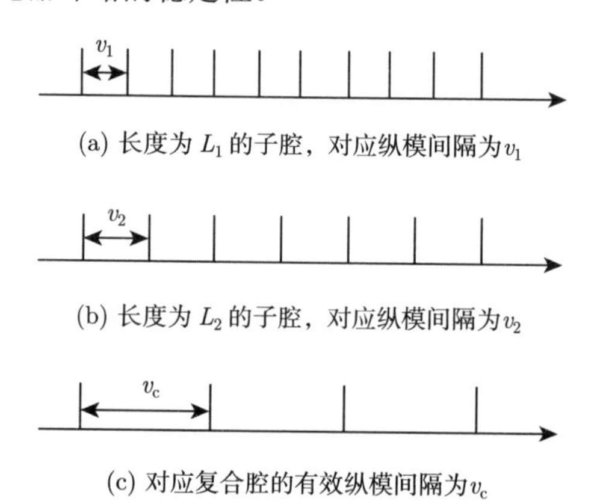

(a) 长度为 L_1 的子腔，对应纵模间隔为 v_1

(b) 长度为 L_2 的子腔，对应纵模间隔为 v_2

(c) 对应复合腔的有效纵模间隔为 v_c

图 8-6 基于复合腔抑制耦合光电振荡器的超模噪声原理图

8.2.2 非均匀损耗抑制超模噪声

另一种方法是在锁模激光器环路内引入非均匀损耗来降低光脉冲幅度的波动 [36]，包括利用自相位调制和光滤波 [37]、非线性偏振旋转效应 [38]、光脉冲功率反馈 [21] 和饱和吸收效应 [18,23,29,30,32] 等机理。本节将介绍通过饱和吸收效应引入非均匀损耗，从而抑制耦合光电振荡器超模噪声的典型方案，包括在锁模激光器环路中引入半导体可饱和吸收镜 [29]，以及引入非泵浦掺铒光纤产生周期性空间烧孔 [18,23,30,32] 等。

1. 基于半导体可饱和吸收镜抑制超模噪声

半导体可饱和吸收镜常用于重频较低的被动锁模激光器中 [39−41]，用以引入饱和吸收效应，抑制竞争模式。而耦合光电振荡器的锁模激光器环路工作于主动锁模方式，通常高频工作。研究表明，将半导体可饱和吸收镜引入主动锁模的耦合光电振荡器，亦能够产生饱和吸收效应，抑制超模噪声 [40]。基于半导体可饱和吸收镜的耦合光电振荡器的原理结构图如图 8-7 所示，通过光环行器将半导体可饱和吸收镜引入锁模激光器环路。

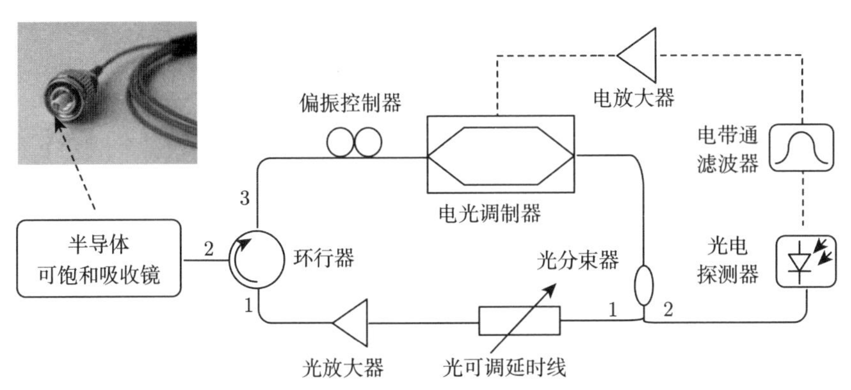

图 8-7 基于半导体可饱和吸收镜的耦合光电振荡器原理图

半导体可饱和吸收镜是半导体可饱和吸收体和反射镜的结合，其关键参数包括吸收率 η、调制深度 ΔR、弛豫时间 τ 和饱和通量 F_{sat}。对于高斯型脉冲，半导体可饱和吸收体的吸收率 η 表示为

$$\eta=\frac{1}{2\pi r_0^2}\int_0^{\infty}\frac{F(r)}{F_0}\frac{\eta_0}{1+F(r)/F_{\mathrm{sat}}}2\pi r\cdot\mathrm{d}r=\eta_0\frac{F_{\mathrm{sat}}}{F}\ln\left(1+\frac{F}{F_{\mathrm{sat}}}\right) \tag{8-28}$$

式中，η_0 为小信号饱和吸收率；F_0 为脉冲能量平均值；$F(r)=F_0\exp(r^2/2-r_0^2)$ 为高斯型脉冲径向相关的辐射通量；r_0 和 r 分别为高斯光束半径和光斑半径。半导体可饱和吸收镜的反射率 R 定义如下：

$$R=1-\Delta R\frac{F_{\mathrm{sat}}}{F}\ln\left(1+\frac{F}{F_{\mathrm{sat}}}\right)-\eta_{\mathrm{ns}}-\frac{\gamma Fd}{\tau_{\mathrm{p}}} \tag{8-29}$$

式中，η_{ns} 为非饱和损耗；$\Delta R=\eta_0-\eta_{\mathrm{ns}}$ 为调制深度；γ 为双光子吸收率；d 为吸收层厚度；τ_{p} 为脉冲宽度。可以看出，半导体可饱和吸收镜的反射率随着脉冲能量的变大而变大。半导体可饱和吸收镜引入饱和吸收效应，使得对所需要的高功率模式吸收较弱，环路增益较大；而其余不需要的竞争模式则由于被吸收，环路增益较小，经过多次环路循环后将被有效抑制。

通过引入半导体可饱和吸收镜，实验构建了 10.6GHz 的高频耦合光电振荡器。所产生光脉冲的波形眼图和对应光谱分别如图 8-8(a) 和 (b) 所示。光脉冲对应光谱的中心波长由所使用的半导体可饱和吸收镜的工作波长和所使用的掺铒光纤放大器的增益谱共同决定。超模噪声抑制比特性如图 8-8(c) 所示，在 10.6GHz 高频工作状态下，可获得约 55.3dB 的超模抑制比。对应光电振荡环路中产生的 10.6GHz 射频信号的特性如图 8-9 所示，边模抑制比达到 79.7dB，在光电振荡环内不引入长光纤的情况下相位噪声可低至 −108dBc/Hz@10kHz。

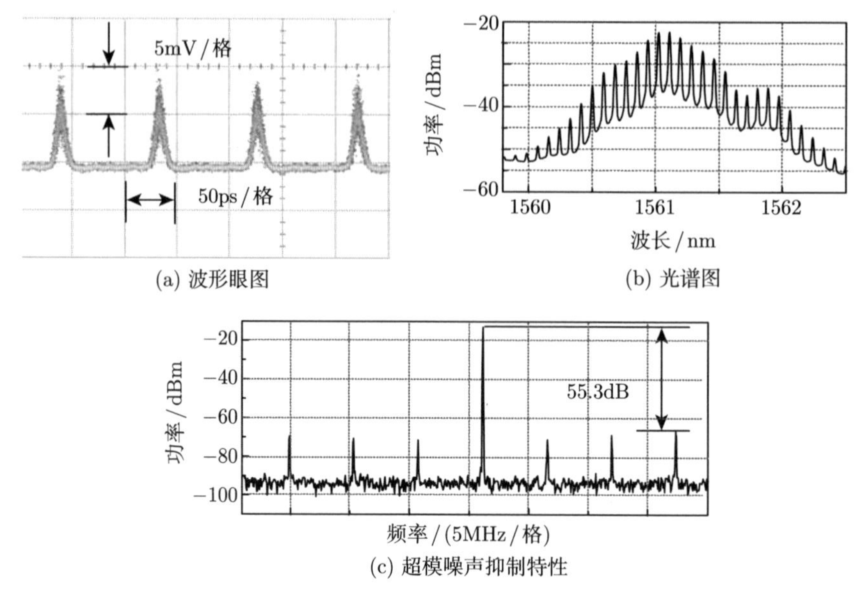

(a) 波形眼图　(b) 光谱图

(c) 超模噪声抑制特性

图 8-8　基于半导体可饱和吸收镜的耦合光电振荡器产生光脉冲的特性

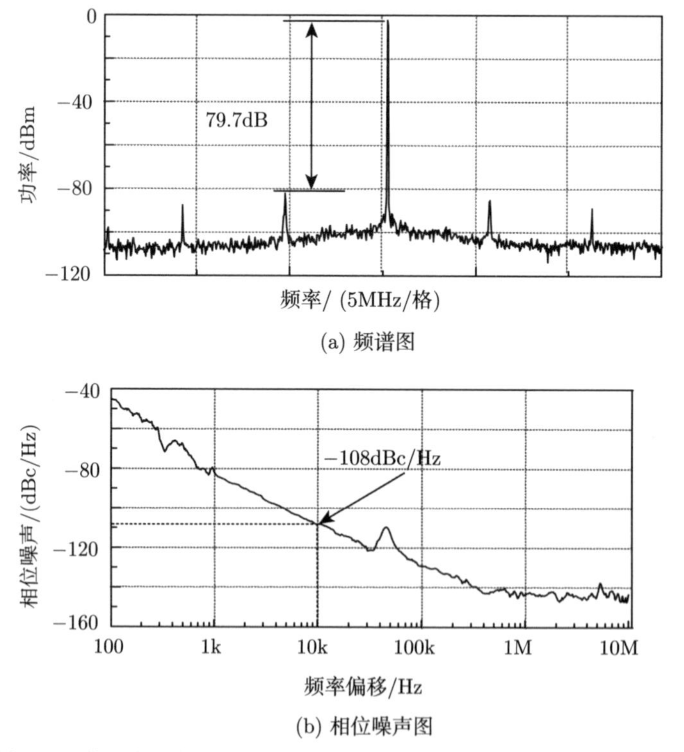

(a) 频谱图

(b) 相位噪声图

图 8-9　基于半导体可饱和吸收镜的耦合光电振荡器产生的微波信号

由此可见，通过引入半导体可饱和吸收镜，可以有效抑制高频耦合光电振荡器中的超模噪声，并使得边模抑制比、相位噪声等整体综合性能均得以改善。和已有结构相比，基于半导体可饱和吸收镜的耦合光电振荡器结构简单，无须引入额外的双环、反馈等结构，且饱和吸收体基于半导体材料实现，因此还具有集成小型化的潜力。其主要缺陷在于半导体饱和吸收体中的载流子动力学特性将会带来可观的噪声，且输出功率将受限于饱和吸收效应。

2. 基于非泵浦掺铒光纤的空间烧孔效应抑制超模噪声

在耦合光电振荡器的锁模激光器环路中引入非泵浦掺铒光纤也是一种抑制超模噪声的有效方式 [42]。非泵浦掺铒光纤通常被应用到光纤激光器中 [43] 保持激光器的单纵模运行，通过反射镜或特殊的环路设计使得在非泵浦掺铒光纤中形成双向光传播，产生驻波。由于非泵浦掺铒光纤中的饱和吸收效应，超过一定功率的驻波会引发空间烧孔效应，这使得高功率模式较少比例的能量被吸收，而低功率模式较多比例的能量被吸收，两者的环路增益差被放大，经过反复循环后，超模噪声 (低功率模式) 将被有效抑制。

非泵浦掺铒光纤中反向传输光的形成，可以通过锁模激光器环路内的光电器件连接端口的微弱反射实现。通过进一步结合基于偏分复用的光域耦合双环路光电振荡环路结构 [44,45]，实验实现了 10GHz 工作时，超模抑制比提升 7dB，相位噪声低至 −117dBc/Hz@10kHz。但该类方案所形成的饱和吸收效应较弱，对超模噪声的抑制有待进一步提高。

针对这一问题，构建了基于非泵浦掺铒光纤的驻波效应增强结构，增强非泵浦掺铒光纤中形成的驻波和饱和吸收效应，从而更有效地抑制超模噪声 [23,30]。基于该结构的耦合光电振荡器如图 8-10 所示。驻波增强结构由光分束器、非泵浦掺铒光纤以及光环行器构成。光分束器输出的一部分光经过非泵浦掺铒光纤进入光环行器的端口 2，并从端口 3 输出；光分束器输出的另一部分光进入光环行器的端口 1，再从端口 2 输出，反向进入非泵浦掺铒光纤。相比由器件端口微弱反射形成的驻波，双向传输的光在非泵浦掺铒光纤中形成的驻波更强，因而饱和吸收效应更显著，超模噪声抑制更有效。

为说明不同结构对耦合光电振荡器工作性能的影响，基于图 8-10 所示的结构，对比研究了仅引入单模光纤，基于器件端面反射在非泵浦掺铒光纤中形成弱驻波，以及引入驻波增强结构三种情况下 10GHz 耦合光电振荡器的工作性能。当断开驻波增强结构中光环行器 1 号口的连接，并用同样长度 (4m) 的单模光纤替代非泵浦掺铒光纤，实验获得的耦合光电振荡器特性如图 8-11(a)、(c) 和 (e) 所示，超模抑制比为 45.5dB。作为对比，图 8-11(b)、(d) 和 (f) 为基于器件端面反射在非泵浦掺铒光纤中形成弱驻波效应的情况，超模抑制比为 64dB，有了 18.5dB

的提高。此时由于非泵浦掺铒光纤内的驻波是基于器件断面反射形成的，相对较弱，因此形成的烧孔效应较弱，超模抑制比有待进一步提高。通过引入基于非泵浦掺铒光纤的驻波增强结构，如图 8-12 所示，超模抑制比为 72.5dB，对比无驻波增强的弱饱和吸收结构，实现了 8.5dB 的改善，且所对应光谱的信噪比和稳定性都得到了提高。

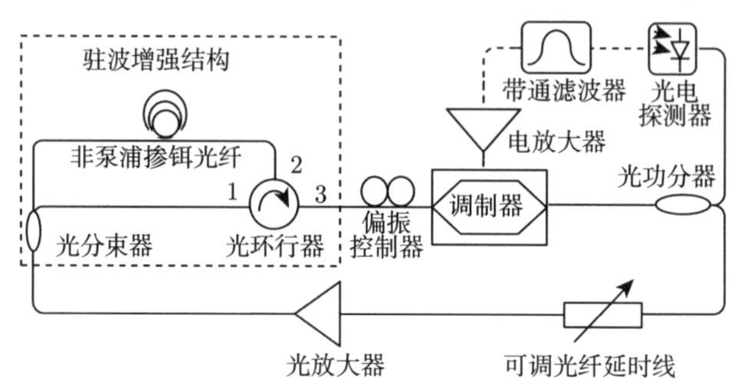

图 8-10 基于驻波增强结构的耦合光电振荡器原理图

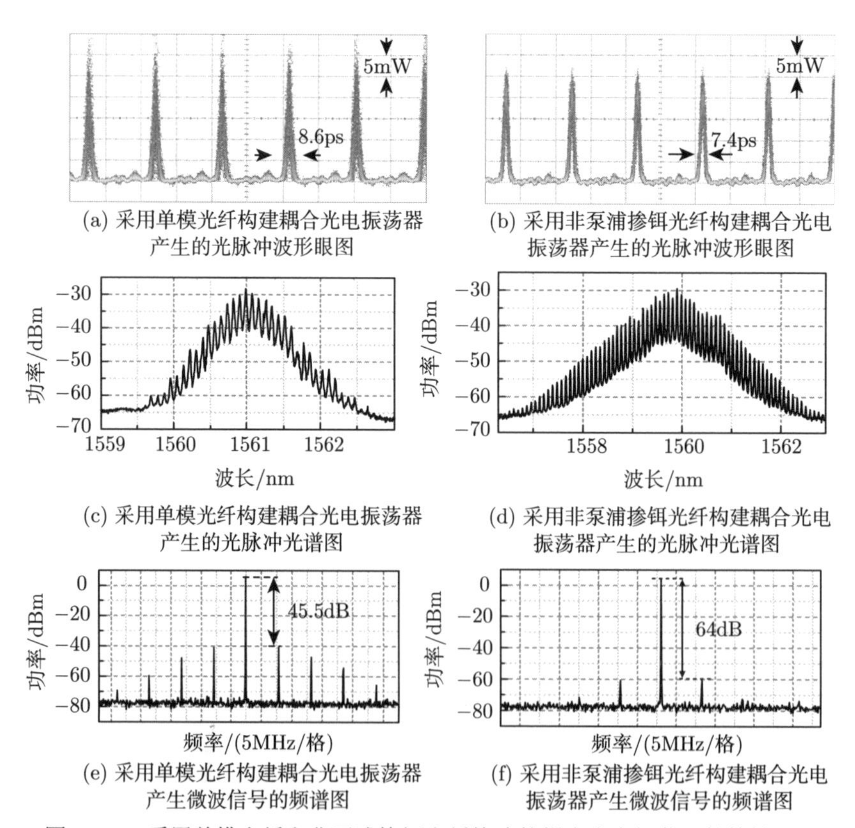

(a) 采用单模光纤构建耦合光电振荡器产生的光脉冲波形眼图

(b) 采用非泵浦掺铒光纤构建耦合光电振荡器产生的光脉冲波形眼图

(c) 采用单模光纤构建耦合光电振荡器产生的光脉冲光谱图

(d) 采用非泵浦掺铒光纤构建耦合光电振荡器产生的光脉冲光谱图

(e) 采用单模光纤构建耦合光电振荡器产生微波信号的频谱图

(f) 采用非泵浦掺铒光纤构建耦合光电振荡器产生微波信号的频谱图

图 8-11 采用单模光纤和非泵浦掺铒光纤构建的耦合光电振荡器的特性对比

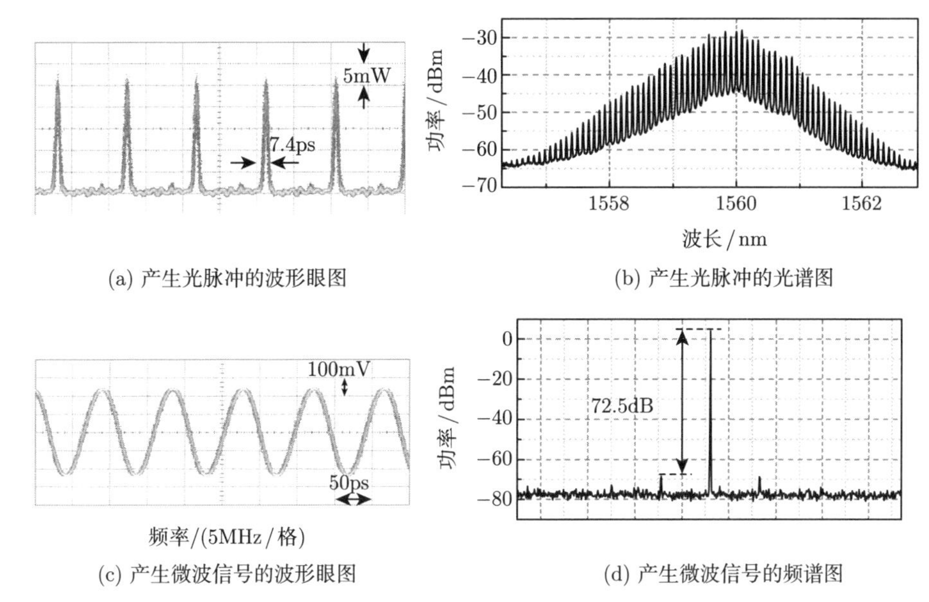

(a) 产生光脉冲的波形眼图　(b) 产生光脉冲的光谱图

(c) 产生微波信号的波形眼图　(d) 产生微波信号的频谱图

图 8-12　基于非泵浦掺铒光纤驻波增强结构的耦合光电振荡器，掺铒光纤长度为 4m，吸收系数为 13dB/m@1530nm 时产生光脉冲和微波信号特性

三种情况下耦合光电振荡器的相位噪声特性对比如图 8-13 所示。仅引入单模光纤时，产生的 10GHz 信号相位噪声为 −98.4dBc/Hz@10kHz；通过引入非泵浦掺铒光纤，依靠光电器件端面反射形成的弱饱和吸收效应，可将相位噪声降低至 −119.0dBc/Hz@10kHz;而通过引入驻波增强结构,相位噪声改善至 −123.6dBc/Hz @10kHz，相比前两种情况，分别有了 25.2dB 和 4.6dB 的提升。

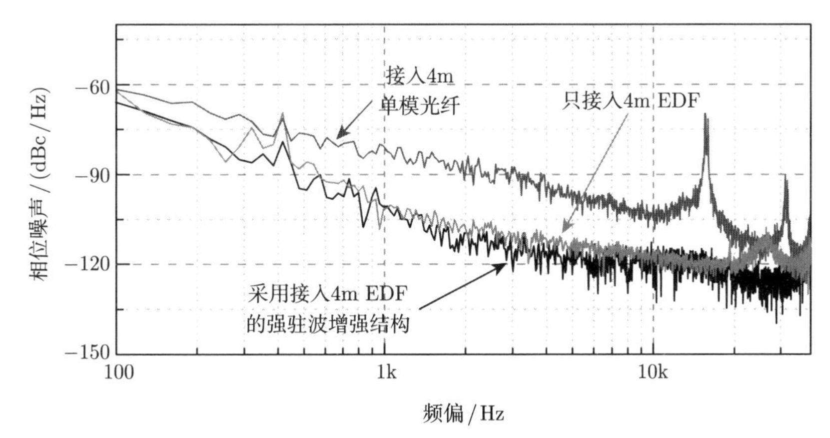

图 8-13　基于非泵浦掺铒光纤驻波增强结构的耦合光电振荡器相位噪声特性对比

EDF. 非泵浦掺铒光纤

非泵浦掺铒光纤的长度存在优选值，在一定范围内增加其长度时，将会增强饱和吸收效应，但是超出这个范围后由于会增加环路损耗，将导致产生的光脉冲性能下降。对于吸收系数为 13dB/m@1530nm 的非泵浦掺铒光纤，当长度为 1m 时，实现的耦合光电振荡器性能如图 8-14 和图 8-15 所示，边模抑制比达 90.7dB，相位噪声为 -130.52dBc/Hz@10kHz，超模抑制比达 75.44dB。对比长度为 4m 时的特性 (图 8-12)，系统性能在长度为 1m 时的性能更优。

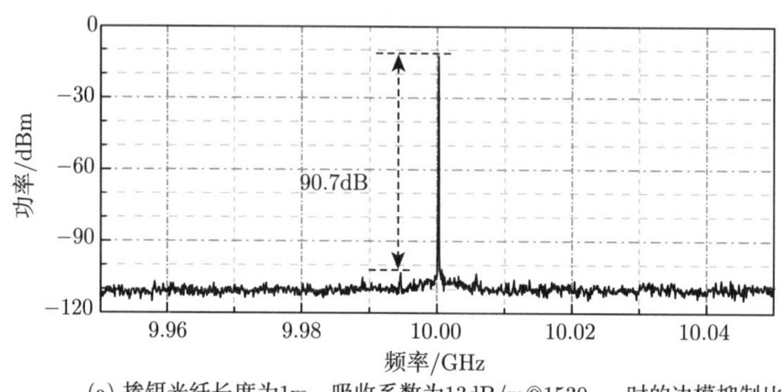

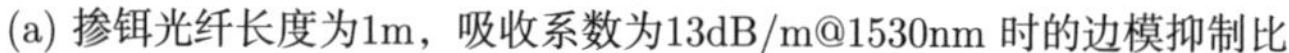
(a) 掺铒光纤长度为1m，吸收系数为13dB/m@1530nm 时的边模抑制比

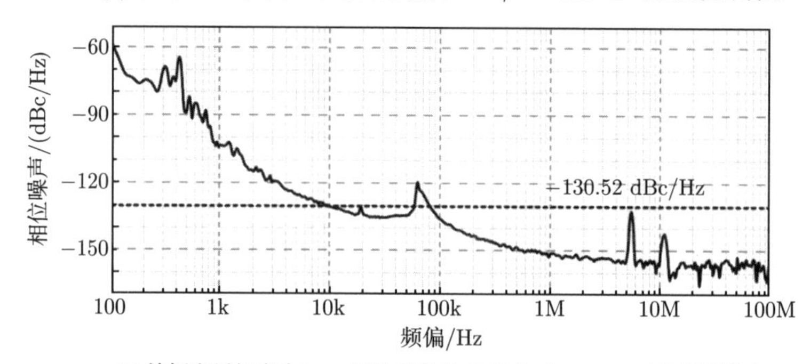

(b) 掺铒光纤长度为1m，吸收系数为13dB/m@1530nm时的相位噪声

图 8-14　基于非泵浦掺铒光纤驻波增强结构的耦合光电振荡器产生微波信号的特性

综上所述，基于非泵浦掺铒光纤的驻波增强结构可有效增强饱和吸收效应，提高超模噪声抑制比，从而使得耦合光电振荡器的各项性能均获得提升。此外，当波长间隔大于相邻纵模的间隔时，基于非泵浦掺铒光纤的耦合光电振荡器还可支持多波长工作。

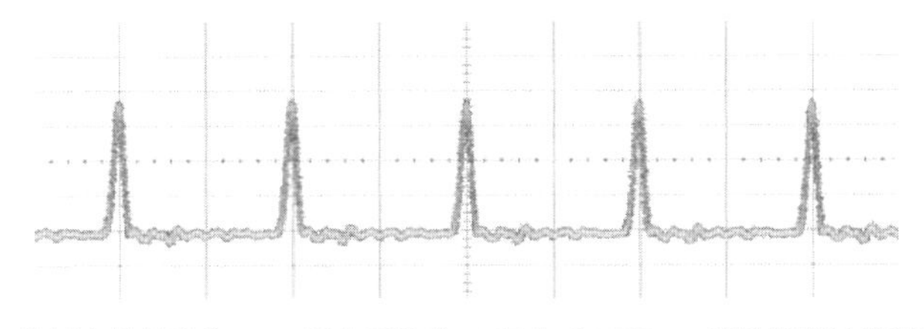

(a) 掺铒光纤长度为1m，吸收系数为13dB/m@1530nm 时的光脉冲波形眼图

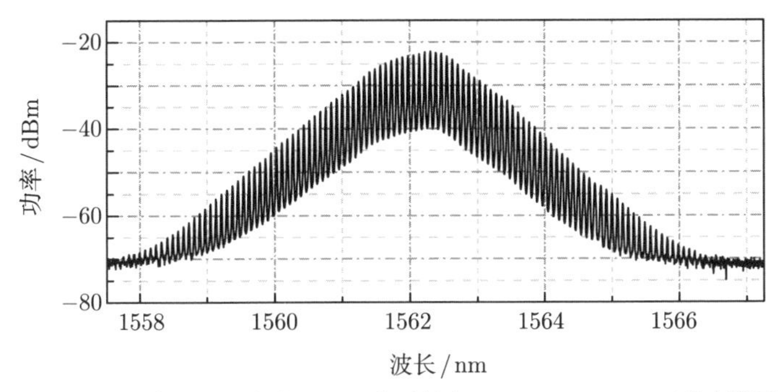

(b) 掺铒光纤长度为1m，吸收系数为13dB/m@1530nm 时的光谱图

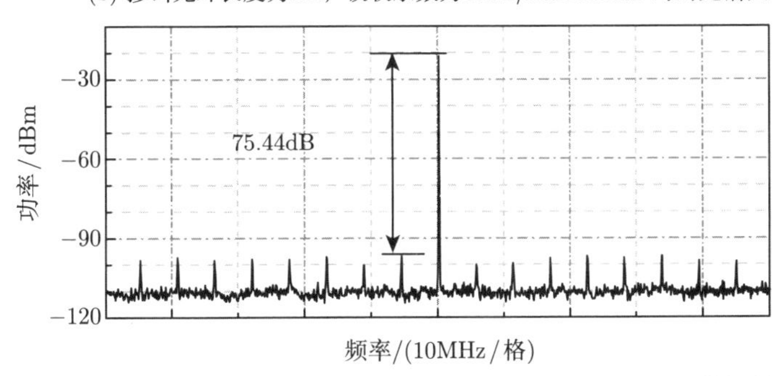

(c) 掺铒光纤长度为1m，吸收系数为13dB/m@1530nm 时的超模抑制比

图 8-15 基于非泵浦掺铒光纤驻波增强结构的耦合光电振荡器产生光脉冲的特性

8.3 耦合光电振荡器的稳定性提升

耦合光电振荡器的高稳定工作是其能够应用的前提。由于耦合光电振荡器中存在偏振相关的光电器件，环境扰动会引起偏振态起伏，影响调制效率及腔内损耗，从而导致所产生的光脉冲和微波信号的幅度抖动等。另一方面，随着环境变化 (温度、振动等)，耦合光电振荡器中光纤等关键器件的长度、折射率等会产生变化，引起光电振荡环路和锁模激光器环路的腔长抖动。这些将导致锁模激光器环路的纵模谐波分量与调制频率之间不匹配，引起输出光脉冲幅度的起伏，严重时将产生失谱。本节将介绍提升耦合光电振荡器稳定性的方法，主要包括引入保

偏结构 (降低偏振态变化引起的不稳定性)，以及通过压控反馈来控制腔长抖动等方法。

8.3.1 保偏结构提升耦合光电振荡器的性能

为降低偏振态起伏对耦合光电振荡器稳定性的影响，采用保偏结构减弱偏振相关噪声 [32]，可有效提升系统性能。图 8-16 所示为引入保偏结构的耦合光电振荡器框图，在虚线所示的锁模激光器环路部分采用保偏结构以抑制偏振相关噪声；与此同时，保偏结构还可以和基于非泵浦掺铒光纤的饱和吸收作用相结合，进一步抑制超模噪声，提升耦合光电振荡器的性能。

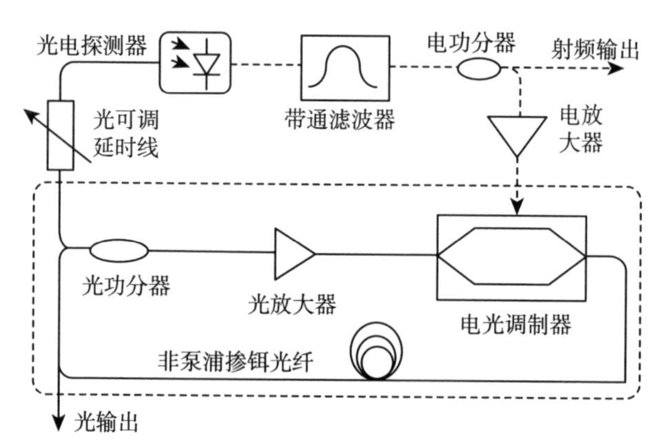

图 8-16 基于非泵浦掺铒光纤的保偏耦合光电振荡器结构图

基于图 8-16 所示的结构，当仅使用保偏结构 (用同长度光纤代替图中非泵浦掺铒光纤) 时，实现的 10GHz 耦合光电振荡器的工作性能如图 8-17 和图 8-18 所示。可以看出，通过引入保偏结构，锁模激光器环路内模式锁定状态较稳定，产生光脉冲的幅度噪声较小；所实现的边模抑制比约为 94dB，超模抑制比达到 52.4dB。

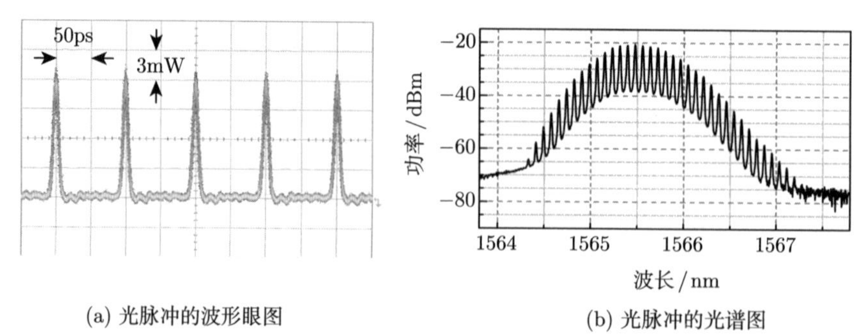

(a) 光脉冲的波形眼图 (b) 光脉冲的光谱图

图 8-17 未接入非泵浦掺铒光纤的 10GHz 保偏耦合光电振荡器产生的光脉冲特性

当在保偏结构中进一步引入非泵浦掺铒光纤时，耦合光电振荡器的性能如图 8-19 和图 8-20 所示。所引入的非泵浦掺铒光线的长度为 1m，吸收系数为

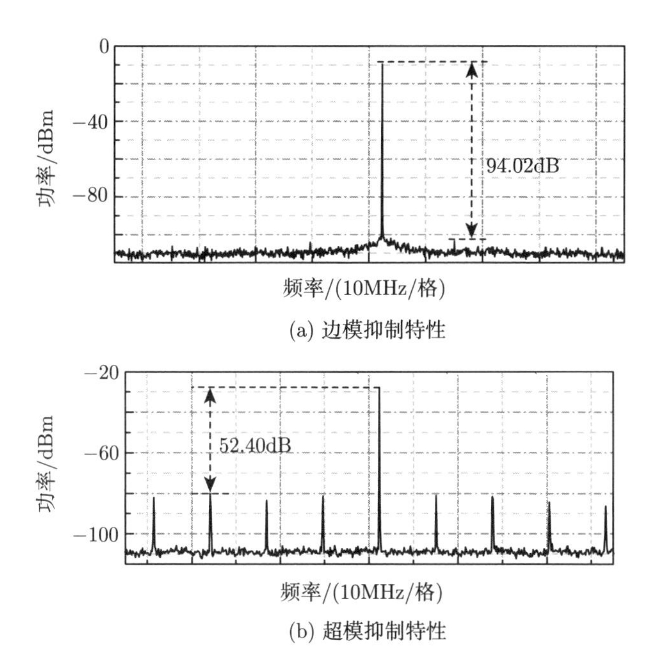

图 8-18 未引入非泵浦掺铒光纤的 10GHz 保偏耦合光电振荡器的边模抑制和超模抑制特性

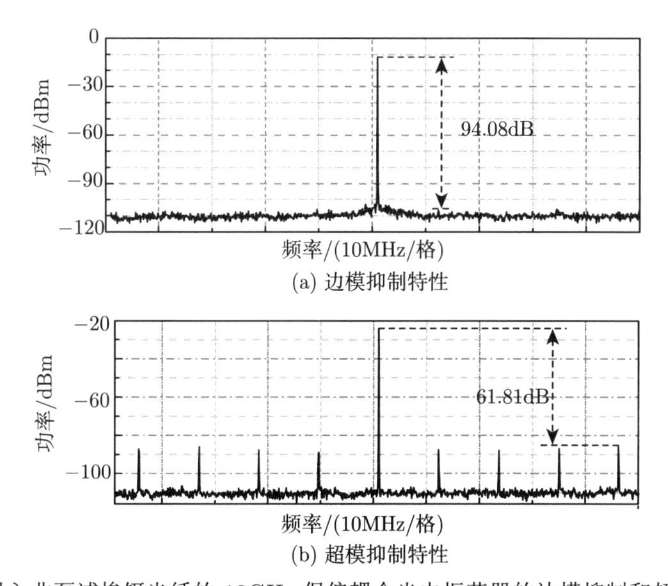

图 8-19 引入非泵浦掺铒光纤的 10GHz 保偏耦合光电振荡器的边模抑制和超模抑制特性

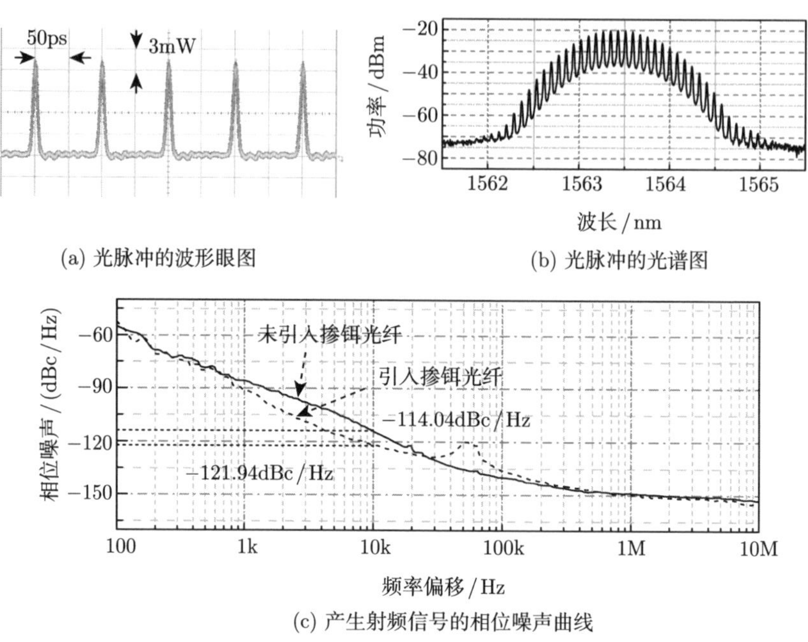

(a) 光脉冲的波形眼图　(b) 光脉冲的光谱图

(c) 产生射频信号的相位噪声曲线

图 8-20　引入非泵浦掺铒光纤的 10GHz 保偏耦合光电振荡器的工作特性

13dB/m@1530nm。通过结合保偏结构和基于非泵浦掺铒光纤的饱和吸收效应，耦合光电振荡器的边模抑制比保持为约 94.0dB，而超模抑制比则提升了约 9.4dB，达到约 61.8dB，相位噪声则由 −114.04dBc/Hz 降低到 −121.94dBc/Hz@10kHz，实现 7.9dB 的改善。

8.3.2　腔长稳定技术提升耦合光电振荡器的稳定性

对于更高频的耦合光电振荡器，腔长稳定对耦合光电振荡器的稳定工作尤为重要。如相对于 10GHz 的耦合光电振荡器，40GHz 系统对振荡环路的稳定性要求更高：微弱的参量扰动引起的振荡环路的基频漂移量反映到 40GHz 分量上时，其影响是 10GHz 分量的 4 倍。典型的腔长控制方法如图 8-21 所示，将锁模激光器环路内的部分光纤缠绕在压电陶瓷上，锁模激光器环路输出的部分光脉冲在经过光电转换后，与驱动信号源进行鉴相，所产生的误差信号用以驱动压电陶瓷伸缩，带动光纤长度变化，从而补偿环境引起的腔长抖动，实现长期稳定的锁模。基于该结构，实验实现了稳定工作的 40GHz 高频耦合光电振荡器，其性能如图 8-22 和图 8-23 所示。所产生的 40GHz 重频光脉冲的光谱谱线相干性较好，而边模抑制比达到了 80dB 左右，相位噪声达 −102.25dBc/Hz@10kHz。该 40GHz 系统在实验室环境下稳定运行 1 小时以上，输出光脉冲光谱及微波信号的质量基本保持不变。

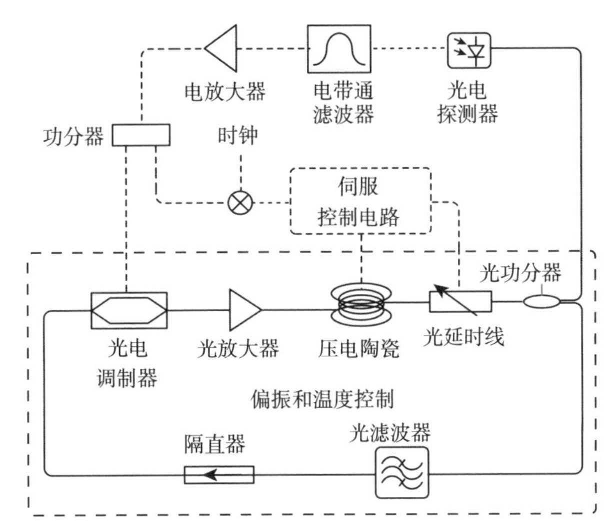

图 8-21 引入压电陶瓷抑制耦合光电振荡器的锁模激光器环路的腔长抖动的方案

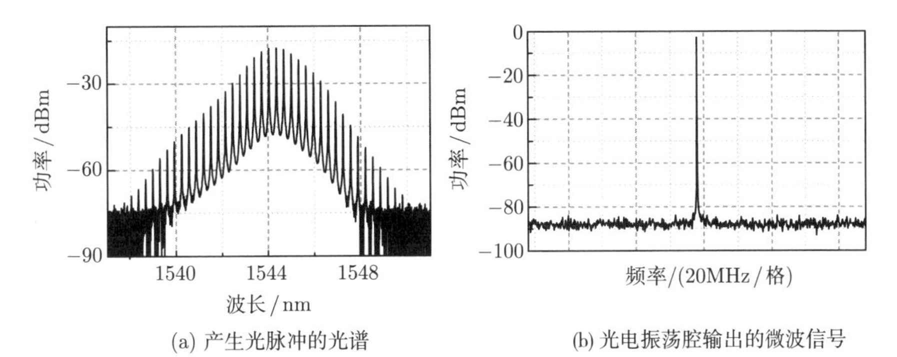

(a) 产生光脉冲的光谱　　(b) 光电振荡腔输出的微波信号

图 8-22 基于谐振腔控制技术的 40GHz 耦合光电振荡器的特性

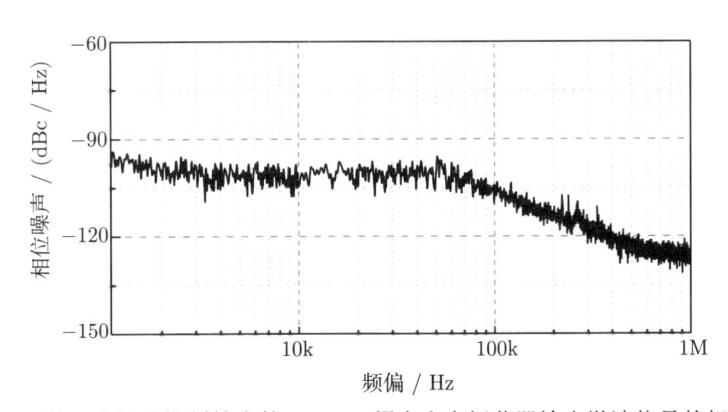

图 8-23 基于谐振腔控制技术的 40GHz 耦合光电振荡器输出微波信号的相位噪声

参考文献

[1] Lasri J, Devgan P, Tang R, et al. Self-starting optoelectronic oscillator for generating ultra-low-jitter high-rate (10GHz or higher) optical pulses[J]. Optics Express, 2003, 11(12): 1430-1435.

[2] Zhou P, Zhang F Z, Gao B D, et al. Optical pulse generation by an optoelectronic oscillator with optically injected semiconductor laser[J]. IEEE Photonics Technology Letters, 2016, 28(17): 1827-1830.

[3] Yao X S, Maleki L. Dual microwave and optical oscillator[J]. Optics Letters, 1997, 22(24): 1867-1869.

[4] Yao X S, Davis L, Maleki L. Coupled optoelectronic oscillators for generating both RF signal and optical pulses[J]. Journal of Lightwave Technology, 2000, 18(1): 73-78.

[5] Yu N, Salik E, Tu M, et al. Frequency stabilization of the coupled opto-electronic oscillator[J]. Proceedings of the 2005 IEEE International Frequency Control Symposium and Exposition, Vancouver, BC, Canada, 2005: 857-860.

[6] Salik E, Yu N, Maleki L. An ultralow phase noise coupled optoelectronic oscillator[J]. IEEE Photonics Technology Letters, 2007, 19(6): 444-446.

[7] Williams C, Davila-Rodriguez J, Mandridis D, et al. Noise characterization of an injection-locked COEO with long-term stabilization[J]. Journal of Lightwave Technology, 2011, 29(19): 2906-2912.

[8] Williams C, Mandridis D, Davila-Rodriguez J, et al. Dependence of RF frequency on injected optical frequency of an injection locked coupled opto-electronic oscillator[C]. Proceedings of 24th Annual Meeting on IEEE Photonic Society, Arlington, VA, USA, 2011: 477-478.

[9] Loh W, Yegnanarayanan S, Plant J J, et al. RF-amplifier-free coupled optoelectronic oscillator (COEO)[C]. 2012 Conference on Lasers and Electro-Optics, San Jose, CA, USA, 2012: 1-2.

[10] 徐伟, 金韬, 池灏. 耦合式光电振荡器的理论与实验研究 [J]. 激光技术, 2014, 38(5): 579-585.

[11] Salik E, Yu N, Maleki L. Ultra-low phase noise optical pulses generated by coupled opto-electronic oscillator[C]. 2004 Conference on Lasers and Electro-Optics, San Francisco, CA, USA, 2004.

[12] Yu N, Salik E, Maleki L. Ultralow-noise mode-locked laser with coupled optoelectronic oscillator configuration[J]. Optics Letters, 2005, 30(10): 1231-1233.

[13] Quinlan F, Gee S, Ozharar S, et al. Optical frequency self stabilization in a coupled optoelectronic oscillator[C]. Proceedings of IEEE International Frequency Control Symposium, Geneva, Switzerland, 2007: 1023-1027.

[14] Yoo D K, Li Y, Goldwasser S M, et al. Coupled optoelectronic oscillation via fundamental mode-locking in a composite-cavity electro-optic microchip laser[J]. Journal of Lightwave Technology, 2008, 26(7): 824-831.

[15] van Dijk F, Enard A, Buet X, et al. Phase noise reduction of a quantum dash mode-locked laser in a millimeter-wave coupled opto-electronic oscillator[J]. Journal of Lightwave Technology, 2008, 26(15): 2789-2794.

[16] van Dijk F, Enard A, Akrout A, et al. Optimization of a 54.8 GHz coupled optoelectronic oscillator through dispersion compensation of a mode-locked semiconductor laser[C]. Proceedings of International Topical Meeting on Microwave Photonics, Gold Coast, QLD, Australia, 2008: 279-282.

[17] Lee J, Jang G H, Song M, et al. A compact coupled optoelectronic oscillator based on a mode-locked ECDL at 852nm[C]. Proceedings of 2009 Conference on Lasers & Electro Optics & The Pacific Rim Conference on Lasers and Electro-Optics, Shanghai, China, 2009: 1-2.

[18] Cai S H, Pan S L, Zhu D, et al. Stabilize the coupled optoelectronic oscillator by an unpumped erbium-doped fiber[C]. Proceedings of 2012 Asia Communications and Photonics Conference (ACP), Guangzhou, China, 2012.

[19] Matsko A B, Eliyahu D, Maleki L. Theory of coupled optoelectronic microwave oscillator II: phase noise[J]. Journal of the Optical Society of America B, 2013, 30(12): 3316-3323.

[20] Shan Y Y, Jiang Y, Bai G F, et al. A coupled optoelectronic oscillator with three resonant cavities[J]. Optoelectronics Letters, 2015, 11(1): 26-29.

[21] Dai Y T, Wang R X, Yin F F, et al. Sidemode suppression for coupled optoelectronic oscillator by optical pulse power feedforward[J]. Optics Express, 2015, 23(21): 27589-27596.

[22] Auroux V, Fernandez A, Llopis O, et al. Coupled optoelectronic oscillators: design and performance comparison at 10 GHz and 30 GHz[C]. Proceedings of 2016 IEEE International Frequency Control Symposium (IFCS), New Orleans, LA, USA, 2016.

[23] Zhu D, Wei Z W, Du T H, et al. A coupled optoelectronic oscillator based on enhanced spatial hole burning effect[C]. Proceedings of 2006 IEEE International Topical Meeting on Microwave Photonics, Long Beach, CA, USA, 2016: 177-180.

[24] Wang C, Wei Z, Chen X W. Photonics-aided frequency agile microwave generation based on coupled opto-electronic oscillators[C]. Proceedings of 2016 CIE International Conference on Radar (RADAR), Guangzhou, China, 2016: 1-3.

[25] Jiang F, Lam H Q, Zhou J Q, et al. Application of coupled optoelectronic oscillator on optical sampling[J]. Procedia Engineering, 2016, 140: 12-16.

[26] Li K R, Dai Y T, Yin F F, et al. Time-lens-assisted coupled opto-electronic oscillation[C]. Proceedings of 2017 Conference on Lasers and Electro-Optics Pacific Rim (CLEO-PR), Singapore, 2017: 1-3.

[27] Dai J, Liu A, Liu J, et al. Supermode noise suppression with mutual injection locking for coupled optoelectronic oscillator[J]. Optics Express, 2017, 25(22): 27060-27066.

[28] Lelièvre O, Crozatier V, Baili G, et al. Low phase noise 10GHz coupled optoelectronic oscillator[C]. Proceedings of 2017 Joint Conference of the European Frequency and Time Forum and IEEE International Frequency Control Symposium (EFTF/IFC), Besancon,

France, 2017: 493-444.

[29] Zhu D, Du T H, Pan S L. A coupled optoelectronic oscillator based on a resonant saturable absorber mirror[C]. Proceedings of the 32nd URSI General Assembly and Scientific Symposium, Montreal, QC, Canada, 2017.

[30] Zhu D, Du T H, Pan S L. A coupled optoelectronic oscillator with performance improved by enhanced spatial hole burning in an erbium-doped fiber[J]. Journal of Lightwave Technology, 2018, 36(17): 3726-3732.

[31] Xiao K, Shen X Q, Jin X F, et al. Super-mode noise suppression for coupled optoelectronic oscillator with optoelectronic hybrid filter[J]. Optics Communications, 2018, 426: 138-141.

[32] Du T H, Zhu D, Pan S L. Polarization-maintained coupled optoelectronic oscillator incorporating an unpumped erbium-doped fiber[J]. Chinese Optics Letters, 2018, 16(1): 010604.

[33] Ly A, Auroux V, Khayatzadeh R, et al. Highly spectrally pure 90-GHz signal synthesis using a coupled optoelectronic oscillator[J]. IEEE Photonics Technology Letters, 2018, 30(14): 1313-1316.

[34] Wey J S, Goldhar J, Burdge G L. Active harmonic modelocking of an erbium fiber laser with intracavity Fabry-Perot filters[J]. Journal of Lightwave Technology, 1997, 15(7): 1171-1180.

[35] Onodera N. Supermode beat suppression in harmonically mode-locked erbium-doped fibre ring lasers with composite cavity structure[J]. Electronics Letters, 1997, 33(11): 962-963.

[36] Pan S L, Lou C Y, Gao Y Z. Multiwavelength erbium-doped fiber laser based on inhomogeneous loss mechanism by use of a highly nonlinear fiber and a Fabry-Perot filter[J]. Optics Express, 2006, 14(3): 1113-1118.

[37] Nakazawa M, Tamura K, Yoshida E. Supermode noise suppression in a harmonically modelocked fibre laser by selfphase modulation and spectral filtering[J]. Electronics Letters, 1996, 32(5): 461-463.

[38] Doerr C R, Haus H A, Ippen E P, et al. Additive-pulse limiting[J]. Optics Letters, 1994, 19(1): 31-33.

[39] Haiml M, Grange R, Keller U. Optical characterization of semiconductor saturable absorbers[J]. Applied Physics B, 2004, 79(3): 331-339.

[40] Sobon G, Sotor J, Abramski K M. Passive harmonic mode-locking in Er-doped fiber laser based on graphene saturable absorber with repetition rates scalable to 2.22 GHz[J]. Applied Physics Letters, 2012, 100(16): 3077-3083.

[41] Ren J, Wu S D, Cheng Z C, et al. Mode-locked femtosecond erbium-doped fiber laser based on graphene oxide versus semiconductor saturable absorber mirror[J]. Chinese Journal of Lasers, 2015, 42(6): 0602013.

[42] 杜天华. 面向一体化射频前端的多频光本振产生研究 [D]. 南京: 南京航空航天大学, 2017.

[43] Pan S L, Yao J P. A wavelength-switchable single-longitudinal-mode dual-wavelength

erbium-doped fiber laser for switchable microwave generation[J]. Optics Express, 2009, 17(7): 5414-5419.

[44] Jiang Y, Yu J L, Wang Y T, et al. An optical domain combined dual-loop optoelectronic oscillator[J]. IEEE Photonics Technology Letters, 2007, 19(11): 807-809.

[45] Cai S H, Pan S L, Zhu D, et al. Coupled frequency-doubling optoelectronic oscillator based on polarization modulation and polarization multiplexing[J]. Optics Communications, 2012, 285(6): 1140-1143.

第 9 章　集成光电振荡器

目前绝大多数光电振荡器都是由分立光电器件搭建而成的，存在体积和重量大、稳定性差等问题，限制了光电振荡器在无人机、汽车、测量仪表、无线基站等对体积、重量、功耗有很高要求的平台中应用。微型化和集成化是光电振荡器未来发展的重要趋势。

微型化光电振荡器指的是通过微组装工艺将光电振荡器中所需的激光器芯片、调制器芯片、高 Q 值光延时线、探测器芯片等光子器件以及相关电子器件芯片通过微焊互连组装在管壳中。美国 OEwaves 公司开发的商用产品 Nano 光电振荡器就属于这一类型 [1]。集成化光电振荡器指的是通过光刻、刻蚀、外延生长等半导体微纳加工工艺将光电振荡器中所需的光子器件甚至电子器件整体或部分地集成到一个芯片中。

传统光电振荡器之所以具有超低相位噪声特性，是因为使用超低损耗光纤构成了高 Q 值的谐振腔。通常，一个光电振荡器要用到几千米甚至更长的光纤环路。如何将如此长的光纤压缩到厘米级尺寸的模块或毫米级尺寸的芯片上，且仍然保持很低的损耗，是微型化和集成化光电振荡器面临的主要挑战。目前主要解决思路有三种：① 利用低传输损耗光波导替代光纤环路，这一方法的研究重点在于如何降低光波导的传输损耗，但是受限于有限的芯片面积，光波导的物理长度难以呈数量级地提升；② 采用高 Q 值光学微谐振腔替代光纤环路，目前光学微腔的 Q 值高达 3×10^{11}[2]，但高 Q 值谐振腔带来的超窄滤波峰对激光器波长的控制精度和整体系统的稳定度提出了极高的要求；③ 采用高 Q 值的集成微波光子滤波器，同时起到谐振和选模的作用，由于微波光子滤波器的频率调谐范围大，这一方法有望实现宽带可调集成光电振荡器，但由于 Q 值有限，单频振荡时相位噪声特性一般较差。本章首先简要介绍光子集成技术的概念，然后重点阐述集成光电振荡器所需的核心光子器件的原理和研究进展，主要包括低损耗光波导、高 Q 值光学微腔和集成微波光子滤波器，最后介绍集成光电振荡器的实现方法及主要研究成果。

9.1　光子集成技术

1969 年，贝尔实验室的 Miller 等首次提出了光子集成的概念 [3]。20 世纪 80 年代出现了少量规模较小的光子集成器件，例如多波长激光器阵列、电吸收调制器阵列等。2000 年以后，大规模光子集成芯片逐步走向商用。近 20 年以来，光子集成技术从以磷化铟 (InP) 集成技术为主，发展成磷化铟、绝缘体上的硅 (silicon-on-insulator，SOI)、氮化硅 (Si_3N_4)、绝缘体上薄膜铌酸锂 (lithium niobate-on-insulator，LNOI) 以及不同材料器件异质集成的并行技术体系。

与电子集成技术相比，光子集成的难点在于：首先，光子芯片处理的是光波承载的信号，它通过电信号转变而来，在终端又要还原成电信号。从量子力学层面来看，光子是玻色子，电子是费米子，两者的相互作用机理不同，在光子芯片中既要实现光子和电子的相互作用又要实现光子和光子的相互作用，因此从物理机理上光子集成电路比电子集成电路更加复杂 [4]。其次，从物理结构层面来看，在芯片上光的传播是在波导中进行的。光波导本身是一个三维结构，构成波导的材料折射率、波导结构尺寸必须满足特定条件才能满足光传递的需要，这对器件的制作工艺提出了很高的要求。再次，不同功能的光器件对材料的能带结构要求不同，激光器要求材料是直接带隙能带结构，从而可获得较高的发光效率，而且禁带宽度要与工作波长相匹配，而无源器件则要求材料的禁带宽度要大于工作波长；此外，不同功能的光子器件工作机理不同，激光器和探测器大多需要异质结结构，为了提升工作效率还会采用量子阱或量子点结构，调制器需要有大的电光系数，而非线性器件则需要材料有较大的非线性系数。综上所述，要在同一个芯片上同时满足上述所有要求或部分要求，难度很大。

根据光子集成芯片所采用的材料基底，光子集成技术可以分为磷化铟光子集成技术和硅基光子集成技术。

磷化铟光子集成技术指的是以 Ⅲ-V 族半导体化合物为材料的光子集成技术，通常以磷化铟为基底，通过外延生长多层组分不同的化合物合金薄膜以实现光子器件所需的能带和光限制结构，并结合选择区外延、对接生长、量子阱混杂等技术将不同光子器件集成到一个芯片上 (图 9-1)。以磷化铟为基底的 Ⅲ-V 族材料大多为直接带隙材料，有很强的电光效应，容易实现光发射、光放大和电光调制功能。同时 Ⅲ-V 族材料的晶格常数匹配，元素配比可调，易于通过能带设计和外延生长在相同基底上实现激光器、调制器、放大器、探测器和无源波导等基本功能单元，因此理论上可在同一个芯片上集成各种光子器件。但磷化铟光子集成技术的主要缺点在于波导传输损耗较大，一般大于 10dB/m，且 Ⅲ-V 族材料相对集成电路使用的硅材料价格昂贵，晶圆尺寸小，外延生长要求高。此外，磷化铟集成所需的制备工艺复杂，难以与集成电路所采用的互补金属氧化物半导体 (complementary metal-oxide-semiconductor, CMOS) 工艺兼容。

硅基光子集成技术，简称硅光技术，是一种以硅基材料为基底的光子集成技术，其制造工艺与 CMOS 工艺基本兼容，具有与微电子集成技术无缝结合的潜力。广义的硅光技术根据波导芯层材料可以分为 SiO_2、SOI、Si_3N_4 和 LNOI 等子类别。

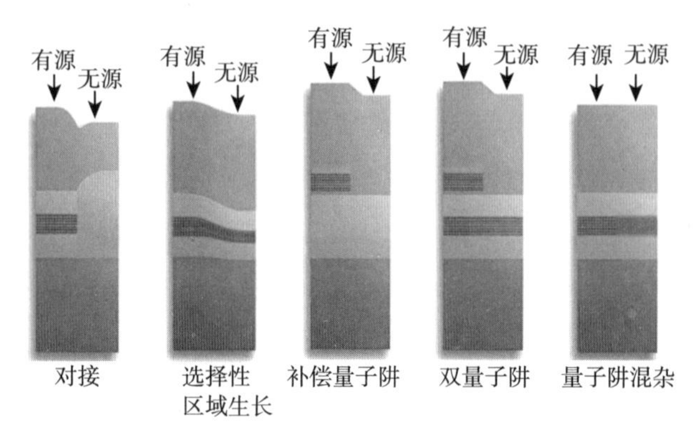

图 9-1　磷化铟光子集成技术中不同能带光子器件集成方法 [5]

SiO_2 波导最大的优势是损耗低，一方面波导自身传输损耗很低，折射率差 0.75%的光波导损耗可以低至 0.04dB/cm[6]，另一方面由于材料与光纤相同，波导与光纤耦合损耗也非常小，低于 0.04dB/端。传统的 SiO_2 波导通过在硅衬底上沉积不同组分掺杂的 SiO_2 薄膜即可形成满足包层和芯层折射率差的光波导材料。相比其他光子集成材料，SiO_2 波导生产设备成本比较低，是无源光子器件的理想材料。但由于在同一种材料中通过掺杂形成的折射率差很小，因此传统 SiO_2 光波导属于弱限制波导，波导尺寸和弯曲半径都比较大。为了解决这一问题，人们提出了基于空气包层的 SiO_2 波导 [7]。通过热氧化的方式在 Si 衬底上形成 SiO_2 波导层，采用各向异性干法刻蚀工艺把 SiO_2 波导层下方的 Si 衬底掏空，从而形成上下都是空气包层的低损耗 SiO_2 波导。SiO_2 波导的主要问题在于其仅适合于无源器件，无法应用于有源光子器件。

SOI 材料是在顶层硅和衬底之间引入一层埋氧化层 (通常是 SiO_2)，如图 9-2 所示。在微电子技术中，SOI 材料具有寄生电容小、速度高、功耗低、集成密度高、短沟道效应小等体硅材料无法比拟的优点，被认为是 21 世纪电子集成的主流材料 [8]。由于 Si 和 SiO_2 的折射率分别为 3.45 和 1.45，两者折射率相差很大 (约 2)，因此，以埋氧化层 SiO_2 作为衬底，顶层硅作为芯层，将形成强限制光波导，从而实现器件尺寸小、集成密度高的各类光无源波导器件。在调制器方面，尽管硅的一阶线性电光效应较弱，但是可以通过改变 PN 结波导中的载流子浓度分布引起折射率 (或吸收系数) 的变化，从而实现高速的光信号调制。在探测器方面，室温下硅的禁带宽度为 1.12eV，硅光电探测器的截止波长小于 1100nm，但可以通过同为 IV 族的锗 (Ge) 材料外延生长，将探测波长拓展到 1600nm 以上。另一方面，由于基于 SOI 的光子集成技术能够很好地兼容微电子 CMOS 工艺，既可以沿用 CMOS 工艺线进行制作，又具有和微电子芯片进行集成的良好潜力。狭义上所说的硅光技术指的就是基于 SOI 材料的光子集成技术。该技术的主要挑战在于：由于硅是间接带隙半导体材料，发光效率很低，硅基光源和片上光放大技术尚未全面突破。

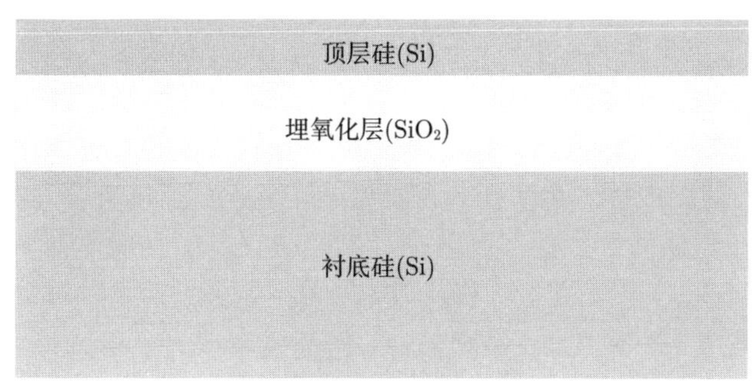

图 9-2 SOI 结构示意图

Si_3N_4 光子集成技术是以 Si_3N_4 (折射率为 1.98) 为波导芯层、SiO_2 (折射率为 1.45) 为衬底和覆盖层的光子集成材料体系，其制备工艺同样能与 CMOS 兼容。先通过热氧化技术在 Si 衬底上形成热氧 SiO_2 衬底，然后采用低压化学气相沉积 (low pressure chemical vapor deposition，LPCVD) 法沉积 Si_3N_4 薄膜，最后采用等离子体增强化学气相沉积 (plasma enhanced chemical vapor deposition，PECVD) 法沉积 SiO_2 覆盖层。Si_3N_4 材料最大的优点在于波导的传输损耗非常小，最小可低至 (0.045 ± 0.04)dB/m，同时对 405nm 到 2.35μm 的大波长范围内的光透明，因此非常适合用于制作低损耗波导和高 Q 值谐振腔。此外，将 Si_3N_4 谐振腔的高 Q 值与材料本身的克尔三阶非线性特性相结合，能够产生频率分量丰富、高度相干的孤子光频梳，在光原子钟、量子通信、精密测量、微波光子系统等领域有着广泛的应用。该技术的主要挑战在于：首先，Si_3N_4 的热膨胀系数比 Si 小，在 Si 上沉积 Si_3N_4 薄膜会产生较大的应力，薄膜生长的临界厚度仅为 250nm[9]，因此需要专门的工艺对薄膜间的应力进行有效控制；其次，基于 Si_3N_4 材料难以实现高性能的激光器、调制器、探测器等光有源器件。

铌酸锂晶体具有良好的电光效应和非线性光学特性，可以用于制备调制器、光开关、光偏振控制器等分立光学器件，具有“光学硅”的美称。由于铌酸锂材料难以刻蚀，早期铌酸锂光子器件大多采用块状材料 (也称为体铌酸锂)，通过金属扩散工艺引起铌酸锂折射率的变化，从而形成光波导。扩散工艺引起的折射率改变较小，通常只有 0.02 左右，导致体铌酸锂波导宽，弯曲半径大，光子器件整体尺寸大。随着微纳加工技术的进步，将铌酸锂薄膜键合在缓冲层上，再通过刻蚀形成波导的 LNOI 光子集成技术快速发展起来 [10]。LNOI 将硅和铌酸锂两种重要光子材料的优势相结合，是实现光子集成芯片上的高性能电光调制器、光开关等重要器件的有效途径。目前，该技术的主要挑战在于：首先，LNOI 晶圆尺寸较小，且价格昂贵；其次，基于 LNOI 材料的激光器、放大器和探测器尚待进一步研究；最后，低损耗 LNOI 波导工艺所制作的波导侧壁不够垂直，有较大倾斜角度，不适用于强耦合波导器件。

从以上分析可以看出，硅基光子集成技术在无源光波导方面相较于磷化铟光子集成技术具有巨大的优势，且其工艺与 CMOS 兼容，目前已在高速调制器和探测器等方面取得了良好进展，但硅基光源、光放大器等有源器件短期内难以实现突破；而磷化铟集成技术在实现有源器件 (特别是光源和光放大器) 方面具有明显优势，但是在无源波导方面存在着损耗大的缺点，而且磷化铟集成技术的芯片制备工艺与 CMOS 工艺不兼容，材料成本较高。因此，将各种材料的优势结合起来，通过异质集成 (外延生长、晶圆键合、倒装键合或光子引线耦合) 等混合集成的方式形成光子集成芯片，是实现集成光电振荡器的一个有效途径。

9.2　低损耗光波导技术

光纤在 1550nm 窗口的平均传输损耗约为 0.2dB/km，而在光波导中的传输损耗要远远超过这个数值。光波导中的损耗来源包括吸收损耗、侧壁散射损耗和弯曲损耗三种。吸收损耗由波导的材料特性决定，常用光波导材料中的 OH、N—H 和 Si—H 键分别会在不同的波长产生吸收峰。此外有源光器件通常通过掺杂构成 PN 结等特殊结构来实现光场和电场间的相互作用，而掺杂引起的自由载流子吸收效应也会引起较大的光传输损耗。侧壁散射损耗主要由波导芯层和包层界面的粗糙度决定，与波导制备过程中的刻蚀工艺有很大关联。减少包层和芯层间的折射率差，降低芯层的光场限制能力，可以有效减少侧壁散射损耗的影响，但随着波导限制作用的降低，波导宽度随之增加，相应的弯曲损耗也会增加。弯曲损耗与波导的弯曲半径成反比，弯曲半径越大，弯曲损耗越小，但相同物理长度波导所占的面积也越大 [11]。

加州理工学院报道了在 9.5cm×9.5cm 的芯片上实现物理长度达 27m (光学长度达 39m) 的 SiO_2 波导芯片 [7]。该芯片由 4 组物理长度为 7m、顺时针盘绕的螺旋线波导级联组成。该波导芯层为楔形剖面的 SiO_2 波导，光被限制在具有一定倾斜角度的楔形波导边缘，有效避免了光刻导致的粗糙侧壁对光传输的影响，SiO_2 波导周围为空气包层，在波导下方仅由硅柱作为支撑，如图 9-3 所示。测试结果显示该波导的传输损耗低至 (0.08±0.01)dB/m。这种波导结构比较特殊，和其他光子器件的耦合较难。

在 Si_3N_4 波导方面，美国加利福尼亚大学圣巴巴拉分校和荷兰 LioniX 公司提出采用大宽高比 (波导宽度:波导高度 >10:1) 的波导结构，可以有效降低波导界面粗糙度造成的 TE 模散射损耗 [12]。基于该波导结构，实验实现了超低传输损耗的单层条形 Si_3N_4 波导结构 [13]。测试结果显示，当波导芯层结构为 13μm(宽)×40nm(高) 时，在 1580nm 附近的传输损耗最低为 0.045dB/cm；在 1550nm 附近受波导中杂质 Si—H、N—H 键吸收峰的影响，传输损耗有所增加，约为 0.5dB/m。针对不同应用场合，荷兰 LioniX 公司开发了箱形轮廓、单层条形、对称双层条形、不对称双层条形等多种不同结构的 Si_3N_4 波导，其波导结构和波导特性分别如图 9-4 和表 9-1 所示。

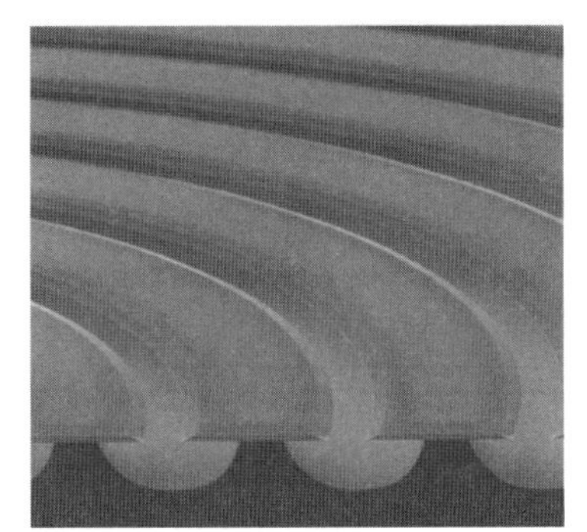

(a) 延时线截面的扫描电镜图

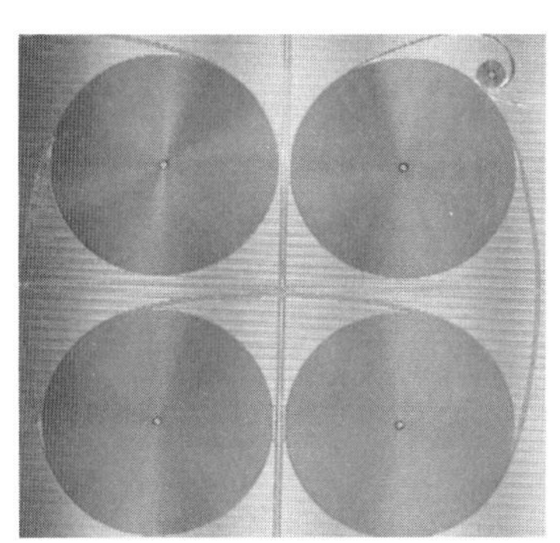

(b) 延时线级联的光学显微图

图 9-3 硅基二氧化硅波导芯片 [7]

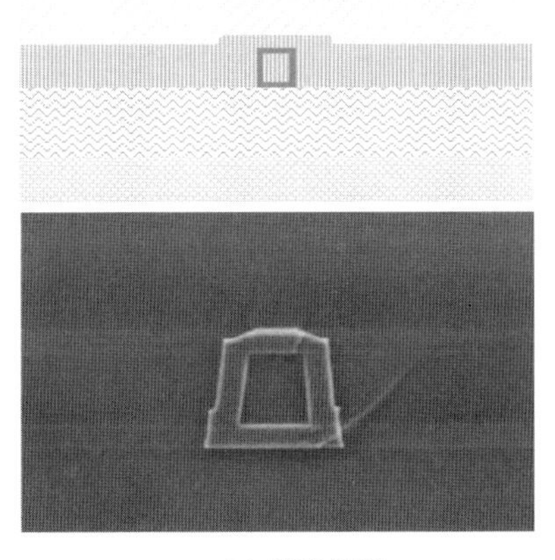

(a) 箱形轮廓

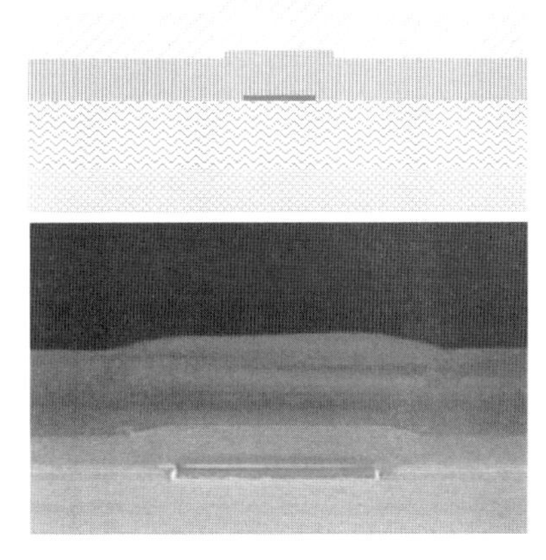

(b) 单层条形

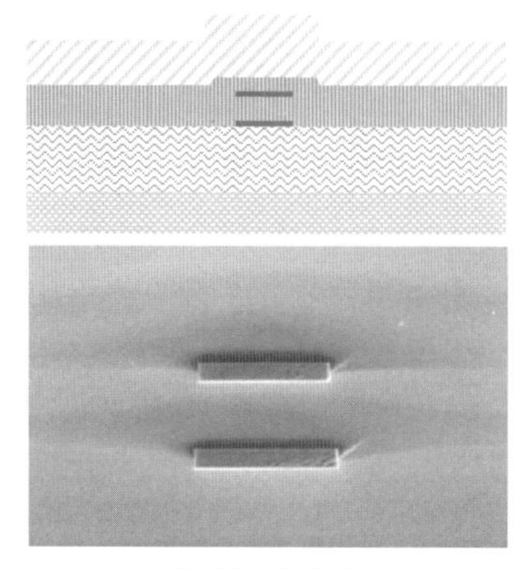

(c) 对称双层条形

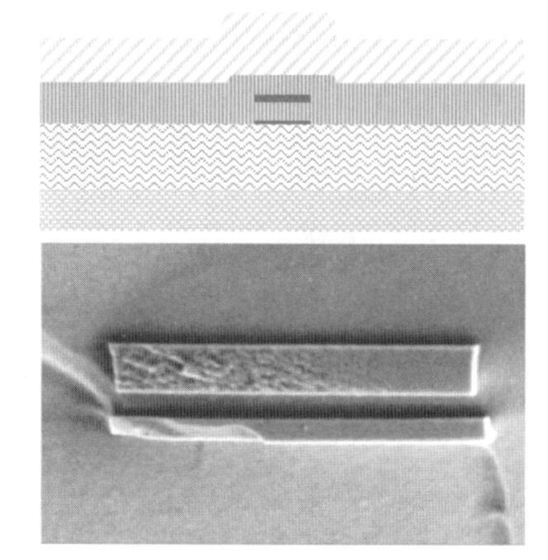

(d) 不对称双层条形

上方覆盖层 PECVD SiO_2	上方覆盖层 LPCVD SiO_2	下方覆盖层 SiO_2	衬底 Si	芯层 Si_3N_4

图 9-4　TriPleX 平台的不同 Si_3N_4 波导的几何结构示意图及扫描电镜图 [14]

表 9-1　TriPleX 平台 Si_3N_4 波导特性 [14,15]

波导类型	箱形轮廓 高折射率差	箱形轮廓 低折射率差	单层条形	对称双层条形	不对称双层条形
传输损耗/(dB/cm)	0.2	0.06	0.03	0.095	0.1
最小弯曲半径/μm	150	500	2000	70	100
特点	偏振不敏感	偏振不敏感	超低损耗 传输	紧凑的弯曲半径 高偏振双折射效应	连接高折射率差波导 和低折射率差波导

由于基于 SOI 材料可以实现除激光器以外的大部分光子器件，因此尽管 SOI 的波导损耗大于 SiO_2 和 Si_3N_4，低损耗 SOI 波导仍受到广泛关注。康奈尔大学报道了一种基于选区氧化的 SOI 平板波导结构 [16]，如图 9-5(a) 所示。测试结果显示，波导宽度为 1μm 时，传输损耗可低至 0.3dB/cm。美国 Kotura 公司的 Dong 等报道了一种采用干法刻蚀工艺的低损耗传输浅脊 SOI 波导 [17]，如图 9-5(b) 所示。该波导截面为 2μm(宽)×250nm(高)，脊宽为 0.8μm，脊深为 50nm，在 1550nm 波段的 TE 模传输损耗为 (0.27±0.008)dB/cm。基于该结构实现 64cm 长度的螺旋形长波导，总面积为 6mm×3mm，总损耗为 17.5dB。日本光电子融合基础技术研究所通过优化高分辨率光刻工艺，在 12 英寸硅光平台上采用 193nm 浸没式光刻技术制作了波导截面为 440nm×220nm 的条形低损耗传输波导，如图 9-5(c) 所示，在整个 C 波段 (1530~1565nm) 上的传输损耗均低于 0.5dB/cm[18]。上海交通大学基于新加坡 IME 多项目硅光晶圆 248nm-DUV 工艺平台实现了一款超薄波导，波导尺寸为 950nm(宽)×60nm(高)，如图 9-5(d) 所示，传输损耗低至 0.61dB/cm，

是传统矩形波导 (高度为 220nm) 的 1/5[19]。相比于其他方法，248nm-DUV 硅光工艺可提供成熟的调制器和探测器方案，成本低，支持批量流片。

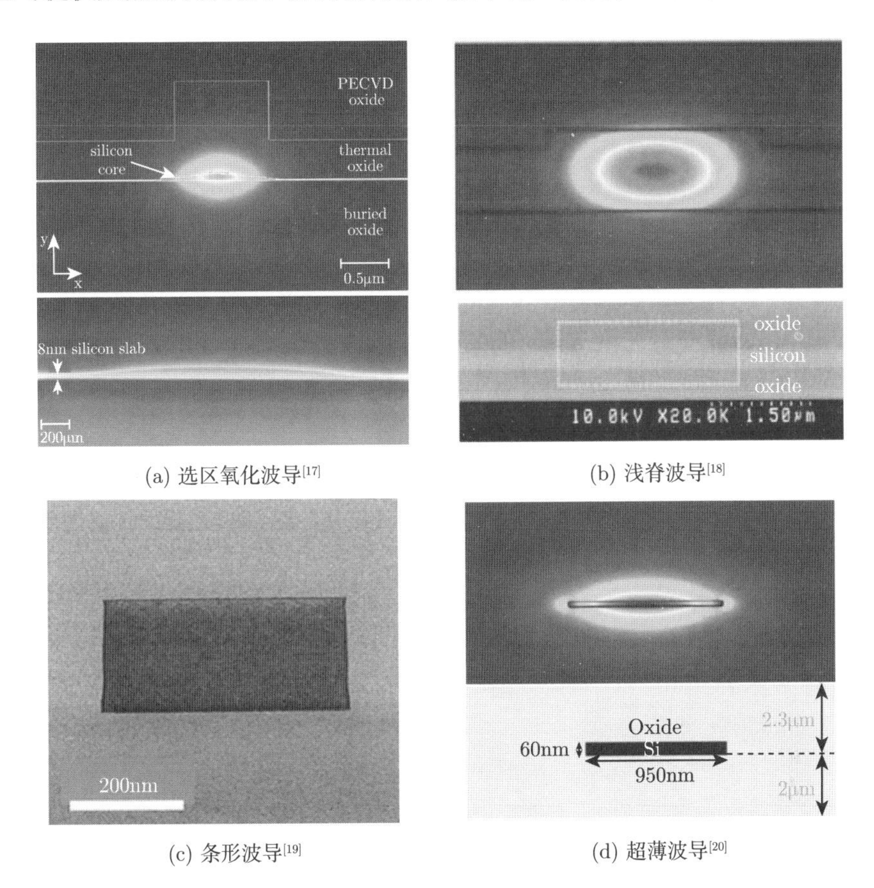

(a) 选区氧化波导[17] (b) 浅脊波导[18]

(c) 条形波导[19] (d) 超薄波导[20]

图 9-5 SOI 低损耗传输波导方案

在 LNOI 波导方面，由于 $LiNbO_3$ 材料的本征吸收非常小，LNOI 波导的传输损耗主要取决于微纳制造工艺。然而，由于 $LiNbO_3$ 是一种硬度较大且不易起化学反应的惰性材料，实现高质量刻蚀的难度很大。皇家墨尔本理工大学采用 CHF_3 和 Ar 混合气体刻蚀技术，在 CHF_3 的等离子体化学腐蚀与 Ar 物理溅射保护的共同作用下，实现了 1μm(宽)×270nm(高)、侧壁倾斜角为 75° 的 LNOI 波导，传输损耗为 0.4dB/cm[20]。华东师范大学提出利用化学机械抛光的超低损耗 LNOI 波导制备方法 [21]，该方法得到的 LNOI 波导具有非常光滑的表面，从而具有超低的传输损耗。研究人员制作了波导总长度超过 1.09m 的 LNOI 延时线芯片，波导侧壁的倾斜角度约为 30°，传输损耗为 0.03dB/cm。

虽然片上光波导的损耗在不断降低，但相比于光纤 0.2dB/km 的损耗仍然过大，且受限于有限的芯片面积，光波导的物理长度一般很难超过百米，这会导致基于集成光波导的光电振荡器难以获得较低的相位噪声。

9.3　高 Q 值光学微腔技术

光学微腔能够把光场限制在微米甚至亚微米的尺寸内，兼具长光纤延时储能和滤波器选频的功能。目前，微型和集成光电振荡器中大多采用回音壁式光学微腔。在回音壁式光学微腔中，光波在腔内沿环形回路形成谐振，并通过腔内高折射率介质与外部低折射率介质所构成的全反射界面来形成对光的强限制。典型的光学微腔结构如图 9-6 所示。按腔的形状，回音壁式腔可分为环形腔和多边形腔，其中环形腔最为常见，其结构可以细分为微盘、微环、微环芯腔、微球、微柱等；所采用的材料既有光子集成技术中常用的 SiO_2、Si_3N_4、Si、铌酸锂等，又有一些非传统材料，例如 MgF_2、CaF_2、AlN、金刚石等 [22]。

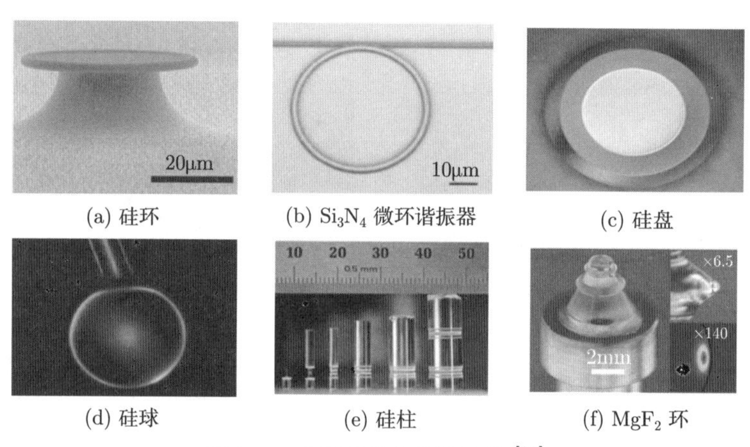

(a) 硅环　(b) Si_3N_4 微环谐振器　(c) 硅盘

(d) 硅球　(e) 硅柱　(f) MgF_2 环

图 9-6　典型的光学微腔结构 [22]

对应用于光电振荡器中的回音壁式光学微腔而言，品质因子 (Q 值) 和自由频谱范围 (FSR) 是两个重要的特征参数，将分别决定光电振荡器的储能和滤波效果。

品质因子 (Q 值) 用来表征微腔储存光子能量的能力，定义为

$$Q = \omega \frac{W}{-\mathrm{d}W/\mathrm{d}t} = \omega\tau = \frac{\lambda}{\lambda_{\mathrm{FWHM}}} \tag{9-1}$$

式中，ω 为光子的角频率；W 为腔内储存的能量；$-\mathrm{d}W/\mathrm{d}t$ 为单位时间内耗散的能量；τ 为腔内的光子寿命；λ 为谐振波长；λ_{FWHM} 为谐振波长的谱线宽度。微腔的品质因子主要取决于微腔的本征损耗 (辐射损耗、材料吸收损耗、散射损耗)

和耦合引入的外部损耗[23]，微腔的损耗越小，光子寿命就越长，微腔的品质因子也就越高。

能够在回音壁式光学微腔中稳定传输的光，需要满足干涉相加的共振条件，即绕微腔几何边界传播一圈的光程等于光波长的整数倍：

$$2n_{\text{eff}}R = m\lambda_m \tag{9-2}$$

式中，n_{eff} 为等效折射率；R 为微腔半径；λ_m 为谐振波长；m 为谐振波长对应的模式数。

自由频谱范围 (FSR) 被定义为相邻谐振模式的波长 (频率) 间隔，即

$$\text{FSR} = \Delta\lambda = \lambda_{m+1} - \lambda_m = \frac{\lambda^2}{2n_{\text{eff}}R} \tag{9-3}$$

自由频谱范围和谐振波长的谱线宽度之比称为精细度，用来表征微腔在光学滤波中的分辨能力。

回音壁型光学微腔在实际应用中面临的主要问题是如何将微腔中的光场与光纤或其他光子器件的波导进行耦合。一般来说，微环芯腔、微球等三维结构的微腔容易获得很高的 Q 值，但是需要通过耦合棱镜或锥形光纤将光耦合进出微腔。要到达最佳的耦合效率不仅对棱镜/光纤有着严格的要求，还必须精确控制棱镜或光纤与微腔的距离，而且由于棱镜/光纤与微腔彼此独立，处于悬空状态的棱镜和光纤极易受到外界环境的扰动，导致耦合系统的不稳定。微环和微盘等微腔具有二维平面结构，能够与耦合波导在同一衬底上形成，且微腔与耦合波导具有相近高度，易于通过半导体加工技术实现片上集成。但受半导体工艺的限制，此类微腔的腔壁难以做到光滑，这增加了腔内的散射损耗，因而很难形成很高的 Q 值。

加州理工学院报道了一种 SiO_2 超高 Q 值脊形圆环微腔，该微腔与 SiN_x 波导集成在同一个芯片上，如图 9-7 所示[24]。该芯片通过两次热氧化与湿法腐蚀形成梯形 SiO_2 脊形环腔波导，再通过各向异性的干法刻蚀，去除 SiO_2 谐振环腔下方的 Si，使得 SiO_2 谐振环腔处于悬空状态，从而形成空气下包层。为了将环腔内的光有效耦合出来，用 PECVD 在第二次热氧化生成的 SiO_2 薄膜上沉积了 500nm 的 SiN_x。并通过等离子体刻蚀和磷酸腐蚀的方法形成耦合波导。测试结果显示该微腔的 Q 值高达 2×10^8。此后，该课题组通过优化工艺，将 SiO_2 脊形环腔的 Q 值进一步提升至 1.1×10^9 [25]。

在 SOI 方面，麻省理工学院提出了浅硅脊刻蚀结合热氧化降低侧壁粗糙度的方法，基于该技术实现了 Q 值达 2.2×10^7 的微环谐振器[26]。然而，这一方法中的热氧化工艺是非标准硅光工艺，难以大规模使用。另一思路是采用多模波导降

低波导侧壁的散射损耗，从而达到提升 Q 值的目的，这一方法常用于标准的硅光工艺平台。浙江大学基于新加坡 IME 多项目硅光晶圆工艺平台实现了全多模波导结构的微环谐振器 [27]。与传统跑道型微环不同的是，该器件输入/输出波导与谐振器的耦合区位于弯曲波导处。由于弯曲光耦合器具有模式选择特性，该器件虽然是由多模波导组成的，但仅支持基模传输。测试结果显示该微环的本征 Q 值可达 2.3×10^6。

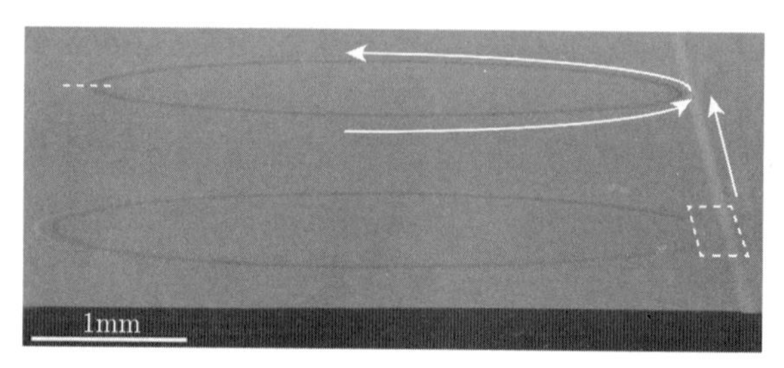

(a) 两个脊形谐振器的扫描电镜图

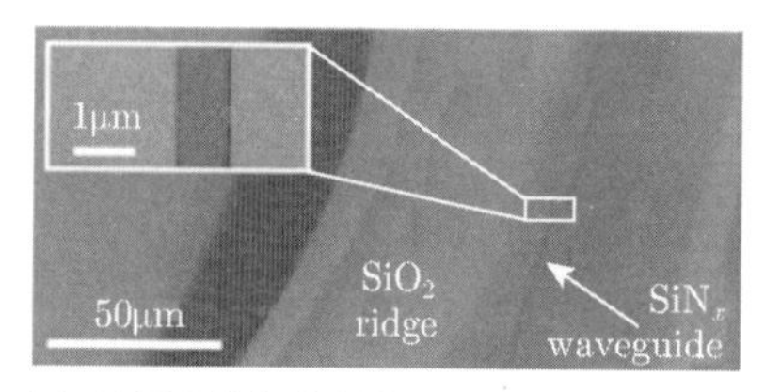

(b) (a)图虚线框中所表示的谐振器耦合区域的放大图像

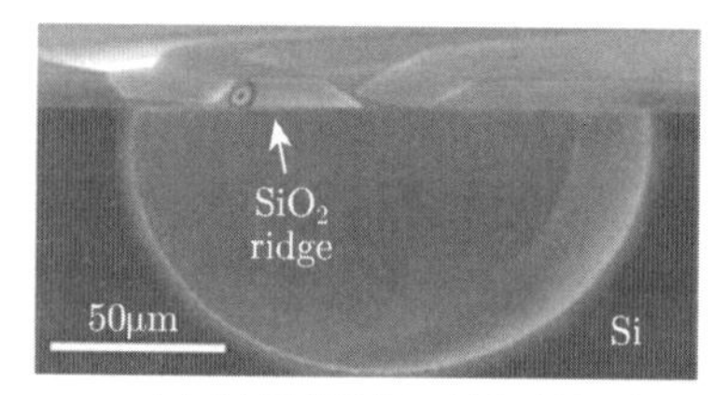

(c) (a)图虚线框区域切割得到的谐振腔截面的扫描电镜图

图 9-7　SiO_2 超高 Q 值脊形圆环微腔 SEM 图片 [24]

在 Si_3N_4 方面，由 Si_3N_4 强限制条形波导 (高度 >0.7μm) 形成的微腔具有较强的非线性效应和色散调控能力，是克尔光频梳产生的有效途径。传统的 SiN_x 波导制作大多采用“自上而下”的波导制造方法：首先形成一定厚度的 Si_3N_4 薄膜，再通过刻蚀去除非波导区域的薄膜材料。然而，Si_3N_4 薄膜具有较强的拉应力，导致生长较厚薄膜时容易产生裂纹，而且在环腔波导和直波导的耦合区，容易产生氧化物覆盖层孔隙。为了解决这一问题，一种被称为“光子大马士革”制程被提出，该方法的关键在于薄膜沉积前的预图形化和薄膜沉积后的平面化，属于“自下而上”的波导制备工艺 [28]。洛桑联邦理工学院基于该方法实现了 Q 值高达 2.3×10^7 的 Si_3N_4 微腔，并预测该技术有望将 Si_3N_4 微腔的 Q 值提升至 10^9 量级 [29,30]。

在 LNOI 方面，尽管 $LiNbO_3$ 属于难刻蚀材料，哈佛大学 Lončar 教授课题组通过多次曝光和电感耦合等离子体反应刻蚀 (ICP-RIE) 工艺，仍然实现了 Q 值高达 10^7 的 LNOI 微环谐振器 [31]。

9.4 集成微波光子滤波器

滤波器是光电振荡器中的关键单元。要想提升光电振荡器的集成度，避免使用复杂的光电混合集成技术，集成微波光子滤波器是理想的选择。根据工作机理，微波光子滤波器可以分为多抽头型微波光子滤波器、光–电映射型微波光子滤波器和边带幅相调控型微波光子滤波器 [32]。

多抽头型微波光子滤波器的设计思路来自离散信号处理算法中的数字滤波器概念，通过对输入信号进行离散采样、延迟、加权后进行求和，构造一个传递函数 $H(\omega)$：

$$H(\omega)=\sum_{k=0}^{M} b_k \exp(-\mathrm{i}k\omega T+\varphi_k) \tag{9-4}$$

式中，M 为抽头数；b_k、φ_k 和 kT 分别为第 k 路抽头信号的幅度、相位加权和延时。根据数字滤波理论，每一路延时都需要是单元延时的整数倍。根据抽头数 M，多抽头型微波光子滤波器可以分为抽头数有限的有限冲激响应 (FIR) 和抽头数无穷大的无限冲激响应 (IIR)。

多抽头型微波光子滤波器一般有两种典型的结构。第一种是基于信号分配/合束器、光延时线、幅相控制器组成的多抽头延时线网络，其工作原理如图 9-8(a) 所示。延时线为每路信号提供整数倍的延时差，幅相控制器对信号进行加权。华中科技大学基于该原理实现了硅基 4 抽头微波光子滤波器，如图 9-8(b)

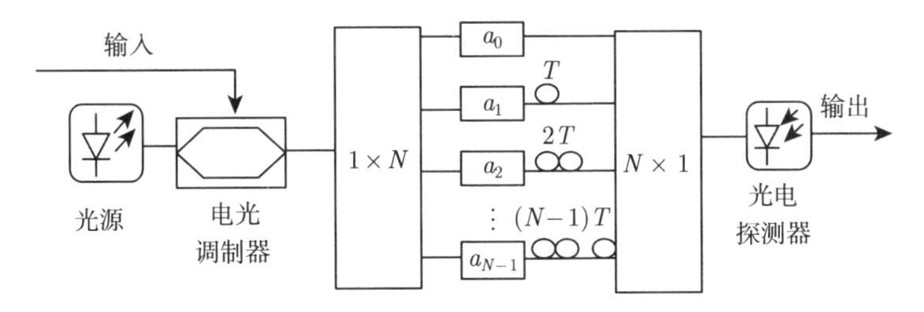

(a) 基于多抽头延时线网络的微波光子滤波器

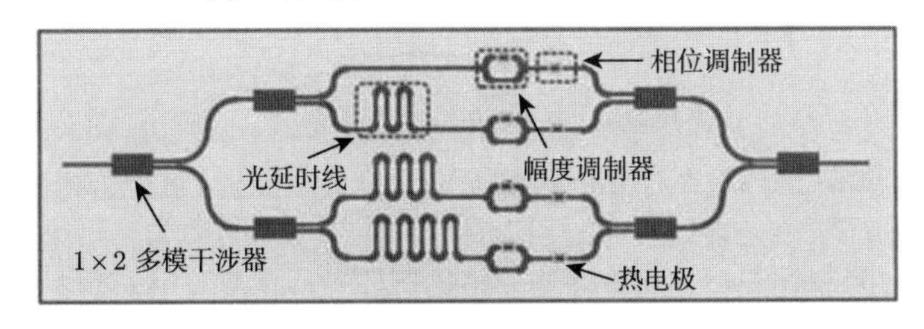

(b) 硅基 4 抽头微波光子滤波器[33]

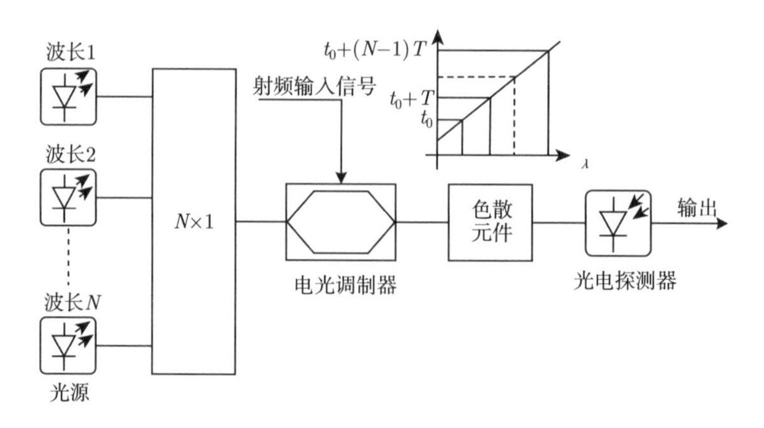

(c) 基于色散的微波光子滤波器原理图

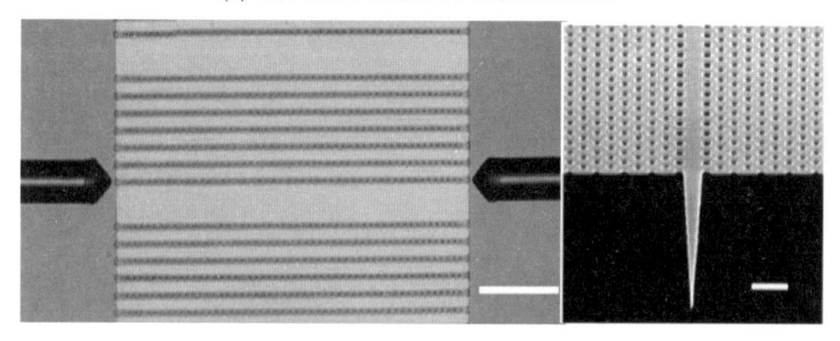

(d) 光子晶体多抽头型微波光子滤波器[34]

图 9-8 两种典型多抽头型微波光子滤波器的结构

所示 [33]：输入光信号被级联的 1×2 多模干涉器分成 4 个抽头，每个抽头的信号被按一定时间间隔延时，每路各有一个由热电极控制的调幅单元和调相单元，通过加热波导改变材料的折射率以实现对信号幅度和相位的控制。基于该集成微波光子滤波器可以实现对滤波器中心波长、带宽和线型的调谐。第二种利用色散介质为不同波长的光信号提供不同的延时，抽头数取决于波长数量，其工作原理如图 9-8(c) 所示。在光子集成技术中，通常采用波导啁啾光栅或光子晶体作为片上色散介质。巴伦西亚理工大学基于长度 1.5mm 的 GaInP/GaAs 光子晶体波导芯片 (图 9-8(d)) 实现了具备带通和带阻响应的微波光子滤波器，频率调谐范围为 0~50GHz[34]。

光–电映射型微波光子滤波器通常由连续波激光器、电光调制器、光滤波器和光电探测器构成，如图 9-9 所示。待滤波的射频信号被调制到光载波上，通常采用单边带调制，输出光谱只有载波和边带。利用光滤波对边带信号进行修正。滤波后的边带信号和光载波在光电探测器中拍频还原成射频信号，该射频信号包含了光滤波器的响应。与多抽头型微波光子滤波器相比，光电映射型微波光子滤波器无需多路延时和幅相控制器件，结构更加简单，灵活性和稳定性更高。

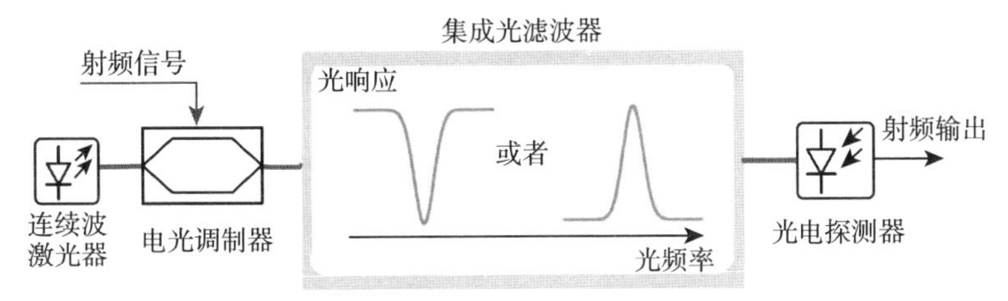

图 9-9 光–电映射型微波光子滤波器工作原理

光–电映射型微波光子滤波器的核心器件是高性能集成光滤波器。目前集成光滤波器的方案主要有微环谐振器、波导光栅、微环辅助马赫–曾德尔干涉仪、片上受激布里渊散射等。其中，微环谐振器以其紧凑的尺寸、独特的幅度和相位响应，成为重要的集成光滤波器方案之一。

图 9-10 是典型的上下话路型微环谐振器结构：光从直波导的输入端口输入，满足谐振条件的光将在环腔内形成谐振，并通过另一根直波导从下载端输出，不满足谐振条件的光则从输入波导的另一端口输出。

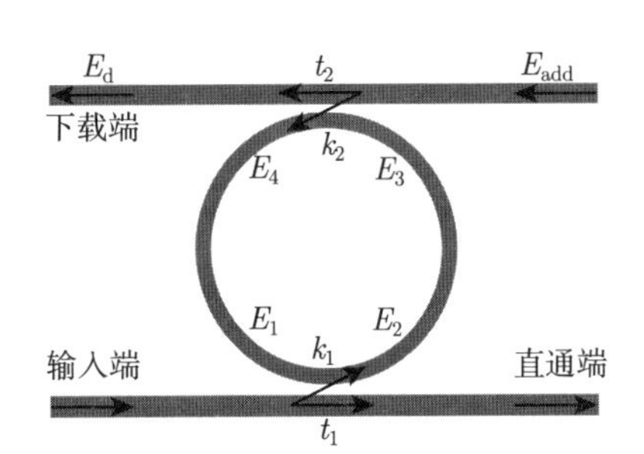

图 9-10 上下话路型微环谐振器结构

上下话路型微环谐振器直通端的传输响应在幅度上表现为周期性的陷波响应，而下载端则表现为周期性的带通响应。根据微环上下两个耦合区的耦合系数 $t_i\,(i = 1, 2)$ 和波导损耗因子 α (若 $\alpha = 1$，则表示环腔无损耗) 的相对大小关系，可以将微环分为三种不同的耦合状态：欠耦合 ($\alpha t_2 < t_1$)、临界耦合 ($\alpha t_2 = t_1$)、过耦合 ($\alpha t_2 > t_1$)。不同耦合状态下，微环谐振器直通端和下载端的幅度和相位响应有着不同的特征 (图 9-11)。

单个微环谐振器的幅度响应是洛伦兹型，无法实现平顶宽带的滤波响应。一种解决方法是采用级联多个微环的结构。浙江大学报道了 5 个级联微环的箱形响应光滤波器，如图 9-12 所示 [35]。测试结果显示，与 2 个级联微环的传输响应相比，5 个级联微环的传输响应不仅顶部更为平坦，而且具有更高的消光比。但是多个微环会导致芯片面积增加，而且须对每个微环的耦合系数、腔长都进行精确的调节才能获得想要的响应。

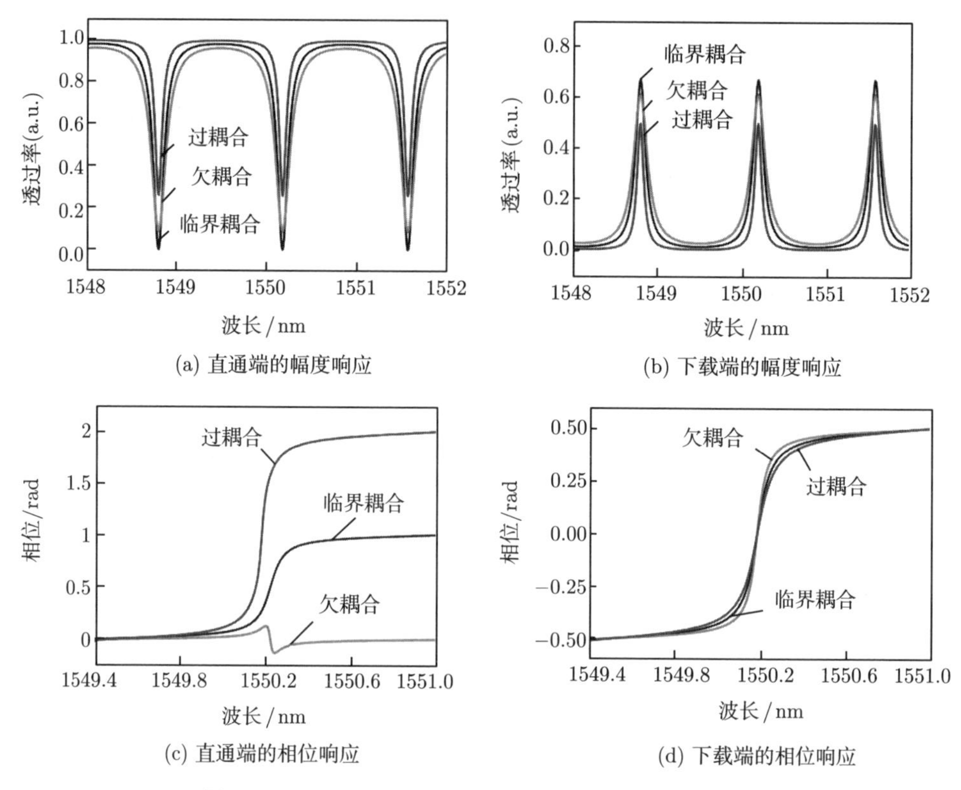

(a) 直通端的幅度响应

(b) 下载端的幅度响应

(c) 直通端的相位响应

(d) 下载端的相位响应

图 9-11 不同耦合状态下微环谐振器的幅度和相位响应

为了解决上述问题，南京航空航天大学微波光子学课题组提出了反射式微环谐振器结构。该器件由传统上下话路型微环谐振器和连接在其下载端口处的反射镜组成，如图 9-13(a) 所示 [36]。在该器件中，存在两种模式光：由入射光耦合进环腔、沿逆时针方向 (CCW) 传播的模式和经反射镜反射回环腔、沿顺时针方向 (CW) 传播的模式。根据微环工作原理，CCW 模式的谐振光将经历慢光效应，而 CW 模式的谐振光将由两个耦合器的耦合系数决定是经历快光效应还是经历慢光效应。器件端口 4 的输出响应由 CCW 和 CW 两个模式的快慢光效应共同决定。改变两个耦合器的耦合系数，器件端口 4 的幅度和延时输出响应都将出现三种可能状态：洛伦兹型、平顶型、模式分裂型，如图 9-13(b) 所示。这三种幅度响应特性可用于构建滤波形状可重构的光滤波器，如图 9-13(c) 所示。此外，通过同时调节上下两个耦合器的耦合系数，还可以实现带宽可调的平顶光滤波器，如图 9-13(d) 所示。

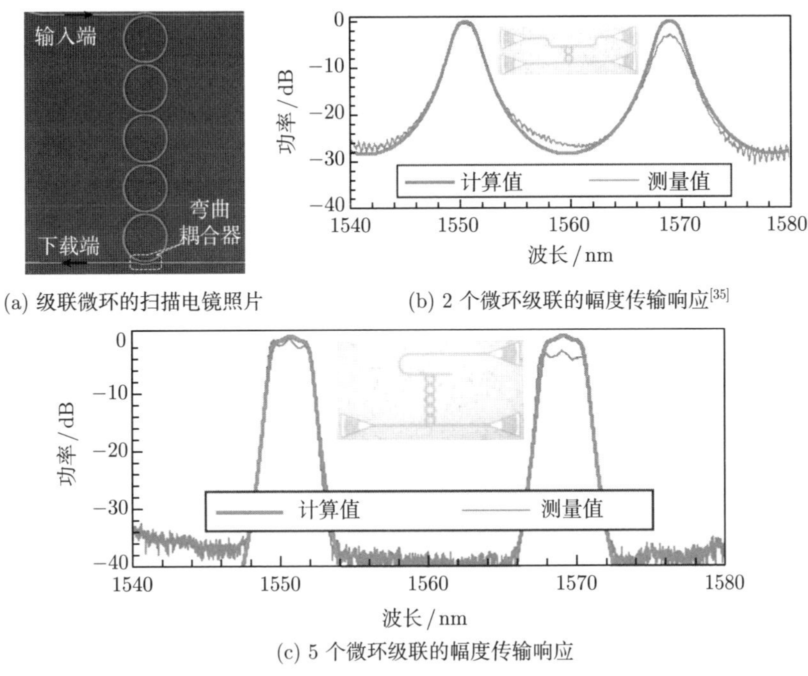

(a) 级联微环的扫描电镜照片

(b) 2 个微环级联的幅度传输响应[35]

(c) 5 个微环级联的幅度传输响应

图 9-12 级联微环的箱形响应光滤波器 [35]

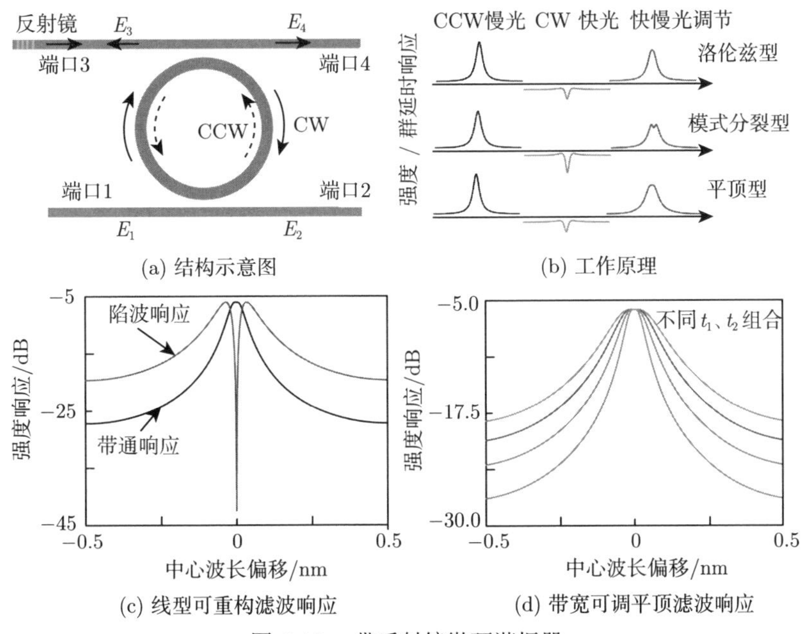

(a) 结构示意图

(b) 工作原理

(c) 线型可重构滤波响应

(d) 带宽可调平顶滤波响应

图 9-13 带反射镜微环谐振器

另一种光–电映射型微波光子滤波器是基于相位调制–强度调制转换 (PM-IM) 原理实现的。在微波光子链路中，由于相位调制的光载波和 ±1 阶边带信号分别拍频得到的电信号幅度相等、相位相差 180°，相加等于零，因此相位调制的光信号经探测器拍频后只能得到直流分量，无法获得相应的射频信号。要想将相位调制的光信号转换成相应的射频信号，必须在光域进行相位调制到强度调制的转换，即通过某种方法改变两个 ±1 阶边带信号间的幅度平衡或者相位平衡。经相位调制的光信号输入光带阻滤波器，当载波和一个边带处于滤波通带内，而另一个边带处于通带外时，幅度平衡被打破，经光电探测器拍频形成信号输出。而对于两个边带都在通带内或都在通带外的状态，没有信号输出。这将在电域形成带通滤波响应，如图 9-14 所示。

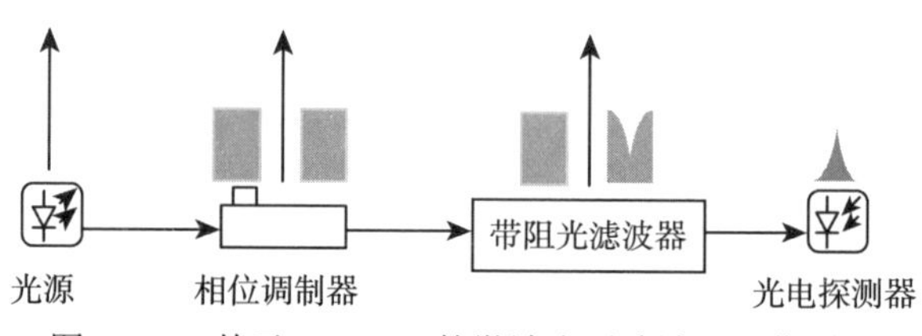

图 9-14　基于 PM-IM 的微波光子滤波器工作原理

加拿大渥太华大学基于微环谐振器直通端的带阻响应实现了微波光子滤波器 [37]。微波光子滤波器的中心频率取决于光载波和微环谐振峰之间的波长差。实验中，通过光泵浦引入的双光子吸收产生热效应，改变波导的折射率使得谐振波长发生红移，从而获得了中心频率在 16~23GHz 可调的带通微波光子滤波器。由于光–电映射型微波光子滤波器的响应取决于光滤波器的响应，为了实现高消光比的滤波响应，可以采用边带幅相调控机制实现高消光比微波光子滤波器。该方法的核心思想是滤波响应由两个光边带信号和光载波拍频相加得到，这两个边带信号可以是同一阶的正负边带，也可以是同一个边带分两路再合成。通过对两个光边带信号的幅度和相位进行调控，对应于微波光子滤波器中心频率处的拍频信号刚好满足幅度相同、相位相差 180° 的条件，则两个光边带在该频率处的拍频信号可以完全对消，从而实现高消光比的微波光子滤波器。悉尼大学采用不对称双边带调制，并利用 Si_3N_4 微环谐振器对其中一个边带的幅度和相位响应进行调控，使得某一频率满足完全对消的条件，从而获得了中心频率为 2~8GHz 可调、抑制比 >60dB 的微波光子陷波滤波器 [38]。

在此基础上，南京航空航天大学微波光子学课题组提出了一种基于硅基微环的带通/带阻响应可切换微波光子滤波器，如图 9-15 所示 [39]。通过调整偏振控制器 2 来改变相位调制器输出信号的偏振态，进而重构电光调制信号状态，使得输入微环的信号为强度调制或理想的相位调制，以实现滤波响应在带通与带阻响应之间切换。

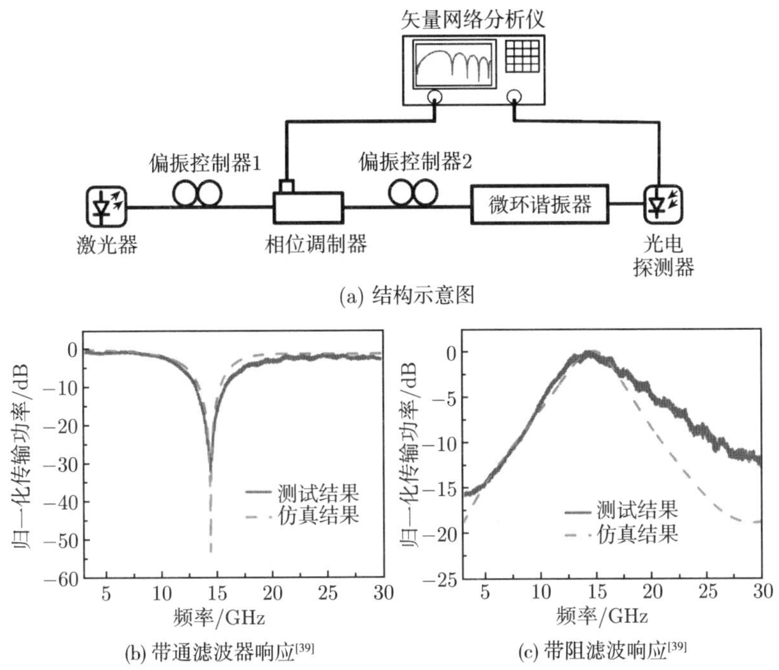

(a) 结构示意图

(b) 带通滤波器响应[39]

(c) 带阻滤波响应[39]

图 9-15 基于 SOI 微环的可切换带通/带阻响应微波光子滤波器 [39]

9.5 微型化/集成化光电振荡器

前文介绍了微型化/集成化光电振荡器所需的核心集成光子器件，基于这些光子器件人们已经构建出多种微型化和集成化光电振荡器。

根据选用谐振腔的方式不同，目前微型化/集成化光电振荡器主要有三种技术路径：① 直接移植分立系统中的光纤环路；② 用高 Q 值光学微腔替代光纤环路；③ 使用集成微波光子滤波器。

第一种技术路径的典型代表是中国科学院半导体研究所研制的磷化铟集成光电振荡器芯片：所有光子器件集成在同一芯片衬底中，光子芯片和电路部分封装在尺寸为 5cm×6cm 的印刷电路板 (printed-circuit board，PCB) 上 (图 9-16)[40]。光子芯片主要由直调激光器、光延时线、光探测器组成。直调激光器产生的激光在光延时线内传播，最后送入光探测器中拍频。设计光延时线呈螺旋形，以在有限的芯片面积内最大化延时量；但受限于磷化铟波导的高损耗 (2dB/cm) 和晶片尺寸，总长度仅为 8.97mm。光电探测器产生的微波信号经过微波滤波器和放大器后，通过一个可调衰减器来实现增益的调节。随后，微波信号通过耦合器被分为两路，其中 90%的功率馈向直调激光器来实现调制，剩余的部分则通过端口输出。该光电振荡器的谐振频率可通过改变激光器的注入电流来调节。注入电流的大小改变激光的波长，进而改变谐振频率。实验结果显示，该光电振荡器的谐振频率可以在 7.30~7.32GHz 和 8.86~8.88GHz 范围内调节。前者的相位噪声在调谐范围内维持在 −91dBc/Hz@1MHz，后者则维持在 −92dBc/Hz@1MHz。受制于片上的螺旋形光延时线和直调激光器的性能以及片上热串扰的影响，该光电振荡器的相位噪声性能较差，信号的稳定性欠佳。

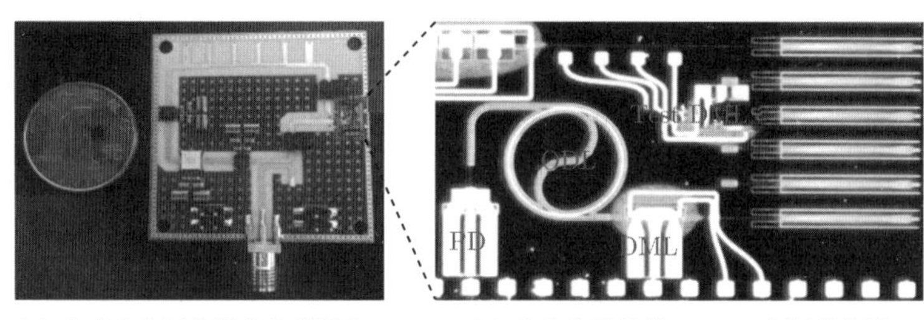

(a) 集成光电振荡器芯片的照片　　(b) 芯片光子部分 (DML: 直调激光器; ODL: 光延时线; PD: 光电探测器)

图 9-16　基于波导延时线的集成光电振荡器 [40]

第二种技术路径的典型代表是美国 OEwaves 公司研制的基于高 Q 值回音壁式光学微腔的微型光电振荡器，其工作原理如图 9-17(a) 所示 [41]：半导体激光器输出的连续波激光经同一透镜耦合进一个具有强电光效应的铌酸锂回音壁微腔中；该铌酸锂回音壁微腔同时具备单边带调制、高 Q 值谐振腔和滤波器的作用；微腔输出的光经半导体光放大器放大后输入光电探测器转换为电信号，电信号经放大后被分成两路，一路注入铌酸锂回音壁微腔形成反馈环路，另一路作为输出信号。通过改变加载在铌酸锂微腔上的直流偏置信号，能够改变回音壁微腔的模式间隔，从而实现振荡频率的改变。光电振荡器封装后的体积仅为 0.6 英寸 ×0.6 英寸 ×0.15 英寸 (1 英寸 =2.54 厘米)，与一个硬币大小相当，如图 9-17(b) 所示。该光电振荡器具备 10~40GHz 的频率调谐能力，在 35GHz 的相位噪声低至 −108dBc/Hz@10kHz[2]。该公司官网显示，微型光电振荡器已作为产品应用于美军小型作战平台。此外，法国 FEMTO-ST 研究所基于 MgF_2 回音壁微腔的光电振荡器也开展了一系列研究工作，比较了基于回音壁微腔光电振荡器和基于延时线光电振荡器的相噪特性，认为采用回音壁微腔的高选模特性能够显著降低相噪谱中的杂散 [42]。

第三种技术路径的典型代表是加拿大渥太华大学实现的基于 SOI 平台的集成光电振荡器 (图 9-18)[43]。除了光源由外部注入之外，其他光学元件如相位调制器、微盘谐振器和高速光电探测器全部单片集成在硅基芯片上。外部激光注入芯片后，首先经过高速相位调制器，相位调制光信号通过高 Q 值的热调微盘谐振器，滤除其中的一个边带。从微盘谐振器输出的光信号经光功分器均分，其中一路直接送入高速光电探测器拍频产生微波信号，而另一路的光信号则被耦合出芯片，用于实时光谱监测。基于热光效应改变微盘的谐振波长，可以实现对产生微波信号的频率调谐。实验结果显示：该光电振荡器可以生成 3~7.4GHz 的可调微波信号，相位噪声为 −80dBc/Hz@10kHz。可以通过在片上加入光波导延时线(提高反馈环路的品质因子) 进一步降低该相位噪声。此外，悉尼大学提出了一种基于硫化物波导的光电振荡器方案 [44]。硫化物波导非线性系数强，较易产生受激布里渊散射效应，因而该方案利用受激布里渊效应的窄带增益特性，将相位调制的一个边带信号放大，在实现相位调制转强度调制的同时，也增加了环路的增益。

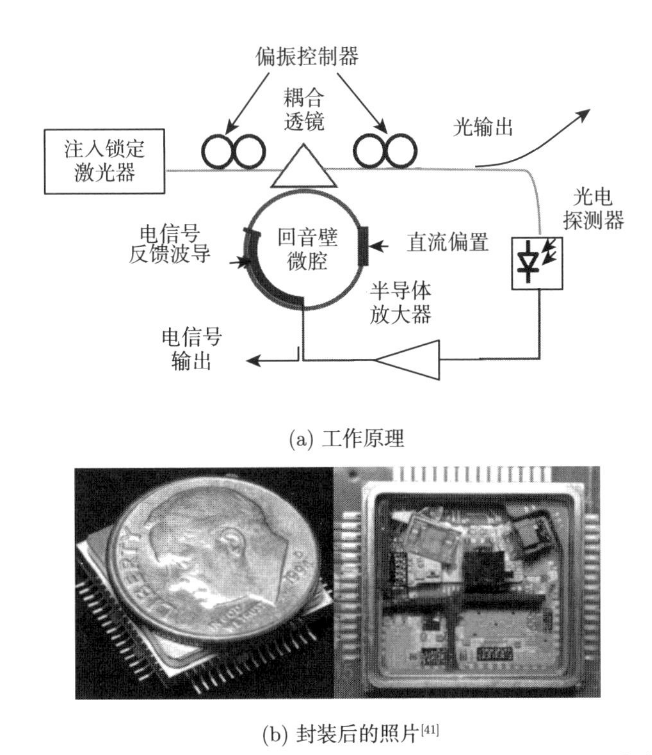

(a) 工作原理

(b) 封装后的照片[41]

图 9-17　美国 OEwaves 公司研制的 Nano 型光电振荡器 [41]

比较上述三种技术路径可以看出，基于高 Q 值回音壁式光学微腔是已商用化的微型光电振荡器方案，器件性能与基于分立器件的光电振荡器相当，但由于制作高 Q 值微腔的难度很大，目前只有美国 OEwaves 公司能够提供相关产品。基于集成微波光子滤波器的方案相对容易实现，是实现光电振荡器集成化的有效技术路径，但目前面临的最大挑战是如何实现可片上集成的高 Q 值光滤波器。将光纤波导移植为片上波导的方案受限于芯片有限的面积和波导较大的损耗，难以实现与基于光纤环路光电振荡器相媲美的相噪性能。

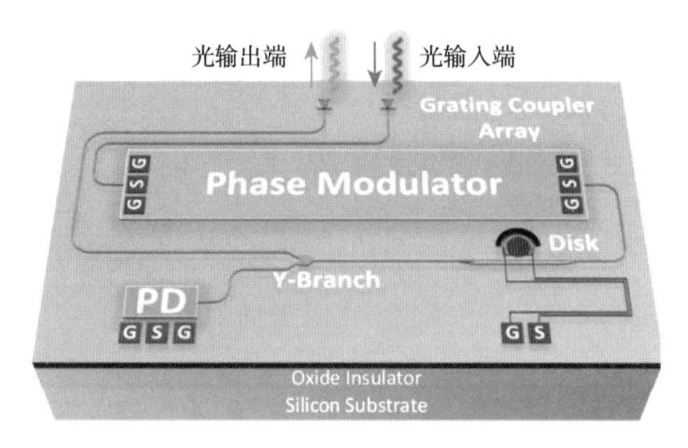

(a) 集成光电振荡器全貌

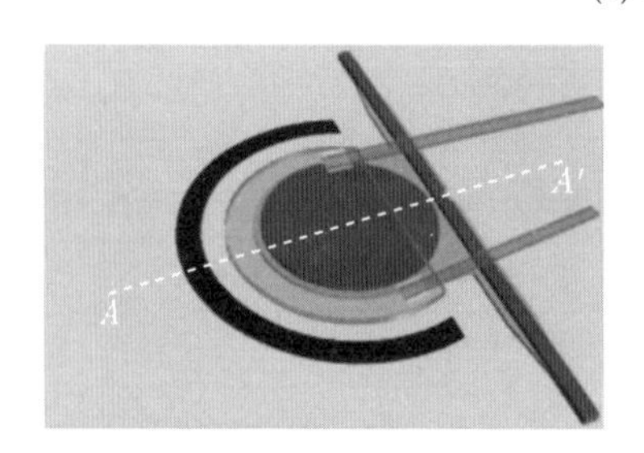

(b) 顶部有微加热器的 MDR 图

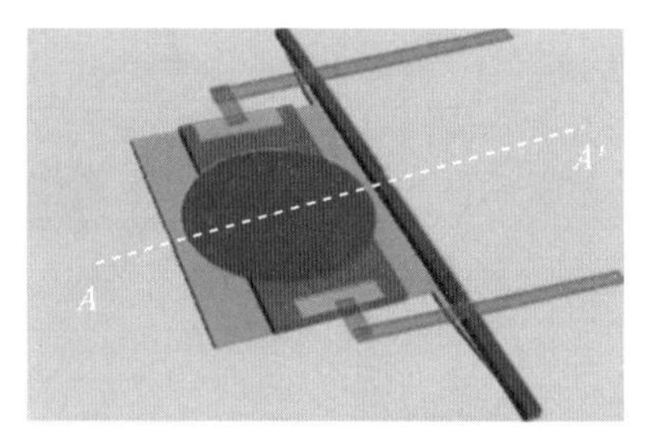

(c) p 型掺杂微加热器的 MDR 图

(d) p 型掺杂微加热器 MDR 的透视图

(e) 显微镜摄影机捕捉到的人造晶片原型

(f) 顶部有微加热器的 MDR 的透视图

图 9-18　基于集成微波光子滤波器的光电振荡器 [43]

除此之外，基于光子集成技术与光电混合封装技术，将除光纤外的光子器件和电子器件集成为单元组件，然后外接光纤环路，也可以从一定程度上减少光电振荡器的体积和功耗，提高系统稳定性。基于该方案，南京航空航天大学微波光子学课题组研制出小型化光电振荡器，工作频率为 10GHz 时，相位噪声达到 −153dBc/Hz@10kHz，通过了典型机载环境的测试，具备了推广应用条件。

参 考 文 献

[1] OEwaves, Inc. HI-Q® Ka-BAND OEO [EB/OL]. (2022-03-29) [2022-04-15]. https://www.oewaves.com/oe3710.

[2] Maleki L. The optoelectronic oscillator[J]. Nature Photonics, 2011, 5(12): 728-730.

[3] Miller S E. Integrated optics: an introduction[J]. The Bell System Technical Journal, 1969, 48(7): 2059-2069.

[4] 余思远. 光子集成主要技术及主要挑战 [J]. 光学与光电技术, 2019, 17(2): 6-12.

[5] Coldren L A, Nicholes S C, Johansson L, et al. High performance InP-based photonic ICs-a tutorial[J]. Journal of Lightwave Technology, 2011, 29(4): 554-570.

[6] 刘育梁, 王启明. 硅基光波导结构与器件 [J]. 半导体光电, 1996, 17(1): 1-6.

[7] Lee H, Chen T, Li J, et al. Ultra-low-loss optical delay line on a silicon chip[J]. Nature Communications, 2012, 3: 867.

[8] 罗浩平, 张艳飞. SOI 技术特点及晶圆材料的制备 [J]. 电子与封装, 2008, 8(6): 1-5.

[9] 刘耀东, 李志华, 余金中. 光子集成用的新型波导材料 Si_3N_4[J]. 物理, 2019, 48(2): 82-87.

[10] Boes A, Corcoran B, Chang L, et al. Status and potential of lithium niobate on insulator (LNOI) for photonic integrated circuits[J]. Laser & Photonics Reviews, 2018, 12(4): 1700256.

[11] Heck M J R, Bauters J F, Davenport M L, et al. Ultra-low loss waveguide platform and its integration with silicon photonics[J]. Laser & Photonics Reviews, 2014, 8(5): 667-686.

[12] Bauters J F, Heck M J R, John D, et al. Ultra-low-loss high-aspect-ratio Si_3N_4 waveguides[J]. Optics Express, 2011, 19(4): 3163-3174.

[13] Bauters J F, Heck M J R, John D D, et al. Planar waveguides with less than 0.1dB/m propagation loss fabricated with wafer bonding[J]. Optics Express, 2011, 19(24): 24090-24101.

[14] Wörhoff K, Heideman R G, Leinse A, et al. TriPleX: a versatile dielectric photonic platform[J]. Advanced Optical Technologies, 2015, 4(2): 189-207.

[15] Roeloffzen C G H, Hoekman M, Klein E J, et al. Low-loss Si_3N_4 TriPleX optical waveguides: technology and applications overview[J]. IEEE Journal of Selected Topics in Quantum Electronics, 2018, 24(4): 1-21.

[16] Cardenas J, Poitras C B, Robinson J T, et al. Low loss etchless silicon photonic waveguides[J]. Optics Express, 2009, 17(6): 4752-4757.

[17] Dong P, Qian W, Liao S, et al. Low loss shallow-ridge silicon waveguides[J]. Optics Express, 2010, 18(14): 14474-14479.

[18] Horikawa T, Shimura D, Okayama H, et al. A 300-mm silicon photonics platform for large-scale device integration[J]. IEEE Journal of Selected Topics in Quantum Electronics, 2018, 24(4): 1-15.

[19] Zou Z, Zhou L, Li X, et al. 60-nm-thick basic photonic components and Bragg gratings on the silicon-on-insulator platform[J]. Optics Express, 2015, 23(16): 20784-20795.

[20] Krasnokutska I, Tambasco J L J, Li X, et al. Ultra-low loss photonic circuits in lithium niobate on insulator[J]. Optics Express, 2018, 26(2): 897-904.
[21] Zhou J, Gao R, Lin J, et al. Electro-optically switchable optical true delay lines of meter-scale lengths fabricated on lithium niobate on insulator using photolithography assisted chemo-mechanical etching[J]. Chinese Physics Letters, 2020, 37(8): 084201.
[22] Wu J, Xu X, Nguyen T G, et al. RF photonics: an optical microcombs' perspective[J]. IEEE Journal of Selected Topics in Quantum Electronics, 2018, 24(4): 1-20.
[23] 唐水晶, 李贝贝, 肖云峰. 回音壁模式光学微腔传感 [J]. 物理, 2019, 48(3): 137-147.
[24] Yang K Y, Oh D Y, Lee S H, et al. Bridging ultrahigh-Q devices and photonic circuits[J]. Nature Photonics, 2018, 12(5): 297-302.
[25] Wu L, Wang H, Yang Q, et al. Greater than one billion Q factor for on-chip microresonators[J]. Optics Letters, 2020, 45(18): 5129-5131.
[26] Biberman A, Shaw M J, Timurdogan E, et al. Ultralow-loss silicon ring resonators[J]. Optics Letters, 2012, 37(20): 4236-4238.
[27] Zhang L, Jie L, Zhang M, et al. Ultrahigh-Q silicon racetrack resonators[J]. Photonics Research, 2020, 8(5): 684-689.
[28] Pfeiffer M H P, Kordts A, Brasch V, et al. Photonic Damascene process for integrated high-Q microresonator based nonlinear photonics[J]. Optica, 2016, 3(1): 20-25.
[29] Liu J, Lucas E, Raja A S, et al. Photonic microwave generation in the X- and K-band using integrated soliton microcombs[J]. Nature Photonics, 2020, 14(8): 486-491.
[30] Liu J, Huang G, Wang R N, et al. High-yield, wafer-scale fabrication of ultralow-loss, dispersion-engineered silicon nitride photonic circuits[J]. Nature Communications, 2021, 12(1): 2236.
[31] Zhang M, Wang C, Cheng R, et al. Monolithic ultra-high-Q lithium niobate microring resonator[J]. Optica, 2017, 4(12): 1536-1537.
[32] Liu Y, Choudhary A, Marpaung D, et al. Integrated microwave photonic filters[J]. Advances in Optics and Photonics, 2020, 12(2): 485-555.
[33] Liao S, Ding Y, Peucheret C, et al. Integrated programmable photonic filter on the silicon-on-insulator platform[J]. Optics Express, 2014, 22(26): 31993-31998.
[34] Sancho J, Bourderionnet J, Lloret J, et al. Integrable microwave filter based on a photonic crystal delay line[J]. Nature Communications, 2012, 3(1): 1075.
[35] Chen P, Chen S, Guan X, et al. High-order microring resonators with bent couplers for a box-like filter response[J]. Optics Letters, 2014, 39(21): 6304-6307.
[36] Pan S, Tang Z, Huang M, et al. Reflective-type microring resonator for on-chip reconfigurable microwave photonic systems[J]. IEEE Journal of Selected Topics in Quantum Electronics, 2020, 26(5): 1-12.
[37] Ehteshami N, Zhang W, Yao J. Optically tunable single passband microwave photonic filter based on phase-modulation to intensity-modulation conversion in a silicon-on-insulator microring resonator[C]. 2015 International Topical Meeting on Microwave Photonics (MWP), Paphos, Cyprus, 2015: 1-4.

[38] Marpaung D, Morrison B, Pant R, et al. Si_3N_4 ring resonator-based microwave photonic notch filter with an ultrahigh peak rejection[J]. Optics Express, 2013, 21(20): 23286-23294.

[39] Li S, Cong R, He Z, et al. Switchable microwave photonic filter using a phase modulator and a silicon-on-insulator micro-ring resonator[J]. Chinese Optics Letters, 2020, 18(5): 052501.

[40] Tang J, Hao T, Li W, et al. Integrated optoelectronic oscillator[J]. Optics Express, 2018, 26(9): 12257-12265.

[41] Savchenkov A A, Liang W, Ilchenko V S, et al. RF photonic signal processing components: from high order tunable filters to high stability tunable oscillators[C]. 2009 IEEE Radar Conference, Pasadena, CA, USA, 2009: 1-6.

[42] Saleh K, Henriet R, Diallo S, et al. Phase noise performance comparison between optoelectronic oscillators based on optical delay lines and whispering gallery mode resonators[J]. Optics Express, 2014, 22(26): 32158-32173.

[43] Zhang W, Yao J. Silicon photonic integrated optoelectronic oscillator for frequency-tunable microwave generation[J]. Journal of Lightwave Technology, 2018, 36(19): 4655-4663.

[44] Merklein M, Stiller B, Kabakova I V, et al. Widely tunable, low phase noise microwave source based on a photonic chip[J]. Optics Letters, 2016, 41(20): 4633-4636.

第 10 章 光电振荡器的应用

光电振荡器不仅可以产生低相位噪声的微波信号，也可以输出高稳定的光脉冲信号，这使得它在微波、光学以及两者的交叉领域均有着重要应用。在信号产生领域，光电振荡器既可用作高性能本振信号来驱动频率综合器，也可直接产生线性调频信号、三角函数、相位编码信号等复杂波形；在信号处理领域，光电振荡器可提取输入信号中的时钟，实现码型变换、频率变换和分频等处理功能；在传感领域，光电振荡器可将光纤上的应变、温度等信息转换为输出微波信号的频率信息，通过精细的频率解调手段实现高精度的传感；除此之外，光电振荡器还可应用于光纤长度测量、折射率测量、微波频率检测等领域。本章将介绍光电振荡器在微波信号产生、处理、传感与测量等方面的应用，重点就基本原理、技术途径和系统性能等进行介绍。

10.1 基于光电振荡器的频率综合技术

频率综合是以标准频率源为基准，通过特定电路产生多频率信号的技术，可广泛应用于通信、雷达、制导、电子战等领域。此前，频率综合器所用的高质量标准频率源通常基于电子学储能单元 (如电介质振荡器) 和声学储能单元 (如晶体振荡器) 实现，谐振频率达到吉赫兹以上时相噪和频率稳定性等性能会急剧下降。在构建频率综合器时，要想获得高频信号，需对微波振荡器进行倍频，导致所产生信号的相位噪声按照 $20\lg N$ 的速度恶化 (N 为倍频因子)，极大地制约了频率综合器输出信号的性能。同时，复杂的多级倍频、混频等操作也会导致噪声与杂散电平升高，从而降低频率综合器输出信号的质量。因此，以传统微波振荡器作为标准频率源的频率综合器在频率稳定性与相位噪声特性等方面表现出越来越多的局限性。

光电振荡器是一种优质的标准频率参考源，可以直接产生高频 (如 10GHz 以上) 的超低相位噪声微波信号，使频率综合系统无须使用复杂的微波倍频链路即可在高频频段也能保持极低的相位噪声和杂散电平。利用光电振荡器构建频率综合器的关键是避免光电振荡器的超低相位噪声淹没在微波电子器件的噪声中，并实现高的杂散抑制比和快速的跳频时间。

图 10-1 是南京航空航天大学设计的一个以光电振荡器为参考频率源的频率综合器方案。在该方案中，利用 10GHz 光电振荡器为参考源，通过直接数字频率

合成器结合锁相环路获得了频率范围为 8.9~9.9GHz 的频率综合信号输出。所使用的 10GHz 光电振荡器的相位噪声特性如表 10-1 所示，其 10kHz 频偏处的相位噪声为 −136dBc/Hz。频率综合系统工作原理如下：10GHz 超低相位噪声光电振荡器的输出通过功分器分成三路相参信号。第一路信号经过一个下变频混频器 1，与来自压控振荡器 (VCO，Hittite-HMC511) 的信号混频得到中频信号 IF1，其频率范围为 100~1100MHz；第二路信号，经过 10 分频器后，由中心频率在 3GHz 的带通滤波器滤出三阶边带，经过低噪声放大器后作为直接数字频率合成器 (DDS，ADI-AD9914) 的外部时钟信号 $f_{\rm clk}$，直接数字频率合成器的有效合成频率范围可达到 $0.4f_{\rm clk}$，故其可控制的输出扫频带宽为 200~1200MHz，该信号经过混频器 2 与中频信号 IF1 混频，再由 100MHz 带通滤波器滤出频率为 100MHz 的中频信号 IF2；第三路信号通过 100 分频器，由带通滤波器滤出 100MHz 的分量，用作鉴频鉴相器 (PFD，Hittite-HMC439) 的参考信号，并与反馈信号 IF2 鉴频鉴相，相位误差信号经环路滤波器转化成电压误差信号，反馈控制压控振荡器。当锁相环路达到稳定状态时，就可以得到与光电振荡器相位锁定的输出信号。此时通过调节直接数字频率合成器的输出频率为 200~1200MHz，就可以获得一个宽带的压控振荡器信号输出，其频率范围为 8.9~9.9GHz，而直接频率综合器的频率步进就是压控振荡器的频率步进。

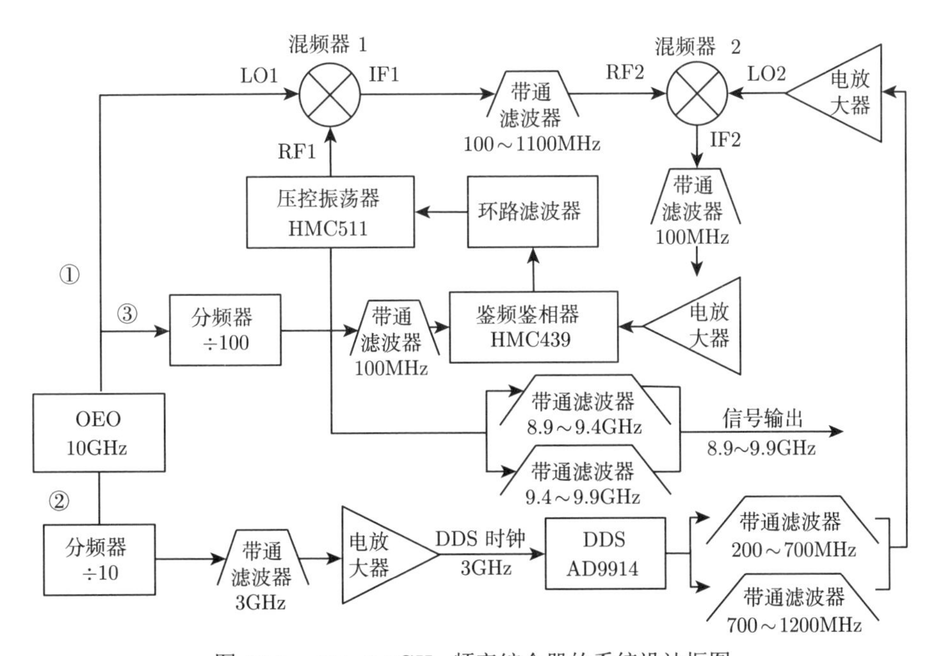

图 10-1 8.9~9.9GHz 频率综合器的系统设计框图

表 10-1　光电振荡器的相位噪声

相位噪声/(dBc/Hz)	频率偏移/Hz
−92	100
−116	1k
−136	10k
−137	100k
−134	1M

所构建的频率综合器输出信号功率为 9dBm，杂散抑制比优于 70dB。图 10-2 为该频率综合器在 8.9~9.9GHz 范围内 (以 500MHz 为间隔) 的相位噪声曲线。图 10-2 也给出了作为参考源的光电振荡器 (reference OEO) 和自由振荡的压控振荡器 (VCO) 的相位噪声。可以看出在锁相环路带宽 (1MHz 左右) 范围内，压控振荡器的相位噪声得到明显抑制，频率综合器输出信号的相位噪声接近于参考源，在 1kHz 频偏时相位噪声为 −112 ~ −116dBc/Hz，在 10kHz 频偏处的相位噪声为 −126 ~ −135dBc/Hz。在环路带宽以外的高频偏处，输出信号的相位噪声与压控振荡器比较接近。

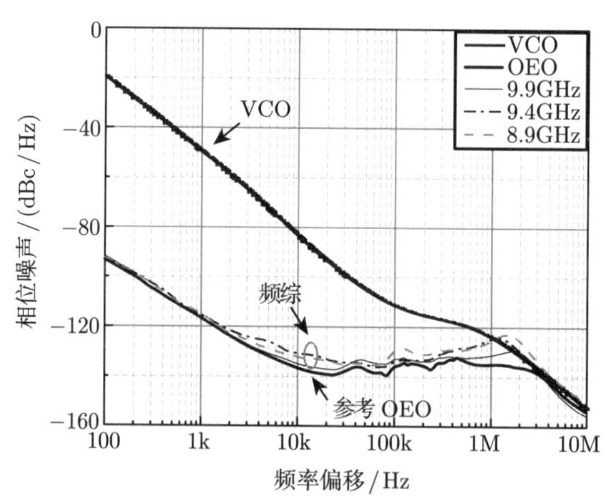

图 10-2　8.9~9.9GHz 频率综合器各频点的相位噪声

图 10-3 为频率综合器输出信号在 1kHz 和 10kHz 频偏处的相位噪声。可以发现，实际输出信号的相位噪声并未全部达到参考源的相位噪声水平，但是整体相位噪声都保持在较低水平。造成频率综合器相位噪声恶化的原因主要有参考源的输入噪声、前置分频器的噪声、鉴频鉴相器的噪声、环路滤波器的噪声和电源噪声等低通型噪声，同时压控振荡器和直接数字频率合成器的高通型噪声对环路带宽附近相位噪声的影响也不可忽略。

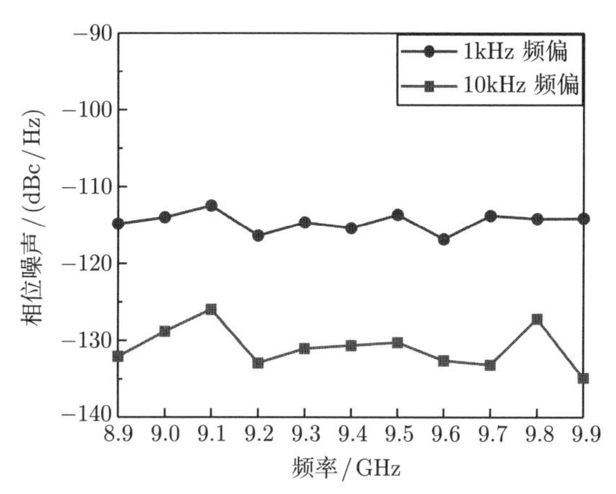

图 10-3　8.9~9.9GHz 频率综合器各频点在 1kHz 和 10kHz 频偏处的相位噪声

为了进一步扩展频率综合器输出频率的范围，在以上频率综合系统的基础上，采用如图 10-4 所示的直接模拟频率合成方式构建了输出范围为 5.9~12.9GHz 的

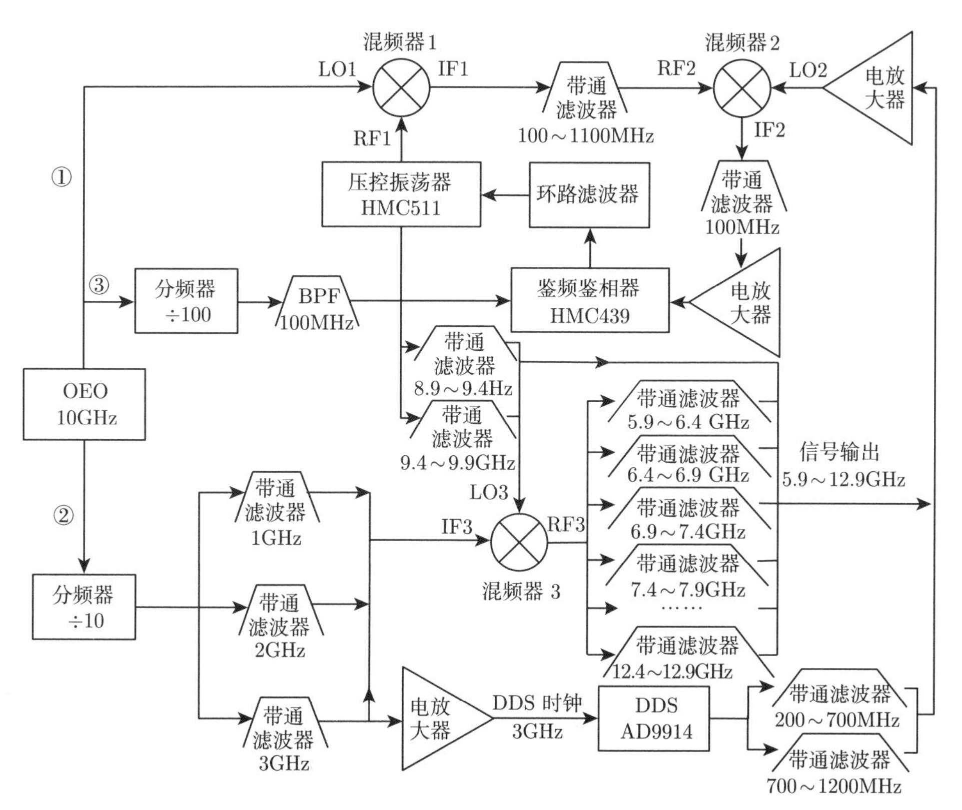

图 10-4　宽带频率综合器的系统设计框图

频率综合器。10GHz 光电振荡器经 10 分频器后，由窄带带通滤波器选出的一、二和二阶边带 (1GHz、2GHz 和 3GHz)，共同作为混频器 3 的中频信号 (IF3)。混频器 3 的本振信号 (LO3) 来自经混频锁相后的压控振荡器输出信号 (8.9~9.9GHz)，这样混频器 3 输出的射频信号 (RF3) 包含了上下变频的频率分量，再通过一个带通滤波器阵列 (3dB 带宽为 500MHz)，最终输出信号的范围覆盖了 5.9~12.9GHz。图 10-5 为所构建频率综合器的实物图和测试图。

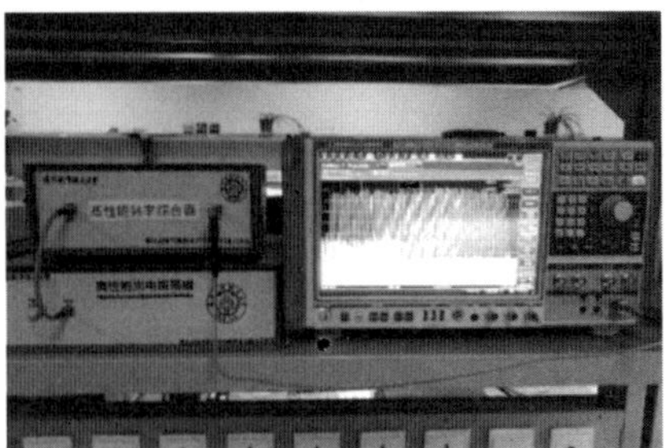

图 10-5　南京航空航天大学研制的宽带频率综合器实物图和测试图

经测试，上述频率综合系统的输出功率和杂散指标 (以 1GHz 频率步进) 如图 10-6 所示，输出频率 5.9~12.9GHz 范围内信号功率被控制在 (9±1)dBm；杂散抑制比低于 −65dB，与未进行频率扩展时相比略有恶化。

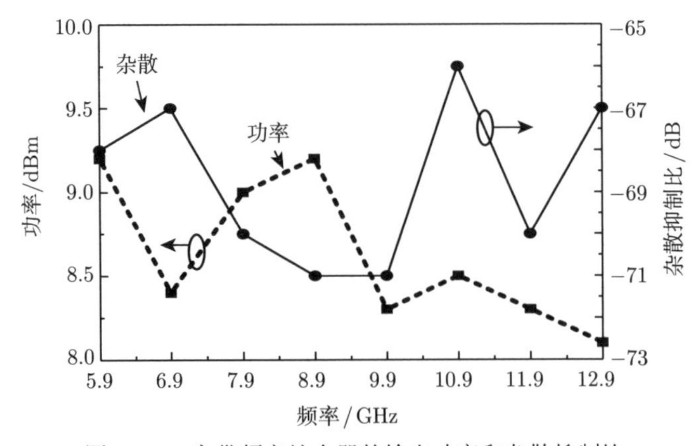

图 10-6　宽带频率综合器的输出功率和杂散抑制比

图 10-7 为该频率综合器在 5.9~12.9GHz 宽带范围内的相位噪声曲线。1kHz 频偏处的相位噪声在 −112~−116dBc/Hz 之间，10kHz 频偏处的相位噪声处于 −125~−135dBc/Hz 之间，具体数值如图 10-8 所示。

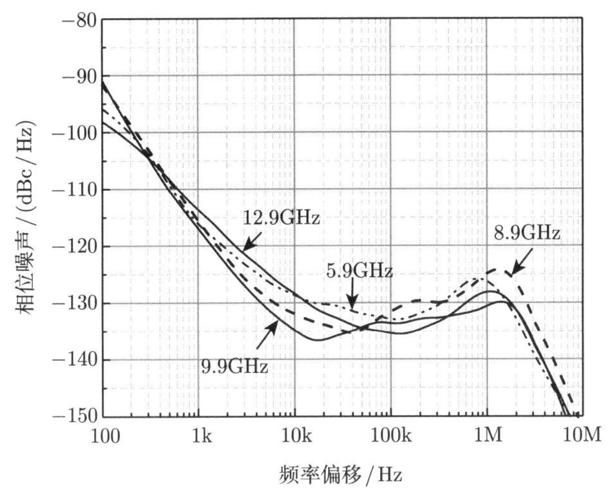

图 10-7 宽带频率综合器输出信号的相位噪声曲线

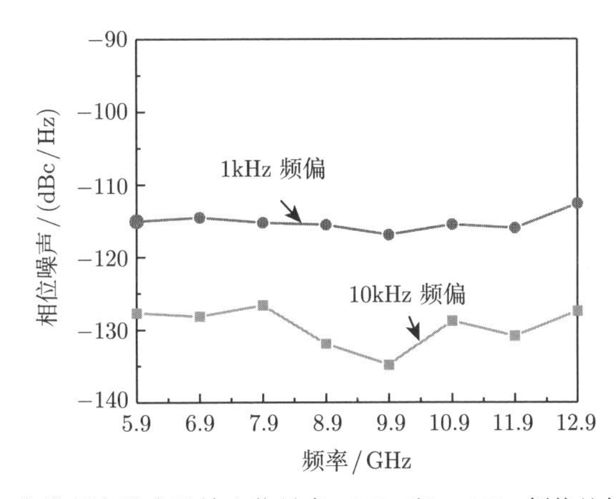

图 10-8 宽带频率综合器输出信号在 1kHz 和 10kHz 频偏处的相位噪声

所构建的频率综合器的频率步进精度取决于直接数字频率合成器，最小为 2MHz。图 10-9 为直接数字频率合成器从 1000MHz 切换到 1002MHz 时，频率综合器输出频率从 9.100GHz(图 10-9(a)) 切换到 9.098 GHz(图 10-9(b)) 的频谱 (Span 为 10MHz，RBW 为 20kHz)。从图 10-9 中可见，输出信号功率和杂散均无明显变化。另外，测量得到的 9.100GHz 和 9.098GHz 信号的相位噪声分别为 −126.2dBc/Hz@10kHz 和 −126.1dBc/Hz@10kHz。图 10-10 为频率综合器以 20MHz 间隔 (9.02~9.04GHz) 跳频的时间，频率从开始切换到稳定的时间间隔小于 1.5μs，因此所构建的频率综合器具有较快的跳频速度。

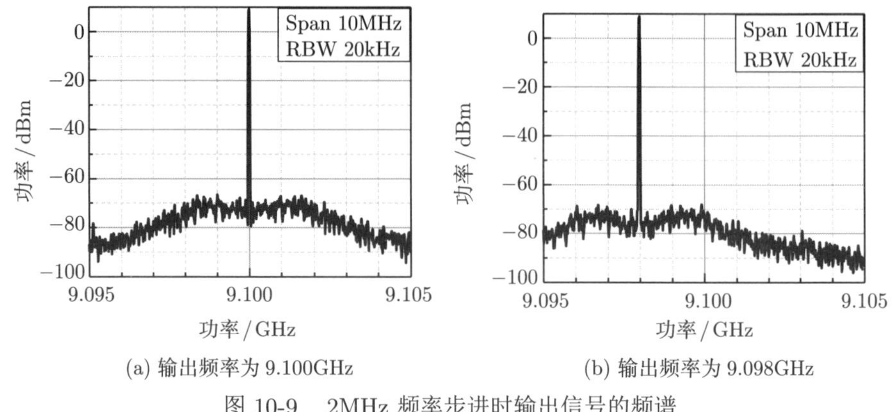

(a) 输出频率为 9.100GHz (b) 输出频率为 9.098GHz

图 10-9 2MHz 频率步进时输出信号的频谱

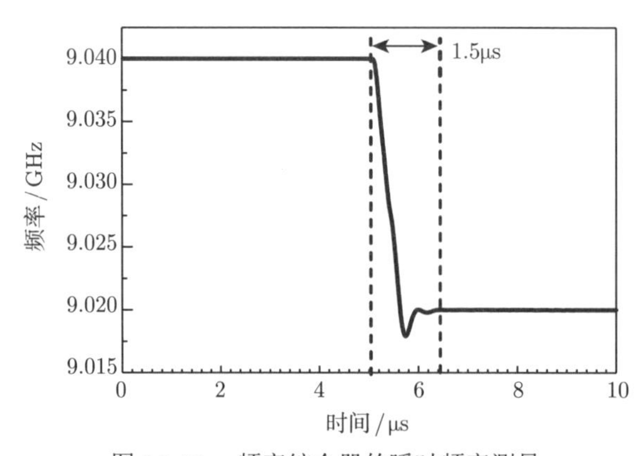

图 10-10 频率综合器的瞬时频率测量

综上所述，光电振荡器作为优质的超低相噪微波频率源，可以用于构建高性能的微波频率综合器，充分满足雷达、通信、电子战、测试仪表等对高频率稳定度、低相位噪声以及低杂散频率综合器的要求。

10.2 基于光电振荡器的波形产生技术

高性能电子信息系统 (宽带无线通信系统、新型雷达等) 对信号波形的质量提出了越来越高的要求。本节将介绍基于光电振荡器的复杂波形产生技术，由于基于光电振荡器的线性调频信号产生方法在 7.3 节已经详细介绍，本节重点分析三角波、相位编码等信号产生的基本原理和主要性能。

10.2.1 三角波信号产生技术

由于三角波信号在全光变频、光脉冲倍频、光脉冲压缩、信号复制等光信号处理中有着广泛的应用，实现高性能三角波信号的产生便具有重要的价值。全占

空比三角波的傅里叶级数可以写为

$$T(t+t_0)=\mathrm{DC}+\sum_{k=1,3,5}^{\infty}\frac{1}{k^2}\cos(k\Omega t+k\Omega t_0) \tag{10-1}$$

式中，DC 为直流项；k 为谐波阶数；Ω 为谐波频率；t 为初始时延值。从式 (10-1) 可以看出，三角波仅由奇次谐波组成，且各次谐波的幅值和相位有着一定关系。忽略五阶及以上分量，则其频谱主要包含一个一阶分量和一个三阶分量，两者的幅度比是 9:1。目前基于微波光子技术的三角波信号产生方案主要包括基于频时映射的三角波信号产生和基于连续波外调制的三角波信号产生。频时映射方法利用锁模激光器的宽带频谱产生三角波，系统成本高，产生的三角脉冲占空比较小，且需要外部微波参考源，系统复杂度较高，而连续波外调制方式需要一个外部微波参考源。对光电振荡器来说，由于其本身即是自启动的连续波信号发生器，可避免使用外部参考源。如果在其腔内能形成频率比为 1:3 的两个振荡频率，即可通过控制两个分量的幅度比产生高质量的全占空比三角波。

一种方法是利用多频光电振荡器产生两个频率比为 1:3 的信号，并将其幅度比控制为 9:1[1]。图 10-11 为基于偏振复用双频光电振荡器的三角波产生系统。调节双频光电振荡器两个支路的可调谐滤波器，使光载波的两个正交偏振方向上分别产生频率为 f 和 $3f$ 的稳定振荡，通过将这两个频率的幅度比调节为 9:1，就可以得到时域上的三角波形。此方案可以有效抑制其他无用的干扰谐波，所产生的三角波信号质量较高。在上述 OEO 环路中加入移相器，可以微调振荡频率 f，此时另一路的振荡频率也会随之微调，两者保持频率比 1:3 的关系。

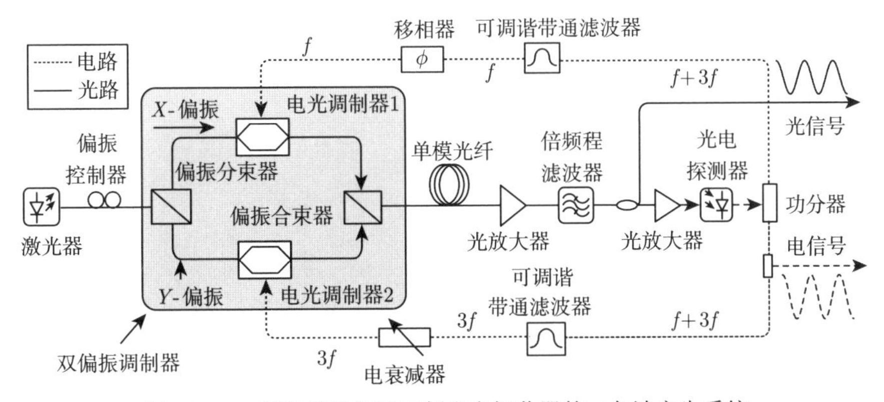

图 10-11 基于偏振复用双频光电振荡器的三角波产生系统

图 10-12 为另外一种基于 OEO 的三角波产生系统。在该系统中，电光调制器偏置在线性点，若调制系数较大，经光电探测器检波后会有一阶、二阶和三阶

等分量。为了消除二阶分量并保留一阶和三阶分量，用两个波长构建出一个双环 OEO[2]，其中一个环路中加入可调光延时线将两路的相位差调节为 $k\pi+\pi/2$(k 为整数)，此时合路后的光信号经光电探测器后其二阶分量接近于零。控制电光调制器的调制系数，使光电探测器输出信号中一阶和三阶边带的幅度比为 9:1，即可得到三角波信号。

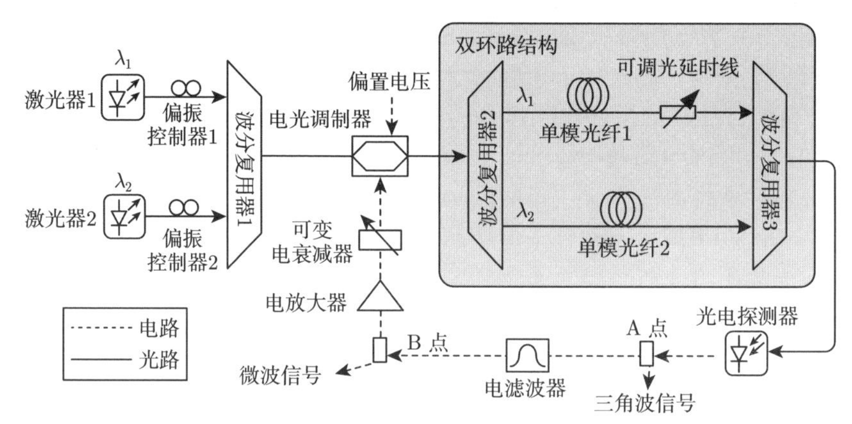

图 10-12　基于光电振荡器模式相位控制的三角波产生系统

10.2.2　相位编码波形产生技术

作为一种典型的脉冲压缩波形，相位编码信号可以广泛用于现代雷达系统中，通过脉冲压缩可有效解决探测距离与距离分辨率之间的相互制约，增强雷达的探测性能。除此之外，相位编码信号具有良好的捷变特性，可有效地提升雷达的抗干扰和抗截获能力，已广泛应用于现代雷达系统中。基于 OEO 产生相位编码波形一方面可以利用 OEO 能产生超低相位噪声微波的特点提升相位编码信号质量，另一方面也可以利用 OEO 的调谐性实现相位编码信号中心频率的调谐。具体实现方案包括基于偏分复用 OEO 和基于傅里叶域锁模 OEO 等。

图 10-13 为基于偏分复用 OEO 的相位编码信号产生系统 [3]。可调谐激光器经过光耦合器后分为两路，一路直接进入偏振合束器，另一路作为入射光送入 OEO 中以产生一个可调谐边带。OEO 由可调谐激光源、相位调制器、相移光纤光栅、光环行器、放大器和光电探测器组成。当 OEO 环路闭合且环路增益足够高 (可补偿环路损耗) 时，OEO 开始振荡并产生微波信号。如图 10-13 所示，在 A 点处，生成了带有载波信号的相位调制双边带信号。相移光纤光栅将左边带和载波反射回谐振腔，在 B 点得到带载波的单边带信号，此时相位调制转换为强度调制。通过调节激光器载频，可实现 OEO 的频率调谐。而右边带可透过相移光纤光栅，因而在 C 点得到的光信号，其频率等于光载波频率与 OEO 振荡信号频率之和。

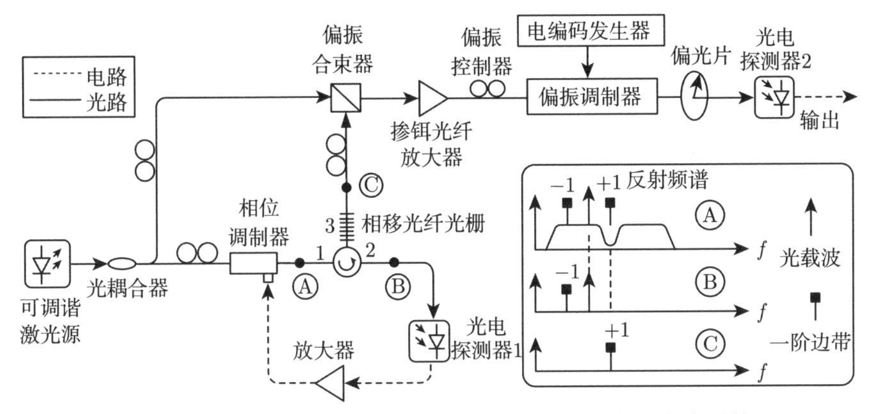

图 10-13 基于偏分复用光电振荡器的相位编码信号产生系统

两路信号在偏振合束器合波后进入偏振调制器，通过偏振调制器后的信号可表示为

$$\begin{bmatrix} E_x(t) \\ E_y(t) \end{bmatrix} = \begin{bmatrix} E_1\exp\left[\mathrm{i}\left(2\pi f_{\mathrm{o}}t - \dfrac{\pi V}{V_{\pi}}s(t)\right)\right] \\ E_2\exp\left\{\mathrm{i}\left[2\pi(f_{\mathrm{o}} + f_{\mathrm{osc}})t + \dfrac{\pi V}{V_{\pi}}s(t)\right]\right\} \end{bmatrix} \tag{10-2}$$

式中，E_x 和 E_y 分别为光信号沿偏振调制器 x 轴和 y 轴的电场；E_1 和 E_2 分别为 E_x 和 E_y 的幅度；f_{o} 为入射光的频率；f_{osc} 为 OEO 的振荡频率；$s(t)$ 为归一化的电编码信号；V 为电信号的幅度；V_{π} 为调制器的半波电压。

将调制后的光信号通过检偏器，再经过光电探测后，可以得到相位编码信号：

$$i(t) \propto \left|E_x(t) + E_y(t)\right|^2 = \cos\left[2\pi f_{\mathrm{osc}}t + \frac{2\pi V}{V_{\pi}}s(t)\right] \tag{10-3}$$

由式 (10-3) 可以看出，相位编码信号的频率等于 OEO 的振荡频率，其相位与所加的电编码信号有关。实验中，利用上述方案实现中心频率 10~15GHz 可调的多相码微波信号产生。

图 10-14 为基于傅里叶域锁模 OEO 的相位编码信号产生系统 [4]，将可调激光输入由电编码信号驱动的相位调制器，经过该调制器后输出的光信号可表示为

$$E_1(t) = E_0\mathrm{e}^{\mathrm{i}(\omega_0 t + \varphi_{\mathrm{n}})} \tag{10-4}$$

式中，E_0 和 ω_0 分别为光载波的幅度和角频率；$\varphi_{\mathrm{n}} = \pi V \cdot s(t)/V_{\pi 1}$ 为由电编码信号引起的相移，其中 $V_{\pi 1}$ 为相位调制器的半波电压，$V \cdot s(t)$ 为电编码信号。

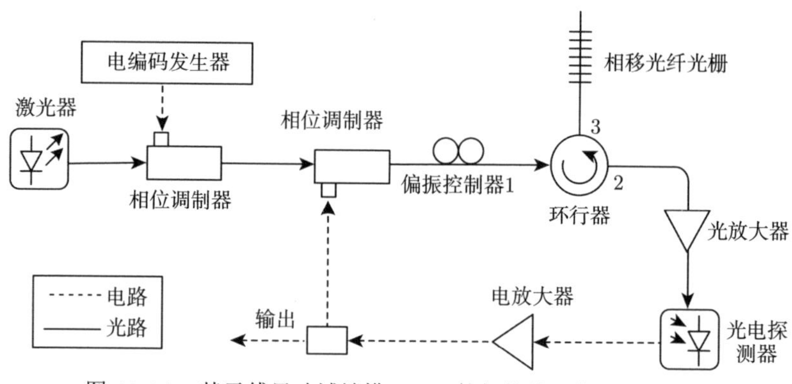

图 10-14　基于傅里叶域锁模 OEO 的相位编码信号产生系统

该信号送入由相位调制器、光环行器、相移光纤光栅、放大器、光电探测器及电学器件组成的傅里叶域锁模 OEO 谐振腔，利用相移光纤光栅滤除其中的一个边带，从而实现微波信号的产生。假设施加在腔内相位调制器上的射频信号为 $V_{\mathrm{m}} \cdot \cos(\omega_{\mathrm{m}} t + \varphi_{\mathrm{m}})$，其中 V_{m}、ω_{m} 和 φ_{m} 分别是射频信号的幅度、角频率和相位。在小信号调制条件下，其输出可表示为

$$
\begin{aligned}
E_2(t) &= E_0 \mathrm{e}^{\mathrm{i}[\omega_0 t+\varphi_{\mathrm{n}}+\beta_{\mathrm{m}}\cos(\omega_{\mathrm{m}}t+\varphi_{\mathrm{m}})]} \\
&\approx E_0\left[\mathrm{J}_0(\beta_{\mathrm{m}})\mathrm{e}^{\mathrm{i}(\omega_0 t+\varphi_{\mathrm{n}})}\right] + \mathrm{J}_1(\beta_{\mathrm{m}})\mathrm{e}^{\mathrm{i}[(\omega_0+\omega_{\mathrm{m}})t+\varphi_{\mathrm{n}}+\varphi_{\mathrm{m}}]} \\
&\quad -\mathrm{J}_1(\beta_{\mathrm{m}})\mathrm{e}^{\mathrm{i}[(\omega_0-\omega_{\mathrm{m}})t+\varphi_{\mathrm{n}}-\varphi_{\mathrm{m}}]}
\end{aligned} \tag{10-5}
$$

式中，$\beta_{\mathrm{m}} = \pi V_{\mathrm{m}}/V_{\pi 2}$ 为腔内相位调制器的调制系数，其中 $V_{\pi 2}$ 为腔内相位调制器的半波电压；J_0 和 J_1 分别为 0 阶和 1 阶第一类贝塞尔函数。

当 OEO 中信号往返时间是电编码信号周期的整数倍时，可以实现傅里叶域锁模，即 OEO 中的每一个不同相位的模式在环腔中传输一周后，与下一个相位周期调制的模式恰好相同，从而实现了不同相位微波信号的振荡输出。该系统的中心频率和编码速率可以通过调整电编码信号的码率和可调谐激光器的载波波长进行调整，实验中分别实现了编码速率为 420Mb/s、中心频率为 9.3GHz 和编码速率为 2Gb/s、中心频率为 12.7GHz 的相位编码信号的产生。

10.3　基于光电振荡器的信号处理

10.3.1　基于光电振荡器的变频

微波上/下变频可实现微波系统的频率控制，并能广泛应用于频率综合、射频系统收/发等应用中。传统微波上/下变频器的基本原理是利用肖特基势垒二极管在本振信号和待变频信号作用下激发非线性，生成一系列混频分量，再利用滤波

器滤出想要的变频分量。这种基于电子技术的方法必然在工作频率、带宽、隔离度及抗电磁干扰等性能上受到限制。同时，电子技术产生的高频本振也存在着相位噪声高、频谱纯度低、难以调谐等局限。基于光电振荡器的上/下变频技术能够在光域实现待转换信号的频谱搬移，且能够兼容低相位噪声的光生微波技术，具有大的带宽处理能力、高的灵活性和较好的高阶杂散抑制能力。

将待变频信号与光电振荡器产生的本振信号融合的方式分为三类：① 利用电耦合器合并后一起加载至单个电光调制器 [5]；② 分别加载至并联电光调制器的不同射频端口 [6,7]；③ 分别加载至级联电光调制器的不同射频端口 [8,9]。虽然形式不一样，但是本质上都是利用电光调制器的非线性在光域将待变频的信号转换至目标频段。

图 10-15 为一种典型的基于光电振荡器的宽带信号上变频系统 [10]。基带信号由码型发生器产生，经电光强度调制器调制到光载波上。调节偏振控制器 1，使得光信号的偏振态与偏振调制器的一个主轴呈 45° 夹角。偏振调制器输出的光信号通过光分束器分为两路，其中 90%留在光电振荡器的反馈环路中，用以产生可调的本振频率。反馈环路中还有两个偏振分束/合束器、两卷不同长度的单模光纤、一个光电探测器、一个低噪声放大器、一个电带通滤波器等光电器件。其中，偏振调制器和偏振分束器可联合等效为一个强度调制器 [11]，调节两个器件偏振主轴之间的夹角，即可在偏振分束器的两个输出端口获得互补的强度调制信号。这两个调制信号经过两卷不同长度的单模光纤后，再由偏振合束器合并。两个偏振分束/合束器、两卷单模光纤又形成了偏振复用双环，有效抑制了光电振荡器的边模。最终，光信号由光电探测器实现光电转换，得到的电信号通过电滤波器与低噪声放大器后，再反馈到偏振

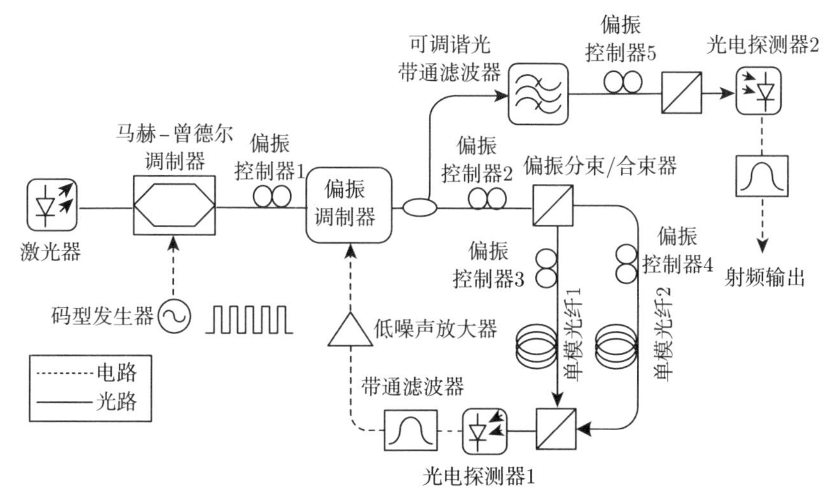

图 10-15 基于光电振荡器的宽带信号上变频系统原理图

调制器的射频端口形成反馈振荡，产生高质量的本振信号。由于光电振荡环路可等效为一个 Q 值极高的有源滤波器，基带信号的存在对本振信号的产生影响较小。偏振调制器输出光信号的 10%从环路中输出。利用偏振调制器的非线性，从光端口输入的基带信号与从射频端口输入的本振信号产生混频。

图 10-16(a) 为 OEO 振荡频率为 9.549GHz 时的频谱图，对应的 YIG 驱动电流为 0.556A。将此 9.549GHz 信号作为参考时钟，注入码型发生器 (pulse pattern generator, PPG)，驱动码型发生器产生基带信号，对应的基带信号的频谱如图 10-16(b) 所示。该信号经过 2.63GHz 低通滤波器后注入电光调制器。图 10-16(c) 为上变频后的频谱图。对比图 10-16(b) 和 (c)，可以发现宽谱的基带信号已经成功上变频至 9.549GHz 处。

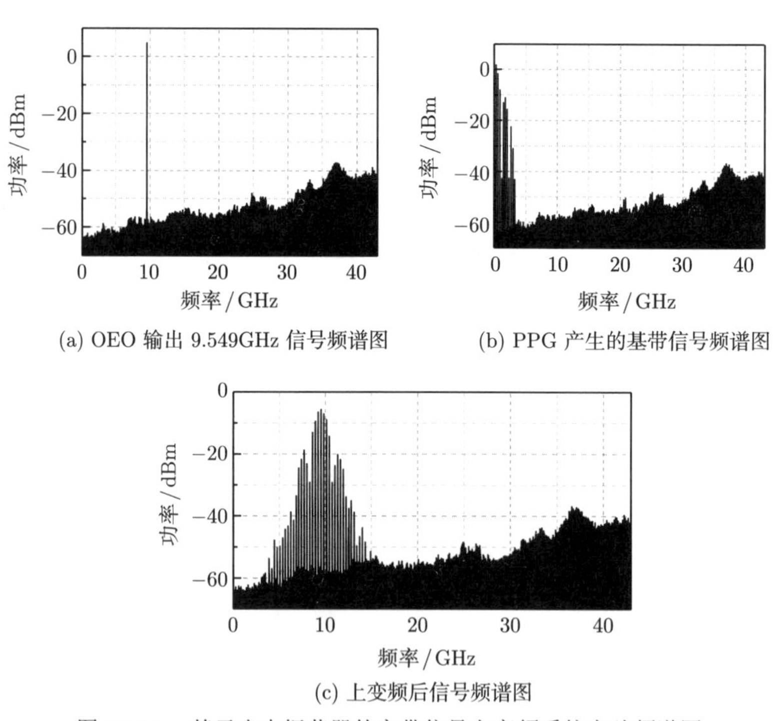

图 10-16　基于光电振荡器的宽带信号上变频系统实验频谱图

OEO 中 YIG 可调滤波器具有高 Q 值的特性，在 OEO 振荡中可以很好地消除基带信号，因而对振荡信号的相位噪声几乎没有影响。图 10-17 为 9.549GHz 的 OEO 分别在有基带信号注入 MZM 和没有基带信号注入 MZM 时的单边带相位噪声谱。从图 10-17 可以看到，两种情况下的相位噪声谱重叠起来，且对应的 10kHz 频偏处的相位噪声值为 −104dBc/Hz，从而证明基带信号的注入对 OEO 振荡性能是没有影响的。类似地，利用级联调制或者并联调制与光电振荡器相结合的方式，可以实现高频信号向低频段变频 [12−14]。

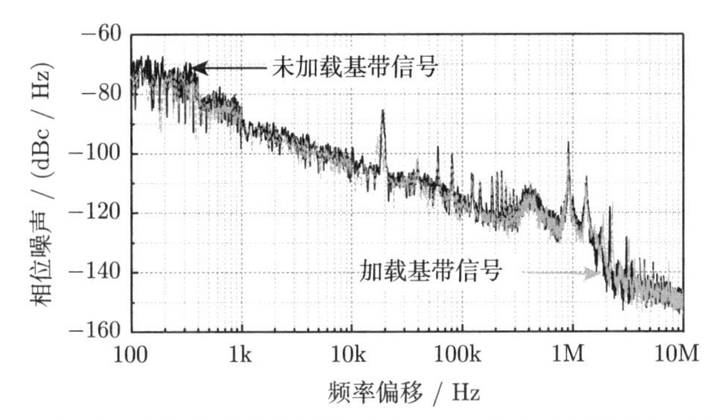

图 10-17 在加载和未加载基带信号情况下 OEO 输出本振的单边带相位噪声谱

图 10-18 是经过 PolM 上变频后的信号在通过可调光带通滤波器 (tunable optical bandpass filter, TOBPF) 之前和之后的光谱图以及 TOBPF 的传输响应。从图 10-18 可以看出，TOBPF 可以有效地抑制光信号的右边带，从而将 PolM 输出的双边带偏振调制转化为单边带偏振调制。调节偏振控制器 5 改变单边带偏振调制信号的偏振态，可以实现上变频后的宽带信号相位在 0°∼ 360° 范围内连续变化并保持幅度不变。

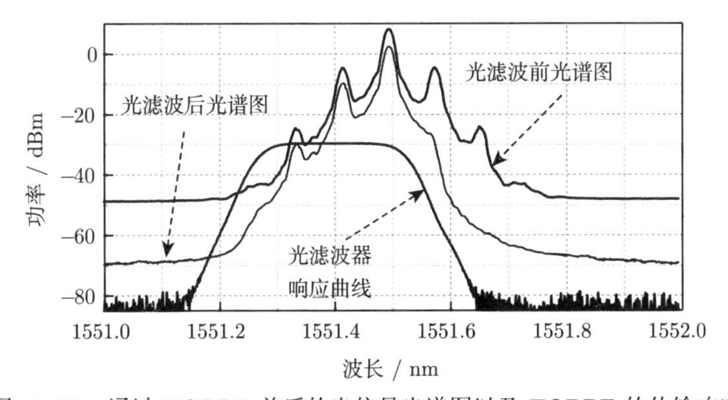

图 10-18 通过 TOBPF 前后的光信号光谱图以及 TOBPF 的传输响应

宽带上变频信号的相位变化是通过调节偏振控制器实现的。图 10-19(a) 为初始化的上变频信号的波形，图 10-19(b)∼(e) 描述了上转化信号在相移 90°、180°、270° 和 360° 的情况下测量波形和仿真波形的变化。对比各种情况，不难发现测量波形和仿真波形在各种情况下都重叠得比较好，从而表明上变频信号成功实现了 0°∼360° 范围的相位调谐。

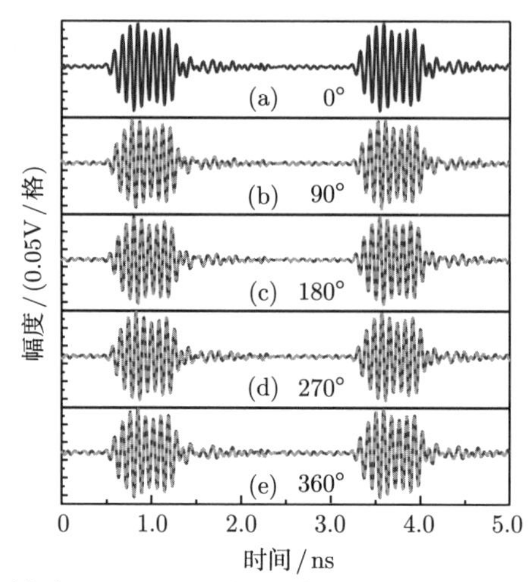

图 10-19　OEO 振荡频率为 9.549GHz 时，上变频信号在初始化和相移 90°、180°、270°、360° 情况下的测量波形图 (实线) 和计算波形图 (虚线)

10.3.2　基于光电振荡器的分频

微波分频器已广泛应用于雷达探测、无线通信、传感等领域，用于微波信号产生及频率合成 [12, 13]、时钟恢复与信号处理 [14]、稳相传输 [15, 16] 及同步 [16−18] 等。目前，微波分频器主要采用传统电子技术实现，包括基于 Flip-Flop 逻辑门数字技术 [19]、基于模拟注入锁定和频率再生技术 [20, 21] 等。在光通信或微波光子等光子技术和电子技术交叉的领域，直接使用光子技术实现分频将会具有更大的兼容性优势。因此，人们对光子技术实现微波分频进行了广泛的研究，包括通过利用光注入半导体激光器 [22, 23]、法布里–珀罗激光二极管 [24]、半导体光放大器 [25] 等器件的非线性动力学效应或通过注入锁定光纤环激光器 [26] 实现微波信号的频率分频。然而，由于受到半导体器件中载流子速率低的限制，这些系统的工作频率难以进一步提升。此外，通过基于次谐波注入锁定光电振荡器 [14, 27, 28] 也可以实现分频，其关键在于构建一个振荡频率接近输入信号频率 $1/n$(n 为整数) 的光电振荡环路，并通过单环结构 [29, 30]、双环结构 [31]、光频梳 [32] 或者载波抑制结构 [33] 构建光电振荡反馈腔，实现微波信号的分频。但是，这些光电振荡环路仍然存在系统有源噪底较高的问题，对于需要分频的低相噪微波信号而言，高噪底的分频系统会极度恶化输出分频信号的相位噪声。

如图 10-20 所示为一种基于对消结构 OEO 的二分频器。该二分频器主要包括光源、双输出马赫–曾德尔调制器 (dual-output Mach-Zehnder modulator, DOMZM)、平衡光电探测器 (balanced photodetector, BPD)、放大器、YIG 带通滤波器、移相器等关键器件。DOMZM 将频率为 f_0 的待分频信号以及频率为

$f_0/2$ 振荡信号调制至光源输出的光载波上，并输出差分的两路调制光信号。该两路差分调制光信号中均包含了光载波、待分频信号通过电光调制引入的 ±1 阶光边带、振荡信号通过电光调制引入的 ±1 阶光边带。经过平衡光电探测器的平方律检波及差分运算后实现信号幅度叠加与共模噪声的对消，输出 $f_0/2$、f_0 和 $3f_0/2$ 等频率分量，经过放大、滤波后仅保留频率为 $f_0/2$ 的频率分量。滤波器输出的信号分成两路，其中一路通过移相器后与待分频信号合成并注入 DOMZM，形成反馈振荡；另一路输出分频后的信号。调节环路中的移相器，使得注入信号的 ±1 阶光边带与振荡信号的 ±1 阶光边带的拍频频率等于振荡信号的 ±1 阶光边带与光载波的拍频频率，即振荡信号频率等于注入信号频率的 1/2，从而实现本系统的二分频功能。

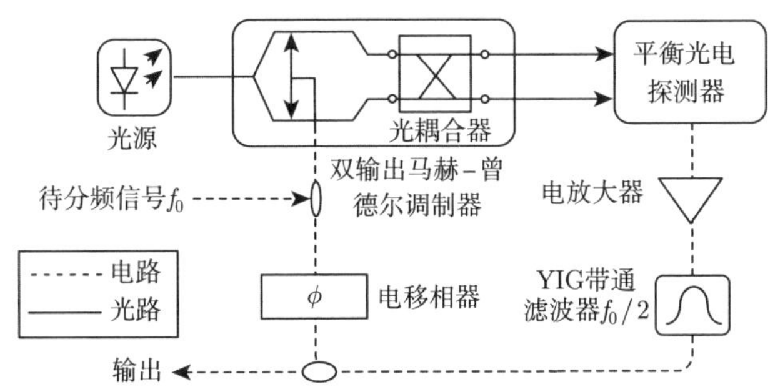

图 10-20 基于对消结构光电振荡环路的二分频器原理框图

下面对基于 DOMZM 的对消结构进行分析，假设光载波为 $E_{\mathrm{c}}(t)=E_{\mathrm{c}}\exp(\mathrm{i}\omega_{\mathrm{c}}t)$，其中 E_{c} 为光载波幅度，ω_{c} 为角频率，输入 DOMZM 的微波信号为 $s(t)$。由 DOMZM 的功率互补调制特性可知，其上下两路输出的调制光信号可以表示为

$$\begin{bmatrix} E_{\mathrm{up}}(t) \\ E_{\mathrm{down}}(t) \end{bmatrix} = \frac{\sqrt{2}}{2}\begin{bmatrix} \kappa & \mathrm{i}\rho \\ \mathrm{i}\rho & \kappa \end{bmatrix}\begin{bmatrix} E_{\mathrm{c}}(t)\mathrm{e}^{\mathrm{i}\beta s(t)+\mathrm{i}\theta_{\mathrm{b}}} \\ E_{\mathrm{c}}(t)\mathrm{e}^{-\mathrm{i}\beta s(t)} \end{bmatrix} \tag{10-6}$$

式中，ρ 和 κ 为光耦合器的耦合器系数且满足能量守恒定律 $\rho^2+\kappa^2=1$；β 为调制系数；θ_{b} 为偏置相位。假设 DOMZM 为理想调制器，且 $\kappa=\rho$，于是可得

$$\begin{aligned}\begin{bmatrix} E_{\mathrm{up}}\ (t) \\ E_{\mathrm{down}}\ (t) \end{bmatrix} &= \frac{1}{2}\begin{bmatrix} 1 & \mathrm{i} \\ \mathrm{i} & 1 \end{bmatrix}\begin{bmatrix} E_{\mathrm{c}}(t)\mathrm{e}^{\mathrm{i}\beta s(t)+\mathrm{i}\theta_{\mathrm{b}}} \\ E_{\mathrm{c}}(t)\mathrm{e}^{-\mathrm{i}\beta s(t)} \end{bmatrix} \\ &= \frac{E_{\mathrm{c}}(t)}{2}\begin{bmatrix} \mathrm{e}^{\mathrm{i}\beta s(t)+\mathrm{i}\theta_{\mathrm{b}}}+\mathrm{i}\mathrm{e}^{-\mathrm{i}\beta s(t)} \\ \mathrm{i}\mathrm{e}^{\mathrm{i}\beta s(t)+\mathrm{i}\theta_{\mathrm{b}}}+\mathrm{e}^{-\mathrm{i}\beta s(t)} \end{bmatrix} \\ &= E_{\mathrm{c}}(t)\begin{bmatrix} \cos\left[\beta s(t)/2+\theta_{\mathrm{b}}/2-\pi/4\right]\mathrm{e}^{\mathrm{i}(\theta_{\mathrm{b}}/2+\pi/4)} \\ \cos\left[\beta s(t)/2+\theta_{\mathrm{b}}/2+\pi/4\right]\mathrm{e}^{\mathrm{i}(\theta_{\mathrm{b}}/2+\pi/4)} \end{bmatrix}\end{aligned} \tag{10-7}$$

上下两路调制光信号经过平衡光电探测器上下两路 PD 实现光电转换，输出电信号分别如下：

$$\begin{aligned}\begin{bmatrix} i_{\mathrm{up}}(t) \\ i_{\mathrm{down}}(t) \end{bmatrix} &= \Re E_{\mathrm{c}}^2 \begin{bmatrix} \cos[\beta s(t)/2+\theta_{\mathrm{b}}/2-\pi/4]^2 \\ \cos[\beta s(t)/2+\theta_{\mathrm{b}}/2+\pi/4]^2 \end{bmatrix} \\ &= \frac{\Re E_{\mathrm{c}}^2}{2} \begin{bmatrix} 1+\cos[\beta s(t)+\theta_{\mathrm{b}}-\pi/2] \\ 1+\cos[\beta s(t)+\theta_{\mathrm{b}}+\pi/2] \end{bmatrix}\end{aligned} \tag{10-8}$$

令 DOMZM 工作在线性点，即 $\theta_{\mathrm{b}}=0$ 或者 π，且注入信号为小信号，可得

$$\begin{aligned}\begin{bmatrix} i_{\mathrm{up}}(t) \\ i_{\mathrm{down}}(t) \end{bmatrix} &= \frac{\Re E_{\mathrm{c}}^2}{2} \begin{bmatrix} 1+\sin[\beta s(t)] \\ 1-\sin[\beta s(t)] \end{bmatrix} \\ &\approx \frac{\Re E_{\mathrm{c}}^2}{2} \begin{bmatrix} 1+\beta s(t) \\ 1-\beta s(t) \end{bmatrix}\end{aligned} \tag{10-9}$$

平衡光电探测器输出的信号如下：

$$i_{\mathrm{bpd}} = i_{\mathrm{up}}(t) - i_{\mathrm{down}}(t) = \Re E_{\mathrm{c}}^2 \beta s(t) \tag{10-10}$$

对比式 (10-9) 和式 (10-10) 可知，该对消结构实现了信号的叠加输出，将输出信号的功率提升至原来的四倍，并且通过平衡光电探测器的差分运算实现了共模信号的对消，优化了系统共模噪声。

为分析基于 DOMZM 对消结构的性能，将图 10-20 中的光电振荡环路打开，将微波源输出信号连接至 DOMZM 射频输入端口，放大器输出微波信号连接至相噪分析仪，分析进入平衡光电探测器为单路调制光信号和双路差分的调制光信号情况下放大器输出信号的频谱和相位噪声。将微波源输入信号频率设置为 10GHz，功率设置为 0dBm，经过 DOMZM 和平衡光电探测器后，放大器输出的 10GHz 信号频谱情况如图 10-21(a) 所示，其中虚线为单路调制光信号接入平衡光电探测器的频谱，实线为双路调制光信号接入平衡光电探测器的频谱。对比图 10-21(a) 的两条曲线可知，双路调制光信号接入时放大器输出的功率比单路高 5.9dB，表明该对消结构链路实现了差分信号的有效叠加，符合信噪比提升 6dB 的理论值。图 10-21(b) 为对应的相位噪声曲线，双路接入情况下放大器输出信号的相位噪声 (实线) 在 100Hz～100kHz 的频偏范围与单路接入的相位噪声 (虚线) 重合，在 100kHz～30MHz 的频偏范围内低于单路接入的情况 (虚线)，表明通过对消结构后，链路系统噪底得到了优化。从图 10-21(b) 可知，双路接入情况下信号的相位噪声噪底在 1～30MHz 频偏处比单路接入情况低 8.02dB，优于信噪比提升 6dB

的理论值。此外，通过改变微波源输出信号的频率，分析了 2~18GHz 输入频率下相位噪声噪底在 1MHz 频偏处优化情况。结果如图 10-22 所示，虚线为测试得到的不同输入频率下相位噪声优化情况，均优于信噪比提升 6dB 的理论值 (实线)，从而证明了该对消结构不仅实现信噪比的提升，还实现了大频率范围下的噪底对消。值得注意的是，图 10-22 中相位噪声优化效果在低频率处和高频率处比在中间频率处略差，其主要原因是放大器的工作范围为 2~18GHz。在 2~18GHz 的边缘频率处，放大器射频性能相对于中间频率稍差一点。

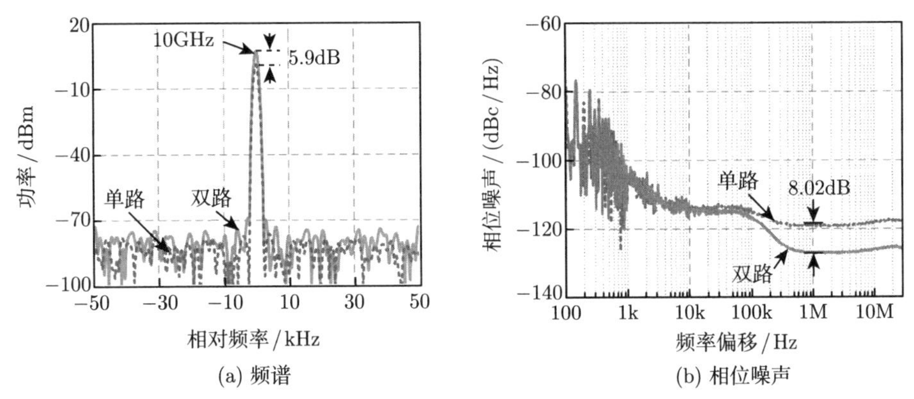

图 10-21　开环时，单路接入和双路接入平衡光电探测器情况下的工作特性对比

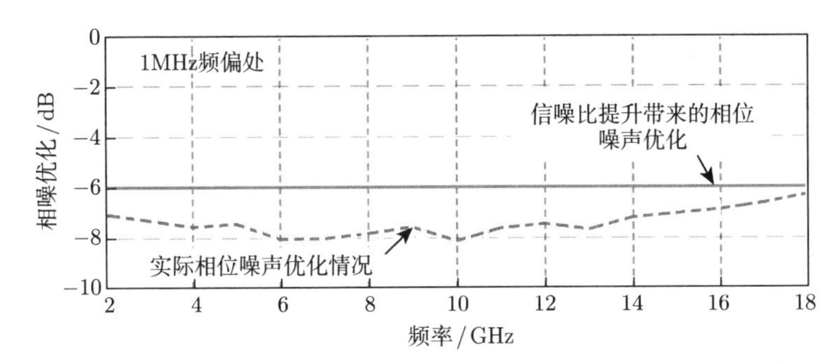

图 10-22　开环情况下，1MHz 频偏处相位噪声优化与输入频率的关系

本方案在闭环条件下的测试结果如图 10-23 所示。当无待分频微波信号注入时，所提出基于对消结构光电振荡环路的二分频器处于自由振荡工作模式，其中 YIG 滤波器中心频率调节至 10GHz。图 10-23 中给出了所提出结构在单路工作 (只有一路调制光信号进入平衡光电探测器) 和双路工作 (两路差分的调制光信号分别接入平衡光电探测器的两个端口，实现对消结构) 情况下自由振荡输出信号的相位噪声，在 1kHz、10kHz、1MHz 频偏处的相位噪声分别为 −83.6dBc/Hz、−107.0dBc/Hz、−147.6dBc/Hz 以及 −85.0dBc/Hz、−112.9dBc/Hz、−154.3dBc/Hz，

分别优化了 1.4dB、5.9dB、6.7dB，表明所提出基于对消结构光电振荡环路分频器在自由振荡情况下实现了更低相位噪声特性。当频率为 20GHz 的待分频微波信号注入环路时，调节环路中移相器，使得光电振荡器振荡环路频率等于注入频率的一半并稳定输出。待分频微波信号的相位噪声、基于单路 OEO 实现分频输出信号的相位噪声以及基于对消结构 OEO 实现分频输出信号的相位噪声分别如图 10-23 中短虚线、长虚线以及实线所示，其在 1kHz、10kHz、1MHz 频偏处的相位噪声分别为 −96.3dBc/Hz、−108.8dBc/Hz、−139.5dBc/Hz 和 −101.9dBc/Hz、114.4dBc/Hz、−148.7dBc/Hz 以及 −102.3dBc/Hz、114.6dBc/Hz、−154.3dBc/Hz，其中基于对消结构 OEO 实现分频输出信号的相位噪声相对于待分频信号分别优化了 6.0dB、5.8dB、14.8dB，比基于单环 OEO 实线分频输出相位噪声分别优化了 0.4dB、0.2dB、5.6dB。分析图 10-24 可知，基于对消结构光电振荡环路的分频器成功实现了频率分频，相位噪声的优化和理论值 10lg2=6dB 符合较好，同时在远频偏处比基于单环结构的分频器具有更低相位噪声。

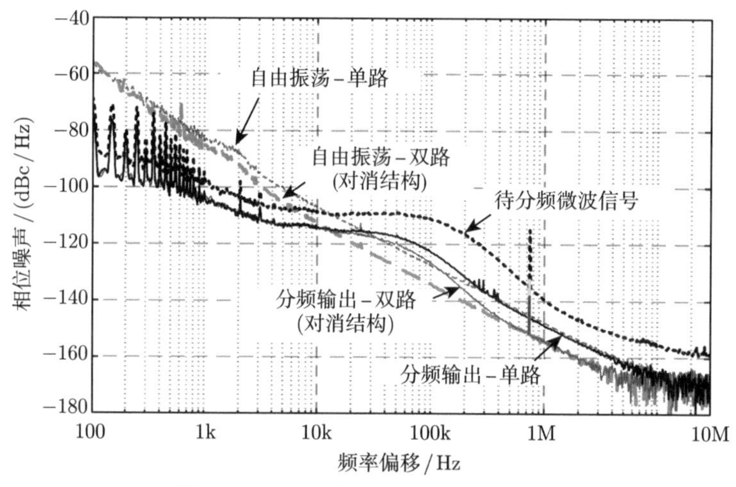

图 10-23　不同情况下的相位噪声曲线

为进一步分析所提出二分频器的相位噪声性能，采用基于电子技术实现的二分频器 (RF Bay Inc., FPS-2-20) 与其进行对比。在对比实验中，选择低相位噪声微波源输出频率为 10GHz 的待分频微波信号，相位噪声在 1kHz、10kHz、1MHz 频偏处分别为 −117.1dBc/Hz、−132.6dBc/Hz、−135.3dBc/Hz，如图 10-24 中短虚线所示。通过调节环路滤波器和相位，基于对消结构光电振荡环路的二分频器实现了 5GHz 信号的产生，其与电二分频器产生信号的相位噪声曲线分别如图 10-24 中长虚线和实线所示，其在 1kHz、10kHz、1MHz 频偏处的相位噪声分别为 −121.4dBc/Hz、−135.6dBc/Hz、−151.2dBc/Hz 和 −118.8dBc/Hz、

−133.2dBc/Hz、−140.3dBc/Hz。在 1kHz、10kHz、1MHz 频偏处，所提出二分频器分频后的相位噪声比待分频微波信号分别低 4.3dB、3.0dB、15.9dB，且相对于电二分频器分别优化了 2.6dB、2.4dB、10.9dB，表明所提出二分频器相对于电二分频器具有更低相位噪声特性。

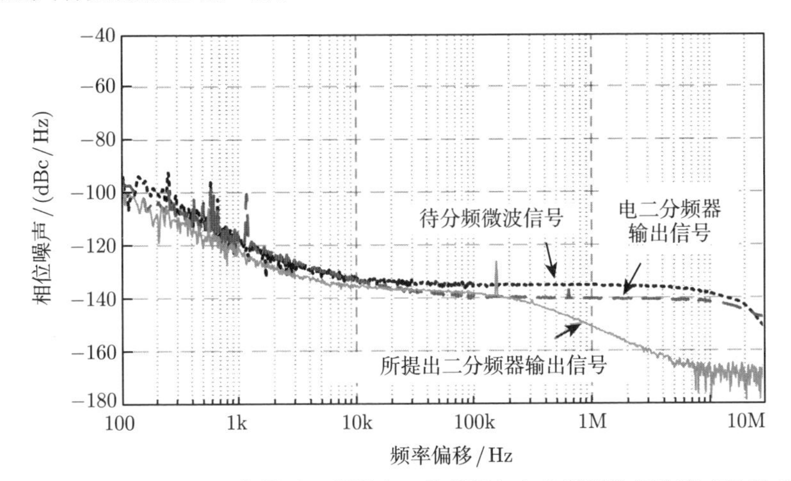

图 10-24 注入 20GHz 信号时，所提出二分频器与电分频器的相位噪声性能对比

10.3.3 基于光电振荡器的时钟提取

时钟提取技术是现代高速通信系统中的关键技术。在早期的通信系统中，由于数据传输速率比较慢，时钟频率只有几十到几百兆赫兹，时钟漂移并不严重，所以时钟、数据可以一起并行传输。随着通信系统的发展，数据传输速率大幅提高，远距离传输后时钟信号的漂移和抖动会严重影响数据的采样。因此，一般情况下是通过数据编码把时钟信息嵌入待传输的数据流，然后在接收端把时钟信息提取出来，并用这个恢复出来的时钟对数据进行采样。通过时钟提取技术，可以有效地跟踪发送端的时钟漂移以及传输过程中的一部分抖动，从而确保数据采样的准确性。

时钟提取技术大体可以分为三大类：电时钟提取 [34, 35]、光电混合时钟提取 [27, 36−40] 和全光时钟提取 [41, 42]。电时钟提取主要通过高 Q 值带通滤波器及锁相环 (PLL) 来实现，技术比较成熟，实现方法简单，但是由于存在电子速率瓶颈，一般仅适用于低速传输系统。全光时钟提取技术指的是用全光方法 (锁模激光器等) 直接从光脉冲信号中提取出低时间抖动的时钟信号。该技术是全光 3R 再生 (再放大、再整形、再定时) 中的关键技术，但是所用器件的制作难度较大，成本较高。光电混合时钟提取的典型方案是光电锁相环和光电振荡器。光电锁相环的原理是利用光电鉴相器来检测本地光时钟与入射信号光的相位差，依据该相位差反馈控制压控振荡器 (VCO) 的频率，使本地时钟与入射光脉冲同步。但由于

VCO 频率的限制，该方法主要适用于预分频时钟的提取。在此基础之上，利用光电振荡器来代替 VCO 及反馈环，就形成了基于光电振荡器的时钟提取技术。该技术具有结构简单、频率锁定范围大、提取的时钟质量高、可以同时对电和光时钟进行提取等优点。另一方面，传统时钟提取方法要求数据中携带的时钟分量较强，比如归零 (RZ) 码、载波抑制归零 (CSRZ) 码等，以便于时钟提取。对于含时钟信息较弱的信号，需要对信号进行预处理，比如将非归零 (NRZ) 码信号通过干涉转换为伪归零 (PRZ) 码 [43] 或者将 NRZ 码信号注入半导体光放大器 (SOA)，使其波形产生严重变形 [44]，以增强信号中的时钟分量。而基于光电振荡器的时钟提取方案可以直接从 NRZ 码中进行时钟提取，大大简化了信号处理的过程 [36]。

1991 年，Chbat 等 [45] 首次提出了基于光电振荡环路的时钟提取系统。该系统采用马赫–曾德尔调制器、光电二极管、电放大器等构成光电振荡环路，通过信号中所携带的时钟分量进行注入锁定，从而产生和时钟分量同频的振荡信号，实现时钟提取。但由于该结构中电器件的工作频率需和时钟频率相同，该方法受到了电子瓶颈的限制。1999 年，Cisternino 等 [46] 提出基于光电振荡器的预分频时钟提取系统。该方案通过注入锁定时钟信号的次谐波分量，实现对时钟信号分频分量的恢复。由于注入锁定的是次谐波分量，所以对电器件的工作频率要求有所降低，一定程度上缓解了电子瓶颈的限制。但是光电振荡器输出的只是预分频时钟信号，要想得到原有的时钟信号还需要经过倍频、滤波等处理，增加了系统的复杂度，也会导致信号质量的降低。为了解决上述问题，南京航空航天大学微波光子学课题组提出了一种基于倍频光电振荡器的时钟提取系统 [27]。该方案可以同时实现预分频时钟信号和源时钟信号的提取，大大降低了对电子器件带宽的需求，提高了时钟的质量。

基于倍频光电振荡器的时钟提取系统基本结构如图 10-25 所示。波长为 λ_1 的探测光和载波为 λ_2 的数据信号光合路后一同注入基于偏振调制器的倍频光电振荡器。该倍频光电振荡器的基本原理已经在第 5 章中做过介绍。将 λ_1 和 λ_2 的偏振态都设置为与偏振调制器的主轴呈 45° 角。此时，如在偏振调制器后连接偏振控制器和起偏器，其调制特性等效于马赫–曾德尔强度调制器 (MZM)。调节偏振控制器在两个正交偏振态上引入的静态相位差，可以等效实现强度调制的偏置点控制。在实际系统中，将调制器输出的光信号通过光耦合器一分为二，分别连接偏振控制器和起偏器，此时等效为两个偏置点独立可调的强度调制器。其中一路依次通过光电探测器、电放大器、电带通滤波器、电移相器、电耦合器，再反馈到偏振调制器中，形成了一个光电振荡环路。电带通滤波器的中心频率设置为数据信号时钟频率 f_0 的一半，即 $f_0/2$。假设该数据信号中包含数据信号时钟频率 f_0 但不包含预分频时钟 $f_0/2$ (对于 RZ 和 CSRZ 码均是如此)，则光电振荡器从噪声中起振，得到频率为 f_1 的信号，该信号在偏振调制器中与数据信号时钟频

率 f_0 混频，产生一个新的频率 $f_0 - f_1$。当且仅当 $f_1 = f_0/2$，该信号才能在后续振荡中不断加强，最终抑制掉其他分量。因而，当环路增益大于 1，该光电振荡器中的振荡信号频率必然为 $f_0/2$。

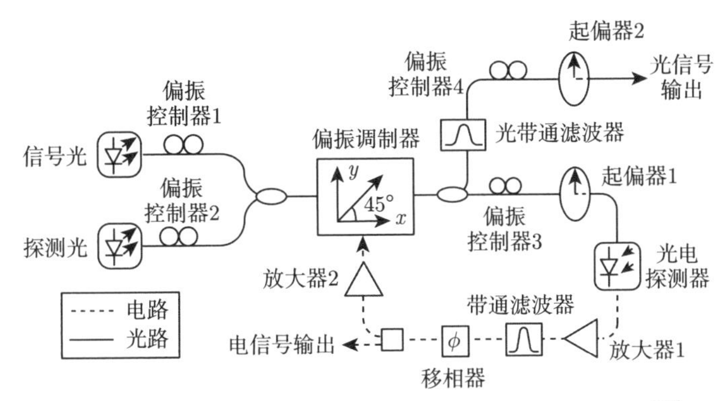

图 10-25 基于倍频光电振荡器的时钟提取系统结构图 [27]

与偏振调制器等效的另一个强度调制器可以通过偏振控制器将其偏置点控制在线性点，此时输出的是预分频时钟 $f_0/2$，而如果将其偏置在最高点，则会对振荡信号进行倍频，即输出源时钟信号 f_0，如图 10-26 和图 10-27 所示。值得注意

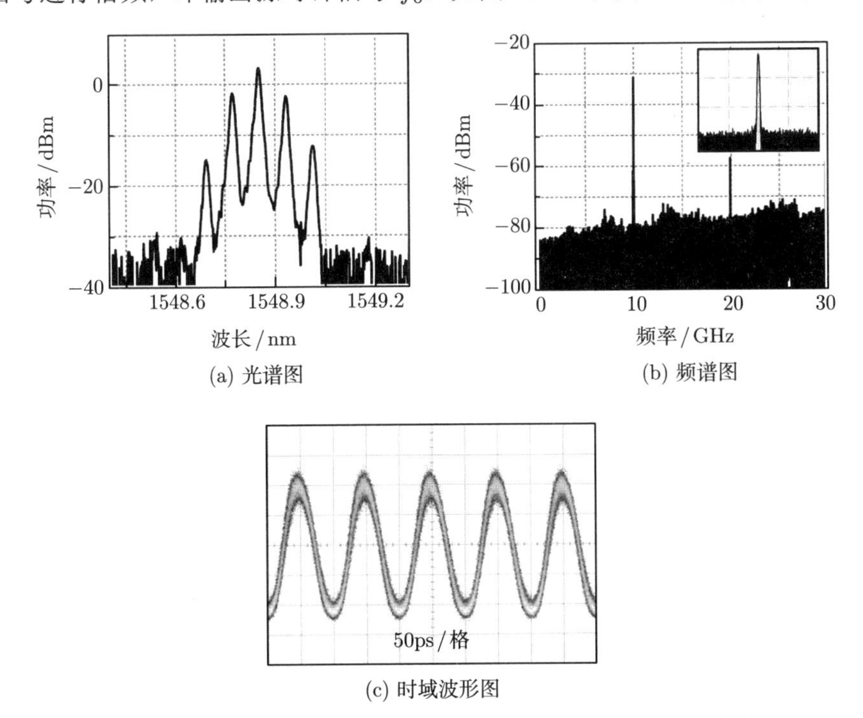

(a) 光谱图 (b) 频谱图

(c) 时域波形图

图 10-26 基于倍频光电振荡器提取的 10GHz 时钟信号的特性

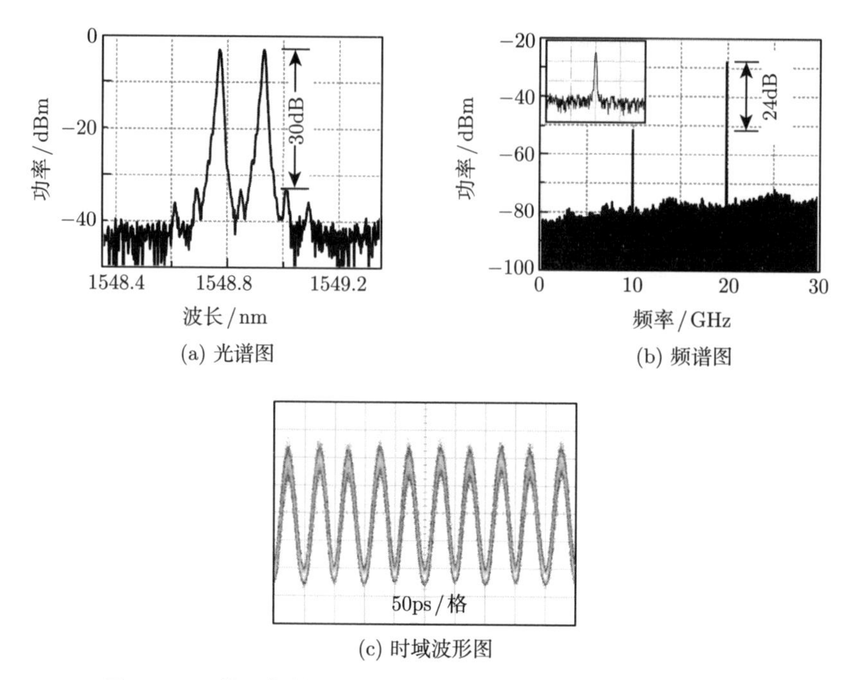

(a) 光谱图　(b) 频谱图

(c) 时域波形图

图 10-27　基于倍频光电振荡器提取的 20GHz 时钟信号的特性

的是，次谐波分量频率必须在光电振荡器的注入锁定范围之内，否则就会失锁，无法提取信号中的时钟。此外，对于数据信号中既不包含时钟频率 f_0 也不包含预分频时钟 $f_0/2$(如 NRZ 码) 的情况，也可通过相同装置进行时钟提取 [27]。

基于光电振荡器的时钟提取继承了注入锁定光电振荡器的优势，所提取的时钟信号具有良好的相噪特性。图 10-28 给出了所提取的时钟信号以及数据时钟信

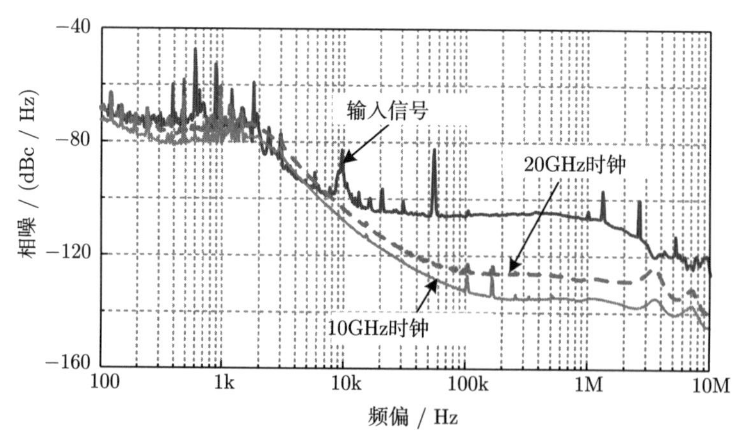

图 10-28　原时钟信号与所提取时钟的相位噪声曲线

号的相位噪声曲线。可以看出，所提取的原时钟信号在低频偏处的相位噪声特性与数据信号时钟信号基本一致 (对于预分频时钟，相位噪声会降低 6dB)，表明时钟提取模块跟踪上了发送端的时钟漂移，而在频偏大于 10kHz 以后，所提取时钟信号的相位噪声明显改善。

10.3.4 基于光电振荡器的码型变换

现有的商用光网络已广泛采用多种调制格式来传输信息。不同的调制码型往往应用于不同类型的光网络。为了实现各种光传输网络的互通，需要在网络接口处进行码型变换。

目前，人们提出了多种实现码型变换的方案，包括：利用半导体光放大器 (SOA) 的增益压缩效应 [47]、利用基于 SOA 的非线性光学环镜 (nonlinear optical loop mirror, NOLM)、利用基于法布里–珀罗激光器的双波长注入锁模效应 [48]，以及利用光电振荡器进行注入锁定 [49] 等。其中，基于光电振荡器的方案可将时钟提取和码型变换结合在一起，因而受到广泛关注。然而传统光电振荡器在进行码型变换时，仍然会受到电子器件带宽的限制。比如，为了实现 40Gb/s 数据的码型变换，OEO 中包含的调制器、探测器、滤波器、放大器等带宽都需要达到 40GHz。为了扩展码型变换的带宽，南京航空航天大学微波光子学课题组提出了基于倍频光电振荡器的码型变换方案 [50]，其结构如图 10-29 所示。可以看出，该系统的基本结构和上一节时钟提取的结构类似。它们的主要区别在于，当系统用于时钟提取时，需要一个额外的载波来携带光电振荡器中的时钟信号，方便光时钟的分离输出。

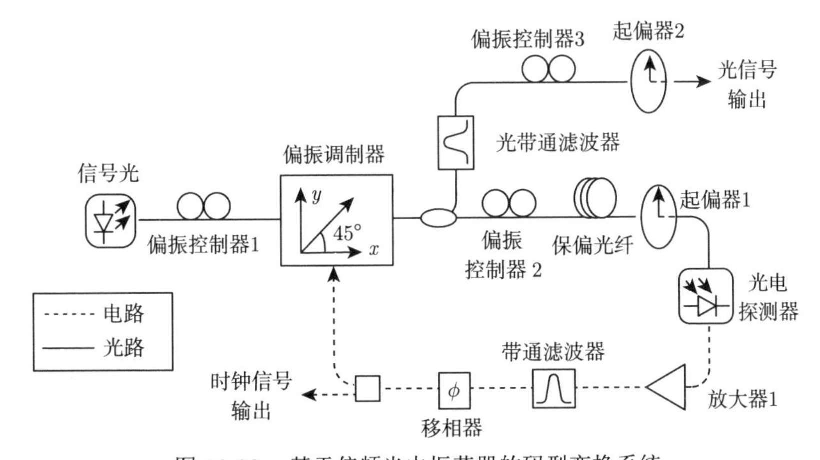

图 10-29 基于倍频光电振荡器的码型变换系统

实验中，该系统实现了 NRZ 码到 RZ 码 (或 CSRZ 码) 的转换。从理论上讲，NRZ 码信号的频谱中不包含时钟分量，但实际上由于信号发生和调制中的不理想因素，在高速光 NRZ 码信号中仍然含有比较弱的时钟信息。传统技术在提取 NRZ 码时钟信号时需要对信号进行预处理，将 NRZ 码转换成 PRZ 码，而利用光电振荡器的高 Q 值谐振腔可以直接从 NRZ 码中将极其微弱的时钟提取出来。在经过调制器时，同步的时钟信号对 NRZ 码信号进行调制，从而使信号的波形发生变化，适当控制环路的信号增益，就可以实现码型变换。当调节输出支路中的偏振控制器，使等效的强度调制器偏置于最高点，此时输出的码型为 RZ 码，如图 10-30(b) 所示；而当等效的强度调制器偏置于最高点时，此时输出的码型是 CSRZ 码，如图 10-30(c) 所示。RZ 码和 CSRZ 码可以通过光谱加以区分，如图 10-31 所示。

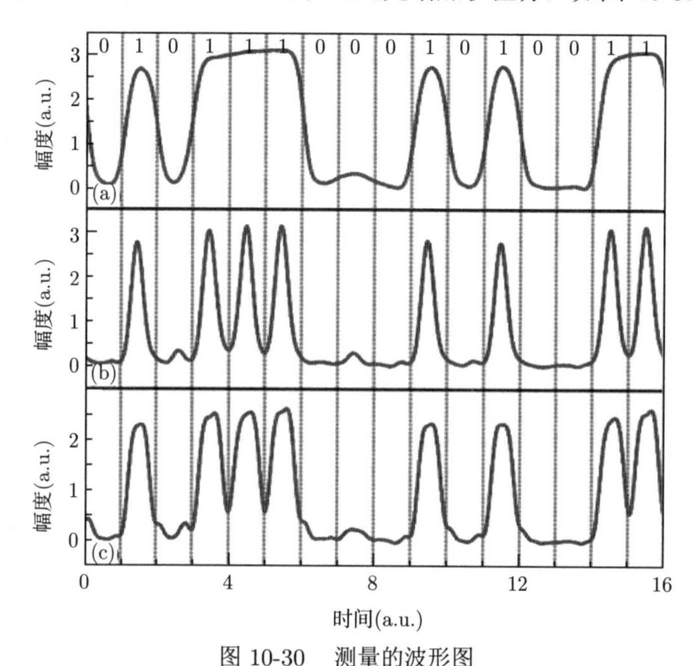

图 10-30　测量的波形图

(a) 原 NRZ 的波形；(b) 转换后的 RZ 波形；(c) 转换后的 CSRZ 波形

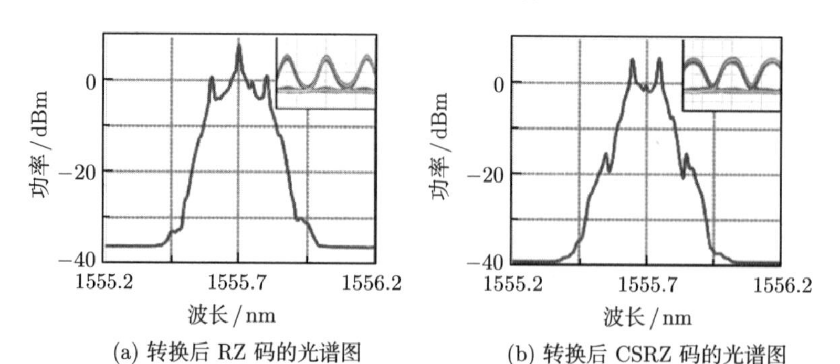

(a) 转换后 RZ 码的光谱图　　　　(b) 转换后 CSRZ 码的光谱图

图 10-31　转换后各码型的光谱

10.4 基于光电振荡器的传感与测量技术

光电振荡器包含由电学器件和光链路组成的混合振荡回路，可有效连接光域与微波域，充分发挥光学技术与微波技术各自的优势。借助微波域高精细频谱分析能力和光域低损耗传输与高灵敏感知特性，光电振荡器有望实现灵敏度高、可调谐、监测范围大的传感与测量。本节将分别介绍光电振荡器在传感和测量中的应用。

10.4.1 基于光电振荡器的传感技术

基于光电振荡器的光纤传感技术的基本原理是将传感量转换为光电振荡器中某个光学参量的变化，进而引起所产生微波信号频率的改变，通过测量微波信号的频率实现高精度的应变、温度、压力、折射率、磁场等参量传感。基于光电振荡器的传感系统按照光电振荡器的结构可分为两类：基于单通带型光电振荡器的光纤传感技术和基于双通带型光电振荡器的光纤传感技术。

1. 基于单通带型光电振荡器的光纤传感技术

在单通带型结构中，光电振荡器环路中只有一个滤波通带，滤波部分可在电域完成，也可在光域通过构建微波光子滤波器实现。将光电振荡环路中的光纤作为传感单元，通过测量振荡频率的变化得到被测参量的信息，实现传感功能。其基本结构如图 10-32 所示 [51]：激光入射到电光调制器中，调制后的光进入光纤环腔，其中一段光纤作为传感单元。光电探测器将光信号转换为电信号，经放大器放大后反馈回调制器的射频输入端，形成环路。

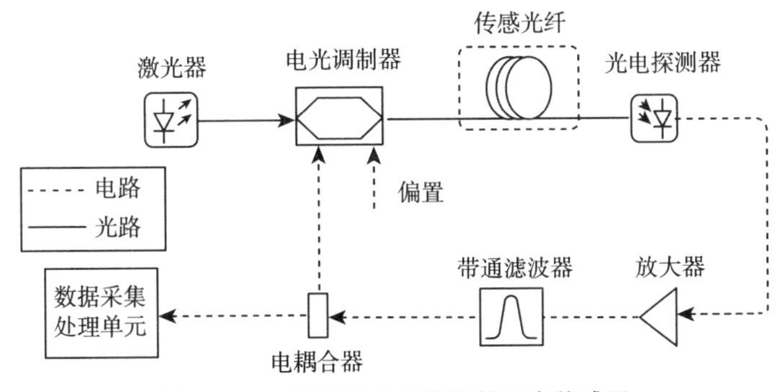

图 10-32 基于光电振荡器的温度传感器

当环路增益足够大且满足相位条件时，光电振荡器就可以起振。光电振荡器在单模条件下工作时其相邻两个模式之间的范围即自由频谱范围 (FSR) 和振荡频率 f_0 可由式 (10-11) 和式 (10-12) 给出：

$$\mathrm{FSR} = 1/\tau = 1/(\tau_{\mathrm{e}} + \tau_{\mathrm{o}}) \tag{10-11}$$

$$f_{\mathrm{o}} = N \times \mathrm{FSR} = Nc/nL \tag{10-12}$$

式中，τ 为环路的全局延迟；τ_{e} 为电路部分的延迟；τ_{o} 为光学部分的延迟；c 为真空中的光速；n 为光纤的有效折射率；L 为包括电路部分在内的环路长度；N 为振荡模式数。当传感光纤的温度发生变化时，会引起光纤环腔的长度发生变化，进而引起振荡频率的偏移：

$$\Delta f = -f_{\mathrm{o}}\left(\frac{\Delta L}{L} + \frac{\Delta n}{n}\right) = -f_{\mathrm{o}}\frac{L_{\mathrm{h}}}{L}(\alpha + \xi)\,\Delta T \tag{10-13}$$

式中，α 为热膨胀系数；ξ 为单模光纤的热光系数；ΔT 为温度的变化；L_{h} 为传感光纤的长度。而当传感光纤的应变发生变化时，由应变引起的频率偏移为

$$\Delta f_{\mathrm{o}} = -f_{\mathrm{o}}\left(\frac{\Delta L}{L} + \frac{\Delta n}{n}\right) = -f_{\mathrm{o}}\frac{L_{\mathrm{h}}}{L}(1 - P_{\mathrm{e}})\,\varepsilon \tag{10-14}$$

式中，P_{e} 为光弹性系数；ε 为传感单元上的应变。

由式 (10-13) 和式 (10-14) 可得，振荡频率的变化与光纤环路的温度变化或应变大小成正比，通过测量振荡频率的变化可实现温度或应变的传感。基于上述原理，文献 [52] 在长度为 12m 的 OEO 环路中实现了 43.91kHz/℃ 灵敏度的温度测量。文献 [53] 通过锁相环中的移相器实时抵消由应变引起的相移，使电移相器的控制电压与传感光纤上的应变呈线性关系，可将测量范围提升超过一个自由频谱范围。

此方法也可以用来测量液体折射率。在光纤振荡腔内插入一段空间链路，当空间链路中放入不同折射率的液体时，环路时延会发生改变，进而改变了振荡频率，通过测量振荡频率即可推算出液体的折射率。Nguyen 等 [54] 基于该方法在 5m 的光纤环路中插入厘米量级的空间链路，实现了 -226.62kHz/mm 灵敏度的液体折射率测量，折射率测量的标准差达到 10^{-2}。

同理，此方法还可用于声学传感器 [55, 56]，声波可给缠绕在光纤盘上的光纤带来应力，导致传输延时变化，进而改变 OEO 的频率。通过测量 OEO 信号的声感应频率调制信息可实现声学传感。利用此方法构成的声学传感器实现了对 1kHz 声波的测量，并具有亚赫兹的频谱分辨率 [55]。

除此之外，单通带型 OEO 结构还可以构建一个中心频率随被测参量变化的微波光子滤波器，滤波部分通常在光路中完成，通过跟踪振荡频率的变化，也可得出传感量的变化。最常用的滤波器是光纤布拉格光栅 (fiber Bragg grating, FBG)。

图 10-33 为华中科技大学与厦门大学提出的一种基于 FBG 的光电振荡器传感方案 [57]。该方案利用不同载波波长下因色散引起时延不同导致振荡微波频率不同的原理，实现了外部参量的传感。系统将 FBG 的反射光信号作为光电振荡器的光源，FBG 反射波长与其所受轴向应变在一定范围内呈线性变化，并进一步转换为 OEO 的振荡频率偏移，从而通过测量 OEO 的频率偏移实现 FBG 上温度及应变的传感，如式 (10-16) 所示。

$$f_N = N \cdot \mathrm{FSR} = N/\tau \tag{10-15}$$

$$\Delta f = f_{N,\Delta f} - f_N = \frac{N}{\tau + \tau_\lambda} - \frac{N}{\tau} \approx -f_N \cdot \frac{Dl_{\mathrm{D}}}{\tau + \tau_\lambda} \cdot \Delta\lambda \tag{10-16}$$

式中，D 为色散补偿光纤 (dispersion compensating fiber, DCF) 的色散值；τ_λ 为光波长变化时引入的时延变化；τ 为环路的全局延迟；f_N 为 OEO 的振荡频率；Δf 为由传感量引起的振荡频率偏移；l_{D} 为光纤环路长度。

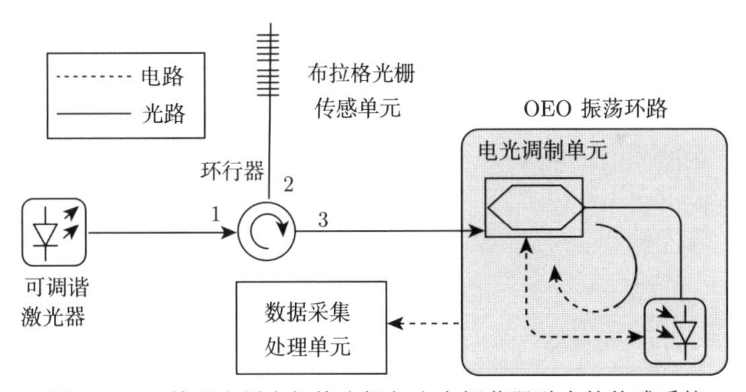

图 10-33 基于光纤布拉格光栅与光电振荡器融合的传感系统

受激布里渊散射 (stimulated Brillouin scattering, SBS) 效应也可用于构建单通带型的光电振荡传感系统 [58, 59]。基于斯托克斯光的放大效应和反斯托克斯光的衰减效应，OEO 环路可实现相位调制到强度调制的转换，并且 SBS 极窄的增益谱也可用于 OEO 振荡模式选择。文献 [59] 使用两个布里渊频移不同的光纤来实现温度传感，如图 10-34 所示，通过 SBS 效应选择振荡模式，振荡频率等于两根光纤的布里渊频移差，将温度变化映射到 OEO 的振荡频率，且温度变化不会影响光电振荡器的 FSR，消除了频率漂移引起的传感误差，从而实现了 1.364MHz/℃ 的高灵敏度温度传感。

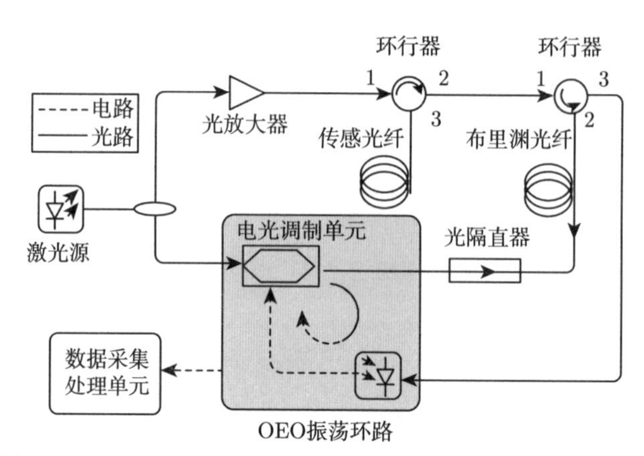

图 10-34 基于受激布里渊散射的光电振荡器的温度传感系统

文献 [60] 在其基础上级联了一个无限冲激响应微波光子滤波器 (infinite impulse response-microwave photonic filter, IIR-MPF) 实现磁场传感。如图 10-35 所示，IIR-MPF 由一个 2×2 的 90:10 光耦合器和一段单模光纤组成的循环光纤环来实现。两个滤波器级联极大地提高了边模抑制比 (side mode suppression ratio, SMSR)，使 OEO 的单模振荡更稳定。当总色散固定时，OEO 振荡频率仅与干涉仪的 FSR 有关。将一干涉臂与超磁致伸缩材料 (giant magnetostrictive material, GMM) 结合在一起，可以将磁场转换为光纤上的应变，使 OEO 振荡频率发生偏移。实验中，系统磁场灵敏度为 1.33MHz/mT，范围为 20.9~58mT，并且具有实现 0~300mT 测量范围的潜力。

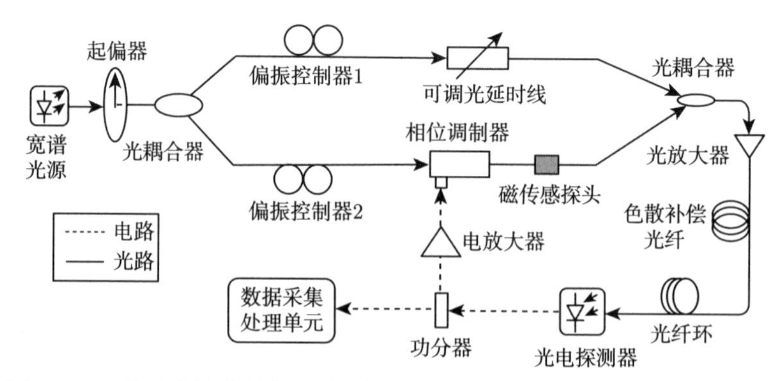

图 10-35 基于马赫-曾德尔干涉仪的光电振荡器的温度不敏感磁场传感系统

综上所述，基于单通带型光电振荡器的传感系统结构简单、实现方式灵活，可将微小的传感量变化转换为较大的振荡频率变化，传感精度较高。

2. 基于双通带型光电振荡器的光纤传感技术

基于单通带型光电振荡器传感系统容易受到多个传感量的交叉影响，通常无法区分应变和温度。基于双通带型光电振荡器传感系统可有效解决上述问题，该结构通常构建一个双通带微波光子滤波器，使得光电振荡器中产生两个振荡频率。利用两个通带对不同感应量的敏感度不同的原理，通过监测两个频率之间的拍频变化或跟踪两个频率的变化即可实现传感量的无交叉测量。

文献 [61] 中利用相移光纤布拉格光栅的双折射与陷波特性实现了光纤的横向应变传感，其结构如图 10-36 所示。光载波通过偏振控制器入射到偏振调制器 (PolM)，偏振调制器在两个正交主轴上进行调制指数相反的相位调制。调节偏振控制器使入射光与偏振调制器的主轴之一对齐，此时，偏振调制器可等效为一个相位调制器，相位调制后的信号送至相移光纤布拉格光栅，光栅的陷波特性可将相位调制信号转换为单边带强度调制信号。同时，由于该光栅是刻在双折射光纤上的，在正交方向上的折射率不同。如果向相移光纤布拉格光栅施加横向力，会使陷波凹口分裂为两个，其频率间隔为

$$\Delta v = v_x - v_y = cB/(n_0\lambda_0) \tag{10-17}$$

$$B = 2n_0^3 (p_{11} - p_{12})(1 + \nu_{\mathrm{p}}) \cos(2\theta) F/(\pi r E) \tag{10-18}$$

式中，p_{11} 和 p_{12} 为光学材料应变光学张量的分量；ν_{p} 为泊松比；E 为光纤的杨氏模量；r 为光纤的半径；θ 为力与光纤轴向之间的角度；F 为线性横向负载 (每单位长度的力)。

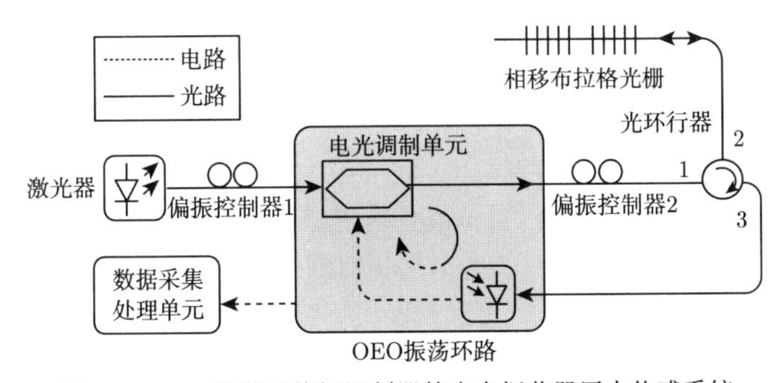

图 10-36 一种基于偏振调制器的光电振荡器压力传感系统

两个频率会产生一个拍频分量，其频率与横向负载呈线性关系，将横向载荷沿快轴施加到相移光纤光栅上，系统灵敏度可达 9.73GHz·mm/N。

类似地，文献 [62] 利用级联光纤布拉格光栅法布里–珀罗 (fiber Bragg grating-Fabry-Rérot, FBG-FP) 腔的双频 OEO 实现了曲率和温度传感。该系统将双芯光纤与单模光纤级联在一起，由于单模光纤上的 FBG-FP 腔仅对温度敏感，双芯光纤上的 FBG-FP 腔对温度和曲率敏感，从而区分出温度和曲率信息，最终实现了 −1.19GHz/m 的曲率敏感度和 1.14GHz/℃ 的温度敏感度。

利用双载波结构可带来更大的振荡功率，能更好地追踪频率 [63−65]，实现传感测量，功能上也更加丰富。文献 [63] 提出了基于两个自启动 OEO 的应变传感系统。如图 10-37 所示，系统由两个具有相同振荡频率和环路长度的自启动 OEO 组成，通过波分复用器组合在一起，其中一组单模光纤作为传感光纤。通过测量振荡频率、FSR 和混合输出后的中频信号实现传感功能。两个 OEO 的振荡模式可以通过测量环路 FSR 和延时确定。由于引入了一个在相同温度环境内的 OEO 作为参考，系统具有极低的热敏性。当传感环路长度为 4km 时，应变测量灵敏度为 10.355Hz/με，测量误差为 ±1με；当传感环路长度为 500m 时，灵敏度为 78.754Hz/με，测量误差为 ±0.3με。

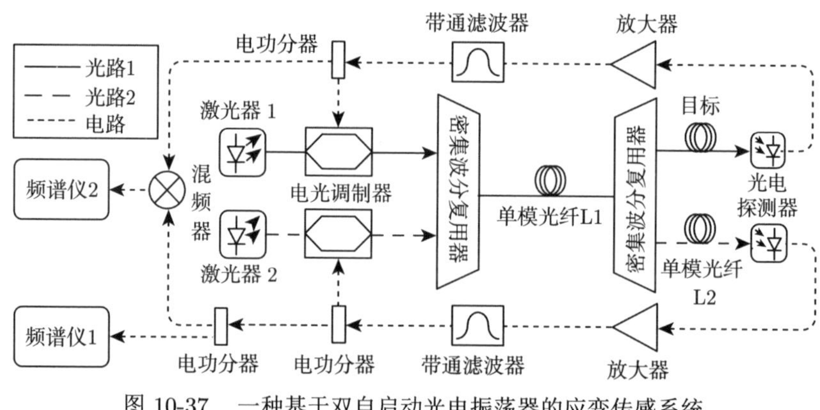

图 10-37　一种基于双自启动光电振荡器的应变传感系统

综上所述，基于双通带型光电振荡器的传感系统在保持高灵敏度传感的基础上，可有效避免多个传感量的交叉影响，实现多传感量的解耦。

表 10-2 总结了上述各类基于光电振荡器的传感系统性能。从表 10-2 可以看出，基于光电振荡器的传感系统可实现温度、应变、折射率、磁场、湿度、曲率等参量的传感，并且测量灵敏度较高。

表 10-2 各类光电振荡器传感系统性能汇总表

类型		传感量	实现方式	系统性能 (灵敏度)
单通带	电滤波	温度	单模光纤感应	17.2kHz/℃[51] 43.91kHz/℃[52]
			FBG	0.1℃/pm[66]
		折射率	空间光程变化	−226.62kHz/mm[54]
		应变	单模光纤感应	1.16mV/με[53]
			FBG	58Hz/με[57] 1.3 με/pm[66]
	光滤波	温度	FP-FBG	2516MHz/℃[67]
			PVA-FBG-FP	1.8118GHz/℃[68]
			SBS 效应	997.67kHz/℃[58] 1.364MHz/℃[59]
			马赫–曾德尔干涉仪	3.73MHz/℃[69]
			Sagnac 干涉仪	−2660.6kHz/℃[70]
		折射率	FP-FBG	413.8MHz/0.001RIU[67]
			PS-FBG	530MHz/RIU[71]
			微环	94350GHz/RIU[72]
		湿度	PVA-FBG-FP	508.3MHz/%RH[68]
			马赫–曾德尔干涉仪	2.016MHz/%RH[73]
		应变	PS-FBG	0.20683GHz/με[74]
		磁场	马赫–曾德尔干涉仪	1.33MHz/mT[60]
双通带	单载波	温度	FBG-FP	1.14GHz/℃[62]
		压力	PS-FBG	9.73GHz·mm/N[61] 418.8MHz/MPa[75]
		曲率	FBG-FP	−1.19GHz/m[62]
	双载波	温度	PM-FBG 法布里–珀罗滤波器	−41MHz/℃[76]
		压力	PM-PS-FBG	+9.754GHz·mm/N −9.735GHz·mm/N[64]
		应变	单模光纤感应	10.355Hz/με[63]
			PS-FBG	119.2MHz/με[65]
			PM-FBG 法布里–珀罗滤波器	100.5MHz/με[76]

10.4.2 基于光电振荡器的测量技术

1. 光纤长度测量

由于光纤环腔长度的变化会直接影响光电振荡器振荡信号频率，因此利用光电振荡器可实现光纤长度的测量。图 10-38 给出了一种基于光电振荡技术测量光纤长度的典型方案 [77]。在该方案中，第一个光电振荡环路由非相干光源、电光调制器 (electro-optical modulator, EOM)、长度为 L 的光学链路和电链路组成；第二个光电振荡环路包括两个光链路，其长度分别为 L_1 和 L_2。非相干光源在电光调制器中经由射频信号调制，然后注入光链路。经过光电转换后，利用电功分器将射频信号分为两部分，一部分返回电光调制器，形成回路，另一部分用于频率检测。

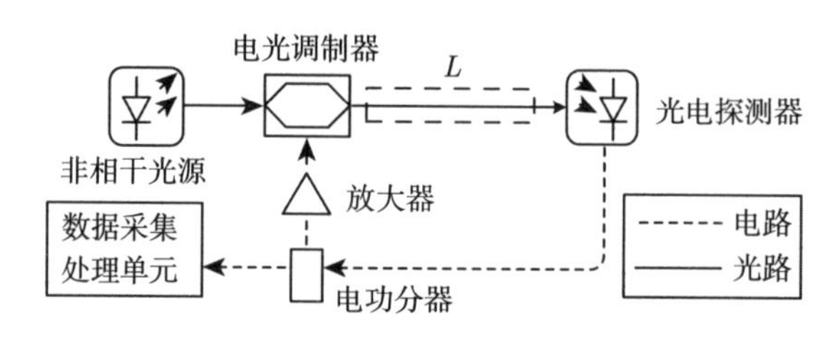

(a) 经典方案

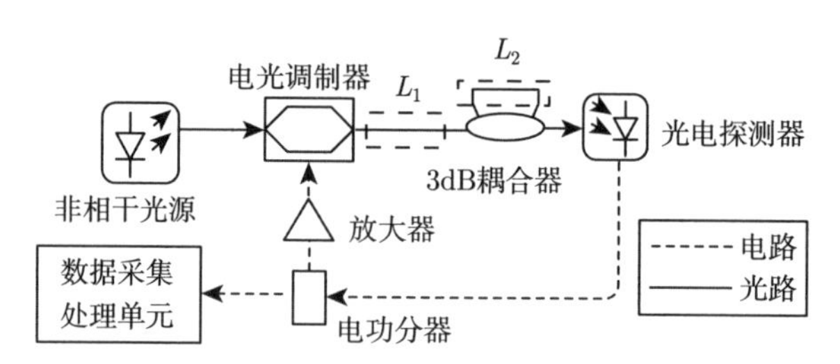

(b) 基于非相干光源的光纤长度测量方案

图 10-38　基于光电振荡器的光纤长度测量技术

在这两种光电振荡器中，射频信号的频率由电链路和光纤链路的总长度决定，因此光纤长度的变化可以从射频振荡信号的频移中被测量出来。光电振荡器的振荡频率 f_k 和频移 Δf_k 与光纤长度的关系可表示为

$$f_k = f_0 + kc/L' \tag{10-19}$$

$$\Delta f = -\frac{kc}{(L')^2}\Delta L \tag{10-20}$$

式中，f_0 与调制器的偏置点有关；k 为振荡模式；L' 为环路的等效真空光程；ΔL 为光纤长度的变化。由式 (10-20) 可得，光纤长度变化与振荡频率频移呈线性关系。本方案在以基频作为传感频率时，实现 -28kHz/cm 的长度测量灵敏度。当选择高阶振荡模式时，测量灵敏度可进一步提高至 -480kHz/cm。

类似于光纤长度测量，光纤振荡腔中引入空间结构便可以实现空间距离的测量。图 10-39 所示的系统是一种基于频率检测的远距离高精度空间距离测量的典型方案 [78]。其基本原理是利用两个光电振荡器将距离信息转换为频率信息，其中一路的测量结果作为参考，将测量环路的初始结果和参考环路的差作为初始距离，经过初始距离的标定后即可实现远距离高精度空间距离测量。利用累积放大原理，测量高阶谐波可以进一步提高空间距离的测量精度。

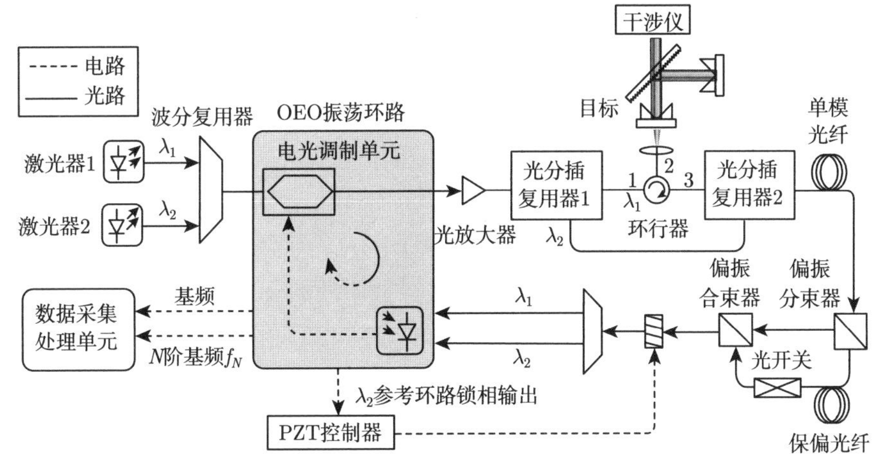

图 10-39 基于双光电振荡器的远距离高精度空间距离测量

空间距离及测量精度信息可表示如下：

$$L = \frac{1}{2}\left(\frac{Nc}{nf_N} - \frac{c\tau_0}{n}\right) \tag{10-21}$$

$$\left|\frac{\Delta L}{L}\right| = \left(\frac{2nL + c\tau_0}{2nL}\right)\left|\frac{\Delta f_N}{f_N}\right| \tag{10-22}$$

式中，L 为空间部分的绝对长度；n 为空气有效折射率；τ_0 为参考路的光时延；f_N 为振荡频率。

系统实验中，模拟距离约为 3.35km 时，最大测量误差可达 1.5μm。但是上述系统中采用了双激光器，因此面临着双波长激光器引起的距离误差以及模式竞争的问题[79]。为解决上述问题，提出了一种基于双 OEO 交替起振的空间距离测量系统，如图 10-40 所示。通过切换光开关实现参考 OEO 环路和测量 OEO 环路的交替起振，最终利用两个 OEO 的腔长差得到空间距离信息。本方案由于采用光开关的形式将两个 OEO 快速切换测量，参考环路耦合进了测量环路，因此通过两个 OEO 的腔长作差的方式可有效消除参考环路的腔长抖动，减小了系统参考环路漂移带来的影响。

实验中待测空间距离为 0.75km 时，测量残差范围达到 ±1μm，测距标准差为 1μm，相对测量精度为 1.3×10^{-9}。待测距离为 7.5km 时，测量残差范围达到 ±3.4μm，测距标准差为 2μm，相对测量精度为 4.5×10^{-10}。

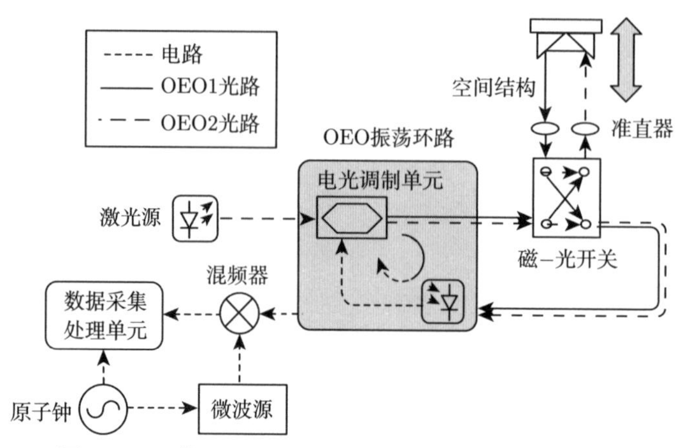

图 10-40　基于双 OEO 交替起振的空间距离测量系统

2. 射频信号频率检测

基于光电振荡器的射频信号频率检测方法 [80] 如图 10-41 所示。

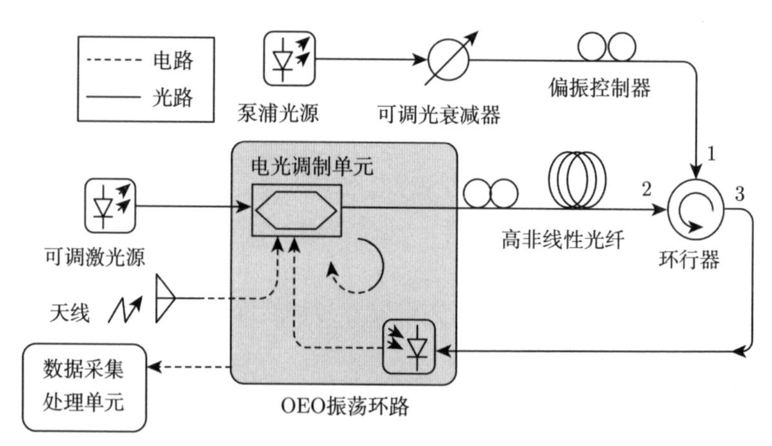

图 10-41　宽带弱信号探测系统原理图

将受激布里渊散射增益谱作为光滤波器，可实现微弱宽带射频信号的探测和放大。在此系统中，接收到的弱信号对光源进行相位调制，另一个光源通过高非线性光纤产生 SBS 效应。SBS 效应的增益谱将调制光信号的一个边带进行放大，从而通过光电探测器将相位调制转换为强度调制。弱信号的频率可由信号光和 SBS 效应增益谱的频率差求得。与使用光学陷波器的光电振荡器系统相比，由于 SBS 效应可提供较大增益，因此该系统具有更大的增益系数。待测频率可表示为

$$\frac{f_4 - f_3}{f' - f_3} = \frac{\lambda_4 - \lambda_3}{\lambda' - \lambda_3} \tag{10-23}$$

式中，f_3、f_4 和 λ_3、λ_4 分别为标定时输入的微波频率与振荡光波长；f' 为待测频率；λ' 为注入光波长。实验结果表明，该系统的频率测量精度可达 ±40MHz，频率测量范围为 1~17GHz。

利用 PS-FBG 作为光滤波器，将相位调制转换为强度调制，也可实现基于光电振荡器的低功率射频信号的检测，方案 [81] 如图 10-42 所示。首先，由可调谐激光器和相移光纤光栅为核心组成一个可调谐的光电振荡器环路，当输入待测射频信号的频率与光电振荡器的振荡模式相匹配时，对待测信号进行检测和放大。在射频信号检测过程中，通过控制掺铒光纤放大器 (erbium-doped fiber amplifier，EDFA) 的增益，使得光电振荡器环路的增益保持在振荡阈值以下。在这种情况下，没有一种模式能够竞争超过其余模式，这使得光电振荡器对外部注入信号特别敏感。此时从天线接收到的射频信号通过射频耦合器注入，光电振荡器为与振荡模式匹配的注入射频信号提供增益，而对与振荡模式不匹配的信号提供损耗，从而利用光电振荡器对未知的低功率射频信号进行选择性放大，实现射频信号的

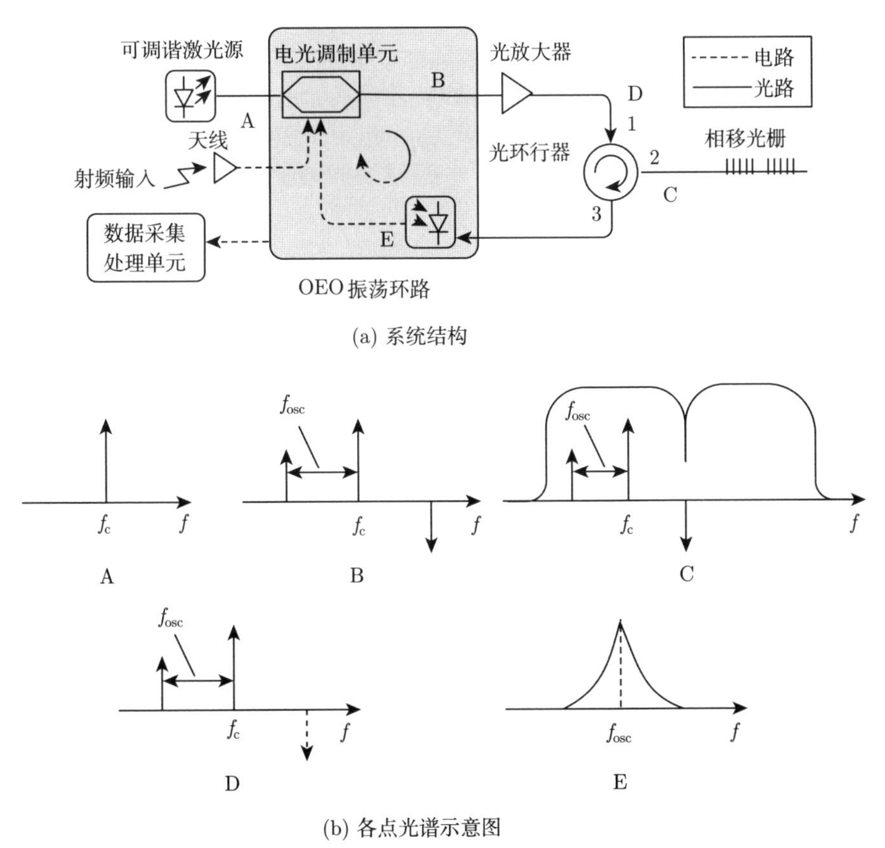

(a) 系统结构

(b) 各点光谱示意图

图 10-42　一种基于 PS-FBG 的可调谐光电振荡器的射频信号检测方法

探测。利用上述方法在 1.5～5GHz 范围内成功实现对功率低至 −91dBm 射频信号的测量，频率估计误差为 100MHz。

参 考 文 献

[1] Zhang F Z, Gao B D, Zhou P, et al. Triangular pulse generation by polarization multiplexed optoelectronic oscillator[J]. IEEE Photonics Technology Letters, 2016, 28(15): 1645-1648.

[2] Wu T W, Jiang Y, Ma C, et al. Simultaneous triangular waveform signal and microwave signal generation based on dual-loop optoelectronic oscillator[J]. IEEE Photonics Journal, 2016, 8(6): 1-10.

[3] Deng H, Zhang J J, Chen X, et al. Photonic generation of a phase-coded chirp microwave waveform with increased TBWP[J]. IEEE Photonics Technology Letters, 2017, 29(17): 1420-1423.

[4] Li Y N, Hao T F, Li G Z, et al. Photonic generation of phase-coded microwave signals based on Fourier domain mode locking[J]. IEEE Photonics Technology Letters, 2021, 33(9): 433-436.

[5] Shao Y C, Han X Y, Li M, et al. Microwave downconversion by a tunable optoelectronic oscillator based on PS-FBG and polarization-multiplexed dual loop[J]. IEEE Transactions on Microwave Theory and Techniques, 2019, 67(5): 2095-2102.

[6] Huang L B J, Zhang Y C, Li X L, et al. Microwave photonic RF front-end for co-frequency co- time full duplex 5G communication with integrated RF Signal self-interference cancellation, optoelectronic oscillator and frequency down-conversion[J]. Optics Express, 2019, 27(22): 32147-32157.

[7] Yang B, Jin X F, Chen Y, et al. Photonic microwave up-conversion of vector signals based on an optoelectronic oscillator[J]. IEEE Photonics Technology Letters, 2013, 25(18): 1758-1761.

[8] Zhu D, Liu S F, Pan S L. Multichannel up-conversion based on polarization-modulated optoelectronic oscillator[J]. IEEE Photonics Technology Letters, 2014, 26(6): 544-547.

[9] Shin M, Kumar P. Optical microwave frequency up-conversion via a frequency-doubling optoelectronic oscillator[J]. IEEE Photonics Technology Letters, 2007, 19(21): 1726-1728.

[10] Liu S F, Zhu D, Pan S L. Wideband signal upconversion and phase shifting based on a frequency tunable optoelectronic oscillator[J]. Optical Engineering, 2014, 53(3): 036101.

[11] Pan S L, Zhou P, Tang Z Z, et al. Optoelectronic oscillator based on polarization modulation[J]. Fiber and Integrated Optics, 2015, 34(4): 185-203.

[12] Li J, Yi X, Lee H, et al. Electro-optical frequency division and stable microwave synthesis[J]. Science, 2014, 345(6194): 309-313.

[13] Chenakin A. Frequency synthesis: current solutions and new trends[J]. Microwave Journal, 2007, 50(5): 256-260.

[14] Tsuchida H, Suzuki M. 40-Gb/s optical clock recovery using an injection-locked optoelectronic oscillator[J]. IEEE Photonics Technology Letters, 2005, 17(1): 211-213.
[15] Williams P A, Swann W C, Newbury N R. High-stability transfer of an optical frequency over long fiber-optic links[J]. Journal of the Optical Society of America B, 2008, 25(8): 1284-1293.
[16] Wu Z L, Dai Y T, Yin F F, et al. Stable radio frequency phase delivery by rapid and endless post error cancellation[J]. Optics Letters, 2013, 38(7): 1098-1100.
[17] Pan S L, Wei J, Zhang F Z. Passive phase correction for stable radio frequency transfer via optical fiber[J]. Photonic Network Communications, 2016, 31(2): 327-335.
[18] Bai Y, Wang B, Zhu X, et al. Fiber-based multiple-access optical frequency dissemination[J]. Optics Letters, 2013, 38(17): 3333-3335.
[19] Lee J, Razavi B. A 40-GHz frequency divider in 0.18-μm CMOS technology[J]. IEEE Journal of Solid-State Circuits, 2004, 39(4): 594-601.
[20] Miller R L. Fractional-frequency generators utilizing regenerative modulation[J]. Proceedings of the IRE, 1939, 27(7): 446-457.
[21] Verma S, Rategh H R, Lee T H. A unified model for injection-locked frequency Dividers[J]. IEEE Journal of Solid-State Circuits, 2003, 38(6): 1015-1027.
[22] Chan S C, Liu J M. Microwave frequency division and multiplication using an optically injected semiconductor laser[J]. IEEE Journal of Quantum Electronics, 2005, 41(9): 1142-1147.
[23] Fan L, Wu Z M, Deng T, et al. Subharmonic microwave modulation stabilization of tunable photonic microwave generated by period-one nonlinear dynamics of an optically injected semiconductor laser[J]. Journal of Lightwave Technology, 2014, 32(23): 4660-4666.
[24] Zhang M J, Liu T G, Wang A B, et al. All-optical clock frequency divider using Fabry-Perot laser diode based on the dynamical period-one oscillation[J]. Optics Communications, 2011, 284(5): 1289-1294.
[25] Manning R J, Phillips I D, Ellis A D, et al. All-optical clock division at 40GHz using semiconductor optical amplifier based nonlinear interferometer[J]. Electronics Letters, 1999, 35(10): 827-829.
[26] Zhang W W, Sun J Q, Wang J, et al. Optical clock division based on dual-wavelength mode-locked semiconductor fiber ring laser[J]. Optics Express, 2008, 16(15): 11231-11236.
[27] Pan S L, Yao J P. Optical clock recovery using a polarization-modulator-based frequency-doubling optoelectronic oscillator[J]. Journal of Lightwave Technology, 2009, 27(16): 3531-3539.
[28] Wang Q, Huo L, Xing Y F, et al. Simultaneous prescaled and frequency-doubled clock recovery using an injection-locked optoelectronic oscillator[J]. Optics Communications, 2014, 320: 22-26.
[29] Liu H F, Zhu N, Liu S F, et al. One-third optical frequency divider for dual-wavelength

optical signals based on an optoelectronic oscillator[J]. Electronics Letters, 2020, 56(14): 727-729.

[30] Duan S C, Mo B H, Wang X D, et al. Photonic-assisted regenerative microwave frequency divider with a tunable division factor[J]. Journal of Lightwave Technology, 2020, 38(19): 5509-5516.

[31] Meng Y, Hao T F, Li W, et al. Microwave photonic injection locking frequency divider based on a tunable optoelectronic oscillator[J]. Optics Express, 2021, 29(2): 684-691.

[32] Xu Y C, Peng H F, Guo R, et al. Injection-locked millimeter wave frequency divider utilizing optoelectronic oscillator based optical frequency comb[J]. IEEE Photonics Journal, 2019, 11(3): 1-8.

[33] Liu S F, Lv K L, Fu J B, et al. Wideband microwave frequency division based on an optoelectronic oscillator[J]. IEEE Photonics Technology Letters, 2019, 31(5): 389-392.

[34] Turkiewicz J, Tangdiongga E, Khoe G, et al. Clock recovery and demultiplexing performance of 160-Gb/s OTDM field experiments[J]. IEEE Photonics Technology Letters, 2004, 16(6): 1555-1557.

[35] Verbeke M, Rombouts P, Ramon H, et al. A 25 Gb/s all-digital clock and data recovery circuit for burst-mode applications in PONs[J]. Journal of Lightwave Technology, 2017, 36(8): 1503-1509.

[36] 霍力, 董毅, 娄采云, 等. 利用光电振荡器实现 10Gbit/s NRZ 码时钟的直接提取和码型转换 [J]. 电子学报, 2002, 30(9): 1305-1307.

[37] 解析, 霍力, 王强, 等. 基于改进光电振荡器结构的超短光帧时钟脉冲提取 [J]. 光学学报, 2014, 34(8): 72-76.

[38] 权爽, 姚敏玉, 张洪明, 等. 利用光锁相环路实现 40Gb/s 时钟恢复 [J]. 光学学报, 2007, 27(8): 1382-1386.

[39] Zhu D, Pan S L, Cai S H, et al. High-performance photonic microwave downconverter based on a frequency-doubling optoelectronic oscillator[J]. Journal of Lightwave Technology, 2012, 30(18): 3036-3042.

[40] Zhu G, Wang Q, Dong H, et al. 80Gb/s clock recovery with phase locked loop based on $LiNbO_3$ modulators[J]. Optics Express, 2004, 12(15): 3488-3492.

[41] Fernandez A, Chao L, Chi J W D. All-optical clock recovery and pulse reshaping using semiconductor optical amplifier and dispersion compensating fiber in a ring cavity[J]. IEEE Photonics Technology Letters, 2008, 20(13): 1148-1150.

[42] Srivastava M, Venkatasubramani L N, Srinivasan B, et al. Nonlinearity-assisted all-optical clock recovery for phase modulated lightwave systems[J]. IEEE Journal of Selected Topics in Quantum Electronics, 2020, 27(2): 1-9.

[43] Lee C H, Lee H K. Passive all-optical clock signal extractor for non-return-to-zero signals[J]. Electronics Letters, 1998, 34(3): 295-297.

[44] Lee H J, Park C S. Novel all-optical edge detector for the clock component extraction of NRZ signal using an SOA-loop-mirror[J]. Optics Communications, 2000, 181(4-6): 323-326.

[45] Chbat M W, Perrier P A, Prucnal P R. Optical clock recovery demonstration using periodic oscillations of a hybrid electrooptic bistable system[J]. IEEE Photonics Technology Letters, 1991, 3(1): 65-67.

[46] Cisternino F, Girardi R, Calvani R, et al. A regenerative prescaled clock recovery for high-bit-rate OTDM systems[J]. Optical Fiber Technology, 1999, 5(3): 260-274.

[47] Norte D, Willner A E. Experimental demonstrations of all-optical conversions between the RZ and NRZ data formats incorporating noninverting wavelength shifting leading to format transparency[J]. IEEE Photonics Technology Letters, 1996, 8(5): 712-714.

[48] Chow C W, Wong C S, Tsang H K. All-optical RZ to NRZ data format and wavelength conversion using an injection locked laser[J]. Optics Communications, 2003, 223(4-6): 309-313.

[49] Pan S L, Yao J P. Optical NRZ to RZ format conversion based on a frequency-doubling optoelectronic oscillator[C]. Proceedings of 2009 IEEE LEOS Annual Meeting Conference, Belek-Antalya, Turkey, 2009: 797-798.

[50] Pan S L, Yao J P. Multichannel optical signal processing in NRZ systems based on a frequency-doubling optoelectronic oscillator[J]. IEEE Journal of Selected Topics in Quantum Electronics, 2010, 16(5): 1460-1468.

[51] Chen H, Zhang S W, Fu H Y, et al. Fiber-optic temperature sensor interrogation technique based on an optoelectronic oscillator[J]. Optical Engineering, 2016, 55(3): 031107.

[52] Zhu Y H, Jin X F, Chi H, et al. High-sensitivity temperature sensor based on an optoelectronic oscillator[J]. Applied Optics, 2014, 53(22): 5084-5087.

[53] Zhu Y H, Zhou J H, Jin X F, et al. An optoelectronic oscillator-based strain sensor with extended measurement range[J]. Microwave and Optical Technology Letters, 2015, 57(10): 2336-2339.

[54] Nguyen L D, Nakatani K, Journet B. Refractive index measurement by using an optoelectronic oscillator[J]. IEEE Photonics Technology Letters, 2010, 22(12): 857-859.

[55] Okusaga O, Pritchett J, Sorenson R, et al. The OEO as an acoustic sensor[C]. Proceedings of 2013 Joint European Frequency and Time Forum & International Frequency Control Symposium (EFTF/IFC). Prague, Czech Republic, 2013: 66-68.

[56] Lee C H, Yim S H. Optoelectronic oscillator for a measurement of acoustic velocity in acousto-optic device[J]. Optics Express, 2014, 22(11): 13634-13640.

[57] Xu Z W, Shu X W, Fu H Y. Fiber Bragg grating sensor interrogation system based on an optoelectronic oscillator loop[J]. Optics Express, 2019, 27(16): 23274-23281.

[58] Zhu Y H, Jin X F, Zhang X M, et al. A temperature sensor based on a Brillouin optoelectronic oscillator[J]. Microwave and Optical Technology Letters, 2016, 58(8): 1952-1955.

[59] Zeng Z, Peng D, Zhang Z Y, et al. An SBS-based optoelectronic oscillator for high-speed and high-sensitivity temperature sensing[J]. IEEE Photonics Technology Letters, 2020, 32(16): 995-998.

[60] Zhang N H, Wang M G, Wu B L, et al. Temperature-insensitive magnetic field sensor based on an optoelectronic oscillator merging a Mach-Zehnder interferometer[J]. IEEE Sensors Journal, 2020, 20(13): 7053-7059.

[61] Kong F Q, Li W Z, Yao J P. Transverse load sensing based on a dual-frequency optoelectronic oscillator[J]. Optics Letters, 2013, 38(14): 2611-2613.

[62] Tang Y, Wang M G, Zhang J, et al. Curvature and temperature sensing based on a dual-frequency OEO using cascaded TCFBG-FP and SMFBG-FP cavities[J]. Optics & Laser Technology, 2020, 131: 106442.

[63] Fan Z Q, Su J, Zhang T H, et al. High-precision thermal-insensitive strain sensor based on optoelectronic oscillator[J]. Optics Express, 2017, 25(22): 27037-27050.

[64] Kong F Q, Romeira B, Zhang J J, et al. A dual-wavelength fiber ring laser incorporating an injection-coupled optoelectronic oscillator and its application to transverse load sensing[J]. Journal of Lightwave Technology, 2014, 32(9): 1784-1793.

[65] Xu O, Zhang J J, Deng H, et al. Dual-frequency optoelectronic oscillator for thermal-insensitive interrogation of a FBG strain sensor[J]. IEEE Photonics Technology Letters, 2017, 29(4): 357-360.

[66] Wang W X, Liu Y, Du X W, et al. Ultra-stable and real-time demultiplexing system of strong fiber Bragg grating sensors based on low-frequency optoelectronic oscillator[J]. Journal of Lightwave Technology, 2020, 38(4): 981-988.

[67] Yang Y G, Wang M G, Shen Y, et al. Refractive index and temperature sensing based on an optoelectronic oscillator incorporating a Fabry-Perot fiber Bragg grating[J]. IEEE Photonics Journal, 2018, 10(1): 1-9.

[68] Zhang N H, Wu B L, Wang M G, et al. High-sensitivity sensing for relative humidity and temperature based on an optoelectronic oscillator using a polyvinyl alcohol-fiber Bragg grating-Fabry Perot filter[J]. IEEE Access, 2019, 7: 148756-148763.

[69] Wang Y P, Zhang J J, Yao J P. An optoelectronic oscillator for high sensitivity temperature sensing[J]. IEEE Photonics Technology Letters, 2016, 28(13): 1458-1461.

[70] Liu L, Gao H, Ning T G, et al. High accuracy temperature sensing system exploiting a sagnac interferometer and an optoelectronic oscillator[J]. Optics & Laser Technology, 2020, 123: 105951.

[71] Shi Q Y, Wang Y P, Cui Y F, et al. Resolution-enhanced fiber grating refractive index sensor based on an optoelectronic oscillator[J]. IEEE Sensors Journal, 2018, 18(23): 9562-9567.

[72] Do P T, Alonso-Ramos C, Le Roux X, et al. Wideband tunable microwave signal generation in a silicon-micro-ring-based optoelectronic oscillator[J]. Scientific Reports, 2020, 10(1): 6982.

[73] Zhang N, Wang M, Wu B, et al. Temperature-insensitive relative humidity sensing based on a carrier-suppression-effect-free tunable optoelectronic oscillator using a non-coherent broadband optical source[J]. Sensors and Actuators A: Physical, 2020, 307: 111988.

[74] Li M, Li W Z, Yao J P, et al. Femtometer-resolution wavelength interrogation of a phase-shifted fiber Bragg grating sensor using an optoelectronic oscillator[C]. Proceedings of Bragg Gratings, Photosensitivity, and Poling in Glass Waveguides, 2012: 101401.

[75] Wang Y P, Wang M, Xia W, et al. Optical fiber Bragg grating pressure sensor based on dual-frequency optoelectronic oscillator[J]. IEEE Photonics Technology Letters, 2017, 29(21): 1864-1867.

[76] Yin B, Wang M G, Wu S H, et al. High sensitivity axial strain and temperature sensor based on dual-frequency optoelectronic oscillator using PMFBG Fabry-Perot filter[J]. Optics Express, 2017, 25(13): 14106-14113.

[77] Zou X H, Li M, Pan W, et al. Optical length change measurement via RF frequency shift analysis of incoherent light source based optoelectronic oscillator[J]. Optics Express, 2014, 22(9): 11129-11139.

[78] Wang J, Yu J L, Miao W, et al. Long-range, high-precision absolute distance measurement based on two optoelectronic oscillators[J]. Optics Letters, 2014, 39(15): 4412-4415.

[79] Xie T Y, Wang J, Wang Z X, et al. Long-range, high-precision, and high-speed absolute distance measurement based on alternately oscillating optoelectronic oscillators[J]. Optics Express, 2019, 27(15): 21635-21645.

[80] Wang G Q, Hao T F, Li W, et al. Detection of wideband low-power RF signals using a stimulated Brillouin scattering-based optoelectronic oscillator[J]. Optics Communications, 2019, 439: 133-136.

[81] Shao Y C, Han X Y, Li M, et al. RF signal detection by a tunable optoelectronic oscillator based on a PS-FBG[J]. Optics Letters, 2018, 43(6): 1199-1202.

索　引

P

Q

S

W

X

Y

Z

其他